数据结构与算法

Java语言实现

郭炜 编著

清華大学出版社
北京

内容简介

本书内容全面、细致、通俗易懂，涵盖线性表、栈和队列、树和二叉树、堆、哈夫曼树、并查集、AVL树、红黑树、B-树和B+树、串、图、散列表等数据结构，以及枚举、二分、递归、分治、动态规划、贪心、深搜、广搜、最短路、最小生成树、拓扑排序、关键路径、内外排序等算法。

对各类数据结构和算法，不但要掌握理论，还应熟练地编程实现。本书的最大特点是高标准的实践性。除了少数几个特别复杂的数据结构，95%的数据结构和算法都给出了完整可运行的代码，一共130多份，并且这些代码几乎都出现在具体的例题中。

本书的例题和编程习题，都可以在北京大学在线程序评测平台OpenJudge上提交解题程序并自动评判对错。

本书内容和习题按难度做了明确分级，因此不论是高等学校计算机专业还是非计算机专业的师生，都可以从中各取所需用于教学。本书既可以用作高等学校"数据结构与算法"课程的入门教材，又可以作为考研、找工作面试的秘籍，还可以用于程序设计竞赛的基础培训。

图书在版编目（CIP）数据

数据结构与算法 ：Java语言实现 / 郭炜编著.
北京 ：清华大学出版社，2024. 8. -- ISBN 978-7-302-66769-8

Ⅰ. TP311.12；TP312.8

中国国家版本馆CIP数据核字第2024H9L231号

策划编辑：张瑞庆　薛　阳
封面设计：刘　键
责任校对：李建庄
责任印制：刘海龙

出版发行：清华大学出版社
网　　址：https://www.tup.com.cn，https://www.wqxuetang.com
地　　址：北京清华大学学研大厦A座　　**邮　　编：**100084
社 总 机：010-83470000　　**邮　　购：**010-62786544
投稿与读者服务：010-62776969，c-service@tup.tsinghua.edu.cn
质量反馈：010-62772015，zhiliang@tup.tsinghua.edu.cn
课件下载：https://www.tup.com.cn，010-83470236
印 装 者：三河市人民印务有限公司
经　　销：全国新华书店
开　　本：185mm×260mm　　**印　　张：**22.25　　**字　　数：**566千字
版　　次：2024年8月第1版　　**印　　次：**2024年8月第1次印刷
定　　价：66.00元

产品编号：102099-01

前言

目前，程序设计课程在中学已经较为普及，在许多大学更是理科生的必修课。社会上的编程培训班也十分流行。许多没有经过系统的计算机专业学习的学生，经过培训后掌握了一两门语言，学会一些前端或后端应用的开发技能，虽然理论基础薄弱，也能求得一份程序员的职位。

然而，要成为一名优秀的程序员，有一门课是没有捷径可以绕过去的，那就是“数据结构与算法”。优秀的公司是不会放心将重要的任务交给不懂数据结构和算法的程序员的，因为那些程序员没有效率的观念，一不小心就可能写出肆意挥霍计算资源的程序，让公司付出真金白银的代价。例如，低效的后端导致公司需要购买更多的服务器才能提供服务，甚至导致系统在访问量高时崩溃。如果有程序员信誓旦旦地说他的工作不需要用到数据结构和算法，那多半是因为他的水平不足以使他接触到需要数据结构和算法的任务。

总之，计算机专业的学习者需要掌握好数据结构与算法自不必说，非计算机专业的人士，不论是打算转行，还是已经转行做了程序员，都应该学好“数据结构与算法”这门课。即便不做程序员，如果经常需要用编程来解决工作中的问题，学习这门课也是大有裨益的。因此，北京大学将“数据结构与算法”设置为所有理科生的必修课。

作者在北京大学讲授“数据结构与算法”“数据结构与算法实习”课程多年，并曾担任北京大学 ACM 国际大学生程序设计竞赛队教练 10 年。作者讲授的这些课程，既有面向非计算机专业的，也有面向计算机专业的。本书即是对这些课程教学经验的归纳与整合。

同类课程或教材，有些只是名为“数据结构”，而非“数据结构与算法”，它们在内容上和本书并无很大区别。实际上，数据结构和算法，没有必要也无法严格区分，两者是你中有我、我中有你的关系。或者，将数据结构算作算法的一个分支也未尝不可，如著名教材《算法导论》中就包含大量数据结构的内容。本书中涉及的问题，如果需要将数据以比较复杂的方式组织起来，就归类为数据结构；否则就归类为算法。

本书内容分为 Java 语言巩固与提高(少量篇幅)、数据结构、算法三部分。

数据结构部分包括线性表、栈、队列、二叉树、堆、哈夫曼树、树和森林、并查集、散列表、二叉查找树、AVL 树、红黑树、B-树、B+树、图等内容。

算法部分包括枚举、二分、递归、深度优先搜索、广度优先搜索、贪心、动态规划、内排序、外排序、最短路、最小生成树、拓扑排序、关键路径等内容。

数据结构部分和算法部分交替讲述。

相比大部分同类教材，本书的知识覆盖面更广，尤其是算法部分。

阅读本书需要读者已经掌握 Java 语言程序设计的基础知识。对于学过 Java 程序设计的读者,本书非常适合作为第二门编程课的教材。

本书内容和习题按难度明确分级,不论是计算机专业还是非计算机专业的师生,都可以从中各取所需。不带"★"标记的是基本内容,适用于所有读者;计算机专业的读者应掌握带"★"标记的章节;标记为"★★"的内容,则适用于高水平院校计算机专业的教学;少数标记为"★★★"的例题和习题,难度与大学生程序设计竞赛的中等题相当。有些例题、习题来自早年的程序设计竞赛,或在竞赛中本就是简单题,难度不高,因而没有"★★★"标记,甚至没有"★"标记。

"数据结构与算法"是理论和实践必须紧密结合的课程。对各类数据结构和算法,不但要掌握其理论,还应该能够熟练地编程实现。作者考察许多国内外流行的数据结构与算法教材,发现许多教材多用伪代码或不完整的代码来描述数据结构和算法,很少给出能直接运行的完整程序。不但需要实打实编程解决的例题很少,而且配套的习题基本都是考查概念,或只要求描述解决问题的过程,几乎不会要求写出完整的、完全正确的程序。即便一些教材中有编程习题,读者也无法评判自己编写的解题程序是否完全正确、无隐错("隐错"英文俗称"bug",指不容易发现的错误)。用这样的教材教学,虽然可以应付考研等笔试考试,但是难免有纸上谈兵之嫌。一旦碰到企业招聘要求现场写代码,或者考研复试要求上机写代码,往往会力不从心。

相比大多数数据结构和算法教材,本书的最大特点就是高标准的实践性。除了少数几个特别复杂的数据结构,95%的数据结构和算法都给出了完整可运行的代码,并且这些代码大部分都出现在具体的例题中。本书的代码要求 JDK 的版本至少是 8。

本书的例题和编程习题,都可以在北京大学在线程序评测平台 OpenJudge 上提交解题程序。该平台包含两万多道编程题,程序提交后会自动评判对错。平台广泛用于北京大学"计算概论""程序设计实习""数据结构与算法"等编程类课程的教学。在这个平台上做题,必须极其严谨,应对众多不同测试数据,程序输出结果均必须一个字符都不能错,否则就不能通过。要完成本书的编程习题,必须对相应的数据结构和算法知识的每个实现细节都清楚地掌握,且编写的程序不能有隐错,这样的要求,比自己写个程序随意测试一下、没发现问题就算对了要高得多,更远非在纸上写写画画的笔试型习题可比。OpenJudge 的具体使用方法见附录。

本书强调实践性还体现在倡导以下思想:实现一个数据结构,不但要正确,还要健壮、好用。这就要求数据结构的设计应有封装和隐藏功能,对外提供方便好用的接口,而隐藏内部实现细节。并且,提供的接口要防止数据结构从外部被不慎破坏。这个思想在本书一些数据结构,如链表、二叉查找树等实现代码中有所体现。

本书配套电子资料齐全,包括课程讲义以及 140 多个精心编写、风格简洁优美的程序源码。

作者水平有限,书中难免存在一些不足和疏漏之处,恳请读者批评指正。读者可以通过 guo_wei@pku.edu.cn 与作者沟通、交流。

感谢我的女儿兼校友郭小美审阅校对全部书稿,纠正了许多错误。

郭　炜

2024 年 4 月于北京大学信息科学技术学院

目录

第1章 绪论

计算机解决问题,本质上就是接收一组描述问题的数据,然后输出一组描述答案的数据。寻求答案数据的过程,就叫作计算。计算的方法或步骤,就叫作算法。

以计算机和人下围棋为例,每一步该如何走,就是一个问题。棋盘上所有棋子的位置,就是描述该问题的输入数据。下一步应该走的位置,就是作为该问题答案的输出数据。当人落子后,就产生了新的问题。下围棋的过程,就是不断解决这一个又一个问题的过程。

以人脸识别为例,摄像头拍摄的由像素组成的照片(本质上是0、1串),以及事先保存的大量人脸的照片,就是输入数据。摄像头拍摄的照片和大量人脸照片中的哪一张是同一个人,或者谁都不是,就是输出数据,也是人脸识别问题的答案。

同样的问题,用不同的算法进行计算,所需要的时间是不一样的。一个采用高效算法、仅凭个人计算机就能瞬间计算出答案的问题,如果使用了低效的算法,可能用全世界所有的计算机计算一万年都无法找到答案。

通俗地说,计算机科学研究的主要内容,就是如何才能算得快。

生活中的事物如果合理有序地摆放,寻找、管理和使用就会比较方便。例如,英文词典中的单词是按顺序排列的,找到一个单词只需要翻四五页。如果这些单词完全无序,在词典里查一个词只能从头看到尾,这样的词典无法使用。同理,输入给计算机的数据,以及计算机在计算过程中产生的数据,如果用合理的方式组织、存储起来,使用这些数据进行计算的速度就会大大加快。数据结构,从字面上理解,就是数据存放的方式。数据结构研究的就是如何组织和存储数据,才能算得快。

正如前言所说,数据结构和算法,没有必要也无法完全区分。讲数据结构,不能不提在其上进行的各种操作,这些操作就体现了算法;许多算法如果没有相应数据结构的支持,也无法进行。将算法视为一门学科,数据结构视为其中的一个分支,也是合适的。

1.1 算法和算法分析

1.1.1 什么是算法

算法是对计算过程的描述,是为了解决某个问题而设计的有限长的操作序列。通常认为算法具有以下性质。

有穷性：一个算法必须可以用有穷条指令、伪指令或者自然语言语句描述，且必须在执行有穷次操作后终止。每次操作都必须在有穷时间内完成。算法终止后必须给出所处理问题的解或宣告问题无解。

确定性：一个算法，对于相同的输入，无论运行多少次，总是得到相同的输出。也可以说，只要算法运行前的初始条件相同，那么算法运行的结果也相同。例如，算法无法产生真正的随机数序列，只能产生看上去像随机数序列的"伪随机数序列"。这是因为，真正的随机数序列，就如掷骰子得到的点数序列那样是不可预测的，而试图产生随机数序列的算法，只要初始条件(随机种子)相同，多次运行产生的随机数序列也必然相同，即可预测，因此不是真正的随机数序列。

可行性：算法中的指令(或描述语句)含义明确无歧义，且可以被机械化地自动执行。

输入/输出：这里的输入/输出，不应狭隘地理解成键盘输入和显示器或打印机的输出。输入指的是描述算法所处理的问题的数据，输出指的是描述该问题的答案的数据。算法可以不需要输入。但是没有输出的算法是没有意义的。算法变为程序运行起来后，从本质上说，输入和输出，都是存放在内存的数据，当然它们可能一开始从外存被读入内存，也可能最后从内存要写入外存或外部设备。

最常用的算法，或者说设计算法时最常用的思想有以下几种。

枚举法：对所有可能的解进行逐个验证，直到发现真正的解。例如，用枚举法求大于 n 的最小质数，就可以从 $n+1$ 开始验证每个数是否是质数，碰到的第一个质数就是问题的解。

二分法：对于有些问题，将所有可能解排序，通过对位于解的查找区间中点的解进行一次验证，就可以找到解或缩小查找区间到原来的一半，这样就能很快找到解或宣告无解。二分法成立的前提条件是解的单调性，即如果一个可能解被发现是因为太大(或太小)而不能成立，则比其更大(或更小)的所有可能解，都必定不能成立。什么叫"大"或"小"，可以根据实际问题自行定义。

贪心法：在寻找解的过程中，每一步都只选取眼前最优的做法，不考虑后续影响。这么做很可能导致找到的解并非全局最优，所以贪心法并不适用于所有需要求最优解的问题。有一些求最优解的问题，可以证明每一步取当前最优，最终也能取得全局最优，那么就可以用贪心法来解决。

递归法和分治法：为了解决问题，可以先采取一步行动，剩下的问题就变成和原问题形式相同但是规模更小的问题，这样就可以用递归解决。或者，将原问题分解为几个和原问题形式相同但是规模更小的子问题，子问题都解决了，原问题也就解决了，这就叫作分治。分治往往用递归实现。

深度优先搜索、回溯和分支限界法：在许多问题中，搜索解的过程，可以抽象为在迷宫中找出口。走迷宫的一个策略就是能往前走就往前走，这就叫深度优先；走不动了就回退到上一个岔路口选没走过的岔道继续走，这就叫回溯。有的情况下有办法预判一个岔道走下去肯定没前途，于是就不会走它，这就叫分支限界法。回溯和分支限界都是深度优先搜索过程中使用的手段。

广度优先搜索法：解决问题，可能需要采取多步行动，每步行动都有不同选择。先把第一步能采取的所有选择都试一遍，看看问题有没有解决。如果没有，再把采取两步行动的所有方案都试一遍，看看问题有没有解决……这样当问题解决时，采取的步数一定是最少的，这就是广度优先搜索。

动态规划法：单纯采用深度优先搜索的办法，可能会导致大量重复计算，即相同的子问题被计算多次，这往往导致计算量呈指数级增长。在搜索过程中将求得的子问题的解保存下来，避免重复计算，用空间换时间，这就是动态规划的思想。

上述几种算法设计思想，有些其实没必要也无法严格区分。例如搜索法和二分法，本质上和枚举一样，都是用验证可能解的方式去寻找解，只不过要想办法跳过那些不需要验证就可以否定的可能解。实现分治和深度优先搜索的时候，一般都会用到递归。搜索往往也需要进行问题分解，有的情况下说它是分治也未尝不可。

衡量算法优劣最主要的指标是运行效率。运行效率分为时间效率和空间效率两方面。时间效率指的是算法运行时间的长短；空间效率则是算法需要存储空间的多少。时间效率和空间效率往往很难兼顾，可以用空间来换时间，也可以用时间来换空间。绝大多数情况下，时间效率更为重要，因此，用空间换时间的策略，在算法设计中应用很广，非常常用的动态规划算法，就是如此。

运行效率相同的不同算法，也有编程效率的高低之分，即将算法变为程序的难易之分。程序员能够用较短时间实现，且不容易写出隐错的算法更好。

1.1.2 算法的时间复杂度及其表示法

一段程序或一个算法的时间效率称为"时间复杂度"，或简称"复杂度"。时间复杂度常常用大写字母 O 和小写字母 n 来表示，称为"大 O 表示法"，如 $O(n)$、$O(n^2)$等。n 代表问题的规模，如待排序的数组的元素个数、汉诺塔问题中盘子的个数、N 皇后问题中皇后的数目、求全排列时排列中的元素个数，等等。

时间复杂度是用算法运行过程中，**当规模 n 足够大时，执行次数最多的某种时间固定的操作**(后文称为"基本操作")的执行次数和 n 的关系来度量的。至于这种基本操作，每次执行需要多少时间，并不重要。以下面这个求非空数组 a 的最大值的函数为例：

```
1. int Max(int a[]) {
2.     int maxV = a[0];
3.     for (int x : a)
4.         if (maxV < x)
5.             maxV = x;
6.     return maxV;
7. }
```

这个问题的规模，就是数组 a 的元素个数 n。第 3 行取 a 中的一个元素的值到 x 的操作，做了 n 次，第 4 行比较 maxV 和 x 的操作，也做了 n 次。这两种操作每次执行所需时间都是固定的，它们都可以算做基本操作。没有其他执行次数更多的操作了，所以 Max 函数的复杂度可以认为就是 n。

在数组中顺序查找某个值，"基本操作"是查看数组中的元素。运气好的话，看一次就看到了要找的值，运气不好的话，看完整个数组也没看到要找的值。在能找到的情况下，平均要看$(n+1)/2$ 次，找不到的情况下，要看 n 次。因此可以说，顺序查找的时间复杂度是介于$(n+1)/2$到 n，取决于找不到的概率有多大。标记算法的复杂度的时候，不关心系数，复杂度是 $n/2$ 的算法，和复杂度是 $1000n$ 的算法，复杂度都和 n 成正比，因此都称其复杂度是 $O(n)$的。$O(n)$的复杂度也称为线性复杂度。

在没有重复元素的整数数组 a 中找出两个数，使其和为整数 m，可以这么做：

```
1.  int[] findPair(int a[],int m) {              //本函数也适合 a 中元素有重复的情况
2.      //返回一个两个元素的数组,两个元素之和是 m
3.      int n = a.length;
4.      for (int i=0;i<n-1;++i)
5.          for (int j=i+1;j<n;++j)
6.              if (a[i] + a[j] == m)
7.                  return new int[]{a[i],a[j]};
8.      return null;
9.  }
```

在这个算法里，第 5 行取 j 的值，和第 6 行看 i 的值、看 j 的值、看 m 的值、看 $a[i]$、看 $a[j]$、算 $a[i]+a[j]$，以及用“==”进行比较……都可以看作基本操作，它们执行的次数是一样多的。对每个 i，j 的取值分别是 $i+1, i+2, \cdots, n-1$，因此这些基本操作每个执行的次数都是 $(n-1)+(n-2)+\cdots+2+1$，即 $n^2/2-n/2$。计算复杂度的时候，如果复杂度函数 $f(n)$ 由多项相加而成，则只考虑随着 n 的增长，增长得最快的那一项。因此上述算法的复杂度就是 $O(n^2)$。再如，如果复杂度是 2^n+n^3，就记为 $O(2^n)$，如果复杂度是 $n!+3^n$，就记为 $O(n!)$，因为只要 a 是常数，在 n 足够大时，$n!$ 比 a^n 增长更快。

实际上，大 O 表示法有如下严格的定义。

设算法执行基本操作的次数是 $T(n)$，如果存在函数 f，以及正整数 c 和 N，使得对于任意的 $n \geqslant N$，都有 $T(n) \leqslant c \times f(n)$，则称 $T(n)$ 在集合 $O(f(n))$ 中，或者简称 $T(n)$ 是 $O(f(n))$ 的。

按照这个定义，其实 $O(n)$ 的算法也是 $O(n^2)$ 的，也是 $O(2^n)$ 的，甚至也是 $O(n!)$ 的。但是一般来讲，人们说某算法的复杂度是 $O(f(n))$ 时，意思是该算法复杂度的阶是 $\Theta(f(n))$ 的，即当 n 趋向无穷大时，$T(n)/f(n)$ 的值无限趋近于某个正数——大致就是 $T(n)$ 和 $f(n)$ 成正比的意思。本书后面也都是这个意思。因为 Θ 这个字符（读“西塔”）实在太生僻，看上去又和“O”挺像，所以习惯上就用“O”替代它了。如果面试的时候跟面试官说顺序查找的复杂度是 $O(n^2)$ 的，虽然严格来讲没有错，但是很可能还来不及辩解面试就结束了。

$O(n^k)$ 的复杂度（k 是固定值），称为多项式复杂度。

在排好序的 n 个元素的数组中进行查找，可以采用类似于查词典的二分查找算法。开始查找区间是整个数组，每次用要查找的值和查找区间的中点做比较，相等即找到，如果不相等，就能知道接下来应该在前一半还是后一半查，即做一次比较就可以将查找区间缩小一半。这样，最多只需进行 $\lceil \log_2 n \rceil$ 次比较，查找区间就会变为只有一个元素，查找就可以结束。所以，二分查找的复杂度是 $O(\log_2 n)$。由于 $\log_2 n$ 和 $\log_{10} n$ 或 $\log_{100} n$ 的差别只是一个系数，所以它们都可以被记为 $O(\log(n))$。$O(\log(n))$ 的复杂度也称对数复杂度。

好的排序算法，如快速排序、归并排序，复杂度是 $O(n \times \log(n))$ 的。

经典的递归问题——汉诺塔问题的复杂度是 $O(2^n)$。

求 n 个字母的所有排列并输出，复杂度是 $O(n \times n!)$ 的。

如果一个问题所花的时间与问题规模无关，是个常数，就记其复杂度为 $O(1)$，也称为常数复杂度。例如，取一个排好序的序列中的最大元素，这个问题的复杂度就是 $O(1)$ 的，因为它和序列里有多少个元素无关。

有的时候复杂度不能仅由一个 n 来表示。例如矩阵乘法，一个 $m \times n$ 的矩阵和一个 $n \times k$ 的矩阵相乘，如果用最原始和简单的方法计算（实际上有更好的算法），那么需要做 $m \times n \times k$ 次乘法，即复杂度是 $O(m \times n \times k)$。

$O(m+n)$这样的复杂度，被称为线性复杂度。

算法的复杂度还有最坏情况下的复杂度和平均复杂度之分，虽然许多情况下最坏复杂度和平均复杂度恰好相同。以最常用的排序算法——快速排序为例，一般情况下待排序序列杂乱无章，这种情况下快速排序的复杂度就是平均复杂度$O(n\times\log(n))$，但是在待排序的序列处于基本有序或基本逆序的最坏情况下，其复杂度会变成$O(n^2)$。本书后面提到时间复杂度，除非特殊说明，指的都是平均情况下的复杂度。

前面有时说“算法的复杂度”，有时说“问题的复杂度”，这两个概念是有区别的。对于一个问题，如果能够证明最好的算法的复杂度是$O(f(n))$，那么就说这个问题的复杂度是$O(f(n))$。如排序问题，已经证明不可能存在复杂度比$O(n\times\log(n))$更低的算法，那么排序问题的复杂度就是$O(n\times\log(n))$。有的问题，不知道最好的算法是什么样，那只能说该问题复杂度未知。

在编程解决一个问题的时候，要考虑算法的复杂度，不能随手写出能完成任务的程序就觉得万事大吉。同一个问题，用不同的算法解决，复杂度可能差别很大。例如，求斐波那契数列的第n项$(n\geqslant 1)$，一般的算法复杂度是$O(n)$的，如下。

```
int fib(int n) {                                //求斐波那契数列第 n 项
    int a1 = 1, a2 = 1;
    for (int i=0;i<n-2;++i) {
        int tmp = a1 + a2;
        a1 = a2;
        a2 = tmp;
    }
    return a2;
}
```

如果随手写成下面的递归函数：

```
int fib(int n) {                                //求斐波那契数列第 n 项
    if (n <= 2)
        return 1;
    return fib(n-1) + fib(n-2);
}
```

由于存在大量重复计算，这个递归算法的复杂度是指数的，准确地说，是$O\left(\left(\frac{1+\sqrt{5}}{2}\right)^n\right)$，即约$O(1.618^n)$。要算出第100项几乎不可能。

实际上，求斐波那契数列第n项，还有$O(\log(n))$的算法。

前面提到的在无重复元素的整数数组a中找出两个数，使其和为整数m的问题，据说曾经是微软公司招工程师的面试题。

可以接受的解法如下：先将数组a排序，排序的复杂度是$O(n\times\log(n))$。然后，对数组中的每个元素$a[i]$，若$m-a[i]$不等于$a[i]$，则在数组中二分查找$m-a[i]$，看能否找到。二分查找的复杂度是$O(\log(n))$，最多要做n次二分查找，所以查找这部分的复杂度也是$O(n\times\log(n))$。这种解法总的复杂度是$O(n\times\log(n))$的。

还可以再改进一下：先将数组a排序。然后设置两个变量i和j，i的初值是0，j的初值是$n-1$。看$a[i]+a[j]$，如果大于m，就让j减1，如果小于m，就让i加1，直至$a[i]+a[j]==m$或$i==j$（$i==j$则说明找不到）。这种算法，虽然总复杂度也是$O(n\times\log(n))$，但是查找的时间复杂度是$O(n)$的，所以速度更快。实现如下。

```
//prg0010.java
int [] findPair(int a[],int m) {                    //本函数也适合 a 中元素有重复的情况
    Arrays.sort(a);
    int i = 0, j = a.length - 1;
    while (i < j) {
        if (a[i] + a[j] < m)
            ++i;
        else if(a[i] + a[j] > m)
            --j;
        else  return new int[]{a[i],a[j]};
    }
    return null;
}
```

每次执行 while 循环，如果没有返回，则必执行 $i+=1$ 或 $j-=1$。那么循环最多执行 $n-1$ 次就会结束。因此 while 循环复杂度是 $O(n)$。

这个问题用上“哈希表”这种数据结构，就可以实现 $O(n)$的算法。Java 提供了 HashSet 和 HashMap 这两种哈希表数据结构。将数组元素都加入一个 HashSet，复杂度为 $O(n)$；然后对每个元素 $a[i]$，看 $m-a[i]$是否在 HashSet 中(时间 $O(1)$)，这样总复杂度就是 $O(n)$的。

```
//prg0012.java
int [] findPairEx(int a[],int m) {               //要求 a 中没有重复元素
    HashSet<Integer> st = new HashSet<>();
    for(int x:a)
        st.add(x);                               //add 操作复杂度为 O(1)
    for(int x:a)
        if (m-x != x && st.contains(m-x))        //contains 操作复杂度为 O(1)
            return new int[] {x,m-x};
    return null;
}
```

1.2 数据结构

数据结构(Data Structure)就是数据的组织和存储形式。描述一个数据结构，需要指出其逻辑结构、存储结构和可进行的操作。

在本书中，将数据的单位称作“元素”或“结点”。数据结构描述的就是结点之间的关系。例如，一个结点可以代表一个学生的信息，结点内部有学号、姓名、年龄等“数据项”，也称为“属性”。

1.2.1 数据的逻辑结构

数据的逻辑结构从逻辑上描述结点之间的关系，可以看作一种抽象的模型，和数据的存储方式无关。数据通常有以下 4 种逻辑结构。

(1) 集合结构：结点之间没有什么关系，只是属于同一集合而已。Java 的 HashSet 就是集合结构。

(2) 线性结构：除了最靠前的结点，每个结点有唯一前驱结点；除了最靠后的结点，每个结点有唯一后继结点。最靠前的结点没有前驱，最靠后的结点没有后继。Java 的数组、ArrayList 就是线性结构。

(3) 树结构：有且仅有一个结点称为“树根”或“根结点”，其没有前驱；有若干个结点称为

“叶子”或“叶结点”，没有后继；其他结点有唯一前驱，有一个或多个后继。在树结构中，一个结点的前驱，通常被称为“父结点”或“父亲”；一个结点的后继，通常被称为“子结点”或“儿子”。现实生活中的家谱，可以看作一个树结构。

(4) 图结构：对结点的前驱和后继关系没有任何限制，每个结点都可以有任意多个前驱和后继，结点 a 可以既是结点 b 的前驱，又是结点 b 的后继。由铁路和车站构成的高铁网络，可以看作一个图结构，车站是结点，有铁路直接相连的两个车站互为对方的前驱和后继。树结构可以看作图结构的特例。

图 1.1 展示了 4 种逻辑结构，图中的圆圈代表结点。

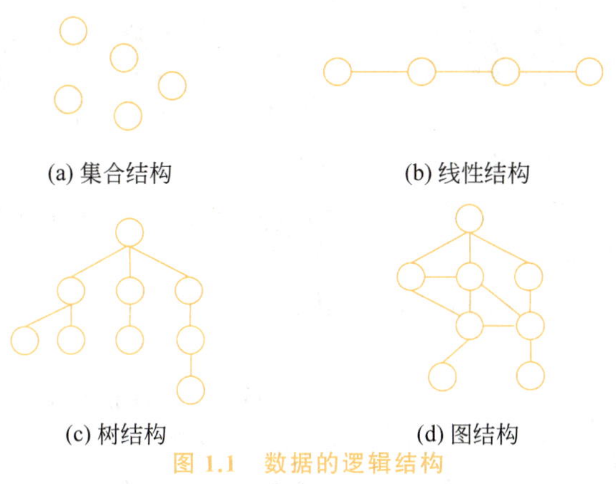

图 1.1 数据的逻辑结构

1.2.2 数据的存储结构

数据的存储结构指的是数据在物理存储器上存储的方式，大部分情况下指的是数据在内存中存储的方式。数据的存储结构主要有以下 4 种。

(1) 顺序结构：也叫“连续结构”，结点在内存中连续存放，所有结点占据一片连续的内存空间。Java 和其他语言的数组，都是顺序结构。

(2) 链接结构：结点在内存中可不连续存放，每个结点中存有指针指向其前驱结点和/或后继结点。树结构可以采用这种存储结构。

(3) 索引结构：将结点的关键字信息(如学生的学号)拿出来单独存储，并且为每个关键字 x 配一个指针指向关键字为 x 的结点，这样便于按照关键字查找到相应的结点。

(4) 散列结构：设置散列函数，散列函数以结点的关键字为参数，算出一个结点的存储位置。如果不同关键字的存储位置相同，则要想办法解决冲突。

一个复杂的数据结构在存储时可能同时用到连续、链接、索引等多种结构，如 B+树。

数据的逻辑结构和存储结构无关。也就是说，一种逻辑结构的数据，可以用不同的存储结构来存储。例如，树结构可以用链接结构存储，也可以用顺序结构存储，图结构亦然。线性结构可以用顺序结构存储，也可以用链接结构存储。

1.2.3 数据结构上的操作

数据结构都需要支持“建立”操作。数据结构可以在刚建立时就有结点，也可以初始为空，然后往里面不断添加结点。

一般的数据结构都支持插入结点、删除结点和查找结点的操作。

有的数据结构支持找结点前驱或结点后继的操作，例如，线性表、树和图。

有的数据结构支持随机访问，即“(1)时间找第 i 个结点”的操作，例如，顺序表。

掌握一个数据结构，不但要了解其逻辑结构、存储结构，以及其上进行的各种操作，还需要知道每种操作的时间复杂度。如对于 Java 的 ArrayList，需要知道在尾部添加删除元素复杂度是 $O(1)$的，但是在中间插入删除元素，复杂度就是 $O(n)$的；ArrayList 的 contains()方法，复杂度是 $O(n)$的。不知道这些，就可能滥用操作而导致程序复杂度无谓增加。Java 语言自带顺序表、二叉查找树、散列表等数据结构，在这些数据结构上的每一种操作的复杂度，Java 程序员都应该了然于心。

小　　结

算法具有有穷性、确定性、可行性、输入/输出。

最常用的算法设计思想有：枚举法、二分法、贪心法、递归法和分治法、深度优先搜索法、广度优先搜索法、动态规划法等。

衡量算法优劣的最重要指标是时间复杂度。此外还有空间复杂度。可以用时间换空间，也可以用空间换时间。

算法的时间复杂度 $T(n)$的阶为 $\Theta(f(n))$的意思是，当 n 趋向无穷大时，$T(n)/f(n)$的值无限趋近于某个正数。通常 $\Theta(f(n))$被称为 $O(f(n))$。

描述数据结构需要从逻辑结构、存储结构和数据操作三个方面进行。

数据的逻辑结构主要有集合结构、线性结构、树结构和图结构等。

数据的存储结构主要有顺序结构、链接结构、索引结构和散列结构等。

数据结构上通常能进行插入结点、删除结点、查找结点操作。

习　　题

1. 简述下列概念：数据的逻辑结构、数据的存储结构、算法的确定性、算法的有穷性。
2. 简述至少三种算法的设计思路。
3. 下面 4 种逻辑结构中，有几种结构的结点可以有前驱且最多有一个前驱？(　　)

   (1) 集合结构　　(2) 线性结构　　(3) 树结构　　(4) 图结构

   A. 1　　B. 2　　C. 3　　D. 4
4. 请分析下面几个函数的时间复杂度(假设调用时 $n>0$)。

```
(1) void f(int n) {
        for (int i=0;i<n;++i);
    }
(2) void f(int n) {
        for (int i=0;i<n;++i)
            for(int j=0;j<i;++j);
    }
(3) void f(int n) {
        while (n > 0)
            n /= 2;
    }
```

```
★(4) int f(int n) {
         if (n == 0)
             return 0;
         return f(n-1) + f(n-1) + 1;
     }
```

提示：设时间为 $T(n)$，则 $T(n)=2T(n-1)+a=4T(n-2)+2a+a=8T(n-3)+4a+2a+a=\cdots$，$a$ 是常数。

```
★(5) int f(int n) {
         if (n == 0)
             return 0;
         return 2 * f(n-1) + 1;
     }
★★(6) int f(int n) {
          if (n == 0)
              return 1;
          return f(n/2) + 1;
      }
```

第2章 Java语言巩固与提高

相信本书的读者已初步掌握 Java 语言。但是仅初步掌握是不够的,本书的程序用到了一些 Java 略为高级的特性,包括泛型、内部类、Lambda 表达式、匿名类、迭代器等概念,因此有必要专门用一章讲述这些特性。

本章涉及内容适需要 JDK 8 或以上版本支持。

2.1 接口和多态

Java 中定义接口的方式如下。

```
interface 接口名 {
    ...
}
```

接口和“类”的区别在于:

(1) 成员变量(属性)都是 final 的,都必须初始化,且都不可修改。但是可以不用 final 关键字修饰。

(2) 非静态方法都没有函数体,称为“抽象方法”。

(3) 不可以 new 一个接口的对象。

一个类可以“实现”一个或多个接口。如果一个类实现了某接口,则该类要么用“abstract”关键字声明为抽象类,要么必须在本类中对接口中的所有非静态方法给出具体实现。

一个接口变量和实现了该接口的类的对象,是兼容的——可以将后者赋值给前者。接口可以作为函数的形参,调用该函数时,接口形参对应的实参,应为实现了接口的类的对象。

引入接口的目的是为了实现“多态”。设接口 A 有一个非静态方法 f,类 B 和类 C 都是实现了接口 A 的非抽象类,则类 B 和类 C 中必有各自的函数 f 的实现。一个接口 A 的变量 r,可以引用类 B 的对象,也可以引用类 A 的对象。当以 $r.f(\cdots)$的形式调用 f 时,如果此时 r 引用的是类 B 的对象,被调用的就是类 B 的方法 f;如果 r 引用的是类 C 的对象,则被调用的就是类 C 的 f。这就是多态。

接口示例程序如下。

```
//prg0020.java
```

```
1. interface Ia {
2.     int n = 20;                                     //n 是 final 的
3.     public void print();                            //抽象方法
4. }
5. class A1 implements Ia {
6.     public void print() {
7.         System.out.println("in A1");
8.     }
9. }
10. class A2 implements Ia {
11.     public void print() {
12.         System.out.println("in A2");
13.     }
14. }
15. public class prg0020 {
16.     static void f(Ia x) {
17.         x.print();
18.     }
19.     public static void main(String[] args)     {
20.         A1 a1 = new A1();
21.         A2 a2 = new A2();
22.         f(a1);                                      //>>in A1
23.         f(a2);                                      //>>in A2
24.     }
25. }
```

第 22 行：输出“in A1”。本书在注释中用“>>”表示“输出是”。本行输出“in A1”，是因为进入 f 函数，执行第 17 行时，x 引用的是类 A1 的对象 a1，所以执行的是 A1 的 print 函数。同理，第 23 行输出“in A2”，这就是“多态”。

Java 中有两个特别常用的接口 Comparable 和 Comparator，用于排序。用法示例如下。

```
//prg0030.java
import java.util.*;
class Dog implements Comparable {
    int age;
    Dog(int age_) {age = age_;}
    public int compareTo(Object o) {
        return age - ((Dog)o).age;
    }
}
class DogComparator implements Comparator {
    public int compare(Object o1, Object o2) {
        return ((Dog)o2).age - ((Dog)o1).age;   //请注意，o2 在前
    }
}
public class prg0030 {
    public static void main(String[] args)     {
        Dog dogs[] = new Dog[]{new Dog(12),new Dog(5),
                new Dog(3),new Dog(4)};
        Arrays.sort(dogs);
        for (Dog x:dogs)                        //>>3,4,5,12,
            System.out.print(x.age+",");
        System.out.println("");
        Arrays.sort(dogs,new DogComparator());
```

```
23.         for (Dog x:dogs)                       //>>12,5,4,3,
24.             System.out.print(x.age+",");
25.     }
26. }
```

第 5 行：compareTo 函数规定了两个 Dog 对象比大小的默认规则，就是哪个对象的 age 小，它就算小。

第 18 行：Arrays.sort 函数对 dogs 数组进行从小到大排序。其在执行过程中，需要对 dogs 数组中的元素进行比较大小。设有两个元素 x 和 y 要比较，Arrays.sort 就会执行表达式 x.compareTo(y)，若其返回值小于 0，则认为 x 比 y 小；返回值等于 0，则 x 和 y 一样大；返回值大于 0，则 y 比 x 小。故执行结果是将 dogs 的元素按照 age 从小到大排序。

第 22 行：本行的 Arrays.sort 函数和第 18 行的不同，它多了一个类型为 Comparator 的形参，不妨假设其名为 cmp。本行与形参 cmp 对应的实参是 new DogComparator()，即一个 DogComparator 对象。本行的 Arrays.sort 对 dogs 数组中的两个元素 x 和 y 进行比较时，会执行表达式 cmp.compare(x，y)，若其返回值小于 0，则认为 x 应该排在 y 前面；返回值等于 0，则哪个在前面都可以；返回值大于 0，则 x 应该排在 y 后面。故执行结果是将 dogs 的元素按照 age 从大到小排序。

2.2 内部类和内部接口

在类的内部可以定义另一个类。在类内部定义的类，就叫内部类。内部类有静态(static)和非静态两种。对于非静态的内部类，其对象必须依附于一个外部类的对象存在。而静态内部类的对象，不需要依附外部类的对象存在，本质上和普通的类没什么区别。下面是非静态内部类的示例。

```
//prg0040.java
class MyArray {
    private int a[];
    class MyIterator {                          //非静态内部类
        int ptr = 0;
        void advance() { ++ptr; }
        int get() { return a[ptr];}
        void set(int v) { a[ptr] = v; }
    }
    MyArray(int b[]) {  a = b.clone(); }
    MyIterator iterator() {
        return new MyIterator();
    }
}
public class prg0040  {
    public static void main(String[] args)   {
        MyArray x = new MyArray(new int[]{1,2,3,4});
        MyArray.MyIterator it1 = x.new MyIterator();
        MyArray.MyIterator it2 = x.iterator();
        it1.set(2000);
        System.out.println(it2.get());    //>>2000
        for(int i=0;i<4;++i) {            //>>2000,2,3,4,
            System.out.print(it1.get()+",");
            it1.advance();
```

```
24.         }
25.         MyArray.MyIterator it  = new MyArray.MyIterator();   //编译错
26.     }
27. }
```

内部类的成员,不属于外部类。例如,MyArray 并没有 ptr、advance 等成员。

第 6 行:内部类的方法中可以直接访问外部类的成员变量,或调用外部类的方法,私有的亦可,如本行的 a。此处的 a 必然属于某一个 MyArray 对象,否则无法解释。因此,MyIterator 对象必须依附于某个 MyArray 对象。

第 11 行:此处创建的 MyIterator 对象,即依附于 MyArray 对象 this。

第 17、18 行:通常使用内部类名时,需要通过"外部类名.内部类名"的形式。it1、it2 都依附于对象 x。即它们的方法中访问的 a,都是 $x.a$。但是它们各自有一份 ptr 成员变量。

第 25 行:无法看出 new 出来的 MyIterator 对象依附于哪个 MyArray 对象,故引发编译错误。

请注意,内部类中不能定义 static 的成员变量或方法。

静态内部类示例如下。

```
//prg0050.java
1.  class Rectangle {
2.      int id;
3.      static class Point {
4.          int x,y;
5.          Point(int x_,int y_) {
6.              x = x_; y = y_;
7.              //id = 5;                       //编译错误
8.          }
9.      }
10.     Point leftTop,rightBottom;
11. }
12. public class prg0050{
13.     public static void main(String[] args)   {
14.         Rectangle.Point p = new Rectangle.Point(10,20);
15.     }
16. }
```

Point 类本质上和普通类没什么区别。只不过它和 Rectangle 类联系非常紧密,所以将其写在 Rectangle 类内部,这样程序的可读性比较好。

静态内部类的方法中不可以直接访问外部类的成员变量,所以第 7 行若非注释就会引发编译错误。

第 14 行:本行创建的 Point 对象,没有与任何 Rectangle 对象发生联系。

同样可以在一个类内部定义接口。定义内部接口时,是否用"static"修饰,没有区别。

2.3 匿名类、Lambda 表达式和函数式接口

有的时候,实现了某个接口的类,只需要使用一次。专门写一个只使用一次的类,未免有些浪费。因此,Java 引入了"匿名类"的概念。匿名类没有名字,可以直接创建其对象。示例如下。

```
//prg0060.java
import java.util.*;
```

```
2.  public class prg0060{
3.      public static void main(String[] args)   {
4.          Integer a[] = {12,5,13,4,6,18};
5.          Arrays.sort(a,new Comparator () {
6.              public int compare(Object o1, Object o2) {
7.                  return (Integer)o1 % 10 - (Integer)o2 % 10;
8.              }
9.          });                                      //将 a 按个位数从小到大排序
10.         for(Integer x:a)                         //>>12,13,4,5,6,18,
11.             System.out.print(x + ",");
12.         Arrays.sort(a,new Comparator<Integer> () {
13.             public int compare(Integer o1, Integer o2) {
14.                 return o2  - o1;
15.             }
16.         });                                      //将 a 按数值从大到小排序
17.         System.out.println();
18.         for(Integer x:a)                         //>>18,13,12,6,5,4,
19.             System.out.print(x + ",");
20.     }
21. }
```

第 5～9 行：斜体加粗部分，是 sort 函数的第二个参数——一个匿名类的对象。该匿名类实现了 Comparator 接口，其 compare()方法决定了 sort 排序的方式是按元素的个位数从小到大排序。第 12～16 行类似，但是采用了更好的泛型写法。

实际上，匿名类不但可以从接口派生，还可以从类派生。这种用法本书未涉及，故略过。

在 JDK 8 中引入了 Lambda 表达式的概念。Lambda 表达式是一个匿名函数，其形式如下。

```
(形参表)->{
    函数体
}
```

函数体部分可由多条语句构成。

Lambda 表达式一般结合函数式接口来使用。函数式接口，就是有且只有一个抽象方法的接口（还可以有非抽象方法）。若某函数 f 的形参是函数式接口 x，而 Lambda 表达式 y 是调用 f 时给的实参，则本质上实参还是一个实现了接口 x 的匿名类的对象，y 就相当于该匿名类中来自于函数式接口 x 的抽象方法的实现。示例如下。

```
//prg0070.java
import java.util.*;
interface Visitor {                                                  //函数式接口
    void visit(int x);
}
public class prg0070{
    private static void goThrough(int [] a, Visitor op) {
        for(int x:a)
            op.visit(x);
    }
    static int total;
    public static void main(String[] args)   {
        int b[] = {1,2,3,4,5};
        goThrough(b, (x)->{ System.out.print(x+","); });       //>>1,2,3,4,5,
        System.out.println();
```

```
15.         total = 0;
16.         Visitor func = (x)->{ total += x;};
17.         goThrough(b,func);
18.         System.out.println(total);        //>>15
19.         Integer a[] = {12,5,13,4,6,18};
20.         Arrays.sort(a,(x,y)->{ return (int)x % 10 - (int)y % 10; });
21.         //将 a 按个位数从小到大排序
22.         for(Integer x:a)                  //>>12,13,4,5,6,18,
23.             System.out.print(x + ",");
24.     }
25. }
```

第 2 行：接口 Visitor 中有且只有一个抽象方法，因此它是函数式接口。

第 13 行：粗斜体的部分，就是一个 Lambda 表达式。由于 goThrough()的第二个形参类型为 Visitor，因此本行的第二个实参是一个实现了 Visitor 接口的匿名类的对象，该 Lambda 表达式就是匿名类中来自 Visitor 接口的 visit()方法的实现，即可以将其看作匿名类的如下方法。

```
void visit(int x) {
    System.out.print(x+",");
}
```

从第 13 行进入 goThrough 函数，则执行第 8 行 op.visit(x)时，调用的就是上面的方法。

第 17 行：从本行进入 goThrough 函数，则第 8 行相当于调用的是如下函数。

```
void visit(int x) {
    total += x;
}
```

请注意，第 16 行修改了 total 的值。Java 规定，在这种情况下，total 不可以是局部变量，即若将第 15 行改为 int total = 0；则第 16 行会引发编译错误。

第 20 行：Arrays.sort()的第二个参数是 Comparator 类型的。Comparator 接口只有一个抽象方法 int compare(Object o1, Object o2)；因此，本行的粗斜体部分，就是 Comparator 接口中 compare()方法的实现，相当于如下函数。

```
int compare(Object x,Object y) {
    return (int)x % 10 - (int)y % 10;
}
```

在 java.util.function 中自带了许多函数接口，例如下面的几个。

```
interface Consumer<T> {
    public void accept(T t);
}
interface IntConsumer {
    public void accept(int value);
}
interface BiPredicate<T,U> {
    public boolean test(T t, U u);
}
```

如果使用 IntConsumer 接口，则上面的 prg0070 中就可以不必编写 Visitor 接口，可以改写 goThrough 函数如下。

```
//prg0072.java
private static void goThrough(int [] a, IntConsumer op) {
```

```
    for(int x:a)
        op.accept(x);
}
```

第 13 行不用修改，再将第 16 行改为

```
IntConsumer func = (x)->{ total += x;};
```

程序就能起到相同的效果。

不妨把实现了函数式接口的类的对象称为函数对象，则上面的 func 就是一个函数对象，因为它本质上是一个实现了 IntConsumer 接口的匿名类的对象。

java.util.function 中部分常用函数式接口的名称和其中的抽象方法列举如表 2.1 所示。

表 2.1　部分常用函数式接口

接　口　名	抽象方法
BiPredicate<T,U>	boolean test(T t, U u);
BinaryOperator<T>	T apply(T t, T u);
Consumer<T>	void accept(T t);
Function<T,R>	R apply(T t);
IntConsumer	void accept(int value);
IntFunction<T>	T apply(int value);
Predicate<T>	boolean test(T t);
Supplier<T>	T get();
ToIntFunction<T>	int applyAsInt(T value);

要看懂此表，需要了解 2.4 节讲述的“泛型”的概念。

2.4 泛　型

2.4.1 泛型的概念和作用

泛型程序设计(Generic Programming)是一种算法在编程实现时不指定具体要操作的数据的类型的程序设计方法。所谓“泛型”，指的就是算法或数据结构只要实现一遍，就能适用于多种数据类型。具体做法是：编写一段代码时，其中的一些变量，其类型并非具体确定的类型，而是用一个“类型参数”(例如 T、E、Some 等符合变量命名规则的标识符)来表示。当这段代码被真正应用的时候，“类型参数”可以被替换为不同的具体类型，如 int、String、Student 等。例如，希望实现一个可变长的数组，只写一套代码就能生成 int 类型、String 类型等不同类型的数组，就可以用泛型机制来实现。

泛型程序设计的思想，在 C++ 语言中有充分的体现。在 C++ 中，可以编写以下泛型函数(在 C++ 中称为函数模板)。

```
template <class T>                    //声明下面的 Max 是函数模板，T 是类型参数
T Max(T a,T b) {                      //函数返回值类型是 T，两个参数类型都是 T
    if (a > b) return a;
    return b;
}
```

然后可以按如下方法使用 Max 模板。

```
int n = Max(12,4);                        //n的值为12
string s = Max("Tom","Jack");             //s的值为"Tom"
double d = Max(12.3,24.5);                //d的值为24.5
```

C++编译器在处理第1行的Max(12,4)时，由于看到两个参数都是int类型的，因此会将Max模板中的T替换成int，自动生成如下函数加入程序一起编译，并且将本行编译为对该函数的调用。

```
int Max(int a,int b) {
    if (a > b) return a;
    return b;
}
```

相应地，编译器在处理第2行时会自动生成string Max(string a, string b)函数并调用，处理第3行时会自动生成double Max(double a,double b)函数并调用——这样，只需要编写一个Max模板，就可以自动生成多个对各种类型的两个变量求最大值的函数，这就实现了代码重用。C++还支持可以用来自动生成多个类的类模板。

对Java来说，泛型不像在C++中那么重要。JDK 1.5之前的Java不支持泛型，但是因为Java中所有的类都派生自Object类，所以通过使用继承和多态，可以基本达到泛型想要达到的目的。在Java中，可以如下编写Max函数。

```
//prg0080.java
1. public class prg0080 {
2.     static Object Max(Comparable a,Object b) {
3.         if(a.compareTo(b) < 0) return b;
4.         return a;
5.     }
6.     public static void main(String[] args)    {
7.         int n = (int)Max(12,4);           //n的值为12。12和4被当作Integer对象
8.         String s = (String) Max("Tom","Jack");           //s的值为"Tom"
9.         double d = (double) Max(12.3,24.5);              //d的值为24.5
10.    }
11. }
```

第7行：12和4被当作Integer对象。Integer类是实现了Comparable接口的，因此12和4可以作为Max函数的第一个参数。

第8行："Tom"和"Jack"自然都被看作String对象。

JDK 1.5引入泛型特性时，为了兼容旧的如prg0080.java那样没有泛型特性的代码，并没有在本质上实现泛型，而只是表面上实现了泛型——可以称为"伪泛型"。C++支持泛型的主要目的是提高代码重用性，而Java支持"伪泛型"的主要目的是提供编译时进行类型约束的手段，这样就能尽量将类型不匹配的错误在编译阶段发现，减少运行时由于类型不匹配引发的错误——即增加类型安全性。另外，增加了编译时的类型约束，还可以免除不必要的类型强制转换。

2.4.2 泛型类、泛型接口和泛型函数

Java中的泛型有三种表现形式：泛型类、泛型接口和泛型函数。

泛型类和泛型接口的写法如下。

```
class 类名<类型参数1,类型参数2,…> {
```

```
    …
}
interface 接口名<类型参数 1,类型参数 2,…> {
    …
}
```

在类内部或接口内部可以用类型参数来表示变量类型或函数返回值类型。

泛型函数的写法如下。

```
<类型参数 1,类型参数 2> 返回值类型 函数名(形参表) {
    …
}
```

形参表和函数内部都可以用类型参数来定义变量。

编译器会根据用到泛型类、泛型接口、泛型函数的代码,用具体的类名替换泛型类中的类型参数,将泛型类“实例化”为一个具体的类。这个具体的类,在 C++ 语言中会真正由编译器生成并编译到可执行代码中去;在 Java 中,编译器只是“假装”生成了该类,并煞有介事地在编译阶段用该类进行类型匹配的语法检查,但是在编译后的可执行代码中,并不会出现“实例化”后的具体类。

将泛型类“实例化”为具体类的写法是:

```
泛型类名<类型实参 1,类型实参 2,…>
```

“类型实参”就是具体的类型,如 String、Integer、Student 等。Java 编译器用类型实参替换对应类定义中的类型参数,以“假装”生成一个具体的类,用以进行类型检查。

在 Java 中,类型实参只能是引用类型,即 Object 的派生类类型,**Java 不允用基本类型(如 int、float、boolean、double、char、byte 等)作为类型实参**。下面是一个泛型类的例子。

```
//prg0090.java
class Pair<T1,T2> {                                   //泛型类
    private T1 key;                                   //成员变量 key 是 T1 类型
    private T2 value;                                 //成员变量 value 是 T2 类型
    Pair(T1 k,T2 v) {
        key = k; value = v;
    }
    Pair(int n) { key = null; value = null; }
    T1 getKey() {                                     //返回值是 T1 类型
        return key;
    }
}
public class prg0090 {
    public static void main(String[] args)     {
        Pair<Integer,String> a = new Pair<>(100,"Tom");
        //Pair a = new Pair<Integer,String>(100,"Tom"); 这样写不行
        Integer aKey = a.getKey();                    //aKey 值为 100
        Pair<String,Float> b = new Pair< >("Jack",3.14F);
        String bKey = b.getKey();                     //bKey 值为 "Jack"
        System.out.println(a.getClass());             //>>class xxx.Pair   xxx 是包名
        System.out.println(b.getClass());             //>>class xxx.Pair
        Pair<String,float> c = new Pair< >("Jack",3.14F);    //编译错误
        a = new Pair<>("Mike",200);                   //编译错误
    }
}
```

第 14 行：Integer 和 String 就是类型实参。在编译阶段可以认为，对象 *a* 所属的具体的类是 Pair<Integer,String>，这个类就是由 Pair“实例化”出来的。该类的形式，就是将 Pair 定义内部所有的 T1 替换成 Integer，所有的 T2 替换成 String 后的样子。因此第 16 行，*a*.getKey()的返回值类型就是 Integer，不需要转换就可以赋值给 aKey。但是在第 22 行，由于 *a* 所属的类是 Pair<Integer,String>，该类构造函数的第一个参数是 Integer 类型的，因此本条语句导致类型不匹配的编译错误——这就体现了泛型对类型的约束。请注意，编译错误和运行时错误不同，有编译错误的程序，根本不能启动运行，且一般在 Java 开发环境中都会有红色波浪线标明错误的语句。第 14 行更完整清晰的写法如下。

```
Pair<Integer,String> a = new Pair<Integer,String>(100,"Tom");
```

赋值号右边可以写成 new Pair< >(100,"Tom")是因为编译器根据赋值号左边的“<Integer,String>”自动往空的“< >”中间填写了“Integer,String”。

第 19、20 行：按照真正的泛型的概念，*a* 所属的类是 Pair<Integer,String>，*b* 所属的类是 Pair<String,Float>(将 Pair 中的 T1 替换成 String，T2 替换成 Float 而得)，这两个类的形式不同，应算不同的类。C++ 语言就是这么做的。但是根据 *a*.getClass()和 *b*.getClass()的返回结果，发现 *a* 和 *b* 所属的类是一样的，名字都是 Pair。这说明，定义 *a* 时使用的类 Pair<Integer,String>和定义 *b* 时使用的类 Pair<String,Integer>，只在编译阶段做类型检查用——可以引发第 22 行的类型不匹配编译错误。在编译后的可执行代码中，即在运行时，并不存在不同的 Pair<Integer,String>类和 Pair<String,Float>类，而是只有一个 Pair 类——所以前文说 Java 的编译器只是“假装”生成了实例化后的类。实际上，这个 Pair 类的形式就是将 T1 和 T2 都替换成 Object 而得，和下面的 prg0100 中的 Pair 类一模一样。类型实参不管是什么，只在编译时做类型匹配检查用，类型参数(如 T1，T2)编译后都变成了 Object 类型，这叫作“类型擦除”。使用类型擦除来实现的泛型，本质上不是真正的泛型，因此称为“伪泛型”。

第 21 行：正是由于类型参数编译后都变成了 Object 类型，而基本类型如 int、float 并非 Object 的派生类，和 Object 类型不兼容，所以类型实参不可以是基本类型，故本行编译出错。引用类型都是 Object 类型的派生类，因此可以作为类型实参使用。

正是因为有类型擦除，所以在 Java 中不可以编写以下泛型函数。

```
<T> boolean less(T a, T b) {
        return a < b;                       //编译出错，因两个 Object 对象不可以用 < 比较
}
```

也正是因为有类型擦除，Java 不允许用类型参数定义静态成员变量(属性)，以及在静态方法中使用类型参数。例如：

```
1.  class A<T> {
2.      static T n;                         //编译错误
3.      static T get() { }                  //编译错误
4.      static <E> void f(E a) { }          //没问题
5.  }
```

虽然既可以定义 *A*<Integer>类型的对象，也可以定义 *A*<String>类型的对象，但是在运行阶段本质上只有一个类 *A*<Object>，因此 *A*<Integer>类型的对象和 *A*<String>类型的对象就要共享同一个静态成员变量 Object *n*，那么在做类型检查时，这个 *n* 应该是 Integer 类型还是 String 类型呢？无法回答。故不可定义泛型的静态成员变量 *n*。第 3 行编

译错误的道理相同。

第 4 行：本行没有问题，因为类型参数 E 和 T 没有关系。即便将本行中的 E 替换成 T，依然可行，因为本行中的 T 和第 1 行的 T 没有关系，定义一个 A<Integer>对象，并不会告诉编译器本行中的 T 应该是 Integer，只有在调用 *f* 函数时，编译器才会根据实参的类型来推断出本行 T 的类型。

下面看看不使用泛型的 Pair 类如何编写，对比使用泛型的写法，看看何处体现泛型的作用。

```
//prg0100.java
1.  class Pair {
2.      private Object key;
3.      private Object value;
4.      Pair(Object k,Object v) {
5.          key = k; value = v;
6.      }
7.      Object getKey() {
8.          return key;
9.      }
10. }
11. public class prg0100 {
12.     public static void main(String[] args)      {
13.         Pair a = new Pair(100,"Tom");
14.         Integer aKey = (Integer) a.getKey();        //aKey 值为 100
15.         Pair b = new Pair("Jack",3.14F);
16.         String bKey = (String) b.getKey();          //bKey 值为 "Jack"
17.         a = new Pair("Mike",200);                   //没有类型约束,编译能通过
18.         Integer aKey2 = (Integer) a.getKey();       //编译没问题,运行时错误
19.     }
20. }
```

prg0090 中的 Pair 泛型类被编译后的结果，和 prg0100 中的 Pair 类一样。

第 14 行：因 *a*.getKey 返回值类型是 Object，故此处必须进行强制类型转换，否则会编译出错。而在 prg0090 中对应的第 16 行却不需要做强制类型转换。

第 17 行：假设程序员希望 *a* 的 key 是 200，value 是“Mike”，则本该写成 Pair(200，"Mike")，但是他记错了构造函数参数的顺序，写成本句的样子。由于"Mike"和 200 都是 Object 的派生类的对象(200 被包装成 Integer 对象)，所以本句并不会产生编译错误，运行时也没有问题。但是，程序执行到第 18 行时，由于 *a*.getKey()的返回值是一个 String 对象，因此会出现“类型转换失败”的运行错误——产生这一错误的根源，是第 17 行写错了。由于编译错误是一定会被发现的，而运行时错误可能百般测试也发现不了，却在软件发布后在用户手中突然出现，所以开发者当然希望能在编译阶段就能够消除错误隐患。prg0090 中的第 22 行 a = new Pair<>("Mike",200)；会编译出错，即可避免产生本程序第 18 行那样的运行时类型转换错误——这就是使用泛型类增强类型安全性的例子。

JDK 1.5 将大量的类和接口都改写成了泛型类，如 Comparable 接口、ArrayList 类等。Comparable 接口的源代码由：

```
interface Comparable {
    int compareTo(Object o);
}
```

改变为

```
interface Comparable<T> {
    int compareTo(T o);
}
```

相应地，实现了 Comparable 接口的类 *A*，应如下编写。

```
class A implements Comparable<A> {
    @Override
    public int compareTo(A o) {                  //注意，此处参数类型为 A，不是 Object 了
        …
    }
}
```

对比下面不使用泛型的老式写法：

```
class A implements Comparable {
    @Override
    public int compareTo(Object o) {
        …
    }
}
```

老式写法需要在 compareTo 函数内部将 *o* 强制转换成 *A* 对象，而新写法不用。

prg0080 在 JDK 1.5 之后可以改为以下泛型函数写法。

```
//prg0110.java
1.  public class prg0110 {
2.      static <T> T Max(Comparable<T> a, T b) {
3.          if(a.compareTo(b) < 0) return b;
4.          return (T)a;
5.      }
6.      public static void main(String[] args)    {
7.          Integer n = Max(12,4);              //n 的值为 12。12 和 4 被当作 Integer 类型
8.          String s = Max("Tom","Jack");       //s 的值为"Tom"
9.          double d = Max(12.3,24.5);          //d 的值为 24.5
10.         Double x = Max(12.3,6);             //编译出错
11.     }
12. }
```

泛型函数被调用的时候，编译器通过实际参数的类型，来决定类型参数应被看作什么类型。例如，第 7 行，12 和 4 都是 Integer 类型，因此 Max 中的 T 类型就应该看作 Integer 类型，则 Max 的返回值就是 Integer 类型，不需要转换就可以直接赋值给 *n*。

第 10 行编译出错是因为两个参数一个是 Double 类型，一个是 Integer 类型，所以编译器就搞不清该把 T 视为何种类型。

请注意，对比 prg0080，main()中的各条语句不再需要进行强制类型转换。

设想一下如下需求：要用一个 ArrayList 对象 lst 来存放 Integer 类型的数组，不希望往 lst 里加入非 Integer 类型的元素。在 JDK 1.5 之前，编译器无法阻止不小心错写的往 lst 里插入 String 或其他类型对象的语句，如下面的程序片段中的第 4 行。

```
//prg0120.java
1.  ArrayList lst = new ArrayList();
2.  for(int i=0;i<5;++i)
3.      lst.add(i);                   //i 被转换成 Integer 对象加入 lst
4.  lst.add("Tom");                   //没有类型约束，编译能通过
```

```
5.  int n = (Integer)lst.get(4);      //n的值为 4
6.  n = (Integer)lst.get(5);          //下标为 5 的元素是"Tom",故运行时导致类型转换错误
```

第 4 行和第 6 行编译都能通过,但是程序运行到第 6 行会产生类型转换错误。我们当然希望第 4 行能够编译出错。

从 JDK 1.5 开始,ArrayList 变成了泛型类。如果只想让 ArrayList 对象 lst 存放 Integer 类型的数据,则可以如下定义 lst 对象。

```
//prg0130.java
1.  ArrayList<Integer> lst = new ArrayList<>();
2.  for(int i=0;i<5;++i)
3.      lst.add(i);
4.  lst.add("Tom");                              //编译出错
```

第 1 行:ArrayList<Integer>告诉编译器 lst 中只能存放 Integer 类型的对象,这就是类型约束。所以第 4 行编译出错。

2.4.3 泛型数组

Java 允许定义一个泛型数组,然而却不允许 new 一个泛型数组。例如:

```
//prg0140.java
1.  class A<T> {
2.      T a[];
3.      A(int size) {
4.          a = new T[size];                     //编译错误
5.          a = (T[])new Object[size];           //引发编译警告,可以不理会
6.      }
7.  }
8.  class B<T> {  }
9.  public class prg0064{
10.     public static void main(String[] args)
11.     {
12.         B<String> b[];
13.         b = new B<String>[20];               //编译错误
14.         b = new B[20];                       //引发编译警告,可以不理会
15.     }
16. }
```

第 4 行和第 13 行都是因为 new 一个泛型数组导致编译错误。解决方法分别如第 5 行和第 14 行所示。不必理会编译警告信息。

★★2.4.4 泛型的上下界

实例化一个泛型类的时候,在"<>"中和类型参数对应的类型实参,还可以写成以下两种形式。

```
? super 具体类型
? extends 具体类型
```

第一种写法称为泛型的"下界",意味着向上兼容;第二种写法称为泛型的"上界",意味着向下兼容。

设有泛型类 G<T>和具体的引用类型 x 和 y(x、y 为 Integer、String、Student 等类型)。若类型 **y 和 x 相同,或 y 是 x 的派生类**(x 派生 z,z 派生 y,则 y 也算 x 的派生类),则类型

$G<?\ \mathrm{super}\ y>$兼容类型$G<x>$，类型$G<?\ \mathrm{extends}\ x>$兼容类型$G<y>$——可以将类型为$G<x>$的对象赋值给类型为$G<?\ \mathrm{super}\ y>$的对象（向上兼容），也可以将类型为$G<y>$的对象赋值给类型为$G<?\ \mathrm{extends}\ x>$的对象（向下兼容）。下面的程序说明了这一点。程序中没有注释为“编译错”的语句都是合法的。

```
//prg0150.java
1.  class Flower { }
2.  class Rose extends Flower { }
3.  class WhiteRose extends Rose{ }
4.  class Vase<T> {                                       //瓶子
5.      T v;                                              //可以表示瓶子里放的东西
6.      Vase(T v_) { v = v_; }
7.      T get() { return v; }
8.      void set(T v_) { v = v_; }
9.  }
10. public class prg0150 {
11.     static <T> T f(T a ,T b) { return a; }
12.     public static void main(String[] args)     {
13.         Vase<Flower>  vF = new Vase<>(new Flower());
14.         Vase<Flower>  vF2 = new Vase<>(new Rose());
15.         Vase<Flower>  vF3 = new Vase<Rose>(new Rose()); //编译错
16.         Vase<Rose> vR = new Vase<>(new Rose());
17.         vR = vF;                                        //编译错
```

第14行：赋值号右边等价于 new Vase<Flower>(new Rose());。由于Rose对象也是Flower对象，因此本句没有问题。

第15行：Vase<Flower>和Vase<Rose>是不同的类型，所以编译错。同理，第17行编译错。Vase<Flower>可以看作花瓶，Vase<Rose>可以看作放玫瑰的瓶子，从逻辑上来讲，似乎放玫瑰的瓶子也应该被看作花瓶，但此逻辑在Java中行不通。程序继续：

```
18.         Vase<WhiteRose> vW = new Vase<>(new WhiteRose());
19.         Vase<? super Rose> vsR = new Vase<>(new Flower());
20.         vsR = new Vase<>(new Rose());
21.         vsR = vF;
```

第19行：在赋值号右边，编译器会由构造函数的参数是Flower类型而推断出应该往空“<>”中填“Flower”，故赋值号右边等价于 new Vase<Flower>(new Flower());。因Flower是Rose的超类（基类），故Vase<? super Rose>类型可以兼容Vase<Flower>类型，本句的赋值成立。同理，第21行成立。程序继续：

```
22.         Vase<? extends Rose> veR = new Vase<Rose>(new Rose());
23.         veR = new Vase<>(new WhiteRose());
24.         veR = vW;
25.         veR = vF;                          //编译错，因 Flower 不是 Rose 的派生类
26.         Flower f1 = f(new Rose(),new Flower());
27.         Rose f2 = f(new Rose(),new Flower()); //编译错
```

第23行：赋值号右边等价于 new Vase<WhiteRose>(new WhiteRose());。由于WhiteRose是Rose的派生类，所以Vase<? extends Rose>类型可以兼容Vase<WhiteRose>类型。这似乎实现了“白玫瑰花瓶是玫瑰花瓶”的逻辑。

第26行：两个实参一个是Rose类型，一个是Flower类型，显然将函数f中的类型参数T解释成Flower类型能够说得过去，因此函数返回值是Flower类型。而第27行无法解释，

编译错。

```
28.         veR.set(new Rose());                //编译错
29.         veR.set(new WhiteRose());           //编译错
30.         Object o1 = vsR.get();
31.         Flower o2 = vsR.get();              //编译错
32.         vsR.set(new Rose());
33.         vsR.set(new WhiteRose());
34.         vsR.set(new Flower());              //编译错
35.     }
36. }
```

第 28 行：veR 可能引用(指向)一个 Vase＜Rose＞对象，也可能引用一个 Vase＜WhiteRose＞对象。如果此刻 veR 引用的是一个 Vase＜WhiteRose＞对象，则其 set 函数的参数应该是一个 WhiteRose 对象，于是本行就是类型不匹配的。编译器不分析程序的运行结果，它无法知道此刻 verR 到底引用哪种对象。为保险起见，干脆让本行编译错误。

第 29 行：编译器并不会去记住 WhiteRose 类到底有没有派生类。如果 WhiteRose 还有派生类如 SweetWhiteRose，那么此刻 veR 就有可能引用一个 Vase＜SweetWhiteRose＞对象，出于和第 28 行同样的理由，只能让本行编译出错。

从第 28、29 行可以看出，实际上，veR.set()根本就没法被调用，不管实参是什么都会编译出错。

第 31 行：vsR 可能引用 Vase＜Rose＞对象，可能引用 Vase＜Flower＞对象，也可能引用 Vase＜Object＞对象，编译器无从知晓。如果 vsR 引用的是 Vase＜Object＞对象，其 get 函数返回值就应该是 Object 对象，于是本行就导致类型不匹配。所以只能让本行编译出错。任何类型都是 Object 的派生类，所以第 30 行没问题。

第 34 行：如果 vsR 引用的是一个 Vase＜Rose＞对象，则其 set 函数参数应该为 Rose 对象，本行导致类型不匹配，所以只能让本行编译出错。

如果编写以下函数：

```
static void func(ArrayList<? super Rose> as,
                 ArrayList<? extends Rose> ae) {
    ae.add(new Rose());                         //编译错
    Object o = as.get(0);
    Flower fl = as.get(0);                      //编译错
    as.add(new Rose());
    as.add(new WhiteRose());
}
```

会发现，无法往 ae 中 add 任何对象，而 as.get()取出的对象只能赋值给 Object 对象。原因请读者参考 prg0150 进行探究。

实际上，在编写泛型类或泛型接口的时候，也可以使用＜? extends T＞和＜? super T＞的形式，这里 T 为类型参数，而不是实际类型，例如下面程序的第 16 行。

```
//prg0160.java
1.  class Flower { }
2.  class Rose extends Flower { }
3.  interface Cutter<T> {                          //剪刀
4.      void cut(T f);
5.  }
6.  class Cf implements Cutter<Flower> {
```

```
7.      public void cut(Flower arg0) { }
8.  }
9.  class Cr implements Cutter<Rose> {
10.     public void cut(Rose f) { }
11. }
12. class Gardener<T> {                                          //带剪刀的园丁
13.     Gardener(Cutter <T> x) { }
14. }
15. class GardenerEx<T> {
16.     GardenerEx(Cutter <? super T> x) { }
17. }
18. public class prg0160 {
19.     public static void main(String[] args)   {
20.         Gardener<Rose> g1 = new Gardener<Rose>(new Cf());        //编译错
21.         GardenerEx<Rose> g2 = new GardenerEx<Rose>(new Cf());   //ok
22.     }
23. }
```

请注意 Gardener 和 GardenerEx 的构造函数形参类型不同而造成的第 22 行和第 23 行的差别。

★★2.5 迭 代 器

迭代器(Iterator)可以被看作指向某个容器中的元素的指针。

如果编写了某个类 MyContainer,用以存放多个 Integer 对象(或其他类型的对象),例如 MyContainer 表示一个存放 Integer 对象的链表、动态数组或集合等,则对于 MyContainer 类型的对象 container,即可以将其视为一个容器,并可能希望用下面的 foreach 循环来遍历 container 中包含的所有元素。

```
for (Integer x:container) {
    …                                          //此处是一些语句
     System.out.println(x);
    …                                          //此处是一些语句
}
```

对上面这个 foreach 循环,Java 本质上是通过如下方式实现的。

```
Iterator<Integer> it = container.iterator();
while(it.hasNext()) {
     Integer x = it.next();
    …                                          //此处是一些语句
    System.out.println(x);
    …                                          //此处是一些语句
}
```

因此,要让 MyContainer 对象支持 foreach 循环,就需要让 MyContainer 类实现 Iterable 接口。Java 自带的 Iterable 接口定义如下。

```
interface Iterable<T> {
    public Iterator<T> iterator();
    //该方法应返回一个迭代器,通常该迭代器指向容器中的最靠前元素
}
```

而 Iterator 也是 Java 自带的一个接口,定义如下。

```
interface Iterator<T> {
    public boolean hasNext();                        //是否还有下一个元素
    public T next();                                 //返回当前元素,并让迭代器指向下一个元素
}
```

使用迭代器的程序示例如下。

```
//prg0170.java
1.  import java.util.*;
2.  class MyContainer implements Iterable<Integer> {
3.      ArrayList<Integer> a = new ArrayList<>();
4.      class MyIterator implements Iterator<Integer> {
5.          int ptr;                                 //用以指向 a 中的元素
6.          MyIterator() { ptr = 0; }
7.          public boolean hasNext() {
8.              return ptr < a.size();
9.          }
10.         public Integer next() {
11.             return a.get(ptr++);
12.         }
13.     }
14.     public Iterator<Integer> iterator() {
15.         return new MyIterator();                 //返回一个指向 a[0]的迭代器
16.     }
17.     void add(Integer x) { a.add(x); }
18. }
19. public class prg0170 {
20.     public static void main(String[] args)   {
21.         MyContainer obj = new MyContainer();
22.         for(int i=0;i<5;++i) obj.add(i);
23.         for (Integer x:obj)                      //>>0,1,2,3,4,
24.             System.out.print(x+",");
25.         System.out.println();
26.         Iterator<Integer> it = obj.iterator();
27.         while(it.hasNext()) {                    //>>0,1,2,3,4,
28.             Integer x = it.next();
29.             System.out.print(x+",");
30.         }
31.     }
32. }
```

第 23、24 两行,本质上就是用第 26～30 行的方式实现的。

第3章 线性表

线性表是一个由元素构成的序列，该序列有唯一的首元素和尾元素，除了首元素外，每个元素都有唯一的前驱元素，除了尾元素外，每个元素都有唯一的后继元素，因此线性表中的元素是有先后关系的。

线性表中的元素数据类型相同，即每个元素所占的内存空间大小必须相同。

实践中，适合用线性表存放数据的情形有很多，如 26 个英文字母的字母表、一个班级全部学生的个人信息表、参加会议的人员名单等。

根据在内存中存储方式的不同，线性表可以分为顺序表和链表两种。

3.1 顺序表

3.1.1 顺序表的概念和操作

顺序表是元素在内存中连续存放的线性表。**顺序表的最根本和最有用的性质，是每个元素都有唯一序号，且根据序号访问(包括读取和修改)元素的时间复杂度是 $O(1)$ 的。**序号通常也称为元素的“下标”。首元素的下标是 0(规定为 1 也可以)，下标为 i 的元素的前驱元素如果存在的话，下标是 $i-1$，后继元素如果存在的话，下标是 $i+1$。下标为 i 的元素，就称为第 i 个元素。

各种程序程序设计语言，如 C/C++、Java 等中的数组，都是顺序表。Python 中的列表(list)也是顺序表。**顺序表中的元素类型是一样的。**

一般来说，顺序表应当支持表 3.1 中的操作。

表 3.1 顺序表支持的操作

序号	操作	含义	时间复杂度
1	init(n)	生成一个含有 n 个元素的顺序表，元素值随机	$O(1)$
2	init($a_0, a_1, \cdots, a_n$)	生成元素为 $a_0, a_1, \cdots, a_n$ 的顺序表	$O(n)$
3	length()	求表中元素个数	$O(1)$
4	append(x)	在表的尾部添加一个元素 x	$O(1)$
5	pop()	删除表尾元素	$O(1)$

续表

序号	操 作	含 义	时间复杂度
6	get(i)	返回下标为 i 的元素	$O(1)$
7	set(i,x)	将下标为 i 的元素设置为 x	$O(1)$
8	find(x)	查找元素 x 在表中的位置	$O(n)$
9	insert(i,x)	在下标为 i 处插入元素 x	$O(n)$
10	remove(i)	删除下标为 i 的元素	$O(n)$

init(n)：分配一片能够放下 n 个元素的内存空间，不需要对这片空间进行初始化。这片内存空间里原来的内容是什么，分配完还是什么，因此 n 个元素的初始值是随机无意义的。当然，分配空间本身是需要时间的，其快慢取决于操作系统，姑且认为是 $O(1)$的。

init($a_0,a_1,\cdots,a_n$)：和 init 操作相比，需要将存放 $n+1$ 个元素的内存空间初始化为 a_0，$a_1,\cdots,a_n$，因此复杂度为 $O(n)$。

length()：求顺序表元素个数。该操作应在 $O(1)$时间内完成，专门维护一个记录顺序表元素个数的变量即可做到这一点。

append(x)：在顺序表尾部添加元素。这是一件比较复杂的事情。如果为顺序表分配的内存空间刚好容纳原有的全部 n 个元素，则直接将新元素添加到末尾元素的后面是不行的，因为末尾元素后面的内存空间有可能并非空闲，而是已经另有他用，如果鲁莽地往这部分空间写入数据，可能导致不可预料的错误。一种解决办法是重新分配一块足以容纳 $n+1$ 个元素的连续的内存空间，将原来的 n 个元素复制过来，然后再写入新的元素，当然还要释放原来的空间。这样做需要用 $O(n)$的时间来复制元素，append(x)的复杂度就是 $O(n)$。为了避免每次执行 append(x)都要复制元素，可以预先为顺序表多分配一些空间，这样需要执行 append(x)时，绝大多数情况下就可以直接将 x 写入原末尾元素的后面。待多余空间用完了，再次执行 append(x)，才需要重新分配一片更大的空间并执行复制元素的操作。

按照预先多分配空间的思想，可以引入顺序表的“容量”这个概念。顺序表的容量，是指不需要重新分配空间就能容纳的最大元素个数。空顺序表生成时，容量可以为 0，但是第一次执行 append(x)操作时，就可以多分配存储空间，例如，使其容量变为 4(当然也可以是其他数目)，这样接下来的 3 次 append(x)操作就不需要重新分配空间。当元素个数到达容量时，再执行 append(x)操作就需要重新分配空间并进行元素的复制。重新分配空间时，新的容量自然不能只是原容量加 1，而应该增加得更多。

一种方案是每次重新分配空间时，新容量总是等于旧容量加 k，k 是固定值。对空表执行 append(x)操作时即分配容量 k。由于元素个数每达到 k 的倍数加 1 时就需要重新分配存储空间并进行元素的复制，因此可以算出，执行 $m\times k$ 次 append(x)操作，元素个数从 0 增长到 $m\times k$ 的过程中，总共复制过的元素个数是：

$$k+2k+3k+\cdots+(m-1)k=k(1+2+3+\cdots+(m-1))=\frac{km(m-1)}{2}$$

因此在元素总数 $n=m\times k$ 的情况下，平均每次 append(x)操作，需要复制 $\frac{m-1}{2}$ 个元素，$\frac{m-1}{2}=\frac{k(m-1)}{2k}=\frac{n-k}{2k}=\frac{n}{2k}-\frac{1}{2}$，由于 k 是常数，所以 append(x)的复杂度是 $O(n)$。这说明扩容时新容量总是等于旧容量加 k 的办法意义不大。

还有一种方案，扩容时，新容量总是旧容量的 k 倍。k 是大于 1 的固定值，可以取 1.2、

1.5、2 等。假定第一次分配空间时，容量为 1。由于元素个数每达到 k 的幂(向上取整)加 1 时就需要重新分配存储空间并进行元素的复制，因此可以算出，执行 k^m 次 append(x)操作，元素个数达到 k^m 个时，总共复制过的元素个数是：

$$1+k+k^2+\cdots+k^{m-1}=\frac{k^m-1}{k-1}$$

因此在元素总数 $n=k^m$ 的情况下，平均每次 append(x)操作，需要复制的元素个数是：

$$\frac{(k^m-1)}{k^m(k-1)}=\frac{n-1}{n(k-1)}<\frac{1}{k-1}$$

因 k 是常数，所以 append(x)操作的平均复杂度是 $O(1)$的。一般来说，k 取 1.2 左右既不会太浪费空间，又能兼顾效率。

在上面的推导过程中，k^m 不是整数时，向上取整即可，不影响结论的正确性。

pop()：append(x)都能做到 $O(1)$，删除表尾元素做到 $O(1)$当然也没有问题，一般情况下，只需要将元素总个数的计数值减 1 即可。在表中空闲单元超过一定程度(如超过容量的一半)的时候，可以为顺序表重新分配更小的容量，将原有元素复制过去。

get(i)和 set(i,x)：假设顺序表在内存的起始地址是 s，且每个元素占用的内存空间为 m 字节，则第 i 个元素的内存地址就是 $s+i\times m$——这里的下标 i 从 0 开始算。由于用 $O(1)$的时间就能找到第 i 个元素的地址，所以读写第 i 个元素的时间，就是 $O(1)$的，和顺序表中元素的个数无关。

find(x)：要在顺序表中查找元素 x，没有什么好办法，只能从头看到尾。如果表中有 x，可能出现在头一个，也可能出现在最后一个，对一个有 n 个元素的顺序表，平均要看$(n+1)/2$ 个元素才能找到 x。如果表中不包含 x，则要看完 n 个元素才能得到这个结论。不管哪种情况，复杂度都是 $O(n)$。如果找到 x，则返回 x 第一次出现的下标；如果找不到 x，可以返回 -1。find()还可以有功能更强的版本，如 find(x,i)表示从下标 i 处开始寻找 x。

如果顺序表中元素是排好序的，则用二分查找的办法，可以使得查找的复杂度变为 $O(\log(n))$。但那是另一回事，因为顺序表的特性并不包括元素有序。

insert(i,x)：在下标 i 处插入元素 x，会导致原下标 i 处及其后面的元素都要往后移动一个元素的位置(实际上就是把元素复制到后面的位置)。对原本有 n 个元素的顺序表来说，要移动的元素个数是 $n-i$，平均是$(n+1)/2$ 个，所以 insert(i,x)的复杂度是 $O(n)$。当然，如果 insert 操作导致元素个数超过了顺序表的容量，还需要重新分配空间。

remove(i)：删除下标 i 处的元素，会导致原下标 $i+1$ 及后面的元素都要往前移动。类似于 insert(i,x)，复杂度也是 $O(n)$。

总之，在顺序表中进行查找，以及在中间插入、删除元素，都没有办法做到低于 $O(n)$的复杂度。

不同语言中的顺序表，支持的操作不一样，但是**所有语言的顺序表，都支持 get(i)和 set(i,x)这两个在 $O(1)$时间内根据下标读写元素的根本操作，这个操作，也叫“随机访问”。**

Java 的数组是顺序表，大小在初始化的时候就固定了且不能更改，因此只支持 length()、两种 init 操作以及 get(i)和 set(i,x)操作——init 操作就是定义数组，get(i)和 set(i,x)操作通过“[ ]”和下标进行。C/C++ 数组比 Java 数组还少支持了 length()操作。

但是 C++ 中有 vector，Java 中有 ArrayList 等数据结构，全面支持顺序表的各种操作。

3.1.2 Java 中的顺序表

Java 的数组是顺序表，但是数组不支持添加和删除元素。

Java 语言中全面支持各种操作的顺序表是泛型类 ArrayList 和 Vector。这两者都实现了 List 接口。Vector 支持多线程安全访问而 ArrayList 不支持，因此在单线程的情况下应使用效率更高的 ArrayList。目前，即便在多线程的情况下，官方也不推荐使用 Vector，而是有别的选择。

ArrayList 在扩充容量时，会扩充到原容量的 1.5 倍。

表 3.2 中的方法，都是 List 接口的方法，所以 ArrayList 和 Vector 都支持。

表 3.2 ArrayList<E>和 Vector<E>部分常用方法

方 法	功 能	复杂度
boolean add(E e)	在尾部添加元素 e，返回是否成功	$O(1)$
void add(int index, E e)	插入 e，使其成为第 index 个元素。元素序号从 0 开始算	$O(n)$
void clear()	清空表	$O(1)$
E remove(int index)	删除第 index 个元素，并返回之	$O(n)$
boolean contains(Object o)	判断是否含有元素 o	$O(n)$
E get(int index)	返回第 index 个元素	$O(1)$
int indexOf(Object o)	查找元素 o 第一次出现的位置	$O(n)$
E set(int index, E e)	将第 index 个元素设置为 e	$O(1)$
int size()	返回顺序表元素个数	$O(1)$
void sort(Comparator<? super E>)	排序	$O(n\log(n))$
iterator<E> iterator()	返回指向第 0 个元素的迭代器	$O(1)$

假设有 ArrayList 的对象 a，删除 a 中最后一个元素的做法是：

```
a.remove(a.size()-1);
```

这个操作复杂度是 $O(1)$的。

3.2 链　表

顺序表的劣势，是在中间插入和删除元素较慢($O(n)$复杂度)。另外，在一些极端情况下，元素太多以至于找不到足够大的连续内存来存放它们，此时就无法使用顺序表。采用链接结构的链表能够较好地解决上述问题。

链接结构是一类元素在内存中不必连续存放，可以随意分布，元素之间通过指针链接起来的数据结构。在链接结构中，一个元素内部除了存放数据，还有一个或多个指针，指向其他元素。“指向”的准确含义是“指出其他元素的内存地址”。链接结构中的元素，更经常被称为“结点”。链接结构可以用来实现二叉树和树等数据结构。**用链接结构实现的线性表，叫作链表。**

链表有单链表、双链表、循环链表等多种形式。它们的共同特点如下。

(1) 结点在内存中不需要连续存放。

(2) 每个结点中都包含一个指向其后继结点的指针，不妨称其为 next 指针。表尾结点的 next 指针设为 null 或做另外特殊处理。

(3) 表中结点可以动态增减。增删结点时，不需要复制结点或移动结点。

(4) 如果已经得到了指向结点 p 的指针，则删除 p 的后继结点，或者在 p 后面插入新结点，复杂度都是 $O(1)$ 的。

链表不支持随机访问。要访问表中第 i 个元素，只能从表首元素开始，顺着 next 指针链一步步往后走，直到走到第 i 个元素。所以访问第 i 个元素这样的操作复杂度是 $O(n)$ 的。

3.2.1 单链表

每个结点中只包含一个指针，该指针指向后继结点，这样的链表称为单链表。图 3.1 是一个单链表的例子。

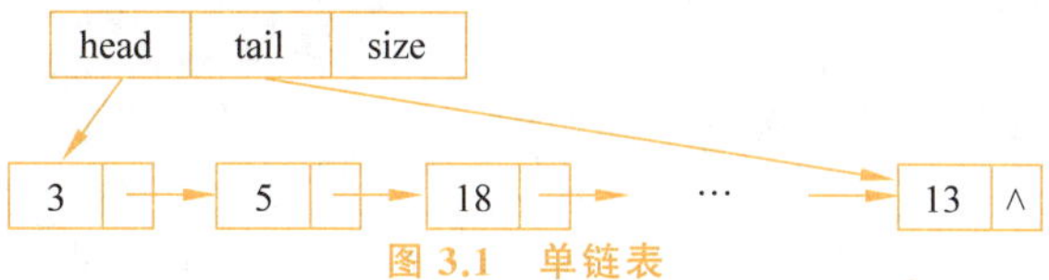

图 3.1 单链表

head、tail 和 size 是三个变量，head 指向表首结点 3，tail 指向表尾结点 13，size 记录表中结点个数。单链表的结点由数据和 next 指针构成。在图 3.1 中 next 指针就是两个结点之间的箭头。只要有了指向表首结点的指针 head，就可以从表首结点出发，顺着 next 指针链找到全部结点。表尾结点的 next 指针设置为 null(在图中用"^"表示)。结点中的数据，类型是相同的。简单起见，本节假设数据是整数。

对于有 head 和 tail 指针的单链表，删除表首结点，或者在表首结点前面插入结点，复杂度是 $O(1)$ 的。在表尾后面添加结点，复杂度也是 $O(1)$ 的。但是要删除表尾结点，复杂度是 $O(n)$ 的，因为需要先从表首结点出发顺着 next 指针链找到表尾的前驱结点。

单链表可以实现为下面程序 prg0260 中的 LinkList 类。请注意，由于本书中还有 Python、C++ 版本，为了保持不同版本中相同程序的编号一致，故本书程序编号不具有连续性。上一个程序是 prg0170，并不意味着 prg0180 到 prg0250 缺失了——它们本来就不存在于本书中。

```
//prg0260.java
import java.util.*;
class LinkList<T> implements Iterable<T>  {
    static class Node<T> {
        T data; Node<T> next;
        Node(T dt,Node<T> nt) { data = dt;next = nt; }
    }
    Node<T> head,tail;
    int size;
    LinkList() { head = tail = null; size = 0; }
```

Node 是内部类，用于表示链表的结点。data 是数据，next 是指向后继结点的指针。

链表对象初始化为一个空链表，head 和 tail 都是 null，size 值为 0。

实现 Iterable 接口，是为了支持用 foreach 循环遍历链表，不是必须。

遍历并输出单链表全部内容的成员函数如下。

```
    void printList() {
        Node<T> ptr = head;
        while (ptr != null) {
            System.out.print(ptr.data+",");
            ptr = ptr.next;
```

```
        }
        System.out.println();
    }
```

如果已经定位到了结点 p，在结点 p 后面插入新结点 nd 的过程如下。

(1) 如图 3.2 所示，执行“Node<T> nd = new Node<T>(data, null);”，新建结点 nd(假设 data 等于 20)。

(2) 如图 3.3 所示，执行“nd.next = p.next;”。

(3) 如图 3.4 所示，执行“p.next = nd;”，完成插入。

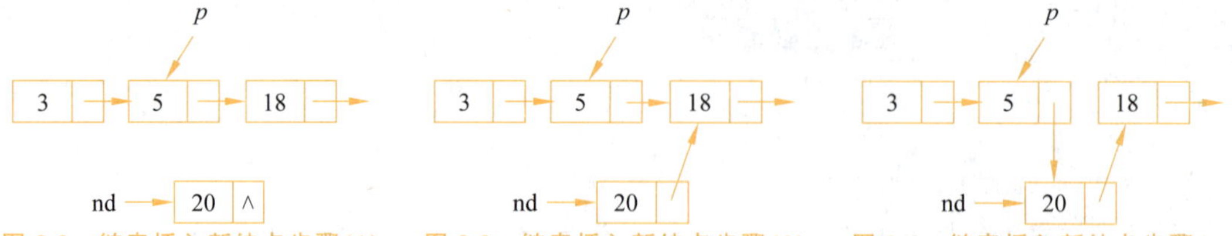

图 3.2 链表插入新结点步骤(1)　图 3.3 链表插入新结点步骤(2)　图 3.4 链表插入新结点步骤(3)

相应的成员函数如下。

```
    void insert(Node<T> p,T data) {             //在结点 p 后面插入数据为 data 的新结点
        Node<T> nd = new Node<T>(data, null);
        if (tail == p)                          //新增的结点是新表尾
            tail = nd;
        nd.next = p.next;
        p.next = nd;
        ++size;
    }
```

如果已经定位到了结点 p，删除 p 的后继结点的过程如下。

(1) 如图 3.5 所示，初始状态，将要删除数据为 5 的结点。

(2) 如图 3.6 所示，执行“p.next = p.next.next;”，完成删除。

图 3.5 链表删除结点步骤(1)　图 3.6 链表删除结点步骤(2)

相应的成员函数为

```
    void deleteAfter(Node<T> p) {               //删除 p 后面的结点
        if (tail == p.next)                     //如果要删除的是表尾结点
            tail = p;
        p.next = p.next.next;
        --size;
    }
```

定位到了结点 p，要删除结点 p 是困难的，因为必须找到 p 的前驱。而找前驱，就需要从 head 开始往后找，这样复杂度就不是 $O(1)$的了。

在 C/C++ 语言中，从链表中删除结点 p 后，还需要写一行代码释放结点 p 占用的空间，但是在 Java 或 Python 中，不用操心这一点。当结点 p 不可能再被访问到时，Java 虚拟机或 Python 解释器就会释放结点 p 的空间。

在链表前端插入一个结点的成员函数如下。

```
    void pushFront(T data) {                         //在链表前端插入一个结点 data
        Node<T> nd = new Node<T>(data,head);
        head = nd;
        ++size;
        if (tail == null)                            //如果原来链表为空
            tail = nd;
    }
```

删除链表前端元素的成员函数如下。

```
    T popFront() throws RuntimeException {
        if (head == null)                            //如果链表为空
            throw new RuntimeException("Linked list is empty.");
        else {
            Node <T> p = head;
            head = head.next;
            --size;
            if (size == 0)
                head = tail = null;
            return p.data;
        }
    }
```

在链表尾部添加元素的成员函数如下。

```
    void pushBack(T data) {
        if (size == 0)
            pushFront(data);
        else
            insert(tail,data);
    }
```

清空链表的成员函数如下。

```
    void clear() {
        head = tail = null;
        size = 0;
    }
```

Java 会自动回收不再有用的链表结点的空间。

还可以为 LinkList 类添加 iterator()方法,以及配套的 MyIterator 内部类,使其可以用 foreach 循环遍历。

```
    private class MyIterator implements Iterator<T> {
        Node<T> cur;
        MyIterator() {     cur = head;     }
        public boolean hasNext() { return cur != null; }
        public T next() {
            T data = cur.data;
            cur = cur.next;
            return data;
        }
    }
    public Iterator<T> iterator() {
        return new MyIterator();
    }
```

```
}                                                   //LinkList 类到此结束
public class prg0260{
    public static void main(String[] args) {
        LinkList<Integer> linkLst = new LinkList<Integer>();
        for (int i = 0;i < 5; ++i)
            linkLst.pushFront(i);
        linkLst.printList();                        //>>4,3,2,1,0,
        for (Integer i:linkLst)                     //>>4,3,2,1,0,
            System.out.print(i+",");
        System.out.println();
        Iterator<Integer> it = linkLst.iterator();
        while (it.hasNext())                        //>>4,3,2,1,0,
            System.out.print(it.next()+",");
        System.out.println();
        LinkList.Node<Integer> p = linkLst.head;
        linkLst.insert(p,100);
        linkLst.printList();                        //>>4,100,3,2,1,0,
        p = p.next;
        linkLst.deleteAfter(p);
        linkLst.printList();                        //>>4,100,2,1,0,
    }
}
```

从工程实践上来说，上面的 LinkList 类不完备且有缺陷，因为没有实现“隐藏”，类内部的成员变量都暴露在外，很容易因对成员变量的误操作导致整个链表崩溃。如何在用类实现一个数据结构时，进行“隐藏”以保护数据结构不被不小心破坏，可参看 3.2.3 节“双链表”。

为了避免处理在表首尾增删、空表等特殊情况，简化编程，在实现单链表时，常常设置一个空闲的头结点，即使是空表，也包含该头结点。这样的链表称为“带头结点的链表”。如图 3.7 和图 3.8 所示，图中数据部分为阴影的结点就是头结点。

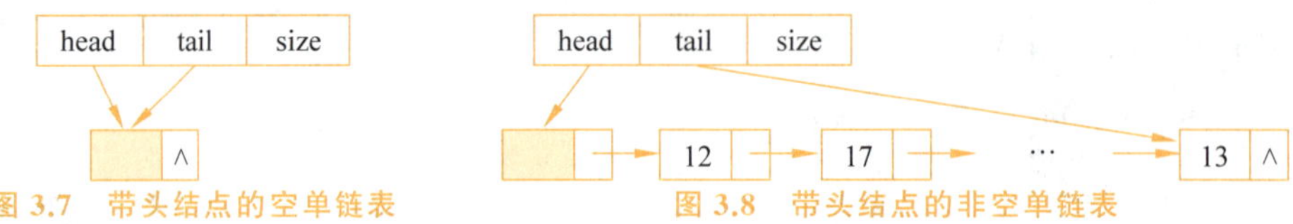

图 3.7　带头结点的空单链表　　图 3.8　带头结点的非空单链表

前面特意用“表首结点”来称呼链表中最靠前的存有有效数据的结点，以和这里的“头结点”进行区分。“头结点”特指不包含有效数据的冗余结点。

带头结点的单链表的构造函数应如下编写。

```
LinkList() {
    head = tail = new Node<T>(null,null);
    size = 0;
}
```

3.2.2 循环单链表

在单链表中，若将表尾结点的 next 指针由 null 改为指向表首结点，next 指针链就形成了循环，这样的单链表称为循环单链表。在循环单链表中，可以只设置表尾指针 tail，因为 tail .next 即是表首。只设置表首指针 head 则不好，因为要找到表尾需要遍历整个链表。图 3.9 和图 3.10 则是带头结点的循环单链表。

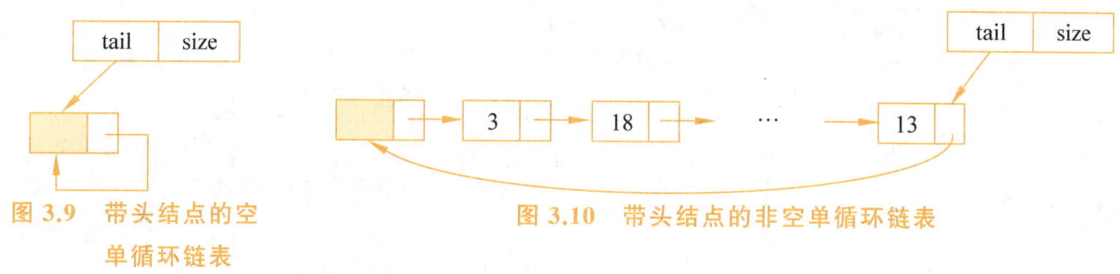

图 3.9　带头结点的空单循环链表

图 3.10　带头结点的非空单循环链表

循环单链表在表首或表尾添加元素，以及删除表首元素，复杂度都是 $O(1)$ 的。

3.2.3　双链表

在单链表中要找结点的前驱，只能从表首开始往后找，复杂度是 $O(n)$ 的。为了消除这一不便，引入了双链表，也叫双向链表。双链表中每个结点不但有指向后继的指针 next，还有指向前驱的指针 prev。一个带头结点的双链表如图 3.11 所示，头结点的 prev 为 null，尾结点的 next 为 null。

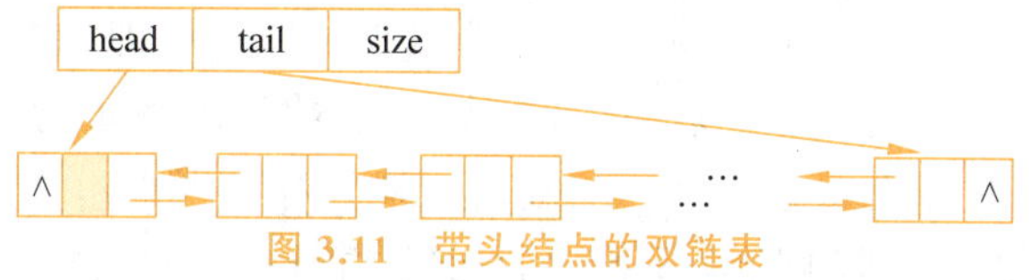

图 3.11　带头结点的双链表

下面讲述带头结点的双链表上的一些操作。

如果已经定位到了结点 p，在结点 p 后面插入新结点 nd 的过程如下。

(1) 如图 3.12 所示，执行"Node＜T＞ nd = new Node＜T＞(data,null,null);"，新建结点 nd。

(2) 如图 3.13 所示，执行"nd.prev = p; nd.next = p.next;"。

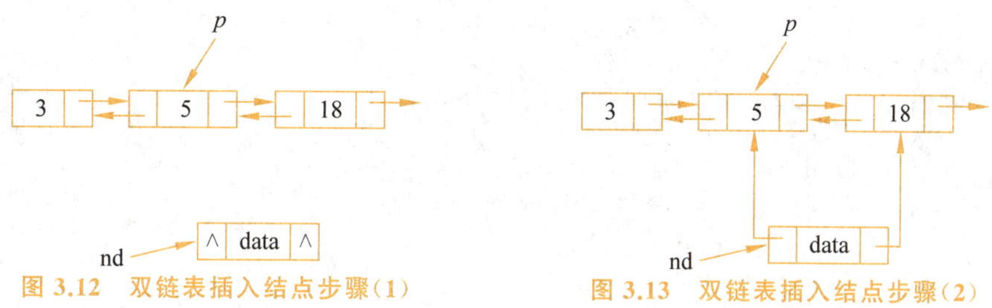

图 3.12　双链表插入结点步骤(1)

图 3.13　双链表插入结点步骤(2)

(3) 如图 3.14 所示，若 p.next 不为 null，则执行"p.next.prev = nd;"。

(4) 如图 3.15 所示，执行"p.next = nd;"，插入完成。

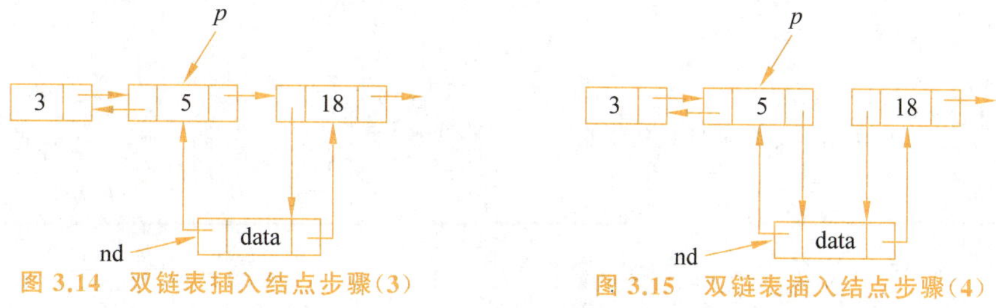

图 3.14　双链表插入结点步骤(3)

图 3.15　双链表插入结点步骤(4)

注意，上面的步骤(3)和(4)的次序是一定不能颠倒的。

如果已经定位到了结点 p,删除结点 p 的过程如下。

(1) 如图 3.16 所示为初始状态,将要删除结点 5。

(2) 如图 3.17 所示,执行“p.prev.next = p.next;”。

(3) 如图 3.18 所示,若 p.next 不为 null,则执行 p.next.prev = p.prev; 完成删除。

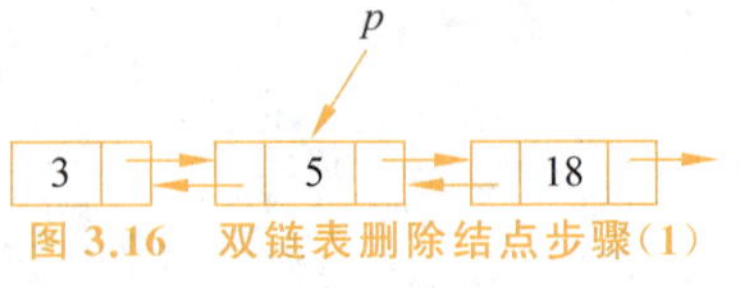

图 3.16　双链表删除结点步骤(1)

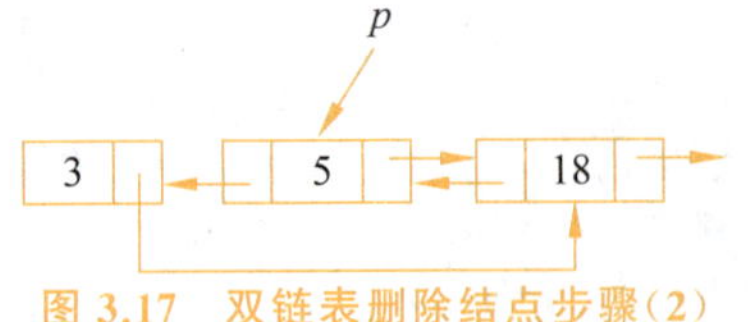

图 3.17　双链表删除结点步骤(2)

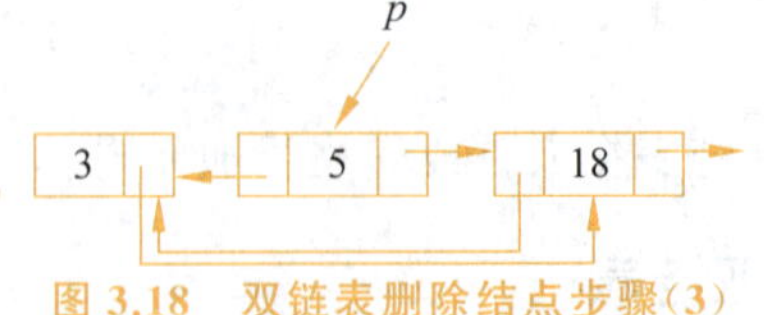

图 3.18　双链表删除结点步骤(3)

下面的程序 prg0270 实现了一个带头结点的双链表类 BiLinkedList。该双链表类的用法接近于 Java 自带的 LinkedList。BiLinkedList 类进行了封装和隐藏,使用者只能通过类中的 public 方法来操作链表,不会破坏链表内部的结构。这部分内容的重点是封装和隐藏,而非链表操作,对计算机专业读者也属于较高要求,非计算机专业的读者可以跳过。

在这个实现中,要访问链表元素,必须通过一个“迭代器”,即 BiLinkedList 类的内部类 MyIterator 的对象来进行,“迭代器”包含指向链表元素的指针,因此也可以说迭代器指向链表元素。迭代器的 get()和 set()方法用来访问链表元素。对迭代器 i, i.next()会返回 i 指向的元素的后继的迭代器;i.remove()删除 i 所指向的元素,并让 i 指向被删除元素的后继;i.add(x)将新元素 x 插入到 i 所指向的元素的后面。BiLinkedList 类的 iterator()方法返回指向第一个元素的迭代器,由它开始就可以访问整个链表。

受篇幅所限,这个实现并不完备,没有提供由后往前遍历链表的手段,读者可以自行研究加上。需要改写 MyIterator 类,如添加 hasPrevious()方法和 previous()方法,hasNext()方法和 next()方法可能也要改写。

```
//prg0270.java   带头结点的双链表
import java.util.*;
class BiLinkedList<T> implements Iterable<T> {
    static class Node<T> {
        T data; Node<T> prev,next;
        Node(T dt,Node<T> pr, Node<T> nt) {
            data = dt; prev = pr; next = nt;
        }
    }
    private Node<T> head,tail;
    private int size;
    BiLinkedList() {
        head = tail = new Node<T>(null,null,null); //头结点
        size = 0;
    }
    private void _insert(Node<T> p, T data) {
        //在结点 p 后面插入新结点
        Node<T> nd = new Node<T>(data,p,p.next);
        if (p.next != null)
            p.next.prev = nd;
        else tail = nd;                              //p 是原表尾
        p.next = nd;
        size += 1;
```

```
    }
    private Node<T> _delete(Node<T> p) {                    //删除结点p,p一定不为null
        Node<T> q = p.next;                                 //函数要返回q,即p.next
        p.prev.next = p.next;
        if (p.next != null)                                 //如果p有后继
            p.next.prev = p.prev;
        if (tail == p)
            tail = p.prev;
        size -= 1;
        return q;
    }
    int size() { return size; }
    void clear() {
        tail = head;  size = 0;
        head.next = head.prev = null;
    }
    void addFirst(T data) {                                 //在链表前端插入一个元素
        _insert(head,data);
    }
    T removeFirst()  {                                      //删除链表前端元素
        if (size == 0)
            throw new RuntimeException("Deleting empty list.");
        else {
            T data = head.next.data;
            _delete(head.next);                             //head指向的是空闲的头结点
            return data;
        }
    }
    void addLast(T data) {    _insert(tail,data); }
    T removeLast() {
        if (size == 0)
            throw new RuntimeException("Deleting empty list.");
        else {
            T data = tail.data;
            _delete(tail);
            return data;
        }
    }
    class MyIterator implements Iterator<T> {
        Node<T> cur;
        MyIterator() {    cur = head.next;}                 //head指向的是空闲的头结点
        MyIterator(Node<T> ptr) { cur = ptr; }
        public boolean hasNext() { return cur != null; } //是否指向有效元素
        public T next() {
            T data = cur.data;
            cur = cur.next;
            return data;
        }
        public T get() { return cur.data; }
        public void set(T data) { cur.data = data; }
        public void add(T data) { _insert(cur,data); }
        //在迭代器指向的元素后面添加元素
        public void remove() {  cur = _delete(cur); }
        //删除迭代器指向的元素,并将迭代器指向被删除元素后面的元素
    }
```

```
    public MyIterator iterator() {                        //返回最靠前的元素的迭代器
        return new MyIterator();
    }
    public MyIterator iterator(int i) {
        //返回指向第 i 个元素的迭代器。i 从 0 开始算
        Node<T> ptr = head.next;
        for(int k=0;k<i;++k) {
            if(ptr == null)
                return null;
            ptr = ptr.next;
        }
        return new MyIterator(ptr);
    }
    MyIterator find(T val) {          //查找元素 val,找到返回迭代器,找不到返回 null
        Node<T> ptr = head.next;
        while (ptr!=null) {
            if (ptr.data == val)
                return new MyIterator(ptr);
            ptr = ptr.next;
        }
        return null;
    }
}
public class prg0270{
    public static void main(String[] args){
        BiLinkedList<Integer> linkLst = new BiLinkedList<>();
        for (int i = 0;i < 5; ++i)
            linkLst.addFirst(i);
        for (Integer i:linkLst)                           //>>4,3,2,1,0,
            System.out.print(i+",");
        BiLinkedList<Integer>.MyIterator it = linkLst.iterator();
        while (it.hasNext()) {                            //>>4,3,2,1,0,
            System.out.print(it.get()+",");
            it.next();
        }
        it = linkLst.find(3);                             //it 指向元素 3
        it.set(30);                                       //将 it 指向的元素改为 30
        System.out.println(it.get());                     //>>30
        it.add(100);                                      //it 指向的元素后面添加 100
        System.out.println(linkLst.size());               //>>6
        it.remove();                                      //删除 it 指向的元素,即 30
        System.out.println(linkLst.size());               //>>5
        while (it.hasNext()) {                            //>>100,2,1,0,
            System.out.print(it.get()+",");
            it.remove();
        }
    }
}
```

3.2.4 静态链表

可以将链表存储于顺序表中，这样的链表称为静态链表。顺序表中的每个元素，除了存放数据的部分，还包含一个 next 指针，实际上是一个整数，表示链表中下一个元素在顺序表中的下标。顺序表下标为 0 的元素不存放数据，其 next 指针指明了链表表首元素的下标。链表最

后一个元素的 next 指针为 null 或−1。图 3.19 展示了一个静态链表，链表中的元素按顺序是 78,81,92,49,52。

下标	0	1	2	3	4	5	6	7	8	9
data		52	81	92		78		49		
next	5	null	3	7		2		1		

图 3.19 静态链表

在静态链表中插入元素比较简单，将新元素添加到顺序表末尾，然后修改一些指针即可。删除元素，只能让被删除的元素所占的单元空着，并不回收其内存空间。例如，图 3.19 中下标为 4、6 的单元，就可能是在删除元素后留下的空白单元。删除操作会造成一些空间浪费。可以在顺序表空白单元的比例超过某个阈值的时候重新分配一个顺序表，将原表中的内容复制过去。

一般提到链表的时候指的都不是静态链表，本书也是如此。

★★3.2.5 Java 中的链表

Java 中的泛型类 LinkedList 是一个双向链表，其实现了 List 接口。LinkedList 还实现了 Queue 和 Deque 接口，因此还可以作为队列和双向队列使用。

LinkedList 类的部分常用方法如表 3.3 所示。

表 3.3 LinkedList<E>部分常用方法

方　　法	功　　能	复杂度
boolean add(E e)	在尾部添加元素 e，返回是否成功	$O(1)$
void add(int index, E e)	插入 e，使其成为第 index 个元素。元素序号从 0 开始算	$O(n)$
void addFirst(E e)	将元素 e 插入到表首	$O(1)$
void addLast(E e)	将元素 e 添加到表尾	$O(1)$
void clear()	清空链表	$O(1)$
E removeFirst()	删除并返回第 0 个元素	$O(1)$
E removeLast()	删除并返回最后一个元素	$O(1)$
E remove(int index)	删除第 index 个元素，并返回之	$O(n)$
boolean contains(Object o)	判断是否含有元素 o	$O(n)$
E get(int index)	返回第 index 个元素	$O(n)$
E getFirst()	返回第 0 个元素	$O(1)$
E getLast()	返回最后一个元素	$O(1)$
int indexOf(Object o)	查找元素 o 第一次出现的位置	$O(n)$
E set(int index, E e)	将第 index 个元素设置为 e	$O(n)$
int size()	返回链表元素个数	$O(1)$
void sort(Comparator<? super E>)	排序	$O(n\log(n))$
ListIterator<E> listIterator()	返回指向第 0 个元素的迭代器	$O(1)$
ListIterator<E> listIterator(int index)	返回指向第 index 个元素的迭代器	$O(n)$

clear 方法复杂度是 $O(1)$。清空链表后，回收每个链表结点都需要时间，这部分时间是 $O(n)$的。不过，回收空间是 Java 虚拟机的工作，一般不算作 Java 程序的运行时间。

需要强调的是，表 3.3 中带元素位置参数 index 的方法，例如 get()、set()、remove()、第二个 add(),复杂度都是 $O(n)$的——因为链表不支持随机访问,要找到位置 index,就需要从链表开头一直往后顺着 next 指针走到位置 index。所以,遍历一个 LinkedList,绝对不要使用以下写法,因为其复杂度是 $O(n^2)$的。

```
List<Integer> L = new LinkedList<>();
…
for(int i=0;i<L.size();++i)
    System.out.println(L.get(i));
```

正确的遍历 LinkedList 的写法是使用迭代器,如下面程序 prg0272 所示。如果不了解迭代器,请先阅读 2.5 节。

双向链表 LinkedList 相比顺序表 ArrayList 的优势是在中间进行插入和删除的复杂度为 $O(1)$。但是,LinkedList 的 void add(int index, E e)和 E remove(int index)方法,复杂度都是 $O(n)$,因为需要 $O(n)$的时间来找到 index 这个位置。只有在找到位置 index 后,在位置 index 附近需要做多次插入或删除的情况下,LinkedList 对比 ArrayList 的优势才能体现出来。而且,在这种情况下,插入删除都不能使用 LinkedList 的 add()或 remove()方法,应该通过迭代器来进行:先用 ListIterator<E> listIterator(int index)方法找到指向位置 index 的迭代器,然后通过迭代器的 add()和 remove()方法进行插入和删除。

```
//prg0272.java
1.  import java.util.*;
2.  public class prg0272 {
3.      public static void main(String[] args)      {
4.          LinkedList<Integer> L = new LinkedList<>();
5.          for(int i=0;i<7;++i)
6.              L.add(i);
7.          for(Integer x:L)                    //遍历,输出 0,1,2,3,4,5,6,
8.              System.out.print(x + ",");
9.          System.out.println();
10.         ListIterator<Integer> it = L.listIterator();
11.         while (it.hasNext())                //遍历,输出 0,1,2,3,4,5,6,
12.             System.out.print(it.next()+",");
13.         System.out.println();
14.         it = L.listIterator(L.size());
15.         while(it.hasPrevious())             //逆向遍历,输出 6,5,4,3,2,1,0,
16.             System.out.print(it.previous()+",");
17.         System.out.println();
18.         it = L.listIterator(3);             //it 指向第 3 个元素,即 3
19.         it.add(100);                        //在元素 3 前面插入 100,it 还是指向 3
20.         it.add(200);                        //在元素 3 前面插入 200,it 还是指向 3
21.         for(Integer x:L)                    //>>0,1,2,100,200,3,4,5,6,
22.             System.out.print(x + ",");
23.         System.out.println();
24.         for(int i=0;i<3;++i) {              //删除从 3 开始的 3 个元素
25.             it.next();
26.             it.remove();
27.         }
28.         for(Integer x:L)                    //>>0,1,2,100,200,6,
29.             System.out.print(x + ",");
30.     }
31. }
```

第 11 行:it.hasNext()返回 it 是否指向一个有效元素。

第 12 行：it.next()让 it 指向下一个元素，但是返回的是 it 原来指向的元素。

需要注意的是，对一个 ListIterator 迭代器 it 来说，必须在调用一次 it.next()或 it.previous()之后才可以调用 it.remove()，此时删除的是刚才调用 it.next()或 it.previous()时返回的那个元素。而且，连续两次 it.remove()调用之间必须调用过 it.next()或 it.previous()。调用 it.add(x)添加元素后，如果没调用过 it.next()或 it.previous()，就不能调用 it.remove()。

3.3 顺序表和链表的选择

由于顺序表支持随机访问而链表不支持，所以顺序表的使用场景远远多于链表。一些老的数据结构教材，会说在最大元素个数不能确定或者为了节约空间，不希望总按最大可能元素个数来开设顺序表或元素需要动态增减等场合，应该使用链表。这个结论早已过时。现在除了 C 语言，各种常用的语言如 C++、Java、Python 等都提供了能够很方便动态添加元素的顺序表。而且说到节约空间，在 Java 和 Python 这类所有变量都是指针的语言中，相比顺序表的冗余空间，链表元素中的 next 指针其实浪费了更多的空间，所以从空间的角度来说，链表相比顺序表基本没有优势。

顺序表的元素在内存中是连续存放的，而链表的元素却不是，这会导致在现实计算机系统中前者访问效率远好于后者。现代计算机的 CPU 中都有 Cache(高速缓存)，其访问速度比内存快数倍到数十倍。当 CPU 访问某内存单元时，会将该内存单元附近的一片连续内存区域的内容读取到 Cache(这叫内存预取)，下次再访问同一区域的内容时，就只需要从 Cache 读取数据，不必再访问速度较慢的内存。甚至对内存的写入，也可以只暂时写入 Cache，在适当时候才写入内存。因此，遍历同样多元素的顺序表和链表，前者速度比后者快数倍甚至数十倍。此外，链表结点的空间回收是逐个结点进行的，需要花 $O(n)$的时间，而顺序表的空间是连续的，回收一般只需要 $O(1)$时间。总体来说，在绝大多数应用场景中，链表相比顺序表，无论是编程效率、时间效率还是空间效率，都处于劣势。

与顺序表相比，链表的真正优点是在表中间插入和删除元素的复杂度是 $O(1)$的，但前提是已经找到了要增删元素的位置。对于常见的要在第 i 个元素处插入元素，或删除第 i 个元素、删除等于 x 的元素这样的操作，在链表中首先要找到第 i 个元素或找到等于 x 的元素(或它们的前驱元素)，这也要花 $O(n)$的时间，因此和顺序表相比没有优势。

只有在线性表的中间某个位置附近频繁地做增删操作，链表相比顺序表的优势才能体现出来，因为只需要花一次 $O(n)$时间找到这个位置，以后多次增删就都是 $O(1)$的。但是现实中需要这样做的场景不多，绝大多数场景都是在表头部或尾部进行增删，如栈和队列这样的数据结构。即便需要 $O(1)$时间在线性表头部进行增删，也可以使用基于顺序表实现的循环双向队列，还是没有必要用链表(有些语言的双向队列内部实现结合了顺序表和链表)。

在某些特殊的场合，可以考虑使用静态链表，有可能同时得到链表插入删除快和连续内存访问快的优势，如第 13 章介绍的基数排序。

总之，在软件开发的实践中，只要不是用 C 语言，哪怕是用 C++ 语言，需要使用链表的情况都很少。在操作系统这样的用 C/C++ 语言实现的底层软件系统中，以及一些语言自带的库中，链表的应用才会多些。

链表能和顺序表取得相同甚至更高地位的场景，大概就只有数据结构考试的笔试了——因为链表的考题容易出。甚至在 OpenJudge 上的机考都很难考链表，因为不能用顺序表而必须用链表才能在时限内通过的考题，设计起来比较麻烦而且题目往往显得不自然，所以现成的题目也很少。

小 结

线性表分为顺序表和链表两种。前者元素在内存中连续存放，支持随机访问操作（$O(1)$时间访问第 i 个元素），后者元素在内存中不连续存放，不支持随机访问操作。

顺序表在尾部增删元素的复杂度是 $O(1)$，在中间增删元素的复杂度是 $O(n)$。链表在确定增删位置的前提下，增删元素复杂度为 $O(1)$。

顺序表需要预先多分配空间，才能支持 $O(1)$时间的尾部添加元素。预分配的策略是每次重新分配空间时，分配的容量是元素个数的 k 倍（k 是大于 1 的固定值）。

为链表设置头结点可以提高编程实现的方便性。

由于 CPU 有 Cache，所以遍历同样多元素的顺序表和链表，前者要快得多。

习 题

1. 顺序表中下标为 0 的元素的地址是 x，每个元素占 4B，则下标为 20 的元素的地址是（地址以 B 为单位）（　　）。

A. $x+80$　　B. $x+20$　　C. $x+84$　　D. 无法确定

2. 以下 4 种操作，有几种的时间复杂度是 $O(1)$的？（　　）

(1) 在顺序表尾部添加一个元素

(2) 找到链表的第 i 个元素

(3) 求链表元素个数

(4) 在链表头部插入一个元素

A. 1　　B. 2　　C. 3　　D. 4

3. 链表不具有的特点是（　　）。

A. 可随机访问任意元素

B. 插入和删除不需要移动元素

C. 不必事先预分配存储空间

D. 所需空间与链表长度成正比（静态链表除外）

以下为编程题。本书编程的例题习题均可在配套网站上程序设计实习 MOOC 组中与书名相同的题集中进行提交。每道题都有编号，如 P0010、P0020。

1. **合并有序序列（P0010）**：给定两个从小到大排好序的整数序列，长度分别为 m 和 n，要求用 $O(m+n)$时间将其合并为一个新的有序序列。

2. **删除链表元素（P0020）**：为 3.2.1 节中的单链表程序 prg0260 中的 LinkList 类添加一个方法 void remove(T data)，用以删除值为 data 的元素。如果有多个，只删除最前面的那个。

3. **约瑟夫问题（P0030）**：用链表模拟解决猴子选大王问题：n 个猴子编号 1～n，以顺时针顺序排成一个圆圈。从 1 号猴子开始顺时针方向不停报数，1 号猴子报 1，2 号猴子报 2，…，报到 m 的猴子出圈，下一个猴子再从 1 开始报。最后剩下的那只猴子是大王。求大王的编号。

4. **颠倒链表(P0040)**：写一个函数，将一个单链表颠倒过来。要求额外空间复杂度为 $O(1)$，即原链表以外的存储空间是 $O(1)$ 的。

★5. **共享链表(P0050)**：两个单链表，从某个结点开始，后面所有的结点都是两者共享的(类似于字母 Y 形状)。请设计 $O(n)$ 算法求两者共享的第一个结点(n 是两者中间较长的链表的长度)。

★★6. **链表寻环(P0060)**：请设计时间复杂度 $O(n)$ 的算法判断一个单链表是否有环。要求额外空间复杂度 $O(1)$。有环的意思，就是最后一个元素的 next 指针，指向了链表中的某个元素。

第4章 枚举与二分法

4.1 枚　举

用计算机解决问题和用数学方法解决问题的不同之处在于，数学方法总是试图找到规律，推出公式；而用计算机解决问题，最简单的办法就是尝试各种可能的方案，甚至所有可能的方案，检验一下哪种方案是符合要求的解——这就叫枚举，也叫穷举。下面是一些适合用枚举的办法解决的问题。

(1) 求比给定正整数 n 小的最大素数。可以对小于 n 的奇数从大到小逐个判断是不是素数，直到碰到一个素数为止。

(2) 常见的奥数题：ABCD+ABCD=BCAD，求 ABCD 各代表什么数字。4 个字母，每个字母有 10 种可能的取值，所有的取值组合共 10^4 种，可以对每个组合判断等式是否成立。

(3) 八皇后问题。国际象棋棋盘是由 8×8 共 64 个方格构成。要求在棋盘上摆 8 个皇后，使得它们互相之间都吃不着，即没有两个皇后处于同一行、同一列或某个正方形的对角线（斜线）上。用 8 重循环枚举所有皇后可能的摆法，每行的皇后有 8 种摆法，共 8 行，所以总的摆法是 8^8 种，对每种摆法验证是否符合要求即可找到所有合法的摆放方案。

枚举的时候，有些明显不是答案的情况，可以不经过检验直接排除，这样可以节约时间。例如八皇后问题，其实不需要将 8^8 种情况都检验过。如果一种摆放方案，前两行的皇后已经可以互相吃到，那么所有和这种方案前两行摆法相同的方案，都可以直接否定，不需要检验。

4.1.1 案例：八皇后问题(P0070)

题目和思路见本章开头。本书中带编号（如 P0070）的案例和习题，都可以在北京大学在线评测平台上提交程序，具体操作请见附录。

下面这个程序用 4 重循环，算出四皇后问题（在 4×4 棋盘上摆 4 个皇后）的所有摆放方案。行号、列号都是从 0 开始算。八皇后程序写法也一样，只是要写 8 重循环而已，请读者自行补足。

```
//prg280.java
class Queens {
```

```
    int [] result = new int[4];              //存放摆放方案
    //result[i]表示第 i 行的皇后已经放在 result[i]这个位置
    boolean isOk(int n,int pos) {          //判断第 n 行的皇后放在位置 pos 是否可行
    //此时第 0 行到第 n-1 行的皇后的摆放位置已经存放在 result[0]至 result[n-1]中
        for (int i = 0;i < n; ++i)
            //检查位置 pos 是否会和前面 0~n-1 行已经摆好的皇后冲突
            if (result[i] == pos ||
                    Math.abs(i-n) == Math.abs(result[i] - pos))
                return false;
        return true;
    }
    void solve() {
        for (int p0 = 0; p0 < 4; ++p0) {        //枚举第 0 行所有可能位置
            result[0] = p0;                     //第 0 行的皇后放在第 p0 列
            for (int p1 = 0;p1 < 4; ++p1) {     //枚举第 1 行所有可能位置
                if (isOk(1,p1)) {
                    result[1] = p1;             //第 1 行的皇后放在第 p1 列
                    for (int p2 = 0; p2 < 4; ++ p2) {
                        //枚举第 2 行所有可能位置
                        if (isOk(2,p2)) {
                            result[2] = p2;
                            for (int p3 = 0; p3 < 4; ++ p3) {
                                //枚举第 3 行所有可能位置
                                if (isOk(3,p3)) {
                                    result[3] = p3;
                                    for (int x: result)
                                        //找到成功摆法,输出之
                                        System.out.print(x + " ");
                                    System.out.println("");
                                }
                            }
                        }
                    }
                }
            }
        }
    }
}
public class prg0280  {                    //请注意:在 OpenJudge 提交时类名要改成 Main
  public static void main(String[] args){
    new Queens().solve();
  }
}
```

程序输出结果：

```
1 3 0 2
2 0 3 1
```

输出结果表明四皇后问题有两种摆放方案。每种方案输出占一行,其中的 4 个数依次是第 0 行、第 1 行、第 2 行、第 3 行皇后的摆放位置(列号)。八皇后问题则有 92 个解。

4.1.2 案例: 奥数问题(P0100)

用数字 0～9 替换字母 A～E,使得类似于下面形式的等式成立。

ABC+ACDE=DCABC

同一字母必须用同一数字替换,不同字母必须用不同数字替换。输入数据第一行是整数 n,代表有 $n(n \leqslant 10)$个等式要求解;接下来每行是一个等式,由三个字符串 s1、s2、s3 组成,等式就是 s1+s2=s3。每个字符串长度最多 10 个字符,只会包含 A~E 这 5 个字母。替换后产生的数不能有前导 0,如“012”,是不允许出现的。对每个等式,要求输出替换为字母后的等式。如果有多个解,要输出最小的解。两个解比大小,哪个解字母'A'表示的数小就算小;字母'A'表示的数相同,则比较字母'B'表示的数……如果无解,则输出“No Solution”。

样例输入

```
5
A A B
AA AA AAA
AB ABC ACDD
A A BC
ABCD BCD ACEA
```

样例输出

```
1+1=2
No Solution
No Solution
5+5=10
2371+371=2742
```

本书的编程例题和习题都来源于北京大学在线程序评测平台,题目典型形式如本题。请注意,“样例输入”和“样例输出”只是举个例子,让做题者理解题目输入数据和输出数据的格式,并非程序接收样例输入,能产生样例输出就算正确。正确处理样例数据,距离程序正确可能还有十万八千里。在平台的服务器上,每道题目都有多组输入数据及其对应的输出数据,并不公开。提交的程序,必须对每一组输入数据,都能得到和对应的输出数据一模一样的结果,才算正确。有些题目的输入数据可能包含一些边界条件等特殊情况,如果做题者没有考虑到,即便在本机构造了很多测试数据进行测试都没问题,提交的结果依然可能是错误的。

解题思路:枚举,把所有可能的替换方案都试一遍,看等式是否成立。一共有 5 个字母,就写 5 重循环。'A'对应最外重循环,'B'对应次外重循环……每重循环都从 0 枚举到 9,这样就能确保找到的第一个解就是最小的。

```
//prg0310.java
import java.util.*;
class AoshuProblem {
    int a[] = new int[5];           //a[0]存放'A'表示的数,a[1]存放'B'表示的数……
    int toInt(String s) {
        //依据 a 将 s(形如'ABE'这样)转成整数。若有前导 0 则返回-1 表示不合法
        String result = "";
        for(int i=0;i<s.length();++i) {
            char c = s.charAt(i);
            result += (char)('0' + a[c-'A']);
        }
        if (result.length() > 1 && result.charAt(0) == '0')
            return -1;
        return Integer.parseInt(result);
    }
    void solve(String s1,String s2,String s3) {
```

```
16.            //下面枚举 5 个字母的所有组合
17.        for (a[0]=0;a[0]<10;++a[0])                     //a[0]是'A'表示的数
18.            for (a[1]=0;a[1]<10;++a[1])                 //a[1]是'B'表示的数
19.                for (a[2]=0;a[2]<10;++a[2])
20.                    for (a[3]=0;a[3]<10;++a[3])
21.                        for (a[4]=0;a[4]<10;++a[4]) {
22.                            HashSet<Integer> st = new HashSet<>();
23.                            for(int x:a) st.add(x);
24.                              if (st.size() == 5) {  //用 HashSet 判断是否有重复
25.                                  //st.size()<5 说明有多个字母表示同一个数
26.                                  int n1 = toInt(s1),n2 = toInt(s2),
27.                                      n3 = toInt(s3);
28.                                  if (n1 >= 0 && n2 >= 0 && n3 >= 0
29.                                      && n1 + n2 == n3) {
30.                                    System.out.printf("%d+%d=%d\n",n1,n2,n3);
31.                                    return;
32.                                  }
33.                              }
34.                        }
35.        System.out.println("No Solution");
36.    }
37. }
38. public class prg0310 {                   //请注意:在 OpenJudge 提交时类名要改成 Main
39.     public static void main(String[] args){
40.         Scanner reader = new Scanner(System.in);
41.         int n = reader.nextInt();
42.         for(int i=0;i<n;++i) {
43.             String s1 = reader.next(),s2 = reader.next(),
44.                     s3 = reader.next();
45.             new AoshuProblem().solve(s1,s2,s3);
46.         }
47.     }
48. }
```

第 22～24 行：5 个字母代表的数不能重复。把 a 里面的这 5 个数放到一个 HashSet 对象 st 中，HashSet 会自动去重。如果 st 中最终元素不足 5 个，就说明 5 个字母代表的数有重复，不合法。

因为枚举所有可能方案复杂度也只有 10^5，因此为编程简单起见，本程序验证了全部的方案。如果像上面八皇后问题程序那样，让 $a[i]$ 代表数 k 前，先判断 k 是不是已经被 $a[0]$，$a[1]$，…，$a[i-1]$ 代表过了，则不需要验证全部 10^5 种方案，可以提高效率。

用多重循环枚举，循环重数多时，看上去很不美观。第 5 章将讲述如何用递归替代循环进行枚举，提供了本题的递归解法。

4.1.3 案例: 特殊密码锁(P0090)

有一种特殊的二进制密码锁，由 n 个相连的按钮组成($n<30$)，按钮有凹/凸两种状态，用手按按钮会改变其状态。然而让人头疼的是，当你按一个按钮时，跟它相邻的两个按钮状态也会反转。当然，如果你按的是最左或者最右边的按钮，该按钮只会影响到跟它相邻的一个按钮。

当前密码锁状态已知，需要解决的问题是，你至少需要按多少次按钮，才能将密码锁转变为所期望的目标状态？

输入： 两行，给出两个由 0、1 组成的等长字符串，表示当前/目标密码锁状态，其中，0 代表凹，1 代表凸。

输出： 至少需要进行的按按钮操作次数，如果无法实现转变，则输出 impossible。

样例输入

```
011
000
```

样例输出

```
1
```

解题思路： 首先要明确，按按钮的次序和解决问题是没有关系的，只要确定哪些按钮需要按下，先按哪个都一样。其次，一个按钮如果按了两次，就等于没按，按三次就等于按了一次，因此每个按钮只有按和不按两种选择。那么所有按钮按/不按的组合一共有 2^{30} 种。对于 OpenJudge 的题目来说，2^{30} 的复杂度会导致超时(一般复杂度超过 1 亿就会超时)，因此要想办法减少要枚举的情况。

减少枚举情况的一种思路是看看能否发现一个"局部"，如果在这个"局部"确定的情况下，"局部"之外的情形也是确定的，那么需要枚举的情况数量就变为"局部"的情况数量。如果"局部"的情况数量比较少，就能有效提高枚举的效率。 这个思路对大部分问题并不适用，但适用于本题。在本题中，"全部"就是 30 个按钮的按/不按组合，"局部"就是其中若干个按钮的按/不按组合。实际上，第 0 个按钮(最左那个)，就是这个"局部"。对第 0 个按钮执行了按/不按的选择之后，如果第 0 个按钮的的凹/凸状态不符合目标状态，那么必须按下第 1 个按钮将其改变；如果符合目标状态，则第 1 个按钮一定不能按下。即一旦第 0 个按钮的选择确定，则第 1 个按钮按还是不按就只有唯一选择。同理，执行完第 1 个按钮的唯一选择后，根据第 1 个按钮的凹/凸状态，可以推导出第 2 个按钮的唯一选择……以此类推，后面的所有按钮都只有唯一选择。待执行完最后一个按钮的选择后，看最后一个按钮的凹/凸状态是否符合目标，若符合，则目标达成，统计此过程中一共按了多少个按钮；若不符合，则说明开始对第 0 个按钮的选择就是错误的。

总之，第 0 个按钮这个"局部"的选择如果确定了，其余按钮的选择就都是唯一的，因此要枚举的只是第 0 个按钮的两种情况，而非 n 个按钮的 2^n 种情况。解题程序如下。

```
//prg0300.java
import java.util.*;
class LockProblem {
    int [] status(String s) {              //将字符串转换为整型数组
        int L = s.length();
        int [] a = new int[L];             //a 的每个元素值为 0 或 1,表示一个按钮状态
        for (int i = 0;i < L; ++i)
            a[i] = s.charAt(i) - '0';
        return a;
    }
    void solve() {
        Scanner reader = new Scanner(System.in);
        int [] oriStatus = status(reader.next());      //初始状态
        int [] goalStatus = status(reader.next());     //目标状态
        int n = oriStatus.length, answer = n + 100;
        for (int i=0;i<2;++i) {            //i 表示第 0 个按钮按或不按,0 为不按,1 为按
            int totalPush = 0;             //按下的按钮总数
```

```
            int [] status = oriStatus.clone();
            if (i == 1) {                           //第 0 个按钮按下
                status[0] = 1 - status[0];          //改变第 0 个按钮凹/凸状态
                if (n>1) status[1] = 1 - status[1];
                totalPush += 1;
            }
            for (int k=1;k<n;++k)                   //接下来依次处理剩下的 n-1 个按钮
                if (status[k-1] != goalStatus[k-1]) {
                    //如果第 k-1 个按钮状态和目标状态不一致
                    totalPush += 1;                 //第 k 个按钮要按下
                    status[k] = 1 - status[k];
                    if(k+1<n) status[k+1]= 1 - status[k+1];
                }
            if (status[n-1] == goalStatus[n-1])  //看最后一个按钮情况
                answer = Math.min(answer,totalPush);
        }
        if (answer <= n)
            System.out.println(answer);
        else
            System.out.println("impossible");
    }
}
public class prg0300  {                 //请注意:在 OpenJudge 提交时类名要改成 Main
    public static void main(String [] args)  {
        new LockProblem().solve();
    }
}
```

程序复杂度为 $O(n)$,n 是按钮数目。

4.1.4 案例: 假币问题(P0080)

赛利有 12 枚银币,其中有 11 枚真币和 1 枚假币。假币看起来和真币没有区别,但是重量不同。但赛利不知道假币比真币轻还是重。于是他向朋友借了一架天平。朋友希望赛利称三次就能找出假币并且确定假币是轻是重。例如,如果赛利用天平称两枚硬币,发现天平平衡,说明两枚都是真的。如果赛利用一枚真币与另一枚银币比较,发现它比真币轻或重,说明它是假币。经过精心安排每次的称量,赛利保证在称三次后可以确定假币。

输入:第一行有一个数字 n,表示有 n 组测试用例。对于每组测试用例:输入有三行,每行表示一次称量的结果。赛利事先将银币标号为 A~L。每次称量的结果用三个以空格隔开的字符串表示:"天平左边放置的硬币 天平右边放置的硬币 平衡状态"。其中,平衡状态用"up" "down" 或"even"表示,分别表示右端高、右端低和平衡。天平左右的硬币数总是相等的。

输出:输出假币标号,并说明它比真币轻还是重(heavy or light)。

样例输入

```
1
ABCD EFGH even
ABCI EFJK up
ABIJ EFGH even
```

样例输出

```
K is the counterfeit coin and it is light.
```

来源：ACM/ICPC East Central North America 1998

解题思路：本题并非要找一种称量的办法来找出假币。题目给出三次称量的结果，并确保从称量结果能够看出假币是哪一枚及其轻重。于是，可依次对 A～L 每一枚硬币，先假设它是轻的，看此假设是否符合称量结果。如果符合，假币即找到。如果不符合，则再假设它是重的，看是否符合称量结果。题目保证假币能被找到且唯一，所以用这个枚举的办法一定可以找到假币，程序如下。

```
//prg0290.java
import java.util.*;
class FakeCoinProblem {
    String [] left = new String[3], right = new String[3],
    result = new String[3];          //三个数组分别存放三次称量的左、右硬币分布及结果
    String pLeft,pRight;
    boolean isFake(char c,boolean light) {
        //假设 c 是假币,light 为 true 表示假设其轻,为 false 表示假设其重
        //返回值表示假设是否成立
        for(int i=0;i<3;++i) {                          //检验三次称量结果是否符合假设
            if (light) {                        //left[i]是第 i 次称量天平左边的硬币分布
                pLeft = left[i];  pRight = right[i];
            }
            else {                                      //如果假设 c 为重的,则左右颠倒一下
                pLeft = right[i]; pRight = left[i];
            }
            switch (result[i].charAt(0)) {      //result[i]是第 i 次称量结果
                case 'u':                               //右边轻
                    if (pRight.indexOf(c) == -1) //如果假想的假币 c 不在右边
                        return false;
                    break;
                case 'e':                               //平衡
                    if (pLeft.indexOf(c) != -1 ||
                        pRight.indexOf(c) != -1)//如果 c 出现在左边或者右边
                    return false;
                    break;
                default:                                //右边重
                    if (pLeft.indexOf(c) == -1)
                        return false;
                    break;
            }
        }
        return true;
    }
    void solve() {
        Scanner reader = new Scanner(System.in);
        int n = reader.nextInt();
        for (int i = 0;i < n; ++i) {
            for (int j = 0; j < 3; ++j) {
                left[j] = reader.next();
                right[j] = reader.next();
                result[j] = reader.next();
            }
            for (char c = 'A'; c < 'M'; ++ c) {
                if (isFake(c, true)) {                  //假设 c 是轻的假币
                    System.out.println(
```

```
46.                         c + " is the counterfeit coin and it is light." );
47.                     break;
48.                 }
49.                 else if (isFake(c, false)) {    //假设 c 是重的假币
50.                     System.out.println(
51.                         c + " is the counterfeit coin and it is heavy." );
52.                     break;
53.                 }
54.             }
55.         }
56.     }
57. }
58. public class prg0290  {                //请注意:在 OpenJudge 提交时类名要改成 Main
59.     public static void main(String [] args) {
60.         new FakeCoinProblem().solve();
61.     }
62. }
```

第 10～15 行：第 16～30 行的逻辑，描述的是假设假币为轻时的情况，比如如果称量结果是右边上翘，假币就应该在右边。对于假币为重的情况，右边上翘，假币就应该在左边，为了使得第 16～30 行的逻辑仍然成立，则应在此处将左右两边对换一下。

4.2 二 分 法

若已知问题的解在一定的范围内，则在满足某前提条件的情况下，可以做到，每验证一次可能的解，就可以找到解或把解所在的范围缩小到原来的一半，这样，解所在的范围的大小就会呈对数级下降，原始范围再大，也可以很快找到解。这种寻找解的方法，就是二分法，也可以通俗地称为二分答案算法。如果可能解的总数是 n，二分法实际上最多只要验证$\lceil \log_2(n) \rceil$个解即可。二分法也可以看作一种快速的枚举算法。

二分法能够成立，需要有一个前提条件，就是解的范围必须满足单调性。即解的范围中的所有可能解是从小到大排好序的，且如果一个可能解，经验证发现是因为太大（太小）而不能成立，则和其一样大或更大（更小）的所有可能解，都必定不能成立。什么叫“大”或“小”，可以根据实际问题自行定义。

二分法的步骤如下。

(1) 确定解所在的初始范围，作为当前查找范围。初始范围内的可能解必须是从小到大排好序的。

(2) 如果当前查找范围为空，则问题无解。否则在当前查找范围内找一个中位数可能解 S，使得查找区间以 S 为界分为可能解数量基本相同的左右两半，左半边的可能解都小于或等于 S，右半边的可能解都大于或等于 S。验证 S 是否是解。

(3) 如果 S 是解，问题解决。如果 S 因为太大而不是解，则将当前查找范围缩小为左半边（不包含 S），转步骤(2)；如果 S 因为太小而不是解，则将当前查找范围缩小为右半边（不包含 S），转步骤(2)。

应用二分法的一个最简单例子是猜数。甲心里想一个不超过 1000 的正整数，让乙猜。乙可以问问题，甲只会回答“是”或者“不是”，乙如何用尽量少的问题就确保能猜到甲想的数？

乙可以先问：这个数是大于或等于 500 的吗？如果甲说“是”，猜数范围变成[500,1000]，

则接着问：这个数是大于或等于750的吗？如果答“否”，则猜数的范围变为[500,749]，又缩小为原来的一半……每问一个问题，猜数范围就会缩小为原来的一半，于是最多问10次，就可以猜到甲心想的数。在这个问题中，解的范围就是区间[1,1000]，且满足单调性。

二分法可以用在某些特定情况下的方程求解，如4.2.1节的案例。

在排好序的一个区间中查找某个值，可以采用二分查找，在第14章14.1.2节讲述，强烈建议读者现在就阅读该节。

有的情况下，符合要求的解可能有多个，要找的是最优解，则二分法的步骤如下。

(1) 确定解所在的初始范围，作为当前查找范围。

(2) 如果当前查找范围为空，则目前记录下来的最优解就是最终最优解；如果还没找到过解，则问题无解。若当前查找范围不为空，则在当前查找范围内找一个中位数可能解 S，使得查找区间以 S 为界分为可能解数量基本相同的两半，一半的可能解都不优于 S，另一半的可能解都不次于 S。验证 S 是否是解。

(3) 如果 S 是解，则将其记录为目前为止发现的最优解，并将查找范围缩小为当前查找范围中，不次于 S 的那一半(不包括 S)，然后转步骤(2)。

4.2.2节和4.2.3节案例都是上述二分法求最优解的典型例子。

4.2.1 案例：解方程(P0110)

有方程 $x^2+x+1+\log_2(x)=y$，对于输入的正整数 y，求 x。

输入：多组测试用例，每组一行，为一个正整数 y($10\leqslant y\leqslant 100\ 000\ 000$)。

输出：对于每组测试用例，输出解 x(四舍五入精确到小数点后4位)。

样例输入

```
10
49
```

样例输出

```
2.3333
6.2532
```

解题思路：考虑函数 $f(x)=x^2+x+1+\log_2(x)-y$。由于 $y\geqslant 10$，因此必有 $f(1)<0$ 且 $f(y)>y$。由于 $f(x)$ 是单调递增的，故 $f(x)=0$ 的唯一根必在区间$[1,y]$中，且可以用二分的办法在区间$[1,y]$中寻找根。寻找的办法是：每次取查找区间$[L,R]$(初始时 $L=1,R=y$)的中点 $L+(R-L)/2$ 作为假设的根，记为root。如果 $f(\text{root})>0$，则根必然在$[L,\text{root}]$中，于是令 $R=\text{root}$，在新的区间$[L,R]$继续寻根；若 $f(\text{root})<0$，则令 $L=\text{root}$，在新的区间$[L,R]$中继续寻根。这一过程直至 $R-L$ 小于某个很小值eps的时候结束，此时的root就是近似的根，其与真实的根的误差不会大于eps。此过程每次将寻根的范围缩小一半。解题程序如下。

```
//prg0320.java
import java.util.*;
public class prg0320  {                    //请注意：在OpenJudge提交时类名要改成Main
    static double log2(double x) {
        return Math.log(x) / Math.log(2); //Math.log(x)是ln(x)
    }
    public static void main(String [] args)  {
        Scanner reader = new Scanner(System.in);
        while (reader.hasNext()) {          //只要还有输入数据
```

```
9.              double y = reader.nextDouble();
10.             double x, L = 1, R = y, eps = 1e-5;
11.             while (R - L >= eps) {
12.                 x = L + (R - L) / 2;          //x 即为假设的 root
13.                 double val = x * x +  x + 1 + log2(x) - y;
14.                 if (val < 0)
15.                     L = x;
16.                 else
17.                     R = x;
18.             }
19.             x = L + (R - L) / 2;
20.             System.out.printf("%.4f\n" , x );
21.         }
22.     }
23. }
```

第 11 行：本题要求输出的结果保留小数点后面 4 位，即求出的根和真实的根误差不超过 10^{-4} 即可。由于方程的根一定在区间[L,R]中，故若区间[L,R]的长度小于 10^{-5}，则该区间中任意值都可以作为方程的根，二分过程可以结束。若[L,R]长度不小于 10^{-5}，则不妨再继续算下去。

如果不用二分法，最笨的办法就是从 0 开始，在[0,y]区间每隔 eps 就取一个 x，试一下是否是方程的根。这样需要验证的可能解就约有 y/eps 个。用二分的办法，要验证的解变成 $\log_2(y/\text{eps})$ 个，所以上面程序的复杂度是 $O(\log(y/\text{eps}))$。

4.2.2 案例: 网线主管(P0120)

库存中有 N 条网线，已知它们的长度(精确到厘米)。现在要切割这些网线，得到至少 K 条等长的网线。网线不可拼接，问这 K 条等长的网线的最大长度可以是多少？要求这 K 条网线长度是整数厘米。

输入：第一行包含两个整数 N 和 K，以单个空格隔开。$N(1 \leqslant N \leqslant 10\,000)$ 是库存中的网线数，$K(1 \leqslant K \leqslant 10\,000)$ 是需要的网线数量。

接下来 N 行，每行一个数，为库存中每条网线的长度(单位：m)。所有网线的长度至少 1m，至多 100km。输入中的所有长度都精确到厘米，即保留到小数点后两位。

输出：能够从库存的网线中切出 K 条等长网线的最长长度(单位：m)。必须精确到厘米，即保留到小数点后两位。若无法得到长度至少为 1cm 的 K 条网线，则输出“0.00”(不包含引号)。

样例输入

```
4 11
8.02
7.43
4.57
5.39
```

样例输出

```
2.00
```

来源：ACM/ICPC Northeastern Europe 2001

解题思路：首先将长度单位由米(m)换算成厘米(cm)，则计算过程中就只要处理整数，输出答案时再除以 100 即可。

因网线不可拼接，所以所有的可能解就是从 1 到最大库存网线长度（单位：cm）的所有整数。假定最大可行长度为 L，验证之，如果无法切出 K 根长度为 L 的网线，那一定是因为 L 太大，则比 L 更大的长度一定也都不可行，因此解的范围是满足单调性的，可以用二分的办法来尝试验证 L。验证 L 是否为可行长度的办法就是逐个考查每一条库存网线，看能切割出几条长度为 L 的线，然后将总数加起来看是否达到 K。

如果发现了一个可以切割出 K 根网线的长度 L，则记录它，然后跳着尝试更大的 L。记录下来的可行的 L 会越来越大。最后一个被记录下来的可行的长度 L，就是问题的答案。解题程序如下。

```
//prg0330.java
1.  import java.util.*;
2.  class Network {
3.      int K,N;
4.      int [] a;                          //放网线长度
5.      boolean valid(int L) {             //检验长度 L 是否可行
6.          int total = 0;
7.          for (int i=0;i<N; ++i)
8.              total += a[i] / L;         //第 i 根网线能切出多少根长度为 L 的网线
9.          if (total >= K)
10.             return true;
11.         return false;
12.     }
13.     void solve() {
14.         Scanner reader = new Scanner(System.in);
15.         N = reader.nextInt(); K = reader.nextInt();
16.         a = new int[N];
17.         int L = 1,R = -1;              //[L,R]是答案的查找区间
18.         for (int i=0;i<N;++i) {
19.             a[i] = (int)(reader.nextDouble() * 100);
20.             R = Math.max(R, a[i]);     //开始 R 取最长网线长度
21.         }
22.         int best = 0;                  //答案
23.         while (L <= R) {               //只要查找区间不为空
24.             int mid = L + (R - L)/2;
25.             if (valid(mid)) {
26.                 best = mid;            //目前找到的最优解
27.                 L = mid + 1;           //查找区间变为大于 mid 的那一半
28.             }
29.             else R = mid - 1;          //查找区间变为小于 mid 的那一半
30.         }
31.         System.out.printf("%.2f\n", ((double)best/100));
32.     }
33. }
34. public class prg0330  {            //请注意:在 OpenJudge 提交时类名要改成 Main
35.     public static void main(String [] args)  {
36.         new Network().solve();
37.     }
38. }
```

第 23 行：二分过程要到查找区间变为空时才结束，$L==R$ 成立时查找区间并不为空，而是其中还有一个可能解。所以此处条件为 $L<=R$。初学者经常会误写为 $L<R$。

第 27 行：此处的+1 是必需的，这样才能确保查找区间变小，否则若 $L==R$ 时，就会陷入死循环。初学者往往此处会随手写 $L=\text{mid}$，这是不正确的。同理，第 29 行的 −1 也是必需的。

valid 函数的复杂度是 $O(N)$，所以本程序复杂度为 $O(N\times\log(\text{maxL}))$，maxL 是最长库存网线的长度(单位：cm)。

★4.2.3 案例：好斗的牛(P0130)

(题目原标题：Aggressive cows)农夫 John 建造了一座很长的畜栏，它包括 N ($2\leqslant N\leqslant 100\ 000$)个隔间，这些隔间的位置为 $x_0,\cdots,x_{N-1}$($0\leqslant x_i\leqslant 1\ 000\ 000\ 000$，均为整数，各不相同)。John 要为他的 C ($2\leqslant C\leqslant N$)头牛每头分配一个隔间，一个隔间最多只能有一头牛。牛都希望互相离得远点省得互相打扰。怎样才能使距离最近的两头牛之间的距离尽可能大？这个"最大最近距离"是多少？

输入： 第 1 行是两个整数 N 和 C。接下来 N 行，每行是一个隔间的坐标。

输出： 最近的两头牛可能达到的最大距离。

样例输入

```
5 3
1
2
8
4
9
```

样例输出

```
3
```

来源： USACO 2005 February Gold

解题思路： 最简单的思路就是从 $1\ 000\ 000\ 000/(C-1)$ 到 1 依次尝试这个"最大的最近距离"D，第一个可行的 D 就是答案。这样的枚举方法当然会超时。如果 D 不可行，则所有比 D 大的数值都不可行，因此可以用二分的办法，在区间$[1,1\ 000\ 000\ 000/(C-1)]$中寻找这个 D。

验证距离 D 是否可行，需要事先得到从小到大排序后的隔间坐标序列 $x_0,\cdots,x_{N-1}$。此后，验证的方法是：第 1 头牛放在坐标为 x_0 的隔间。若第 k 头牛放在隔间 x_i，则第 $k+1$ 头牛要放在 x_i 右边第一个距离 x_i 大于或等于 D 的隔间。即要找个最小的整数 j，使得 $x_j-x_i\geqslant D$，然后将第 $k+1$ 头牛放在位置 x_j。若最终所有牛都能放下，则 D 可行，否则 D 不可行。程序如下。

```
//prg0340.java
import java.util.*;
class AggressiveCows {
    int N,C;
    int [] x;                                   //隔间的坐标序列
    boolean valid(int d) {                      //判断最大最近距离 d 是否可行
        int prevPos = x[0];                     //上一头牛的位置
        int totalDone = 1;                      //已经安排好的牛的数目
        for (int i=1;i<N;++i) {
            if (x[i] - prevPos >= d) {
```

```
                prevPos = x[i];                      //将下一头牛放在 x[i]
                totalDone += 1;
            }
            if (totalDone == C)
                return true;
        }
        return false;
    }
    void solve() {
        Scanner reader = new Scanner(System.in);
        N = reader.nextInt(); C = reader.nextInt();
        x = new int[N];
        for (int i=0;i<N;++i)
            x[i] = reader.nextInt();
        Arrays.sort(x);
        int L = 1, R = 1000000000/(C-1) + 1;    //[L,R]是答案的查找区间
        int best = 0;
        while (L <= R) {
            int D = L + (R - L)/2;
            if (valid(D)) {
                best = D;
                L = D + 1;
            }
            else R = D - 1;
        }
        System.out.println(best);
    }
}
public class prg0340  {                    //请注意:在 OpenJudge 提交时类名要改成 Main
    public static void main(String [] args)  {
        new AggressiveCows().solve();
    }
}
```

valid 函数的复杂度是 $O(N)$,所以本程序的复杂度是 $O(N\times\log(1\ 000\ 000\ 000/(C-1)))$。

小　结

枚举是计算机解决问题的基本方式。枚举的时候要想办法减少需要检测的可能答案,如用枚举一个局部来替代全局枚举。

在可能解满足单调性,即如果某个可能解不成立是因为太大(太小),则所有更大(更小)的可能解都不可能成立时,可以考虑用二分的办法寻找答案。

习　题

以下为编程题。本书编程的例题习题均可在配套网站上程序设计实习 MOOC 组中与书名相同的题集中进行提交。每道题都有编号,如 P0010、P0020。

1. 完美立方(P0140):形如 $a^3=b^3+c^3+d^3$ 的等式被称为完美立方等式。例如,$12^3=6^3+8^3+10^3$。编写一个程序,对任给的正整数 $N(N\leqslant 100)$,寻找所有的四元组(a,b,c,d),使得 $a^3=b^3+c^3+d^3$,其中,a,b,c,d 大于 1,小于或等于 N,且 $b\leqslant c\leqslant d$。

2. 生理周期(P0150)：人分别每隔 23 天、28 天和 33 天出现一个体力、感情、智力高峰日。对于每个人，我们想知道何时三个高峰落在同一天。已知从当前年份的第一天开始，三种高峰分别出现在第 x、y、z 天(不一定是第一次高峰出现的时间)。你的任务是给定一个从当年第一天开始数的天数，输出从给定那天开始(不包括给定那天)下一次三个高峰落在同一天的时间(距给定时间的天数)。例如，给定时间为 10，下次出现三个高峰同天的时间是 12，则输出 2(注意这里不是 3)。

★★3. 火柴棒等式(P0160)：给你 $n(n\leqslant 24)$ 根火柴棍，你可以拼出多少个形如“$A+B=C$”的等式？等式中的 A、B、C 是用火柴棍拼出的整数(若该数非零，则最高位不能是 0)。用火柴棍拼数字 0～9 的拼法如图 4.1 所示。

图 4.1　用火柴棍拼数字 0～9

注意：

(1) 加号与等号各自需要两根火柴棍。

(2) 如果 $A\neq B$，则 $A+B=C$ 与 $B+A=C$ 视为不同的等式(A、B、$C\geqslant 0$)。

(3) n 根火柴棍必须全部用上。

★★★ 4. 熄灯问题(P0170)：有一个由按钮组成的矩阵，其中每行有 6 个按钮，共 5 行。每个按钮的位置上有一盏灯。当按下一个按钮后，该按钮以及周围位置(上边、下边、左边、右边)的灯的状态都会改变。灯只有亮和灭两种状态。已知开始时所有灯的状态，求一个按按钮的方案，最终熄灭所有灯。

★5. 拨钟问题(P0180)：有 9 个时钟，编号 A～I，时针都在 3 点，6 点，9 点或 12 点位置。有 9 种不同的移动，每种移动将若干个时钟的时针顺时针拨 90°。例如，一种移动是“ABDE”，就影响 4 个时钟。给出 9 种不同的移动，求一个最短移动序列，使得所有时钟都变成 12 点位置。

6. 派(P0190)：我有 N 个不同口味、不同大小的派要分给 F 个朋友。我和每个朋友会拿到一块派(必须是一整个派，或一个派上切下来的一块，不能由几个派的小块拼成)。所有人拿到的派应是同样大小的，但不需要是同样形状的。请问每个人拿到的派面积最大是多少？每个完整的派都是一个圆形，开始每个完整派的半径都已知。提示：π 的值取 3.1415926536。

7. 河中跳房子(P0200)：某小镇每年都要举办各种特殊版本的奶牛跳房子比赛，包括在河里从一个岩石跳到另一个岩石。这项活动在一条长长的笔直河道中进行，在起点和离起点 L 远($1\leqslant L\leqslant 1\,000\,000\,000$)的终点处均有一个岩石。在起点和终点之间有 $N(0\leqslant N\leqslant 50\,000)$ 个岩石，每个岩石 i 与起点的距离分别为 $D_i(0<D_i<L)$。

在比赛过程中，奶牛轮流从起点出发，尝试到达终点，每一步只能从一个岩石跳到另一个岩石。当然，实力不济的奶牛是没有办法完成目标的。农夫约翰希望实力差的奶牛一开始就被淘汰，因此他计划移走一些岩石，使得从起点到终点的过程中，最近的两个岩石的距离尽可能长。他可以移走除起点和终点外的至多 $M(0\leqslant M\leqslant N)$ 个岩石。请帮助约翰确定移走这些岩石后，最近的两个岩石的距离最长可以是多少。

★★8. 和为 0 的四元组(P0210)：给定 4 个长度都为 $n(n\leqslant 4000)$ 的整数数组 A，B，C，D，求有多少四元组(a,b,c,d)满足 $a+b+c+d=0$。其中，$a\in A$，$b\in B$，$c\in C$，$d\in D$。

9. 放弃考试(P0220)：在一门课程中，一共有 $n(n\leqslant 1000)$ 场考试。假如你在第 i 场考试

中可以答对 b_i 道题中的 a_i 道，那么你的累计平均分定义为 $100 \cdot \Sigma a_i / \Sigma b_i$。已知你这 n 场考试的答题情况，并且允许你放弃其中的 k 场考试，请你确定你最高能够得到多少的累计平均分。

假设该课程一共有 3 门考试，你的答题情况为 5/5，0/1 和 2/6。如果你每门都参加，你的累计平均分为 $100\times(5+0+2)/(5+1+6)=50$ 分。如果你放弃第 3 场考试，你的累计平均分则提高到了 $100\times(5+0)/(5+1)=83.33\approx83$ 分。

第5章 递归和分治

一个函数调用了它自己，称为递归。递归和循环可以互相替代。一种程序设计语言，支持递归就可以不需要支持循环，支持循环就可以不需要支持递归。例如，早期的 Lisp 语言，就不支持循环，只支持递归。当然，为了方便使用，程序设计语言一般都既支持递归，也支持循环。

从替代循环的角度看，递归和循环一样是一种手段，可以用来解决任何问题。但是递归更多的是一种解决问题的思想——从这个角度看，也可以称递归是一种算法。

本章主要通过具体例题，分为以下三种情况讲述递归的用途。

(1) 替代多重循环来进行枚举。

(2) 解决用递归形式定义的问题。

(3) 将问题分解为规模更小的子问题进行求解。

上述三个方面其实没有也不需要有严格的区分界限。有的问题，归类为上述不止一种情况都说得过去。例如，5.2 节的例题“绘制雪花曲线”，归类为第(2)或第(3)种情况都可以。

第(3)种情况，如果分解出来的子问题不止一个且相互无重叠，一般来说就可以算是“分治”。

还有一种递归可以称为“间接递归”，例如，函数 A 调用了函数 B，函数 B 调用了函数 C，函数 C 又调用了函数 A，就可以说函数 A、B、C 都间接递归调用了自身。本章不涉及这类递归。

5.1 用递归进行枚举

5.1.1 案例：N 皇后问题(P0230)

将 N 个皇后摆放在一个 N 行 N 列的国际象棋棋盘上，要求任何两个皇后不能互相攻击(两个皇后在同一行，或同一列，或某个正方形的对角线上，就会互相攻击，称为冲突)。输入皇后数 $N(1\leqslant N\leqslant 9)$，输出所有的摆法。无解输出“NO ANSWER”。行列号都从 0 开始算。

输入： 一个整数 N，表示要把 N 个皇后摆放在一个 N 行 N 列的国际象棋棋盘上。

输出： 所有的摆放放案。每个方案一行，依次是第 0 行皇后位置、第 1 行皇后位置、……、第 $N-1$ 行皇后位置。多种方案输出顺序如下：优先输出第 0 行皇后列号小的方案。如果两个方案第 0 行皇后列号一致，那么优先输出第 1 行皇后列号小的方案，以此类推。

样例输入

```
4
```

样例输出

```
1 3 0 2
2 0 3 1
```

解题思路：在皇后数目不确定的情况下，用循环解决比较麻烦，因此可以采用递归的方式进行枚举，程序如下。

```
//prg0350.java
import java.util.*;
class NQueensProblem {
      int N;
      int [] result;                      //result[i]是第 i 行皇后摆放位置
      NQueensProblem(int n_) {
          N = n_;        result = new int[N];
      }
      boolean isOk(int n,int pos) {      //判断第 n 行的皇后放在第 pos 列是否可行
      //此时第 0 行到第 n-1 行的皇后的摆放位置已经存放在 result[0]至 result[n-1]中
          for (int i = 0;i < n; ++i)
              //检查位置 pos 是否会和前 0~n-1 行已经摆好的皇后冲突
              if (result[i] == pos ||
                      Math.abs(i-n) == Math.abs(result[i] - pos))
                  return false;
          return true;
      }
      boolean queen(int i) {
          //解决 N 皇后问题,现在第 0 行到第 i-1 行的 i 个皇后已经摆放好了
          //要摆放第 i 行的皇后。返回值表示这种情况下最终能否成功
        if (i == N) {              //已经摆好了 N 个皇后,说明问题已经解决,输出结果即可
            for (int k=0;k<N;++k)
                System.out.print(result[k]+" ");
            System.out.println();
            return true;
        }
        boolean succeed = false;
        for (int k=0;k<N;++k)             //枚举所有位置
            if (isOk(i,k)) {              //看可否将第 i 行皇后摆在第 k 列
                result[i] = k;            //可以摆在第 k 列,就摆上
                succeed = queen(i+1) || succeed;        //接着去摆放第 i+1 行的皇后
            }
        return succeed;
      }
      void solve() {
          if (!queen(0))
              System.out.println("NO ANSWER");
      }
}
public class prg0350   {                   //请注意:在 OpenJudge 提交时类名要改成 Main
    public static void main(String[] args){
        Scanner reader = new Scanner(System.in);
        int n = reader.nextInt();
        new NQueensProblem(n).solve();
```

```
44.     }
45. }
```

queen 函数返回值为 true 或者 false，queen(i)的返回值表示：当前，前 i 个皇后已经摆好且不冲突，它们的摆法放在 result[0，$i-1$]中（本书中用 $a[x,y]$表示数组或字符串 a 中从 $a[x]$到 $a[y]$这样连续的一段），在不改变这前 i 个皇后的摆法的前提下，继续往下摆放，最终能否找到至少一种成功的 N 皇后摆法。在第 27 行，函数试图为第 i 行的皇后找到所有和前 i 个皇后不冲突的位置，所谓“枚举”，就体现在本行。每找到一个合适的位置，就摆放之，然后递归调用一次 queen($i+1$)继续后面皇后的摆放；如果一个合适位置都找不到，则返回 false，表示在当前情况下，最终无法摆放成功。

第 24 行：由于函数是递归调用的，所以有几个解，本行就会被执行几次。例如，在第 0 行皇后摆在第 0 列的情况下，执行 queen(1)最终会成功，本行会得到执行；在第 0 行皇后摆放在第 1 列的情况下，执行 queen(1)最终也会成功，本行又会得到执行。实际上，如果有 k 个解的第 0 行皇后都是摆放在第 0 列的，则会有 k 次执行到本行时，第 0 行皇后是摆放在第 0 列的。

第 26 行：succeed 表示在当前情况下，再往下摆能否至少找到一个解，先假定为 false。

第 29 行：假设找到的第一个合法摆放位置是 k_1，第 i 行皇后摆放在第 k_1 列的情况下，会继续执行 queen($i+1$)，从此处一直递归下去，有可能会找到多种 N 皇后的最终合法摆放方案，即多次走到第 21 行，输出多个解。这些解的第 0 行到第 i 行的摆放方案都是相同的，例如，第 i 行都是摆放在 k_1 位置。queen($i+1$)执行过程中经历层层多分支递归，终究会返回，返回后回到第 27 行的 for 循环，继续寻找下一个可行的第 i 行摆放位置 k_2，然后再继续递归下去。

因此上面的程序会输出所有的解。

第 30 行：在第 27 行开始的循环中，只要有一次执行本行时 queen($i+1$)返回 true，succeed 的值就会是 true，意味着在当前情况下最终能够摆放成功。

本程序中，result 数组中的一个元素，本质上就相当于多重循环解法里的一个循环控制变量，它们都是表示一行皇后的位置的。

请注意：如果要将程序改写成找到一个解就结束，则只需要将第 30 行替换为下面两行。

```
//prg0351.java
    if(queen(i+1))                              //接着去摆放第 i+1 行的皇后
        return true;
```

这样的话，摆放第 i 行皇后的时候，一旦发现一个能导致最终摆放成功的摆法，就不会去尝试第 i 行的下一个摆法，因此对每行的皇后，都只找到一个能导致最终成功的摆法，于是程序的第 24 行只会执行 1 次，程序只输出一个解。

N 皇后问题的本质，是有 N 个变量，这 N 个变量取值的某些组合，能够满足某个条件，要求出这些满足条件的组合。下面的奥数问题、接下来的全排列问题、习题中的棋盘问题本质都是如此，都可以用类似 N 皇后问题的办法解决。

5.1.2 案例：奥数问题(P0100)的递归解法

本题就是 4.1.2 节案例“奥数问题”。这个问题和 N 皇后问题很像。可以将每个字母看作一个位置，等式中最多出现 5 个不同字母，所以一共有 5 个位置。在每个位置需要摆一个数，且每个位置上的数不一样。将等式中的字母用其对应位置上的数替换，要使得替换后的等式成立，且等式中不可以有带多余前导 0 的数出现。下面的递归程序中，这 5 个位置就是数组 a 的 5 个元素，函数 done(i)表示 $a[0, i-1]$这 i 个位置已经摆上数的情况下，接着要在位置 $a[i]$及后面的位置摆数，求最终能否成功。

```
//prg0312.java
import java.util.*;
class AoshuProblem2 {
    String s1,s2,s3;
    AoshuProblem2(String str1,String str2,String str3) {
        s1 = str1; s2 = str2; s3 = str3;
    }
    int a[] = new int[5];              //a[0]存放'A'表示的数,a[1]存放'B'表示的数……
    int toInt(String s) {
        //依据 a 将'ABE'这样的字符串转成整数。若有前导 0 则返回-1 表示失败
        String result = "";
        for(int i=0;i<s.length();++i) {
            char c = s.charAt(i);
            result += (char)('0' + a[c-'A']);
        }
        if (result.length() > 1 && result.charAt(0) == '0')
            return -1;
        return Integer.parseInt(result);
    }
    private boolean done(int i) {    //被调用时,a[0,i-1]已存放了 i 个字母代表的数
        //返回值表示在此情况下最终能否找到解
        if (i == 5) {
            int n1 = toInt(s1),n2 = toInt(s2),
                n3 = toInt(s3);
            if (n1 >= 0 && n2 >= 0 && n3 >= 0
                    && n1 + n2 == n3) {
                System.out.printf("%d+%d=%d\n",n1,n2,n3);
                return true;
            }
        }
        else {                          //i!= 5
          for(int k=0;k<10;++k) {
                int j = 0;
                for(;j<i;++j)          //本循环判断 k 这个数是否已经被用过
                    if(a[j] == k)
                        break;         //发现 k 这个数已经被用过
                if(j == i) {           //如果 k 这个数还没被用过
                    a[i] = k;          //在位置 i 摆数 k,即让第 i 个字母代表数 k
                    if (done(i+1))
                        return true;
                }
          }
        }
        return false;
    }
    void solve() {
        if (!done(0))
            System.out.println("No Solution");
    }
}
```

```
public class prg0312 {                     //请注意:在 OpenJudge 提交时类名要改成 Main
    public static void main(String[] args){
        Scanner reader = new Scanner(System.in);
        int n = reader.nextInt();
        for(int i=0;i<n;++i) {
            String s1 = reader.next(),s2 = reader.next(),
                    s3 = reader.next();
            new AoshuProblem2(s1,s2,s3).solve();
        }
    }
}
```

本程序在位置 i 摆放数 k 前，先判断能不能摆，能摆了才摆，而不是不管能不能摆，把 5 个位置都摆上数再判断整个完整的摆法是否符合要求，这样可以提高效率。

5.1.3 案例：全排列(P0240)

给定一个由不同的小写字母组成的字符串，输出这个字符串的所有排列。假设对于小写字母有'a'<'b'<…<'y'<'z'，而且给定的字符串中的字母已经按照从小到大的顺序排列。

输入： 输入只有一行，是一个由不同的小写字母组成的字符串，已知字符串的长度为1～6。

输出： 输出这个字符串的所有排列方式，每行一个排列。要求字母序比较小的排列在前面。字母序如下定义。

已知 $S=s_1s_2\cdots s_k$，$T=t_1t_2\cdots t_k$，则 $S<T$ 等价于，存在 $p(1\leqslant p\leqslant k)$，使得 $s_1=t_1$，$s_2=t_2$，…，$s_{p-1}=t_{p-1}$，$s_p<t_p$ 成立。

样例输入

```
abc
```

样例输出

```
abc
acb
bac
bca
cab
cba
```

本题的本质就是在 n 个位置(编号 $0\sim n-1$)摆 n 个不同字母，要求给出符合"每个字母只出现一次"这个要求的所有摆法。解题程序如下。

```
//prg0360.java
import java.util.*;
class AllPermutations {
    String lst;                                   //存放输入的字符串
    char [] result;                               //result[i]表示第 i 个位置摆放的字母
    boolean [] used;                          //used[i]表示 lst 中的第 i 个字母是否已经用过
    int n;                                        //排列的长度是 n 个字符
    void permutation(int i) {                     //从第 i 个位置起摆放字母
        if (i == n) {            //条件满足则说明 n 个位置都摆上字母了,即发现了一个排列
            for (char x:result)
                System.out.print(x);
            System.out.println("");
```

```
12.             return;
13.         }
14.         for (int k=0;k<n;++k)
15.             if (!used[k]) {                     //第 k 个字母还没用过
16.                 result[i] = lst.charAt(k);  //在第 i 个位置摆上第 k 个字母
17.                 used[k] = true;
18.                 permutation(i+1);           //从第 i+1 个位置起继续往下摆
19.                 used[k] = false;
20.             }
21.     }
22.     void solve() {
23.         Scanner reader = new Scanner(System.in);
24.         lst = reader.next();
25.         n = lst.length();
26.         result = new char [n];
27.         used = new boolean[n];
28.         for (int i=0;i<n;++i)
29.             used[i] = false;
30.         permutation(0);                         //从第 0 个位置开始摆放字母
31.     }
32. }
33. public class prg0360  {                 //请注意:在 OpenJudge 提交时类名要改成 Main
34.     public static void main(String[] args){
35.         new AllPermutations().solve();
36.     }
37. }
```

函数 permutation(i)表示，在 $0 \sim i-1$ 这 i 个位置已经摆好字母的情况下，从第 i 个位置开始继续摆放字母。位置 k 摆放的字母，记录在 result[k]中($k=0,1,\cdots,n-1$)。

第 14 行：枚举所有在第 i 个位置可能摆放的字母，k 是字母在 lst 中的下标。由于在每个位置枚举字母的时候都是按照字母从小到大的顺序进行，所以最终会按从小到大的顺序得到一个个排列，类似于 N 皇后问题得到解的顺序。

第 15 行：一个排列中，每个字母只能用一次，因此用数组元素 used[k]记录字母 lst[k]是否已经被用过。lst[k]还没用过，就可以摆在位置 i。摆上后就要将 used[k]设置为 true，表示 lst[k]已经被使用，如第 17 行所示。

第 19 行：下次循环就要在位置 i 尝试摆放别的字母。要在位置 i 摆别的字母，就应该将刚才在第 16 行摆放在位置 i 的字母 lst[k]拿走，那么字母 lst[k]就应该恢复成没用过，这样在后续位置还可以摆放它。因此要让 used[k]=false。

5.2 解决用递归形式定义的问题

有一些问题或者概念，本身的定义就是递归形式的。例如“自然数 n 的阶乘”这个概念，可以定义成 $1\times2\times3\times\cdots\times(n-1)\times n$，也可以用以下两句话来定义。

(1) 1 的阶乘是 1。

(2) $n>1$ 时，n 的阶乘等于 n 乘以($n-1$)的阶乘。

第(2)句话，定义“阶乘”这个概念的时候，用到了“阶乘”这个词，看上去像循环定义，让人无法理解。但是，由于有语句(1)的存在，上面这两句“自然数 n 的阶乘”的定义，就是严密且可以理解的。例如，若问“3 的阶乘是什么”，要先回答“2 的阶乘是什么”；要回答“2 的阶乘是什么”，就要回答“1 的阶乘是什么”。按照语句(1)，1 的阶乘是 1，因此往回倒推就可以知道 3 的阶乘是什么了。

可以说，在上面的两句话的阶乘定义中，语句(2)的形式是递归的，而语句(1)就是递归的终止条件。

按照这种定义方式，求自然数 n 的阶乘的函数可以写成：

```
int factorial(int n) {
   if (n == 1)
      return 1;
   return n * factorial(n-1);
}
```

这是最简单的用递归函数解决递归形式的问题的例子。

在上面的程序中，判断“n == 1”是否为真是基本操作，即进行次数最多的操作。设求 n 阶乘的基本操作次数为 $T(n)$，则有：

$$T(n)=1+T(n-1)=1+1+T(n-2)=1+1+1+T(n-3)=\cdots$$
$$=1+1+\cdots+T(1)=1+1+\cdots+1(n\text{ 个 }1)$$

所以函数的复杂度是 $O(n)$。

5.2.1 案例: 波兰表达式(P0250)

波兰表达式是一种把运算符前置的算术表达式。例如，一般形式的表达式 2 + 3 的波兰表示法为+ 2 3。波兰表达式的优点是计算时不需要考虑运算符的优先级，因此不必用括号改变运算次序，例如，(2 + 3) * 4 的波兰表示式为 * + 2 3 4。本题求解波兰表达式的值，其中运算符包括+、-、*、/ 4 个。

输入： 输入为一行，其中运算符和运算数之间都用空格分隔，运算数是浮点数。

输出： 输出为一行，表达式的值。

样例输入

```
* + 11.0 12.0 + 24.0 35.0
```

样例输出

```
1357.000000
```

虽然什么是“波兰表达式”不难理解，但是题目其实并没有给出“波兰表达式”的准确定义。波兰表达式可以用递归的形式准确定义如下。

(1) 一个数是一个波兰表达式，其值就是该数本身。

(2) 若一个波兰表达式不是一个数，则其形式为：“运算符 波兰表达式 1 波兰表达式 2”，其值是以“波兰表达式 1”的值作为第一操作数，以“波兰表达式 2”的值作为第二操作数，进行“运算符”所代表的运算后的值。“运算符”有加减乘除 4 种，分别表示为“+”“-”“*”“/”。

根据上述定义，可以写出解题程序如下。

```
//prg0370.java
import java.util.*;
class PolishExpression {
    int N;
    String [] exp;          //exp[i]要么是一个数的字符串形式如"11.0",要么是一个运算符
    double polish() {   //从 exp[N]处开始取出若干元素构成一个波兰表达式并返回其值
```

```
6.          int M = N;
7.          ++ N;
8.          if (exp[M].equals("+"))
9.              return polish() + polish();
10.         else if (exp[M].equals("-"))
11.             return polish() - polish();
12.         else if (exp[M].equals( "*"))
13.             return polish() * polish();
14.         else if (exp[M].equals( "/"))
15.             return polish() / polish();
16.         else
17.             return Double.parseDouble(exp[M]);
18.     }
19.     void solve() {
20.         Scanner reader = new Scanner(System.in);
21.         exp = reader.nextLine().split(" ");
22.         N = 0;
23.         System.out.printf("%.6f\n",polish());
24.     }
25. }
26. public class prg0370  {              //请注意:在 OpenJudge 提交时类名要改成 Main
27.     public static void main(String [] args)  {
28.         new PolishExpression().solve();
29.     }
30. }
```

第 3 行：N 相当于一个指针，表示 polish 函数被调用时，应该从字符串数组 exp 中下标为 N 的元素开始，取出若干个元素(假设 x 个)构成一个波兰表达式，计算出其值并返回。而且 polish 函数还必须让 N 变为 $N+x$，以便下一次调用 polish 函数时可以从正确的位置继续取元素。例如，$N==0$ 时调用 polish()，一定是将 exp 中的所有元素都取出作为一个波兰表达式。

第 8、9 行：按照波兰表达式定义，如果 exp[M]是“+”，则其后面一定跟着两个波兰表达式。“+”取走后，N 的值被加 1。然后调用一次 polish()取出第一个波兰表达式并算出值，且让 N 推进到合适位置，再调用一次 polish()取出第二个波兰表达式，算出值，和第一个波兰表达式的值相加后返回。当然，第二次调用 polish()的时候也会推进 N 到合适位置。

第 17 行：按照波兰表达式定义，如果 exp[M]不是运算符，则其一定是一个数。那么取出的波兰表达式就是 exp[M]，其值为 exp[M]代表的那个数。

由于只需要从头到尾扫描整个表达式一遍，所以复杂度为 $O(n)$。

★★5.2.2 案例：绘制雪花曲线

绘制雪花曲线，更是典型的以递归形式定义的问题。

要进行绘图，需要导入 javax.swing 包和 java.awt 包。前者中的 JFrame 类用于生成一个窗口，后者中的 Graphics 类用于画图。Graphics 对象可以看作窗口上的画板，调用 Graphics 对象的 drawLine()方法，可以绘制线段。

绘图是在一个窗口中进行的，创建了一个 JFrame 对象，就创建了一个窗口。JFrame 对象的 setSize()方法可以设置窗口大小。窗口是一个平面直角坐标系，窗口的左上角是坐标系原点，即其坐标是(0,0)。规定正东方向是 0°，正南方向是 90°，正西方向是 180°，正北方向是

270°。当然也可以说正北方向是－90°，正西方向是－180°。

绘制雪花曲线须在窗口上进行。雪花曲线也称为科赫曲线，其递归定义如下。

(1) 长为 size，方向为 x（单位：弧度）的 0 阶雪花曲线，是沿方向 x 绘制的一根长为 size 的线段。

(2) 长为 size，方向为 x 的 n 阶雪花曲线，由以下 4 部分依次拼接组成。

① 长为 size/3，方向为 x 的 $n-1$ 阶雪花曲线。

② 长为 size/3，方向为 $x-\pi/3$ 的 $n-1$ 阶雪花曲线。

③ 长为 size/3，方向为 $x+\pi/3$ 的 $n-1$ 阶雪花曲线。

④ 长为 size/3，方向为 x 的 $n-1$ 阶雪花曲线。

图 5.1～图 5.3 是几个雪花曲线的示意图。

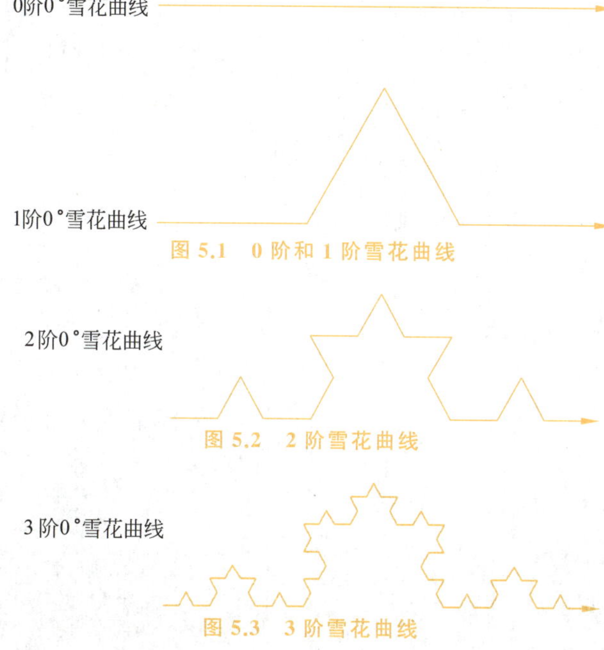

图 5.1 0 阶和 1 阶雪花曲线

图 5.2 2 阶雪花曲线

图 5.3 3 阶雪花曲线

绘制长度为 600 像素，方向为 0 的 3 阶雪花曲线的程序如下。

```
//prg0380.java
import javax.swing.*;                          //图形界面需要
import java.awt.*;                             //画图需要
class SnowCurveWindow extends JFrame {
  public void drawSnowCurve(Graphics g, int n,int x,int y,
           double size,double dir) {
       //在 g 上绘制一个 n 阶长度为 size,方向为 dir(单位:弧度)的雪花曲线,起点坐标为(x,y)
       if(n == 0) {                            //下面画一条 0 阶雪花曲线,即一个线段
           int x2 = (int)Math.round(x + Math.cos(dir) * size);
           int y2 = (int)Math.round(y + Math.sin(dir) * size);
           g.drawLine(x,y,x2,y2);              //从起点(x,y)到终点(x2,y2)画一条线段
       }
       else {
           double delta[] = {0,-Math.PI/3,Math.PI/3,0};   //PI 是 π
           size /= 3;
           for(int i=0;i<4;++i) {
               drawSnowCurve(g,n-1,x,y,size,dir+delta[i]);
```

```
17.                 x = (int) Math.round((x + Math.cos(dir+delta[i]) * size));
18.                 y = (int) Math.round((y + Math.sin(dir+delta[i]) * size));
19.             }
20.         }
21.     }
22.     public SnowCurveWindow(int n,int x,int y,
23.                            int size,double dir){
24.         setSize(800,600);                   //JFrame 的方法,设置窗体大小为 800px * 600px
25.         setLocationRelativeTo(null); //让窗口在屏幕上居中
26.         setDefaultCloseOperation(JFrame.EXIT_ON_CLOSE);
27.         setContentPane(new JPanel() {
28.             public void paint(Graphics g){
29.                 drawSnowCurve(g,n,x,y,size,dir);
30.             }
31.         });
32.         setVisible(true);
33.     }
34. }
35. public class prg0380 {
36.     public static void main(String[] args) {
37.         new SnowCurveWindow (3,100,400,600,0);
38.         //绘制 3 阶长度为 600,方向为 0 的雪花曲线,起点坐标为(100,400)
39.     }
40. }
```

程序运行结果如图 5.4 所示。

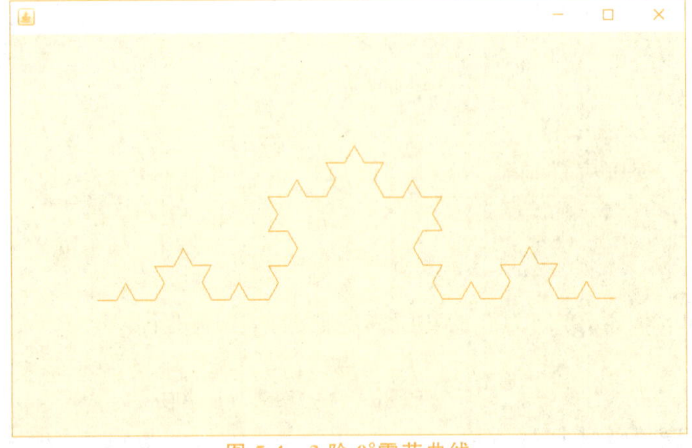

图 5.4　3 阶 0°雪花曲线

类 SnowCurveWindow 从 JFrame 派生而来,第 37 行创建一个 SnowCurveWindow 对象,即创建了一个窗口。SnowCurveWindow 构造方法中调用的各种以“set”开头的方法,都是 JFrame 类的方法。

第 27 行:本行 new 出来的对象,是一个匿名类的对象,该匿名类从 JPanel 类派生而来并重写了 paint()方法。JPanel 对象可以看作一个面板,可以在上面绘图。setContentPane 在窗口上放置该匿名类对象,窗口显示和刷新时,会调用该匿名类对象的 paint()方法并传入画布对象 Graphics g。因此要将绘制雪花曲线的代码,即对 drawSnowCurve 函数的调用,写在 paint()方法中。

第 13～19 行:按照雪花曲线的递归定义,一条 dir 方向上的长为 size 的 n 阶雪花曲线,应该由 4 段长为 size/3 的 $n-1$ 阶雪花曲线连接而成。这个循环就依次画出这 4 段。若 n 阶雪花曲线的方向是 dir(单位：弧度)，则这 4 段的方向依次是 $x, x-\pi/3, x+\pi/3, x$。每一段的终点就是下一段的起点。

5.3 用递归进行问题分解

递归解决问题的一种特别常用的基本思路是：**要解决某一问题，可以先做一步，做完一步以后，剩下的问题也许就会变成和原问题形式相同但规模更小的子问题，那就可以递归求解了。**第一步如果有多种选择，则要枚举第一步的所有选择。当然，还需要归纳出不需要递归就能直接解决的边界条件。

5.3.1 案例: 上台阶(P0260)

有 n 级台阶($0<n<20$)，从最下面开始走，最终要走到所有台阶上面，每步可以走一级或两级，问有多少种不同的走法？

输入：整数 n。

输出：走法总数。

样例输入

```
4
```

样例输出

```
5
```

解题思路：先走出第一步。第一步有两种走法，走一级台阶，或者走两级台阶。于是所有的走法就被分成两类，即第一步走一级台阶的和第一步走两级台阶的，总的走法数，就是这两类走法的走法数之和。问第一步走一级台阶共有多少种走法，等于就是问走 $n-1$ 级台阶一共有多少种走法。同样，第一步走两级台阶的走法数，等于 $n-2$ 级台阶的总走法数。于是我们发现，走出一步以后，剩下的两个子问题，和原问题形式相同，但是规模变小了(台阶数由 n 变成了 $n-1$ 和 $n-2$)。如果用 ways(i)表示 i 级台阶的走法数，那么：

```
ways(n) = ways(n-1) + ways(n-2)
```

这就是这个问题的递归公式，或者说递推公式。

应当选取一些边界条件，使得每条递归路径都会终止于边界条件，不会没完没了地递归下去。本程序的两条递归路径 ways($n-1$)和 ways($n-2$)，一条每次将 n 减 1，另一条每次将 n 减 2，那么将 $n==1$ 及 $n==0$ 设置为边界条件，就可以阻止无穷递归。程序如下。

```
//prg0390.java
import java.util.*;
public class prg0390  {                  //请注意:在 OpenJudge 提交时类名要改成 Main
    static int ways(int n) {             //n 级台阶的走法总数
        if (n == 1 || n == 0)            //0 级台阶有 1 种走法,就是不走
            return 1;
        return ways(n - 1) + ways(n - 2); //第一步走一级的走法+第一步走两级的走法
    }
    public static void main(String[] args){
        Scanner reader = new Scanner(System.in);
```

```
        System.out.println(ways(reader.nextInt()));
    }
}
```

换个边界条件，ways 函数程序改为下面这样也可以。

```
static int ways(int n) {
    if (n == 1)
        return 1;
    else if (n==2)
        return 2;
    return ways(n - 1) + ways(n - 2);
}
```

可以看出，此题的本质和求斐波那契数列的第 n 项一样。但是上面程序的复杂度，是指数级别的——因为算 ways($n-1$)和 ways($n-2$)的时候都要递归到底，造成大量重复计算。由于本题中的 n 比较小，所以不会超时。

本题用循环写成递推，复杂度只是 $O(n)$。虽然本题写成递归的形式是低效不可取的，但是用递归的思想来考虑这个问题，是合适的。

5.3.2 案例: 算 24(P0270)

给出 4 个小于 10 的正整数，可以使用加减乘除 4 种运算以及括号把这 4 个数连接起来得到一个表达式。现在的问题是，是否存在一种方式使得得到的表达式的结果等于 24。

输入： 若干行，每行一组数据，4 个整数。4 个 0 表示输入数据结束。

输出： 对每组数据，如果能算出 24，输出“YES”，否则输出“NO”。

样例输入

```
5 5 5 1
1 1 4 2
0 0 0 0
```

样例输出

```
YES
NO
```

解题思路： 此问题问用 4 个数算 24 能否成功。先做一步，即从 4 个数中取出两个数，做一下运算，得到一个新数。这一步做完后，剩下的问题就变成用 3 个数算 24 能否成功——形式和原问题一样，但是规模由 4 个数变成了 3 个数。第一步有多种选择，选出的两个数可以不同，选出的两个数做的运算也可以不同。枚举第一步的所有不同做法，只要有一种做法导致剩下的子问题答案是“YES”，那么整个原问题的答案就是“YES”，程序如下。

```
//prg0400.java
class ProblemOf24 {
    double EPS = 1e-6;
    boolean equal(double x,double y) {          //判断两个小数 x,y 是否相等
        return Math.abs(x-y) <= EPS;
    }
    boolean count24(ArrayList<Double> a) {      //用数组 a 中的数算 24,看能否成功
        int n = a.size();
        if (n == 1)                             //用一个数算 24,这个数必须等于 24 才能成功
            return equal(24,a.get(0));
```

```
10.         for (int i=0;i<n-1;++i)
11.             for (int j=i+1;j<n;++j) {
12.                 double x = a.get(i),y = a.get(j);   //选两个数进行运算
13.                 ArrayList<Double> t = new ArrayList<Double>(
14.                                     Arrays.asList(x+y,x-y,y-x,x*y));
15.                 if (!equal(y,0)) t.add(x / y);
16.                 if (!equal(x,0)) t.add(y / x);
17.                 for (double v : t) {
18.                     ArrayList<Double> b = new ArrayList<Double>();
19.                     b.add(v);                       //v是a中取两个数进行运算的结果
20.                     for (int k=0;k<n;++k)
21.                         if (k != i && k != j)
22.                             b.add(a.get(k));
23.                     if (count24(b))
24.                         return true;
25.                 }
26.             }
27.         return false;
28.     }
29.     void solve() {
30.         Scanner reader = new Scanner(System.in);
31.         while (true) {
32.             String [] numbers = reader.nextLine().split(" ");
33.             ArrayList<Double> a = new ArrayList<Double>();
34.             for (String num:numbers)
35.                 a.add(Double.parseDouble(num));
36.             if (a.get(0) == 0)
37.                 break;
38.             if (count24(a))
39.                 System.out.println("YES");
40.             else
41.                 System.out.println("NO");
42.         }
43.     }
44. }
45. public class prg0400   {                    //请注意:在OpenJudge提交时类名要改成Main
46.     public static void main(String[] args){
47.         new ProblemOf24().solve();
48.     }
49. }
```

第 13～16 行：t 中存放 x 和 y 可能进行的全部运算的结果。

第 18～22 行：b 由 a 中两个数 x、y 的运算结果，以及 a 中 x，y 以外的数构成。

因除法运算可能会得到小数，判断两个数是否相等时不宜直接用==符号，而是用专门编写的 equal 函数。

有的情况下，合适的“第一步”是什么，并不是很容易就能想得到。例如下面的例题。

5.3.3 案例: 放苹果(P0280)

要把 M 个同样的苹果放在 N 个同样的盘子里。苹果必须放在盘子里。一个盘子里可以放任意个苹果(包括 0 个)。问共有多少种不同的放法？5,1,1 和 1,5,1 是同一种放法。

输入：第一行是整数 $t(0\leqslant t\leqslant 20)$，表示一共有 t 组测试数据。接下来每组测试数据占一行，包含两个整数 M 和 N，以空格分开，$1\leqslant M,N\leqslant 10$。

输出：对输入的每组 M 和 N，用一行输出相应的放法数目。

样例输入

```
2
7 3
3 3
```

样例输出

```
8
3
```

解题思路：用 ways(i,j)表示把 i 个苹果放在 j 个盘子里的放法总数。如果苹果数目小于盘子数目(即 $i<j$)，那么至少有 $j-i$ 个盘子是空的。由于所有盘子都没区别，因此在这种情况下，问题等价于把 i 个苹果放入 i 个盘子的放法数。

下面只考虑 $i \geqslant j$ 的情况。

按照先做一步的思想，第 1 步看似应该把 1 个苹果放入 1 个盘子。但是这样的第 1 步做完后，由于放了 1 个苹果的盘子变成和其他盘子不一样了，因此剩下的问题变成"把 $i-1$ 个苹果放入 j 个盘子，且其中有一个盘子里已经有 1 个苹果，共有多少种放法。"这和原问题形式并不一致，因此无法形成递推关系。

一个合适的第 1 步的做法，是往每个盘子里都先放一个苹果，这样所有的盘子依然都一样。那么剩下的问题就变成"把 $i-j$ 个苹果放入 j 个盘子，有多少种放法。"这和原问题是形式相同的，但是规模变小了。

但是第 1 步并非只有往所有盘子里都放 1 个苹果这一种选择，因为可以有一些盘子始终不放苹果。如果打算空出一些盘子，那么第 1 步就可以是"拿走一个空盘子"，于是剩下的问题就变成"把 i 个苹果放入 $j-1$ 个盘子，有多少种放法"，这就和原问题形式一致了。

根据上面两种第 1 步的不同做法，可以将所有的放法分成两类：没有空盘子的放法和有空盘子的放法。有空盘子，就是至少有一个空盘子。于是可以写出 $i \geqslant j$ 时的递推公式：

$$\text{ways}(i,j) = \text{ways}(i-j,j) + \text{ways}(i,j-1)$$

边界条件应能防止 i 和 j 没完没了地减少下去。在两条递归路径上，一条 i 每次减少 j，由于 $i \geqslant j$，所以一定会减到 0，因此 i==0 是一个边界条件；另一条递归路径上，j 每次减少 1，因此 j==0 是另一个边界条件，程序如下。

```java
//prg0410.java
import java.util.*;
public class prg0410  {              //请注意:在 OpenJudge 提交时类名要改成 Main
    static int ways(int i, int j) {  //i 个苹果放在 j 个盘子里的放法数目
        if (j > i)
            return ways(i,i);
        if (i == 0)
            return 1;                //没有苹果要放,则只有一种放法,就是啥都不放
        if (j == 0)                  //有苹果要放(i!=0),然而已经没有盘子,放法数为 0
            return 0;
        return ways(i-j, j) + ways(i, j-1);
    }
    public static void main(String[] args){
        Scanner reader = new Scanner(System.in);
        int t = reader.nextInt();
        for(int i=0;i<t;++i) {
```

```
            int m = reader.nextInt();
            int n = reader.nextInt();
            System.out.println(ways(m,n));
        }
    }
}
```

本题解法也存在大量重复计算，复杂度是呈指数级的。如果数据规模变大，则需要用动态规划的办法解决。

5.3.4 案例：7 的倍数取法有多少种(P0290)

有的情况下，需要改变问题的描述形式，才能在“做了一步”后，使得剩下的问题和原问题形式一致。如本案例：在 n 个($1\leqslant n\leqslant 16$)不同的正整数里，任意取若干个，不能重复取，要求它们的和是 7 的倍数，问有几种取法？

此题也是本章习题，请读者写出程序。这里只讲思路。

解法 1：

每个整数只有取和不取两种状态，对 n 个整数来说，所有的取法共 2^n 种。对每种取法都算一下和是不是 7 的倍数即可。如果把每个整数的状态(取或不取)用一个二进制位表示，1 代表取，0 代表不取，那么可以发现，一种取法正好对应于一个 n 位的二进制数，而且不同取法对应的二进制数也不同——即 n 位二进制数和 n 个整数的 2^n 种取法正好是一一对应的。例如，对于 4 个整数，二进制数 1111 就代表全取，0000 代表全不取，0011 代表取第一个数和第二个数。0～15 这 16 个数的二进制形式和 4 个整数的所有取法一一对应，那么只要让一个变量 i 从 0 循环至 15，就能遍历所有的取法。对每个 i 的取值，用位运算找出其中有哪些 1，将其对应的整数求和即可。

解法 2：

将待取的 n 个数编号为 $1\sim n$，第 1 步操作是决定第 n 个数取或不取。于是第 1 步有两种选择。取了第 n 个数后，剩下的问题不是“从前 $n-1$ 个数中取若干个凑成 7 的倍数有多少种取法”，无法进行递归。因此可以考虑改变问题描述为 ways(i,x)：从前 i 个数中取若干个，使它们加上 x 是 7 的倍数，有多少种取法。则原问题变为：从前 n 个数中取若干个，使它们加上 0 是 7 的倍数，有多少种取法。

改变问题的描述形式，一般都是增加一个问题的参数，例如，上例中的 x(如果增加一个参数不够就增加两个、三个……)。这样对问题的描述会更为精细，更容易写出递推式。这个重要的思想也适用于后面的动态规划算法。

上述两种解法都是指数复杂度的。当 n 大的时候，要改进为动态规划算法才可以解决。

5.4 分　治

递归解决问题的一种思路，是将原问题分解成若干个子问题，子问题形式和原问题相同，但是规模更小，子问题都解决，原问题即解决。这种思路也叫“分治”。

这个思路似乎和 5.3 节的说法没什么不一样。本来“分治”也不是一个有严格定义的名词，读者不必纠结到底什么样的问题算分治什么样的问题不算。一般来说，分解出来的子问题不是由于第一步采取不同操作而产生的不同问题，而是并列、同时存在的，**且互相不重叠**，就叫分治。而且，多数分治的问题，在解决了分解出来的每个子问题后，还需要一个稍微复杂一点的将子问题的解整合成整个问题的解的步骤。

分治的最典型例子，是归并排序算法和快速排序算法。归并排序算法虽然在第 13 章，但是强烈建议读者现在就进行阅读。

★5.4.1 案例：求排列的逆序数(P0300)

请读者务必阅读完 13.3 节“归并排序”后，再看本案例。

考虑 1,2,…,n 的排列 $i_1,i_2,\cdots,i_n$，如果其中存在 j,k，满足 $j<k$ 且 $i_j>i_k$，那么就称 (i_j,i_k) 是这个排列的一个逆序。

一个排列含有逆序的个数称为这个排列的逆序数。例如，排列 263451 含有 8 个逆序(2,1),(6,3),(6,4),(6,5),(6,1),(3,1),(4,1),(5,1)，因此该排列的逆序数就是 8。显然，由 1,2,…,n 构成的所有 n! 个排列中，最小的逆序数是 0，对应的排列是 1,2,…,n；最大的逆序数是 $n(n-1)/2$，对应的排列是 n,$(n-1)$,…,2,1。

现给定 1,2,…,n 的一个排列，求它的逆序数。

输入：第一行是一个整数 n，表示该排列有 n 个数($n\leqslant 100\ 000$)。第二行是 n 个不同的正整数，之间以空格隔开，表示该排列。

输出：输出该排列的逆序数。注意，结果可能超过 int 的范围，要用 long 存储。

样例输入

```
6
2 6 3 4 5 1
```

样例输出

```
8
```

解题思路：由于 n 最大可以到 100 000，因此 $O(n^2)$的暴力枚举算法一定会超时。一个直观的想法，是将排列分为前后两半，分别求出前一半的逆序数和后一半的逆序数，然后看能否得到全部逆序数，这样也许能够像归并排序那样以 $O(n\times\log(n))$的复杂度完成任务。但是将两半的逆序数相加是不够的，因为漏掉了那些由前一半的一个数和后一半的一个数构成的逆序。如果用暴力枚举的方式统计这样的逆序数目，则这一步的复杂度就是 $O(n^2)$，当然不可以。

若数组 a 前后两半分别都是有序的，比如都是从大到小排好序的，则能在 $O(n)$时间统计出两个数分属 a 前后两半的逆序的数目，做法如下面程序 prg0420 第 19 行的 count 函数所示，其过程是：

设置指针 p_1,p_2 分别指向前一半和后一半的开头。如果 $a[p_1]>a[p_2]$，由于后一半是从大到小有序，$a[p_1]$会大于 $a[p_2]$右边所有元素，所以，以 $a[p_1]$作为第一个数的逆序 $(a[p_1],?)$的数目就是 $a[p_2]$及其右边的所有元素的个数，然后 p_1 可以加 1；如果 $a[p_1]\leqslant a[p_2]$，因 $a[p_2]$不可能和左半边里 $a[p_1]$及其右边的数构成逆序，则让 p_2 加 1 继续观察。p_1 到达前一半末尾，或者 p_2 到达后一半末尾，统计过程就可以结束。这个过程复杂度是 $O(n)$。

```
//prg0420.java
1.  import java.util.*;
2.  class InverseOrderProblem {
3.      int a[],buf[];
4.      void merge(int s, int m, int e) {
5.          //将数组 a 的有序局部 a[s,m]和 a[m,e]归并到 buf,然后再复制回 a[s,e]
```

```
        int i = s,j = m + 1,k = s;
        while (i <= m && j <= e) {
            if (a[j] > a[i])
                buf[k++] = a[j++];
            else  buf[k++] = a[i++];
        }
        while (i <= m)
            buf[k++] = a[i++];
        while (j <= e)
            buf[k++] = a[j++];
        for (i=s;i<=e;++i)
            a[i] = buf[i];
    }
    long count(int s,int m,int e)  {
        //计算有多少逆序是由 a[s,m]和 a[m+1,e]中各取一个数形成
        //a[s,m]和 a[m+1,e]都已经从大到小排好序了
        int result = 0;
        int p1 = s, p2 = m+1;
        while (p1 <= m && p2 <= e) {
            if (a[p1] > a[p2]) {
                result += e-p2+1;                //总数加上 a[p2,e]中所有元素的个数
                p1 += 1;
            }
            else  p2 += 1;
        }
        return result;
    }
    long merge_sort_count(int s,int e) {
      //将 a[s,e]从大到小归并排序,并算出其中逆序数
        long total = 0;
        if (s < e) {
            int m = s + (e-s)/2;
            total = merge_sort_count(s,m);          //左半边的逆序数
            total += merge_sort_count(m+1,e);   //加上右半边的逆序数
            total += count(s,m,e);                  //加上两个数分属左右两半的逆序数目
            merge(s,m,e);
        }
        return total;
    }

    void solve() {
        Scanner reader = new Scanner(System.in);
        int n = reader.nextInt();
        a = new int[n];
        buf = new int[n];
        for(int i=0;i<n;++i)
            a[i] = reader.nextInt();
        System.out.println(merge_sort_count(0, a.length-1));
    }
}
public class prg0420  {                //请注意:在 OpenJudge 提交时类名要改成 Main
    public static void main(String[] args){
        new InverseOrderProblem().solve();
    }
}
```

上面的程序和归并排序一样,复杂度为 $O(n\times\log(n))$。

5.4.2 案例: 汉诺塔问题(P0310)

经典的汉诺塔问题也可以算是分治的一个例子。

古代有一个梵塔,塔内有三个座 A、B、C。A 座上有 n 个盘子,盘子大小不等,大的在下,小的在上(如图 5.5 所示)。三个座都可以用来放盘子。有一个和尚想把这 n 个盘子从 A 座移到 C 座,但每次只允许移动一个盘子,并且在移动过程中,三个座上的盘子始终保持大盘在下,小盘在上。输入盘子数目 $n(n<8)$,要求输出移动的步骤。

图 5.5 汉诺塔

样例输入

```
3
```

样例输出

```
A->C
A->B
C->B
A->C
B->A
B->C
A->C
```

解题思路: 要把 A 上的 n 个盘子以 B 为中转移动到 C,可以分为以下三个步骤来完成。

(1) 将 A 座上的 $n-1$ 个盘子,以 C 座为中转,移动到 B 座。

(2) 把 A 座上最底下的一个盘子移动到 C 座。

(3) 将 B 座上的 $n-1$ 个盘子,以 A 座为中转,移动到 C 座。

上面的(1)(3)两个步骤,即两个子问题,和原问题形式相同,只是规模减小了 1(要处理的盘子数目少了 1)。步骤(2)也是一个和原问题形式相同的子问题,只不过规模就是 1,解决起来直接移动即可,不需要递归。解题程序如下。

```
//prg0430.java
import java.util.*;
public class prg0430  {                    //请注意:在 OpenJudge 提交时类名要改成 Main
    static void Hanoi(int n, char src,char mid, char dest) {
        //将 src 座上的 n 个盘子,以 mid 座为中转,移动到 dest 座
        if(n == 1) {                            //只需移动一个盘子
            System.out.println(src+"->"+dest);
            //直接将盘子从 src 移动到 dest 即可
            return;
        }
        Hanoi(n-1,src,dest,mid);                //先将 n-1 个盘子从 src 移动到 mid
        System.out.println(src+"->"+dest); //再将一个盘子从 src 移动到 dest
        Hanoi(n-1,mid,src,dest);                //最后将 n-1 个盘子从 mid 移动到 dest
```

```
    }
    public static void main(String[] args){
        Scanner reader = new Scanner(System.in);
        int n = reader.nextInt();            //要移动 n 个盘子
        Hanoi(n, 'A', 'B', 'C');
    }
}
```

要解决 n 个盘子的问题，需要移动盘子的次数为 $T(n)$，分析上面的程序，可以得到：

$$
\begin{aligned}
T(n) &= 2\times T(n-1) + 1 = 2\times(2\times T(n-2)+1)+1 \\
&= 4\times T(n-2) + 3 \\
&= 8\times T(n-3) + 7 \\
&\cdots \\
&= 2^{n-1}\times T(1) + (2^{n-1} - 1) \\
&= 2^n - 1
\end{aligned}
$$

如果有 n 个盘子，就要做 2^n-1 次移动，程序复杂度为 $O(2^n)$。

5.4.3 案例: 快速幂

求 a 的 n 次方(n 是非负整数)的 $O(n)$ 算法非常简单，当 $n>0$ 时，就是做 $n-1$ 次乘法。实际上，存在 $O(\log(n))$ 的算法，即快速幂算法。

因 $a^n = a^{n/2}\times a^{n/2}$，所以只要算出 $a^{n/2}$ 后，再做一次乘法就可以得到 a^n——这也可以算是分治的思想。若 n 不是偶数，则按上式计算比较麻烦，但是可以按 $a^n = a\times a^{n-1}$ 计算。于是可以写出计算 a^n 的快速幂递归函数。

```
//prg0432.java
import java.util.*;
class MyMath {
    static double quickExp(double a,int n) {
        if (n == 0)
            return 1;
        if (n % 2 == 0) {
            double tmp =quickExp(a,n/2);
            return tmp * tmp;
        }
        else return a * quickExp(a,n-1);
    }
}
public class prg0432  {
    public static void main(String[] args){
        System.out.println(MyMath.quickExp(-3,3));    //>>-27.0
        System.out.println(MyMath.quickExp(2,11));    //>>2048.0
    }
}
```

考查递归过程中参数 n 的变化过程：若 n 是偶数，则进入下一层递归 n 就减少一半，即其二进制表示形式的位数减少 1；如果 n 是奇数，则进入下一层递归 n 就减少 1，变成偶数，即其二进制表示形式最右边的 1 变成了 0。经过连续的两层递归，n 的二进制表示形式至少会减少 1 位。如果 n 的左边无前导 0 的二进制表示形式有 k 比特，则最多递归 $2k$ 层，n 就变成 0。因 $k=\lfloor \log_2(n)\rfloor+1$，故快速幂算法复杂度为 $O(\log(n))$。

快速幂算法也可以写成非递归形式。

```
//★★ prg0434.java
class MyMath {
    static double quickExp(double a,int n) {
        double result = 1,base = a;
        while (n > 0) {
            if ((n & 1) == 1)
                result *= base;
            base *= base;
            n >>= 1;
        }
        return result;
    }
}
```

小　结

递归的思想可以用来替代多重循环进行枚举、解决用递归形式定义的问题，还可以通过将问题分解为规模更小的子问题来求解。

先做一步，然后看看剩下的问题变成什么样，是用递归解决问题的重要思路。

用递归解决问题，要注意有没有重复计算发生。如果有，就要考虑改用动态规划算法解决。

习　题

以下为编程题。本书编程的例题习题均可在配套网站上程序设计实习 MOOC 组中与书名相同的题集中进行提交。每道题都有编号，如 P0010、P0020。

1. 跳台阶(P0320)：有 n 级台阶，每步可以走 1 级、3 级、……、n 级，问一共有多少种不同的走法？

2. 逃出迷宫(P0330)：迷宫由 $n \times n$ 个格子构成，有的格子是墙，不能走；有的格子是空地，可以走。入口在左上角，出口在右下角。只能往右走或往下走。问能否走出迷宫？

3. 棋盘问题(P0340)：棋盘由 n 行 n 列的方格子构成。已规定有的方格子可以摆棋子，有的不能。所有棋子都一样。要将 k 个棋子摆放在棋盘上，要求任意两个棋子不能放在同一行或者同一列，求有多少种可行的摆放方案。

★4. 2 的幂次方表示(P0350)：任何一个正整数都可以用 2 的幂次方表示。例如，$137=2^7+2^3+2^0$。我们约定方次用括号来表示，即 a^b 可表示为 $a(b)$。由此可知，137 可表示为 2(7)+2(3)+2(0)。又因为 $7=2^2+2+2^0$（2^1 用 2 表示），$3=2+2^0$，所以 137 最终的幂次方表示形式为 2(2(2)+2+2(0))+2(2+2(0))+2(0)。又如，$1315=2^{10}+2^8+2^5+2+1$，所以 1315 的幂次方表示为 2(2(2+2(0))+2)+2(2(2+2(0)))+2(2(2)+2(0))+2+2(0)。

输入正整数 n，求其幂次方表示形式。

★5. 分形三角形(P0360)：1 阶三角形、2 阶三角形和 3 阶三角形分别如图 5.6 中的三个三角形所示。可以看出，n 阶三角形由 3 个 $n-1$ 阶三角形构成。输入 n，输出 n 阶三角形。

★6. 完美覆盖(P0370)：每块地砖 2m 长 1m 宽。房间地板是 3m 宽，nm 长。问能否用地

图 5.6　分形三角形

砖将房间铺满。不许切割地砖。样例如图 5.7 所示。

图 5.7　完美覆盖

★★7. **文件结构“图”(P0380)**：输入一个形如图 5.8 左边的文件夹和文件结构的列表表示，请转换为右边的缩进表示输出。样例如图 5.8 所示。

```
file1              ROOT
file2              |     dir3
dir3               |     |     dir2
dir2               |     |     file1
file1              |     |     file2
file2              |     dir1
]                  file1
]                  file2
file4              file3
dir1               file4
]
file3
```

(a) 列表表示　　(b) 缩进表示

图 5.8　文件结构图

列表表示法表示的是 ROOT 文件夹下的文件和文件夹。文件夹以“dir”开头，文件以“file”开头。一个文件夹下面列出了该文件夹下的文件和子文件夹，直到有一行“]”表示该文件夹到此结束。例如，ROOT 下面有 dir3、dir2、file1、file2、file3、file4 等，dir3 下面有文件夹 dir2，dir2 下面有文件 file1 和 file2，dir1 是空的。在缩进表示法中，子文件夹比父文件夹缩进一层，一个文件夹和其下的文件在同一层。

8. **很简单的整数划分问题(P0390)**：将正整数 n 表示成一系列正整数之和，$n=n_1+n_2+\cdots+n_k$，其中，$n_1\geqslant n_2\geqslant\cdots\geqslant n_k\geqslant 1, k\geqslant 1$。正整数 n 的这种表示称为正整数 n 的划分。输入正整数 $n(n\leqslant 30)$，求 n 一共有多少种不同的划分。例如，5 有 7 种划分：

$$5, 4+1, 3+2, 3+1+1, 2+2+1, 2+1+1+1, 1+1+1+1+1$$

★★9. **输出前 k 大的数(P0400)**：给定 n 个数($n<100\ 000$)，请从大到小输出前 k 大的数。要求算法时间复杂度为 $O(n+k\times\log(k))$。提示：分治做法。

第6章 栈和队列

6.1 栈

6.1.1 栈的概念和 Java 中的栈

栈是一种线性的数据结构，其特点是：可以在一端（栈顶）访问、添加和取走元素，且后添加的元素会先被取走。栈类似于子弹的弹匣，后压入弹匣的子弹，会先被发射出去。

栈需要支持以下 4 种操作（名字不一定相同）。

```
top()         返回栈顶元素
push(x)       将 x 压入栈中
pop()         弹出栈顶元素
isEmpty()     看栈是否为空
```

并且上面 4 种操作的复杂度都应该是 $O(1)$ 的。

栈可以很方便地用可变长顺序表实现。入栈、出栈、查看栈顶元素，对应于在顺序表尾部添加、删除、查看元素。

栈也可以用单链表实现。入栈、出栈、查看栈顶元素，对应于在链表头部添加、删除、查看元素。

Java 中的泛型类 Stack 实现了一个栈。Stack 类是 Vector 类的派生类，Vector 考虑了线程安全，牺牲了效率，因此在非多线程的情况下，不推荐使用 Stack。Java 官方的建议是拿实现了双端队列 Deque 接口的 ArrayDeque 或者 LinkedList 来当栈用，例如：

```
Deque<Integer> stack = new ArrayDeque<>();
```

或

```
Deque<Integer> stack = new LinkedList<>();
```

一般情况下，推荐用 ArrayDeque 来实现栈。但是，**ArrayDeque 不允许加入 null**，LinkedList 可以。因此，在需要将 null 入栈的场合，只能用 LinkedList。

ArrayDeque 和 LinkedList 实现了 Deque 的很多方法，许多方法功能相同，还互相调用，不容易记忆和区分。例如，添加元素的方法就有 push、add、offer、addFirst、addLast、offerFirst、offerLast

等多个，很难记忆和区分。建议将 ArrayDeque<T>和 LinkedList<T>当作栈使用时，只要记住以下方法。

```
boolean isEmpty()          判断栈是否为空
int size()                 求栈中元素个数
void clear()               清空整个栈
void addLast(T x)          将 x 压入栈顶
T peekLast()               返回栈顶元素，但不弹出。栈空则返回 null
T pollLast()               取出并返回栈顶元素。栈空则返回 null
T getLast()                返回栈顶元素，但不弹出。栈空则引发异常
T removeLast()             弹出并返回栈顶元素。栈空则引发异常
```

后 4 个方法，是两套操作栈顶元素的方法。区别是栈空的时候的行为。

纯粹的栈，应该只能在栈顶添加、访问、删除元素，不应该能增删栈中的元素。然而，Deque 允许从两端增删元素，甚至可以删除中间的元素，所以用 ArrayDeque 或 LinkedList 无法实现一个纯粹的栈。用 ArrayDeque 或 LinkedList 实现的栈，会为栈的使用者提供不小心就可能破坏栈的后进先出特性的操作，这就失去了数据结构的封装性。Stack 同样也有这个问题。考虑兼容大量老代码，Java 官方不愿意重写 Stack，而且还不愿意增加一个 RealStack 类来实现纯粹的栈，所以目前只能这么凑合了。

当然，如果程序员愿意，可以自己实现一个纯粹的栈来用，程序如下。

```
//prg0436.java
class RealStack<T> {
    private ArrayList<T> stack = new ArrayList<>();
    boolean isEmpty() { return stack.isEmpty(); }
    T top() throws RuntimeException {
        if (stack.size() == 0)
            throw new RuntimeException("Stack is empty.");
        else
            return stack.get(stack.size()-1);
    }
    void push(T x) { stack.add(x) ; }
    T pop() throws RuntimeException {
        if (stack.size() == 0)
            throw new RuntimeException("Stack is empty.");
        else {
            T tmp = stack.get(stack.size()-1);
            stack.remove(stack.size()-1);
            return tmp;
        }
    }
}
```

6.1.2 案例：括号配对(P0410)

字符串中可能有三种成对的括号，“( )”“[ ]”“{ }”。请判断字符串的括号是否都正确配对。无括号也算正确配对。括号交叉算不正确配对，例如，“12{34[78}ab]”就不算正确配对。但是一对括号被包含在另一对括号里面，例如，“12{ab[8]}”不影响正确性。

输入： 第一行为整数 n($n<40$)，接下来有 n 行，每行一个无空格的字符串，长度小于 1000。

输出： 对每行字符串，如果括号配对，输出“YES”，否则输出“NO”。

样例输入

```
2
12{ab[8]}
12{34[78}ab]
```

样例输出

```
YES
NO
```

解题思路：从头到尾扫描字符串，碰到左括号就入栈。碰到右括号 x，就要求栈顶必须是一个和它配对的左括号。如果此时栈为空，则说明右括号 x 没有得到配对，字符串错误。如果栈不为空但栈顶元素不是和 x 配对的左括号，则可断定发生了括号交叉，字符串错误。如果栈顶元素和 x 配对，则栈顶元素出栈。字符串扫描结束时，栈为空则为正确，不为空则说明栈里的左括号没有得到配对，字符串错误。算法复杂度为 $O(n)$，程序如下。

```
//prg0440.java
1.  import java.util.*;
2.  public class prg0440 {                       //请注意:在 OpenJudge 提交时类名要改成 Main
3.      static char pair(char c) {               //返回和右括号配对的左括号
4.          if (c=='}')     return '{';
5.          else if(c == ')')  return '(';
6.          else    return '[';
7.      }
8.      static boolean match(String s) {         //复杂度 O(n)
9.          Deque<Character> stack = new ArrayDeque<>();
10.         int L = s.length();
11.         for(int i=0;i<L;++i) {
12.             char c = s.charAt(i);
13.             if ("([{".indexOf(c) != -1)
14.                 stack.addLast(c);
15.             else if( ")]}".indexOf(c) != -1) {
16.                 if (stack.isEmpty() || stack.peekLast() != pair(c))
17.                     return false;
18.                 stack.pollLast();
19.             }
20.         }
21.         return stack.isEmpty();
22.     }
23.     public static void main(String[] args){
24.         Scanner reader = new Scanner(System.in);
25.         int n = reader.nextInt();
26.         for(int i=0;i<n;++i)
27.             if (match(reader.next()))
28.                 System.out.println("YES");
29.             else
30.                 System.out.println("NO");
31.     }
32. }
```

第 9 行：正如 6.1.1 节所述，Java 官方不建议用 Stack，建议用 ArrayDeque 来当作栈使用。

6.1.3 案例：后序表达式求值(P0420)

后序表达式由数和运算符构成。数是整数或小数，运算符有+、-、*、/ 4 种。后序表达式可用如下方式递归定义。

(1) 一个数是一个后序表达式。该表达式的值就是数的值。

(2) 若 a,b 是后序表达式,c 是运算符,则"a b c"是后序表达式。"a b c"的值是 (a) c (b),即对 a 和 b 做 c 运算,且 a 是左操作数(运算对象),b 是右操作数。下面是一些后序表达式及其值的例子(数、运算符之间用空格分隔)。

```
3.4                    值为:3.4
5                      值为:5
5 3.4 +                值为:5 + 3.4
5 3.4 + 6 /            值为:(5+3.4)/6
5 3.4 + 6 * 3 +        值为:(5+3.4) * 6+3
```

输入: 第一行是整数 $n(n<100)$,接下来有 n 行,每行是一个后序表达式,长度不超过 1000 个字符。

输出: 对每个后序表达式,输出其值,保留小数点后面两位。

样例输入

```
3
5 3.4 +
5 3.4 + 6 /
5 3.4 + 6 * 3 +
```

样例输出

```
8.40
1.40
53.40
```

解题思路: 从左到右扫描一遍后序表达式,碰到数就入栈,碰到运算符就取出栈顶两个元素进行运算(先取出的是右操作数),并将结果压入栈中。扫描结束时,栈里必然只有一个元素,就是后序表达式的值。在这个处理过程中,不用考虑运算符的优先级。算法复杂度是 $O(n)$的,n 是数和运算符的个数。

以对"5 3.4 + 6 1.5 / 3 + *"的求值为例,栈的变化过程如图 6.1 所示。

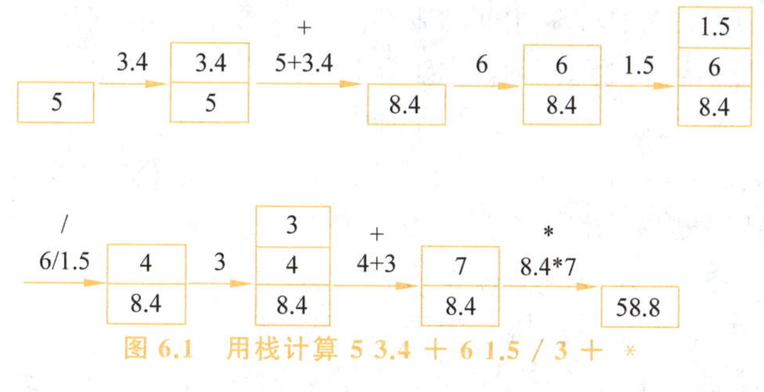

图 6.1　用栈计算 5 3.4 + 6 1.5 / 3 + *

程序如下。

```
//prg0450.java
import java.util.*;
public class prg0450  {                    //请注意:在 OpenJudge 提交时类名要改成 Main
    static double countSuffix(String s) {  //计算后序表达式 s 的值,复杂度 O(n)
        String items[] = s.split(" ");
        Deque<Double> stack = new ArrayDeque< >();
        for (String x :items) {
```

```
            if ("+-*/".indexOf(x) != -1) {
                double a = stack.pollLast();
                double b = stack.pollLast();
                switch(x) {
                    case "+":
                        stack.addLast(b+a);
                        break;
                    case "-":
                        stack.addLast(b-a);
                        break;
                    case "*":
                        stack.addLast(b*a);
                        break;
                    case "/":
                        stack.addLast(b/a);
                        break;
                }
            }
            else
                    stack.addLast(Double.parseDouble(x));
        }
        return stack.peekLast();
    }
    public static void main(String[] args){
        Scanner reader = new Scanner(System.in);
        int n = reader.nextInt();
        reader.nextLine();
        for(int i=0;i<n;++i)
            System.out.printf("%.2f\n",
                    countSuffix(reader.nextLine()));
    }
}
```

★6.1.4 案例: 中序表达式转后序表达式(P0430)

中序表达式是运算符放在两个数中间的表达式。乘、除运算优先级高于加减。可以用“()”来提升优先级——就是小学生写的四则算术运算表达式。中序表达式可用如下方式递归定义。

(1) 一个数是一个中序表达式,该表达式的值就是数的值。

(2) 若 a 是中序表达式,则“(a)”也是中序表达式(引号不算),值为 a 的值。

(3) 若 a,b 是中序表达式,c 是运算符,则“acb”是中序表达式。“acb”的值是对 a 和 b 做 c 运算的结果,且 a 是左操作数,b 是右操作数。

输入一个中序表达式,要求转换成一个后序表达式输出。

输入: 第一行是整数 n($n<100$)。接下来 n 行,每行一个中序表达式,数和运算符之间没有空格,长度不超过 700。所有数都是非负数。

输出: 对每个中序表达式,输出转成后序表达式后的结果。后序表达式的数之间、数和运算符之间用一个空格分开。

样例输入

```
3
7+8.3
```

```
3+4.5*(7+2)
(3)*((3+4)*(2+3.5)/(4+5))
```

样例输出

```
7 8.3 +
3 4.5 7 2 + * +
3 3 4 + 2 3.5 + * 4 5 + / *
```

解题思路：

(1) 设将一个中序表达式 x 转换成后序表达式 y。则在 y 中，x 的左操作数对应的部分，一定出现在 x 的右操作数对应的部分的前面。因此，中序表达式转换成后序表达式后，数的前后顺序不变。请注意这里说的左操作数和右操作数可能是一个数，也可能是一个中序表达式。

(2) 用数组 result 存放转换的结果，则扫描中序表达式时，碰到数，就添加到 result。可以放心添加，是因为上述第(1)条。

(3) 扫描到运算符 a，不能直接将其添加到 result(因为其右操作数还未出现)，应存放在一个栈中，以便合适的时候弹出来添加到 result。这个合适的时候，就是 a 的右操作数刚刚被完整地转换到 result 的时刻。

(4) 扫描到运算符 a 时，如果发现栈顶的运算符 x 的优先级不低于 a，则说明 x 的两个操作数都已经出现，并已经被转换加入 result 了(x 的右操作数就是 x 和 a 之间的中序表达式)，因此要将栈顶运算符弹出，添加到 result。继续查看栈顶的运算符并做相同处理，直到栈为空或者栈顶运算符优先级低于 a，或栈顶元素为“(”，才将 a 入栈。

(5) 扫描结束时，将栈中所有元素(都是运算符)弹出添加到 result。

(6) 括号表达式的处理：括号表达式当作一个中序表达式处理。碰到“(”则将其入栈，然后开始处理中序表达式的过程。碰到“)”时，认为该中序表达式处理结束，应该将栈顶元素不停弹出添加到 result，直到“(”出栈。

算法复杂度为 $O(n)$，n 是中序表达式长度，程序如下。

```java
//prg0454.java
import java.util.*;
public class prg0454  {                    //请注意:在 OpenJudge 提交时类名要改成 Main
    private static int getPriority(String op) {
        if(op.equals("/") || op.equals("*")) return 2;
        else return 1;                          //+, -
    }
    static String midToSuffix(String exp) {
        String s[] = exp.split(" ");
        Deque<String> stack = new ArrayDeque< > ();
        String result = "";
        for (String x:s) {
            x = x.trim();
            if( x.equals("")) continue;
            //此后 x 是一个数或一个运算符或括号
            if (x.equals("("))
              stack.addLast(x);
            else if(x.equals(")")) {
              while (!stack.peekLast().equals("("))
                  result += stack.pollLast() + " ";
              stack.pollLast();                 //弹出 "("
```

```
            }
            else if("/*+-".indexOf(x) != -1) {
                while (!stack.isEmpty()&&!stack.peekLast().equals("(")&&
                        getPriority(stack.peekLast()) >= getPriority(x))
                     result += stack.pollLast() + " ";
                stack.addLast(x);
            }
            else result += x + " ";                  //x是个数
        }
        while (!stack.isEmpty())
             result += stack.pollLast() + " ";
        return result;
    }
    public static void main(String[] args){
        Scanner reader = new Scanner(System.in);
        int n = reader.nextInt();
        for (int i=0;i<n;++i) {
            String s = reader.next();
            String expWithBlanks = "";
            for(int j=0;j<s.length();++j) {       //在运算符和数之间加上空格
                char c = s.charAt(j);
                if (Character.isDigit(c) || c == '.')
                    expWithBlanks += c;
                else  expWithBlanks += " " + c + " ";
            }
            System.out.println(midToSuffix(expWithBlanks));
        }
    }
}
```

★6.1.5 案例: 四则运算表达式求值(P0440)

求一个可以带括号的小学算术四则运算表达式,即中序表达式的值。

输入：第一行是整数 $n(n<100)$一行,接下来有 n 行,每行一个四则运算表达式,长度不超过 700 字符。'*'表示乘法,'/'表示除法。

输出：对每个表达式,输出该表达式的值,保留小数点后面两位。

样例输入

```
3
3.4
7+8.3
3+4.5*(7+2)*(3)*((3+4)*(2+3.5)/(4+5))-34*(7-(2+3))
```

样例输出

```
3.40
15.30
454.75
```

可以将中序表达式转换成后序表达式以后再求值。不转换直接求值的算法要点如下。

(1) 维护数栈 stkNum 和运算符栈 stkOp 两个栈。

(2) 碰到数,一概加入数栈 stkNum 存起来以备后面计算。

(3) 碰到运算符 a 时,a 的右操作数还没有出现,此时:

如果 stkOp 为空,或者顶部元素为"(",则将 a 压入 stkOp。

如果 stkOp 顶部为运算符 x,且 x 优先级低于 a,则 x 的右操作数还没有算出来,因此应该将 a 压入 stkOp。

如果 stkOp 顶部为运算符 x,且 x 优先级不低于 a,则 x 的操作数都已经准备好了,可以进行 x 运算。于是从 stkOp 取出该运算符,并取出 stkNum 顶部两个数进行 x 运算(先取出的是右操作数),运算结果压回 stkNum。然后重复步骤(3)。

(4) 中序表达式扫描结束后,从 stkOp 不停弹出运算符进行运算,运算结果压回 stkNum,直到 stkOp 为空,则 stkNum 中必然只剩下一个元素,即整个表达式的值。

(5) 碰到"(",将其压入运算符栈,然后开始四则运算表达式的处理过程。碰到")"视为一个四则运算表达式扫描结束,要对 stkOp 进行退栈并运算,直到"("被弹出。

算法复杂度为 $O(n)$,程序如下。

```
//prg0460.java
import java.util.*;
public class prg0460  {                    //请注意:在 OpenJudge 提交时类名要改成 Main
    private static int getPriority(String op) {
        if(op.equals("/") || op.equals("*")) return 2;
        else return 1;                         //+, -
    }
    static double op(double a,double b, String op) {
        switch(op) {
            case "+": return a + b;
            case "-": return a - b;
            case "*": return a * b;
            case "/": return a / b;
        }
        return 0;
    }
    static double count(String exp) {
        //计算表达式 exp 的值,exp 中数和运算符已经用空格隔开
        String s[] = exp.split(" ");
        Deque<Double> stkNum = new ArrayDeque< > ();
        Deque<String> stkOp = new ArrayDeque< > ();
        String result = "";
        for (String x:s) {
            x = x.trim();
            if(x.equals("")) continue;
            if (x.equals("("))
                stkOp.addLast(x);
            else if(x.equals(")")) {
                while (!stkOp.peekLast().equals("(")) {
                    String op = stkOp.pollLast();
                    double a = stkNum.pollLast();
                    Double b = stkNum.pollLast();
                    stkNum.addLast(op(b,a,op));
                }
                stkOp.pollLast();            //弹出"("
            }
            else if ("/*+-".indexOf(x) != -1) {
                while (!stkOp.isEmpty() &&
                      !stkOp.peekLast().equals("(") &&
                    getPriority(stkOp.peekLast()) >= getPriority(x)) {
```

```
                String op = stkOp.pollLast();
                double a = stkNum.pollLast();
                double b = stkNum.pollLast();
                stkNum.addLast(op(b,a,op));
            }
            stkOp.addLast(x);
        }
        else stkNum.addLast(Double.parseDouble(x));
    }
    while(!stkOp.isEmpty()) {
        String op = stkOp.pollLast();
        double a = stkNum.pollLast(),b = stkNum.pollLast();
        stkNum.addLast(op(b,a,op));
    }
    return stkNum.peekLast();
}
public static void main(String[] args){
    Scanner reader = new Scanner(System.in);
    int n = reader.nextInt();
    for (int i=0;i<n;++i) {
        String s = reader.next();
        String expWithBlanks = "";
        for(int j=0;j<s.length();++j) {     //在运算符和数之间加上空格
            char c = s.charAt(j);
            if (Character.isDigit(c) || c == '.')
                expWithBlanks += c;
            else  expWithBlanks += " " + c + " ";
        }
        System.out.printf("%.2f\n",count(expWithBlanks));
    }
}
}
```

6.1.6 案例：合法出栈序列(P0450)

给定一个由大小写字母和数字构成的没有重复字符的长度不超过 62 的字符串 x，现在要将该字符串的字符依次压入栈中，然后再全部弹出。

要求左边的字符一定比右边的字符先入栈，出栈顺序无要求。

再给定若干字符串，对每个字符串，判断其是否是可能的 x 中的字符的出栈序列。

例如，若 x 是字符串"abc"，则"bca"是 x 的合法出栈序列。可如下得到该出栈序列：'a'入栈，'b'入栈，'b'出栈，'c'入栈，'c'出栈，'a'出栈，而"cab"不是 x 的合法出栈序列。

输入：第一行是原始字符串 x。后面有若干行(不超过 50 行)，每行一个字符串。所有字符串长度不超过 100。

输出：对除第一行以外的每个字符串，判断其是否是可能的出栈序列。如果是，输出"YES"；否则，输出"NO"。

样例输入

```
abc
abc
bca
cab
```

样例输出

```
YES
YES
NO
```

解题思路：要判断 s_2 是不是 s_1 的合法出栈序列，就需要用一个栈，将 s_1 中的字符从左到右依次入栈，入栈过程中，或 s_1 全部入栈后，都可以进行出栈操作，看能否得到 s_2。设置一个作用于 s_2 的下标 p_2，初始值为 0。$s_2[p_2]$表示下一个应该出栈的字符。每步操作要么将 s_1 的下一个字符入栈，要么就是执行出栈操作。如果栈顶的元素和 $s_2[p_2]$相同，则必须执行出栈操作，且将 p_2 加 1；如果栈为空或栈顶元素和 $s_2[p_2]$不同，则只能执行将 s_1 的下一个字符入栈的操作。

开始时栈为空，因此第一步没有别的选择，只能将 $s_1[0]$入栈。s_1 中的字符全部入栈后，此后栈中元素的出栈序列就固定了，看该序列是否和 $s_2[p_2,]$相同即可（本书用 $a[x,]$表示数组或字符串 a 的从 $a[x]$开始到末尾的部分）。当然，如果 s_1 和 s_2 长度不一样，直接就可以给出否定的答案。算法复杂度为 $O(n)$，程序如下。

```
//prg0470.java
import java.util.*;
public class prg0470{                          //请注意：在 OpenJudge 提交时类名要改成 Main
    static boolean isPopSeq(String s1,String s2) {
        //判断 s2 是不是 s1 经出入栈得到的出栈序列
        Deque<Character> stack = new ArrayDeque< >();
        if (s1.length() != s2.length())
            return false;
        else {
            int L = s1.length();
            int p1 = 0,p2 = 0;                   //s1[p1]是下一个要入栈的字符
            while (p1 < L) {                     //只要 s1 还没有全部入栈就循环
                if (!stack.isEmpty() &&
                        stack.peekLast() == s2.charAt(p2)) {
                    stack.pollLast();
                    ++p2;
                }
                else stack.addLast(s1.charAt(p1++));
            }
            while(!stack.isEmpty())
                //看栈中字符序列反过来是否等于 s2 的剩余部分
                if(stack.pollLast() != s2.charAt(p2++))
                    return false;
            return true;
        }
    }
    public static void main(String[] args){
        Scanner reader = new Scanner(System.in);
        String s1 = reader.nextLine();
        while (reader.hasNextLine()) {
            String s2 = reader.nextLine();
            if (s2.trim().equals("")) break;
            if (isPopSeq(s1,s2))
                System.out.println("YES");
            else
                System.out.println("NO");
```

```
36.         }
37.     }
38. }
```

第 19 行：执行到本行时，s_1 中所有字符已经都入过栈。如果此刻栈为空，则 $s_2[p_2,]$也必为空，函数应返回 true；如果栈不为空，则 stack 中的元素从后往前就是出栈序列。将该序列和 $s_2[p_2,]$比较，若相等则函数返回 true。

★★6.2 栈和递归的关系

在大多数程序设计语言中，函数调用需要通过栈进行。进入函数调用时，会向栈中压入函数调用的参数和局部变量以及返回地址，然后程序跳转到函数入口地址处执行；函数调用返回时，程序会从栈顶弹出当初压入的参数、局部变量以及返回地址，并跳转到返回地址处继续执行。递归函数在执行过程中，每一层函数调用的参数和局部变量以及返回地址都存放在栈中的不同地方。

对栈的这些操作，编程者并不需要操心，因为程序中看不出有栈存在。对编译型语言，编译器生成的机器指令中自带栈操作。对解释型语言，解释器自动进行了一系列的栈操作。

以下面求斐波那契数列第 n 项的函数 fib(n)为例，下面程序中 fib 函数调用的返回地址共有三处，分别记为 a、b、c。

```
1.  public class Fib {
2.      static int fib(int n)  {
3.          if(n == 1 || n == 2)
4.              return 1;
5.          else {                          a
6.              int t = fib(n-1);
7.              return t + fib(n-2);
8.          }                                b
9.      }
10.     public static void main(String[] args) {
11.         System.out.println(fib(4));
12.     }                                     c
13. }
```

返回地址表示接下来要做什么。例如，返回到地址 a，说明接下来要做的是将返回值赋值给 t，然后继续。返回到地址 b，说明接下来要做的是将返回值和 t 相加然后返回。返回到地址 c，说明接下来要将返回值输出。

Java 会维护一个栈，栈中存放参数 n、局部变量 t 和返回地址 r。即便程序第 6、7 行改成 return fib(n－1)＋fib(n－2)，Java 也会在栈中存放局部变量 t。因为，执行 fib(n－2)之前，必须将 fib(n－1)的结果保存到一个局部变量 t，这样才能将来和 fib(n－2)的返回值相加。

调用 fib(4)，栈的状态如图 6.2 所示从(1)到(8)依次变化。

(1) 刚进入 fib(4)这一层调用时，n＝4 入栈，t 的值未知(随机无意义)，用“?”表示。fib(4)的返回地址为 c。

(2) 在第 6 行进入 fib(3)这一层，栈中压入 n＝3，t 值同样未知。fib(3)的返回地址，是上一层 fib(4)的 a 位置。请注意返回地址总是表示上一层函数调用中的某个位置。

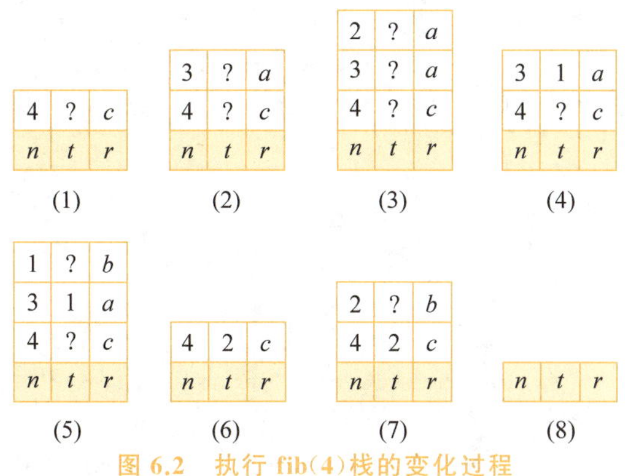

图 6.2　执行 fib(4)栈的变化过程

(3) 再次执行到第 6 行，进入 fib(2)这一层，栈中压入 $n=2$，t 值同样未定。fib(2)的返回地址，是上一层 fib(3)的 a 位置。

(4) fib(2)不再递归，返回 1。取出栈顶存放的返回地址 a，然后将栈顶层弹出(简称退栈)，然后回到 fib(3)这一层，从 a 处继续执行，将返回值 1 存入位于栈中的局部变量 t。

(5) fib(3)这一层执行第 7 行，调用 fib($n-2$)，即 fib(1)。进入 fib(1)这一层，$n=1$ 入栈，t 未知，返回地址 r 为 fib(3)这一层的位置 b。

(6) fib(1)不递归返回 1。取出栈顶存放的返回地址 b，退栈，回到 fib(3)这一层从 b 处继续执行，此时 t 值已经是 1，导致 fib(3)返回 2，从栈顶取出返回地址 a，再退栈，返回到 fib(4)的 a 处继续执行，将返回值 2 存入 t。

(7) fib(4)这一层执行第 7 行，进入 fib(2)。$n=2$ 入栈，t 未知，返回地址 r 为 fib(4)这一层的位置 b。

(8) fib(2)不递归返回 1。取出栈顶存放的返回地址 b，退栈，回到 fib(4)这一层从 b 处继续执行，此时 t 值已经是 2，导致 fib(4)返回 3。从栈顶取出返回地址 c，退栈，栈空，返回到程序 c 处继续执行，输出 3。

上述栈的操作，都是 Java 自动进行的。

如果编程自行维护一个栈，则所有的递归函数，都可以改写成非递归形式。

非递归的 fib 函数可以用一个很简单的递推循环完成，并不需要用到栈。但并非所有的递归函数都可以像 fib 函数那样，不需要栈就可以用循环实现。prg480 的目的是表明如何用栈和循环来替代递归函数，其方法适用于所有递归函数。

```
//prg480.java
import java.util.*;
public class prg0480  {                      //请注意:在 OpenJudge 提交时类名要改成 Main
    static int fib(int n) {
        class Status {                                  //放入栈中的元素
            int n,t; char r;
            Status(int n_,int t_, char r_) {
                n = n_; t = t_; r = r_;
            }
        }
        Deque<Status> stack = new ArrayDeque< >();
        stack.addLast(new Status(n,-1,'c')); //t 的值为-1 表示尚且未知
        int retVal = -1;                        //retVal 是返回值,-1 表示无意义
        char retAdr = 'X';                      //retAdr 是返回地址
```

```
14.         while (! stack.isEmpty()) {
15.             Status status = stack.peekLast();
16.             n = status.n;
17.             if (n == 2 || n == 1) {
18.                 retVal = 1;
19.                 retAdr = status.r;
20.                 stack.pollLast();                //返回上一层函数调用
21.             }
22.             else {
23.                 if (retAdr == 'X')               //本层函数还未进行过任何递归调用
24.                     stack.addLast(new Status(n-1, -1, 'a'));
25.                 else if (retAdr == 'a') {
26.                     stack.peekLast().t = retVal;
27.                     stack.addLast(new Status(n-2,-1,'b'));
28.                     retAdr = 'X';
29.                 }
30.                 else if(retAdr == 'b') {
31.                     retVal += status.t;
32.                     retAdr = status.r;
33.                     stack.pollLast();            //返回上一层函数调用
34.                 }
35.                 else stack.pollLast();           //retAdr == 'c'
36.             }
37.         }
38.         return retVal;
39.     }
40.     public static void main(String[] args){
41.         for (int i=1;i<8;++i)                    //>> 1,1,2,3,5,8,13,
42.             System.out.print((fib(i)+","));
43.     }
44. }
```

栈中的每个元素，即 Status 对象，相当于一个子问题。一个子问题解决了，该子问题对应元素就被弹出栈。栈中的每个元素对应于一层函数调用，元素出现在栈顶，就表明刚刚进入其对应的那一层函数调用，或者再次返回了其对应的那一层函数调用。

第 15 行：此处相当于一层递归函数执行的开始，或返回到了某层函数调用。

第 23 行：retAdr 用来表示在本层函数中，进行递归调用，调用返回后要从哪里继续执行，也可以表示本层函数进行到哪一步了。retAdr 为'X'，表示在本层函数中还未进行过任何递归调用。在第 27 行，压栈操作相当于进入了新的一层递归函数，所以接下来需要将 retAdr 恢复成'X'。

一般情况下，并不需要自己编写维护栈的程序来取代递归。

6.3 队　　列

队列是一种线性数据结构，类似于排队，具有先进先出的性质。计算机系统中用到队列数据结构的地方很多。所有医院、银行的叫号系统，自然就用队列数据结构处理现实中的病人或顾客队列。网站的服务器在面对大量用户的请求时，也会将用户请求按照到达的先后次序放在队列中等待处理，先到先处理。

6.3.1 基本实现

队列可以用顺序表实现。也可以用链表实现队列，但效率往往不如用顺序表实现。

队列需要支持以下 4 种操作。

```
front()            返回队头元素
push(x)            将 x 添加到队尾
pop()              弹出队头元素，也叫出列
isEmpty()          看队列是否为空
```

并且上面 4 种操作的复杂度都应该是 $O(1)$的。

在不支持可变长数组的程序设计语言如 C 语言中，往往用一个对要解决的问题来说足够大的固定大小的数组来实现队列。需要设置队头指针 front 和队尾指针 rear，front 指向队头元素，rear 指向队尾元素后面的位置。初始时队列为空，因此 front=rear=0。假设数组叫 Q，则队列不为空时，Q[front]就是队头元素。在队尾添加元素 x，就执行如下操作。

```
Q[rear] = x
rear = rear + 1
```

队头元素出列，就是执行：

```
front = front + 1
```

若对一个空队列依次执行以下操作：

```
push(5)
push(8)
push(10)
pop()
pop()
pop()
```

则队列的变化过程如图 6.3 所示。

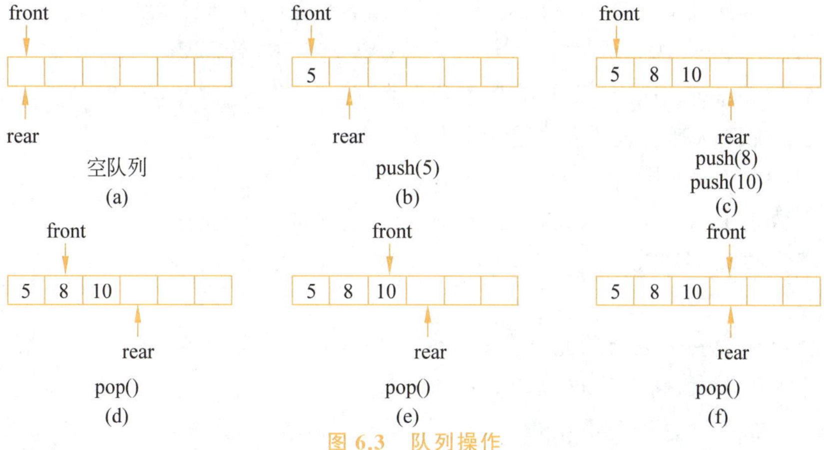

图 6.3 队列操作

由此可见，队列为空的充分必要条件是 front 等于 rear，判断队列是否为空，就是看 front 是否等于 rear。

6.3.2 循环队列

在 6.3.1 节的队列实现中，队头元素出列后，其所占用的单元并没有被释放，还是位于数组

中，然而该单元却无法再被利用来存放新加入的元素，这就造成了浪费。当 rear 指针移动到数组尾部时，尽管此时数组前部还有空闲单元，也无法往队列中添加新元素。甚至此时可能 front 和 rear 相等，从逻辑上来说，队列实际上是空的。不能往空队列里添加元素，实在说不过去。

改进的办法是使用“环形队列”，也叫“循环队列”。基本思想是，rear 指针到达数组尾部时，如果数组前部还有空的单元，则可以在前部存放新加入队列的元素，并将 rear 指针绕回数组前部。这样整个队列可以看作一个环状的结构。图 6.4 演示了一个容量为 6 的数组构成的循环队列，从初始队列为空的状态开始，a，b，c 入队，然后 a，b 出队，接下来 d，e，f，g，h 入队的情况。内圈的数是数组元素的下标。

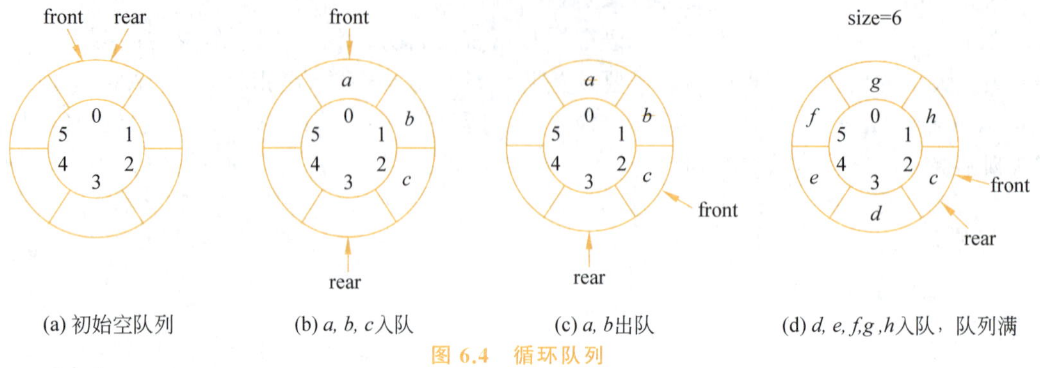

(a) 初始空队列　(b) a, b, c入队　(c) a, b出队　(d) d, e, f,g ,h入队，队列满

图 6.4　循环队列

front 指针到达数组尾部时，再执行队头元素出列的操作，front 指针也会绕回数组前部。假设用做循环队列的数组 Q 一共有 n 个元素，则在循环队列中，将元素 x 入队列的操作为

```
Q[rear] = x
rear = (rear + 1) % n
```

队头元素依然是 Q[front]，将队头元素出列的操作为

```
front = (front + 1) % n
```

图 6.4(d)是队列满的情况。可以看到，队列为空和队列元素个数等于数组 Q 的容量，即队列满时，都有 front == rear 成立。因此要区分队列空满，就需要另外设置一个变量 size，用来记录队列中元素的个数。

另一种区分循环队列空满的办法是如果发现(rear+1) % n == front，就宣告队列满而不执行入队操作，这样队列元素最多只能达到数组单元个数减 1，于是依然可以通过 front==rear 是否成立来判断队列是否为空，如图 6.5，展示了在图 6.4(c)之后 d、e、f、g 入队导致队列满的情况。

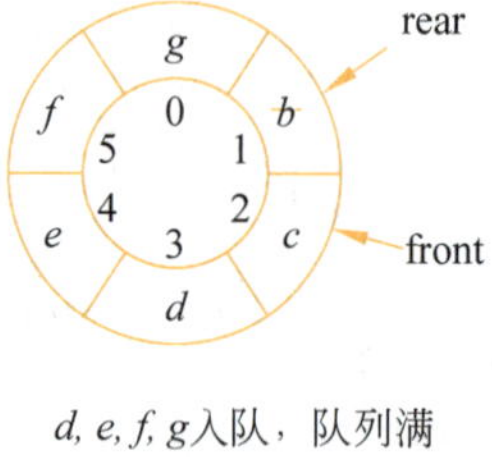

d, e, f, g入队，队列满

图 6.5　队列满的另一种情况

此种方法会浪费一个数组单元。在 C/C++ 语言中，在数组的单个元素占的体积较大时，略有一点浪费空间。

Java 语言自带队列这种数据结构。如果想要自己从头实现队列，可以通过 ArrayList 对象来进行。初始状态，用空 ArrayList 对象表示空队列。在队列尾部添加元素可用 ArrayList 的 add()方法实现。请注意，删除队头元素，不能用 ArrayList 的 remove(0)操作实现，因为该操作复杂度是 $O(n)$的。还是应该设置队头指针 front，初始值为 0。如果 ArrayList 对象名为 Q，则 Q[front]就是队头元素，队头元素出列执行的操作也是 front = front + 1。不需要队尾指针，Q[Q.size()−1]就是队尾元素。判断队列是否为空，就是看 front == Q.size()−1 是否成立。这种实现方法，同样存在空间浪费问题。解决的办法还是使用循环队列。开始用一个不为空的 ArrayList 对象(比如只有 8 个元素)存放循环队列，当队列满无法再添加新元素时，要新建更大的 ArrayList，并将原队列元素复制到新 ArrayList。新建 ArrayList 的大小，应该取原大小的一定倍数，如 1.5 倍、2 倍等，这样才能保证队列的 push(x)操作的均摊复杂度是$O(1)$的。下面是具体实现。

```
//prg0490.java
import java.util.*;
class Que<T> {
    final private static double expandFactor = 1.5;
    //容量扩充因子,即新容量是原容量的倍数
    private ArrayList<T> q;
    private int size,head,rear,capacity;
    Que() {
        q = new ArrayList<T>();
        size = 0;                       //队列元素个数
        head = rear = 0;
        capacity = 8;                   //队列最大容量
        for(int i=0;i<capacity;++i) q.add(null);
    }
    boolean isEmpty()  { return size == 0; }
    T front() {                         //看队头元素。空队列导致 runtime exception
        if (size == 0)
            throw new  RuntimeException("Que is empty");
        return q.get(head);
    }
    void push(T x) {
        if (size == capacity) {
            ArrayList<T> tmp = new ArrayList<>();
            int k = 0;
            while (k < size) {
                tmp.add(q.get(head));
                head = (head + 1) % capacity;
                ++k;
            }
            tmp.add(x);
            head = 0;
            rear = k+1;
            capacity = (int)(capacity * Que.expandFactor);
            while(k < capacity) {
                tmp.add(null);
                ++k;
            }
            q = tmp;                    //原来 q 的空间会被 Java 自动回收,不会浪费
        }
        else {
            q.set(rear,x);
            rear = (rear + 1) % capacity;
        }
        ++size;
    }
    T pop() {
        if (size == 0)
            throw new  RuntimeException("Que is empty");
```

```
48.          size -= 1;
49.          T tmp = q.get(head);
50.          head = (head + 1) % capacity;
51.          return tmp;
52.      }
53. }
54. public class prg0490  {
55.      public static void main(String[] args){
56.          Que<Integer>q = new Que<> ();
57.          for (int i=0;i<5;++i)
58.              q.push(i);
59.          while (!q.isEmpty()) {                //>>0,1,2,3,4,
60.              Integer x = q.front();
61.              System.out.print(x+",");
62.              q.pop();
63.          }
64.      }
65. }
```

第 17 行：throw 语句会引发 runtime exception，即异常。这个异常可以被 try…catch 语句捕获并处理。如果队列为空时，还要查看队头元素，只好产生异常。返回 null 是不好的，因为队列里面可能需要放 null。

对上面的程序稍加改进，可以让队列支持按下标随机访问第 i 个元素，还可以做到在队列前端也能以 $O(1)$时间添加元素，从而得到一个双向队列。双向队列的实现留做习题，请读者完成。

如果节约空间很重要，还可以考虑在队列变为空或者队列元素减少到某个程度时，重新建一个小的 ArrayList 来存放队列。

在增删元素时，用某种算法维护队列内部的元素顺序，使得队头元素总是最小(或最大)的，这样的队列就叫优先队列。优先队列未必是元素从小到大或从大到小排好序的。

队列内部元素从队头到队尾总是递增或递减，即排好序的，这样的队列叫单调队列。

6.3.3 Java 中的队列

接口 java.util.Queue<T>定义了队列的各项操作，最常用的几个方法如下。

```
int size()                   返回队列元素个数
boolean isEmpty()            判断队列是否为空
void clear()                 清空整个队列
boolean add(T x)             在队尾添加元素 x。返回值表示是否成功
T peek()                     查看队头元素。队列为空则返回 null
T poll()                     取出并返回队头元素。队列为空则返回 null
T element()                  查看队头元素。队列为空则引发异常
T remove()                   取出并返回队头元素。队列为空则引发异常
```

此外，Queue 还支持 boolean contains(Object o)等许多其他方法。

创建队列同样可以通过 ArrayDeque 类或 LinkedList 类，例如：

```
Queue<Integer> q = new ArrayDeque<>();
```

或：

```
Queue<Integer> q = new LinkedList<>();
```

一般情况下，推荐用 ArrayDeque 来实现队列。但是，**ArrayDeque 不允许加入 null**，

LinkedList 可以。因此,在需要将 null 入队列的场合,只能用 LinkedList。

Queue 还支持 remove(Object o)这样从队列中删除元素的操作,因此 Queue 不是一个封装性好的纯粹的队列(双向队列 Deque 也一样)。

接口 java.util.Deque<T>定义了双向队列的各项操作。一般来说,掌握以下几个方法就足够了。

```
boolean isEmpty()            判断队列是否为空
int size()                   求队列中元素个数
void clear()                 清空整个队列
void addFirst(T x)           将 x 加入队头
void addLast(T x)            将 x 加入队尾
T peekLast()                 查看队尾元素。队列空则返回 null
T pollLast()                 取出并返回队尾元素。队列空则返回 null
T peekFirst()                查看队头元素。队列空则返回 null
T pollFirst()                取出并返回队头元素。队列空则返回 null
T getLast()                  查看队尾元素。队列空则引发异常
T removeLast()               取出并返回队尾元素。队列空则引发异常
T getFirst()                 查看队头元素。队列空则引发异常
T pollFirst()                取出并返回队头元素。队列空则引发异常
```

一般来说,不用自己实现队列,用 Queue 或 Deque 即可。但有时会要求元素出队列以后还能找到,如后面提到的广度优先搜索算法,那么 Queue 和 Deque 就不够用了。

★★6.3.4 案例:滑动窗口(P0460)

有一种队列,其元素是递增或递减的(也允许不增或不减的情况),称为“单调队列”。本案例是单调队列的典型应用。

有一个长度为 $n(n\leqslant10^5)$的数的序列。序列上有一个大小为 $k(k\leqslant n)$的滑动窗口从序列最左端移动到最右端。窗口每次向右滑动一个数。请输出窗口在每个位置时窗口内的最大值和最小值。例如,序列为 1 3 −1 −3 5 3 6 7,$k=3$ 的情况如图 6.6 所示。

窗口位置	最小值	最大值
[1 3 −1] −3 5 3 6 7	−1	3
1 [3 −1 −3] 5 3 6 7	−3	3
1 3 [−1 −3 5] 3 6 7	−3	5
1 3 −1 [−3 5 3] 6 7	−3	5
1 3 −1 −3 [5 3 6] 7	3	6
1 3 −1 −3 5 [3 6 7]	3	7

图 6.6 滑动窗口

输入: 输入有两行。第一行有 n 和 k,分别表示序列的长度和窗口的大小。第二行包括 n 个数。

输出: 输出两行。第一行是窗口从左至右移动的每个位置的最小值。第二行是窗口从左至右移动的每个位置的最大值。

样例输入

```
8 3
1 3 -1 -3 5 3 6 7
```

样例输出

```
-1 -3 -3 -3 3 3
3 3 5 5 6 7
```

解题思路： 如果窗口每移动一次，就扫描整个窗口内的数找最大、最小值，复杂度为 $O(n^2)$，会超时。

有一种使用队列的思想，就是用队列保存可能是答案的或需要关注的项目。只有目前需要关注的项目，才会加到队列中；队列里的元素一旦再也不可能有用，就将其移出队列，这样可以避免在不需要关注的项目上浪费时间。第 11 章的广度优先搜索，第 12 章的拓扑排序就用到了这种思想。本题也可以用这个思路来解决。如果窗口每移动一次，就遍历全部窗口内的数，就关注了太多没必要关注的项目，因为窗口中可能有许多数，在窗口往后移动的过程中，永远都没机会成为窗口中的最大值或最小值，这样的数，就应该将其移出关注序列，用不着一遍遍地看它们——用队列就可以实现这样的关注序列。

维护两个双向单调队列，一个称为“最大值队列”，名为 dqMax，是递减的（不减也允许）；另一个称为最小值队列，名为 dqMin，是递增的（不增也允许）。dqMax 中放着可能成为窗口中最大值的元素，dqMin 中放着可能成为窗口中最小值的元素，开始都是空的。设原序列存放在数组 a，窗口终点的位置从 0 开始，然后依次变为 $1,2,\cdots,n-1$，即 $a[0],a[1],\cdots,a[n-1]$ 依次被加入窗口。当一个新的元素 $a[i]$ 被加入窗口（即窗口终点移到 i）后：

(1) 要将 $a[i]$ 加入队列 dqMax。此时 dqMax 中的所有元素，都会比 $a[i]$ 先离开窗口，那么 dqMax 中小于 $a[i]$ 的元素，自然永远都无法成为窗口中的最大值，因此应该全部删除。dqMax 是递减队列，于是可以从队尾往队头扫描，碰到的所有小于 $a[i]$ 的元素都出队，直到碰到第一个不小于 $a[i]$ 的元素即停止扫描，然后将 $a[i]$ 加在队尾。

(2) 要输出当前窗口的最大值。窗口最大值在 dqMax 中，dqMax 是递减的，队头最大，所以队头就是当前窗口中的最大值。但是有例外，因为队头有可能在刚才的移动中恰好被移出了窗口。若真如此，就应该将队头出列，新的队头就是当前窗口的最大值。要注意的是，窗口终点到达 $k-1$ 之前，窗口还不完整，不可求其中的最大值。

实际实现时，dqMax 中只需要存放元素的下标即可。这样既知道元素的位置，又能通过下标在 a 中找到该元素。

利用 dqMin 求窗口中最小值的方法和求最大值类似，不再赘述，程序如下。

```
//prg0510.java
import java.util.*;
public class prg0510  {                    //请注意:在 OpenJudge 提交时类名要改成 Main
    public static void main(String[] args){
        Scanner reader = new Scanner(System.in);
        int n = reader.nextInt(), k = reader.nextInt();
        int [] a = new int[n];
        for(int i=0;i<n;++i)
            a[i] = reader.nextInt();
        Deque<Integer> dqMax = new ArrayDeque< >();
        Deque<Integer> dqMin = new ArrayDeque< >();
        ArrayList<Integer> minA = new ArrayList< >();
        //存放要输出的结果
        ArrayList<Integer> maxA = new ArrayList< >();
        //存放要输出的结果
        for(int i=0;i<n;++i) {           //窗口终点从 0 变到 n-1
```

```
16.             while (!dqMax.isEmpty() && a[dqMax.peekLast()] < a[i])
17.                 //删除队列中所有小于 a[i]的数
18.                 dqMax.pollLast();                  //删除队尾
19.             dqMax.addLast(i);                      //放入的是元素的下标
20.             while (!dqMin.isEmpty() && a[dqMin.peekLast()] > a[i])
21.                 dqMin.pollLast();
22.             dqMin.addLast(i);
23.             if (!dqMax.isEmpty() && dqMax.peekFirst() <= i-k)
24.                 //i-k+1 是窗口起点
25.                 dqMax.pollFirst();                 //dqMax 队头已经不在窗口中,要弹出
26.             if (!dqMin.isEmpty() && dqMin.peekFirst() <= i-k)
27.                 dqMin.pollFirst();
28.             if (i >= k-1) {
29.                 //窗口终点小于 k-1 时,窗口还不完整,不应记录最大值和最小值
30.                 maxA.add(a[dqMax.peekFirst()]);      //记录窗口最大值
31.                 minA.add(a[dqMin.peekFirst()]);
32.             }
33.         }
34.         for (int e : minA)
35.             System.out.print(e+" ");
36.         System.out.println("");
37.         for (int e : maxA)
38.             System.out.print(e+" ");
39.     }
40. }
```

上面程序的复杂度看似较难分析,因为一眼难以看出那些内重循环中的语句,如第 18 行、第 25 行要执行多少次。实际上,每次 while 循环都会执行 pollFirst()或 pollLast()操作,即出队列的操作,对一个队列来说,由于每个数只会进入队列 1 次,最多只会出队列 1 次,所以全部 pollFirst()和 pollLast()操作的总次数都不会超过 n。因此平均下来,第 16 行的循环,每次执行的时间就是 $O(1)$的,故整个程序复杂度是 $O(n)$。

单看某个内重循环,难以分析执行多少次,但是可能可以看出总的执行次数,这种情况在复杂度分析时常常碰到。

★6.3.5 案例: 用两个栈模拟一个队列

用两个栈可以模拟一个队列。设有两个栈 stackPush 和 stackPop,当需要往队列里添加元素时,就往 stackPush 中压入元素。当需要访问或删除队头元素时,若 stackPop 不为空,则访问或弹出其栈顶元素;若 stackPop 为空,则先将 stackPush 中的元素全部弹出并依次压入 stackPop,然后再访问或弹出 stackPop 栈顶元素即可,代码如下。

```
//prg0514.java
class StackQue<T> {
    private Deque<T> stackPush, stackPop;
    StackQue() {
        stackPush = new ArrayDeque<>();
        stackPop = new ArrayDeque<>();
    }
    boolean isEmpty() {
        return stackPush.isEmpty() && stackPop.isEmpty();
    }
    void push(T x) {
```

```
        stackPush.addLast(x);
    }
    private void dump() {                          //将 stackPush 的元素转移到 stackPop
        while(!stackPush.isEmpty())
            stackPop.addLast(stackPush.pollLast());
    }
    T front() {
        if (isEmpty())
            throw new RuntimeException("Stack is empty.");
        if (stackPop.isEmpty())
            dump();
        return stackPop.peekLast();
    }
    T pop() {
        if (isEmpty())
            throw new RuntimeException("Stack is empty.");
        if (stackPop.isEmpty())
            dump();
        return stackPop.pollLast();
    }
}
```

在上面的模拟队列中，在执行入队和出队操作时，有时需要进行复杂度为 $O(n)$ 的将 stackPush 全部元素转移到 stackPop 的操作。

但由于每个元素最多只会入栈两次，出栈两次（出入 stackPush 和 stackPop 各一次），因此平均下来，入队和出队操作的复杂度，都是 $O(1)$ 的。

6.4 用链表实现栈和队列

用链表实现栈和队列非常简单，牵涉到的无非就是链表在表头或者表尾访问、增删元素的操作，无须赘述。

用顺序表实现栈和队列，尽管各种操作的均摊复杂度都是 $O(1)$ 的，但都存在在扩充存储空间那一刻需要 $O(n)$ 时间复制原有内容的问题，这样看来用链表实现栈和队列似乎效率更高，因为在链表两端增删元素复杂度严格是 $O(1)$ 的。

其实不然。在现代计算机系统中，如果栈或队列是用顺序表实现的，则在栈顶或队头队尾做的各种操作，由于是在邻近的内存区域的操作，因此大部分情况下在 CPU 的 Cache 中就可以完成，速度很快；如果栈或队列用链表实现，则由于元素在内存中不连续，会导致跳跃式地访问内存，不但不能利用 Cache 加快访问速度，反而可能导致频繁地在 Cache 和内存之间传输数据，降低了效率。而且，链表结点的空间需要逐个收回，回收空间比顺序表慢得多。

因此不推荐用链表实现栈和队列，除非是在任何情况下都不允许出现由于扩容导致的 $O(n)$ 时间延迟的极端应用场景。

在 Java 语言中，可以用顺序表类 ArrayDeque，也可以用双向链表类 LinkedList 实现栈和队列，经测试速度几乎一样。但是，空间回收工作是 Java 虚拟机后台进行的，未被计算在内。而且，LinkedList 由于要存放前驱后继指针，更费空间。所以还是更推荐用 ArrayDeque。但是 ArrayDeque 不允许加入 null。需要将 null 加入栈或队列的场合，用 LinkedList。

小结

栈是后进先出的线性数据结构，在栈顶增删元素复杂度都是 $O(1)$。

编译器或解释器通常借助栈来实现递归。调用函数时，参数、局部变量和返回地址入栈，函数调用返回时，调用时入栈的信息要全部弹出，然后程序跳转到弹出的返回地址继续执行。

任何递归程序都可以通过维护一个栈转成非递归程序。

队列是先进先出的线性数据结构，在队尾添加元素，在队头删除元素，复杂度都是 $O(1)$。在队头删除元素就是将队头指针 front 加 1；在队尾添加元素就是在队尾指针指向的地方写入新元素，然后将队尾指针 rear 加 1。

普通队列判断是否为空，是看 front == rear 是否成立。

节约队列占用内存空间的办法是使用循环队列。设循环队列存放在容量为 n 的数组中，则添加元素的操作为

```
Q[rear] = x
rear = (rear + 1) % n
```

队头元素出列的操作为

```
front = (front + 1) % n
```

判断循环队列是否为空，有以下两种办法。

(1) 队列闲置一个单元不用，这种情况下 front == rear 队列即为空。

(2) 设置专门变量 size 记录队列中的元素个数。size == 0 则队列为空。

双向队列在队列两端都可以增删元素，增删元素复杂度都是 $O(1)$。双向队列也可以用循环队列实现。

栈和队列都可以用顺序表和链表实现，一般推荐用顺序表实现。

习题

1. 4 个字母 ABCD 依次入栈，但是入栈过程中随时可以执行出栈操作。以下哪个序列可能是出栈序列？（　　）

A. DBAC　　B. ACBD　　C. DBAC　　D. CDAB

2. 用一个容量为 n 的数组 Q 表示循环队列，front 为队头指针，rear 为队尾指针。当队列的元素个数小于 n 时，下面哪项可以表示队列元素的个数？（　　）

A. rear−front　　B. rear−front+1

C. (n+rear−front)%n　　D. (n+front−rear)%n

3. 用一个容量为 n 的数组 Q 表示循环队列，front 为队头指针，rear 为队尾指针。闲置一个单元以区分队列空和队列满的情况。则下面哪项成立时，可以断定队列为满？（　　）

A. front==rear　　B. rear==$n-1$

C. rear==n　　D. (rear+1)%n==front

4. 将 1,2,3,…,n 依次入栈。如果第 1 个出栈的是 i，则第 j 个($j>i$)出栈的是（　　）。

A. $j-i$　　B. $i-j+1$　　C. $j-i+1$　　D. 不确定

5. 将 1,2,3,…,n 依次入栈。如果第 1 个出栈的是 n,则第 k 个出栈的是________。

6. 三个不同元素 abc 依次入栈,可以形成________种不同的出栈序列。

7. 用一个容量为 n 的数组 Q 表示循环队列,front 为队头指针,rear 为队尾指针。闲置一个单元以区分队列空和队列满的情况。称队头元素为第 0 个元素,则队列的第 i 个元素($i<n-1$),在数组 Q 中的下标是(用 front、rear、n 表示)________。

以下为编程题。本书编程的例题习题均可在配套网站上程序设计实习 MOOC 组中与书名相同的题集中进行提交。每道题都有编号,如 P0010、P0020。

1. **进制转换(P0470)**:输入一个十进制表示形式的整数,输出其二进制表形式。

2. **PKU 版爱消除(P0472)**:有一个字符串 S,一旦出现连续的"PKU"三个字符,就会消除。问最终稳定下来以后,这个字符串是什么样的?如"APKPKUUB",消除中间的"PKU"后,又得到"PKU",就接着消除得到"AB"。

3. **stack or queue(P0480)**:已知一个线性数据结构的元素进出顺序,判定这个结构是栈还是队列。如序列为"入 2,出 2,入 3,入 4,出 4,出 3,入 8",判断是队列还是栈。

4. **双端队列(P0490)**:实现一个双端队列,即双向队列。

★5. **奇怪的括号(P0500)**:括号有三种,分别是"()""[]"和"/**/"。给定一个字符串,问其中括号是否匹配。括号可以嵌套,不能交叉。出现非括号的字符算不匹配。如"/** * /"算不匹配,因为中间的" * "不属于任何括号。

6. **快速堆猪(P0510)**:小明有很多猪,他喜欢玩叠猪游戏,就是将猪一头头叠起来。猪叠上去后,还可以把顶上的猪拿下来。小明知道每头猪的重量,而且他随时都会问目前叠在那里的猪最轻的是多少千克。猪的数目巨大,小明又疯狂问问题,所以得想个好算法才能及时回答小明的问题。

7. **机器翻译(P0520)**:有一个初始为空、能放 M 个整数的内存缓冲区。现要输入 N 个不大于 1 000 000 的整数,如果输入的数不在缓冲区里,就要报警,且将输入的数加入缓冲区。如果缓冲区满了,就将最先进入缓冲区的数取出,再将新输入的数放入缓冲区。问一共会产生多少次报警(N、$M\leqslant 1\,000\,000$)?

★8. **等价表达式(P0530)**:判断两个表达式在数学上是否是等价的。表达式是四则运算表达式,包含字母、数和+、−、*、/ 运算符以及括号,但是运算符优先级都一样。例如,$(a+b-c)*2$和$(a+a)+(b*2)-(3*c)+c$ 这两个表达式就是等价的,$(a-b)*(a-b)$和$(a*a)-(2*a*b)-(b*b)$就不等价。

★★9. **出栈序列统计(P0540)**:输入整数 n($n<16$),问:将 1,2,…,n 依次入栈,能产生多少种不同的出栈序列?

★★10. **发型糟糕的一天(P0550)**:已知 N($1\leqslant N\leqslant 80\,000$)只奶牛的身高,所有奶牛面向东方依次站成一条线。一头奶牛能够看到在它前面的所有身高比它低的奶牛,直到被一头不比它低的奶牛挡住。要求用 $O(N)$时间求出每头奶牛都能看到几头奶牛(提示:可以用栈实现)。

★11. **波兰表达式 (P0250)**:请不要用递归,用栈来实现波兰表达式(前序表达式)的求值。

第7章 二叉树

顺序表、链表、栈、队列都是线性数据结构，即元素都有一个前驱和一个后继（头尾例外）。非线性的数据结构中，元素的前驱或者后继可能都不止一个。二叉树就是元素后继可能不止一个的数据结构。

7.1 二叉树的概念

二叉树的递归定义如下。

(1) 二叉树是有限个元素的集合。

(2) 空集合是一个二叉树，称为空二叉树。

(3) 一个元素（称其为“根”“树根”或“根结点”），加上一个被称为“左子树”的二叉树和一个被称为“右子树”的二叉树，就能形成一个新的二叉树。要求根、左子树和右子树三者没有公共元素。

按照上面的定义，单个元素的集合也是一棵二叉树，根就是该元素，左子树和右子树都是空二叉树。

二叉树的的元素称为“结点”。结点由三部分组成：数据、左子结点指针、右子结点指针。

非空二叉树有且仅有一个根结点。

在一棵非空二叉树 T 中，非空左子树的根结点，称为 T 的根结点的左子结点（或左儿子），非空右子树的根结点，称为 T 的根结点的右子结点（或右儿子）。T 的根结点，称为其两个子结点的父结点（或父亲）。图 7.1 是 4 个二叉树的样子，圆圈代表结点，线段代表两个结点之间有父子关系，称为二叉树的“边”。严格地说，边是有方向的，起点是父结点（在上方），终点是子结点（在下方），但一般情况下不会关注其方向。

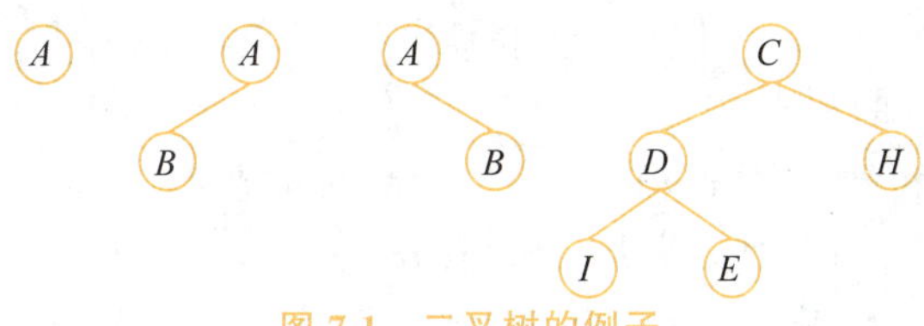

图 7.1 二叉树的例子

图 7.1 中有 4 棵二叉树。第一棵二叉树只有一个根结点 A。第二棵二叉树根结点是 A，A 有左子结点 B。第三棵二叉树根结点是 A，A 有右子结点 B。第四棵二叉树根结点是 C，C 的左子树根结点为 D，右子树根结点为 H。D 有左子结点 I 和右子结点 E。

父结点可以看作子结点的前驱，子结点可以看作父结点的后继。非根结点有且仅有一个前驱，根结点没有前驱。所有结点有 0～2 个后继。

按照二叉树的严格定义，非空二叉树总是有左子树和右子树的，只不过左右子树都可以为空二叉树。但是在通俗的说法中，如果一棵二叉树的左子树为空二叉树，往往就说该二叉树"没有左子树"或"根结点没有左子结点"。相应地，也有"没有右子树"和"根结点没有右子结点"的通俗说法。本书后面会使用这种通俗的说法。

二叉树的左右子树是不同的。一棵二叉树可以无左子树但是有右子树，也可以有左子树但是无右子树，这两种情况是不一样的。当然二叉树也可以同时有左子树和右子树。图 7.2(a)和图 7.2(b)是两棵不同的二叉树，图 7.2(c)和图 7.2(d)是两棵不同的二叉树。

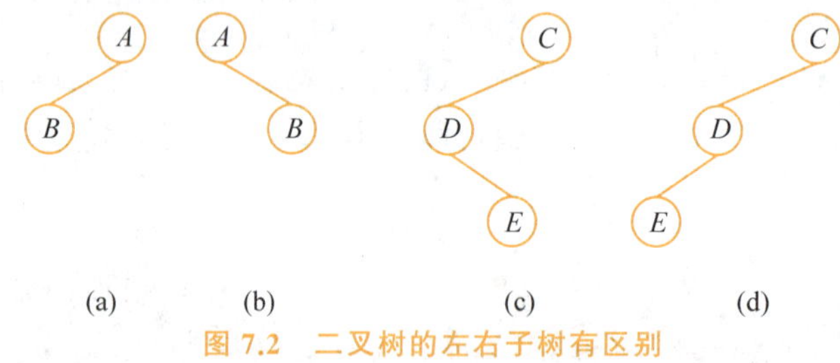

图 7.2　二叉树的左右子树有区别

二叉树中的每个结点，都是一棵子树的根结点。对于结点 X，以 X 为根的子树，简称为"子树 X"。整个二叉树也可以称为一棵子树，类似于集合的子集也可以是它自身。

以下是二叉树中的一些概念。

结点的度(Degree)：结点的非空子树数目。也可以说是结点的子结点数目，甚至通俗地说成是结点的子树数目。

叶结点(Leaf Node)：度为 0 的结点。也可以说是既没有左子结点也没有右子结点的结点。也称为"终端结点"或简称"叶子"。图 7.1 中第一棵二叉树中的结点 A，第二、第三棵二叉树中的结点 B，第四棵二叉树中的结点 I、E 和 H，它们都是叶结点。

分支结点：度不为 0 的结点，即除叶结点以外的其他结点，也叫内部结点。

兄弟结点(Sibling)：父结点相同的两个结点，互为兄弟结点。在图 7.1 的第四棵二叉树中，结点 D、H 互为兄弟结点，结点 I、E 互为兄弟结点。

结点的层次(Level)：根结点是第 0 层的。如果一个结点是第 n 层的，则其子结点就是第 $n+1$ 层的。

结点的深度(Depth)：即结点的层次。

祖先(Ancestor)：若二叉树中存在结点序列$\{k_0,k_1,\cdots,k_n\}$，满足对任何 $i\in[0,n-1]$，k_i 是 k_{i+1} 的父结点，则称 k_0 是 k_n 的祖先。这个概念也可以如下递归定义。

(1) 父结点是子结点的祖先。

(2) 对于结点 a、b 和 c，若 a 是 b 的祖先，b 是 c 的祖先，则 a 是 c 的祖先。

子孙(Descendant)：也叫后代。若结点 a 是结点 b 的祖先，则结点 b 就是结点 a 的后代。

边：若 a 是 b 的父结点，则 $\langle a,b\rangle$ 就是 a 到 b 的边。在图上表现为连接父结点和子结点之间的线段。边是有向的，起点是父结点，终点是子结点。但是一般来说不太强调边的方向。

二叉树的高度(Height)：二叉树的高度就是结点的最大层次数。只有一个结点的二叉树，高度是0。结点一共有 n 层，高度就是 $n-1$。

关于二叉树的高度、结点的层次和深度，不同教材中可能会有不同说法。例如，根结点被算作第1层，只有1个结点的二叉树的高度算1之类。有些教材还有“二叉树的深度”的概念。请读者阅读其他教材或做题的时候根据上下文自行理解。

满二叉树(Full Binary Tree)：没有1度结点的二叉树，如图7.3所示。

“Full Binary Tree”这个词在国际上指没有1度结点的二叉树，毫无疑义。但是“满二叉树”在国内有两种不同定义。另一种定义是：高度为 h 的二叉树若有 $2^{h+1}-1$ 个结点，则其为满二叉树——直观的描述就是满二叉树每层的结点数目都达到最大。这样的树的英文说法是“Perfect Binary Tree”(完美二叉树)。对“满二叉树”，本书采用“Full Binary Tree”的定义。

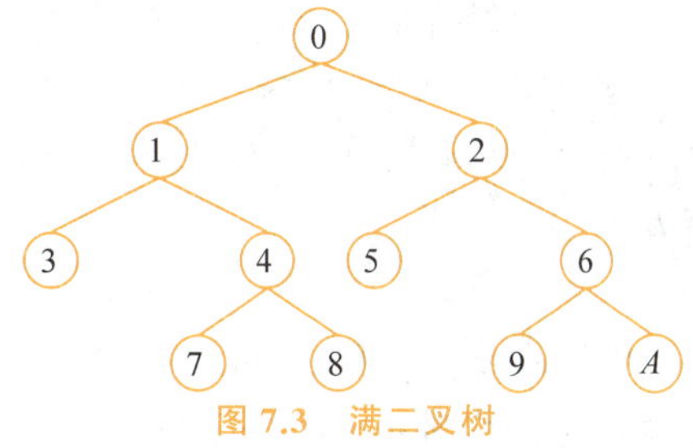

图7.3 满二叉树

完全二叉树(Complete Binary Tree)：除了最底层以外，其余层的结点数目都是满的，即达到最大；最底层的结点要么是满的，要么缺失的结点是最右边的连续若干个(也可以说任何结点左边没有缺失结点)——满足上述条件的二叉树，称为完全二叉树。如图7.4所示，图7.4(a)是完全二叉树，图7.4(b)则不是。因为在图7.4(b)中，结点9左边有两个缺失的同层结点，即结点4的两个子结点。

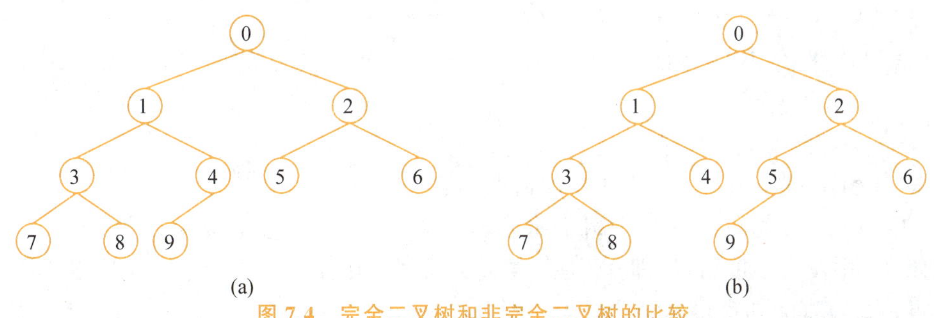

图7.4 完全二叉树和非完全二叉树的比较

路径(Path)：对二叉树上任意两个结点 V_i 和 V_j，必然存在唯一的不重复的结点序列 $\{V_i, P_1, P_2, \cdots, P_m, V_j\}$，使得 V_i 和 P_1 之间有边，P_m 和 V_j 之间有边(不论什么方向)，且 P_k 和 P_{k+1} 之间有边($k=1,2,\cdots,m-1$)。这个结点序列就称为 V_i 到 V_j 的路径(V_i 和 V_j 之间若有边，则 $P_1, P_2, \cdots, P_m$ 都不存在)。路径上边的数量称为路径长度。对二叉树上的“路径”这个词，没有统一的定义，本书就用这个说法。本书后文若提到“树的路径”，也是一样的概念。

7.2 二叉树的性质

(1) **二叉树的第 i 层上最多有 2^i 个结点。**

可以用数学归纳法证明：

① 第0层最多有1个结点，符合上述结论。

② 设第 $k(k\geqslant0)$ 层最多有 2^k 个结点，由于每个第 k 层结点最多有两个第 $k+1$ 层的子结点，因此第 $k+1$ 层最多有 2^{k+1} 个结点。证毕。

(2) **高度为 h 的二叉树，最多有 $2^{h+1}-1$ 个结点。**

证明：高度为 h 的二叉树，共有 $h+1$ 层结点。若每层结点数目都达到最大，则结点总数为

$$2^0+2^1+2^2+\cdots+2^h=2^{h+1}-1$$

这个性质描述成“有 k 层结点的二叉树，结点数目最大为 2^k-1”更好记。

(3) **n 个结点的非空二叉树，有 $n-1$ 条边。**

可以用数学归纳法证明：

① 1 个结点的二叉树，有 0 条边，符合上述结论。

② 假设 $k(k\geqslant1)$个结点的二叉树有 $k-1$ 条边。对于有 $k+1$ 个结点的二叉树 T_1，去掉 1 个叶结点和与其相连的边，就得到一个有 k 个结点的二叉树 T_2，由于 T_2 有 $k-1$ 条边，故 T_1 有 k 条边。证毕。

(4) **非空二叉树若有 i 个叶结点，则度为 2 的结点有 $i-1$ 个。**

证明：设二叉树一共有 n 个结点，其中度为 0 的结点 n_0 个，度为 1 的结点 n_1 个，度为 2 的结点 n_2 个，则 $n=n_0+n_1+n_2$(式 1)。由于一共有 $n-1$ 条边，其中，n_1 条边的起点为 1 度结点，$2n_2$ 条边起点为 2 度结点，没有边的起点会是 0 度结点，因此 $n-1=n_1+2n_2$(式 2)。式 2 减式 1 得：

$-1=-n_0+n_2$，即 $n_2=n_0-1$。证毕。

(5) **非空满二叉树叶结点数目等于分支结点数目加 1。**

证明：由于满二叉树所有分支结点都是 2 度结点，所以由上面性质(4)即可得本结论。

(6) **非空二叉树中的空子树数目等于其结点数目加 1。**

证明：让二叉树 T_1 中的每个空子树，都长出一个叶结点，即得到一棵新二叉树 T_2。由于：

① 新长的结点都是 0 度结点。

② T_1 中的叶结点在 T_2 中变成 2 度结点。

③ T_1 中的 1 度结点 x 的空子树变成了叶结点，x 在 T_2 中度数变为 2。

因此 T_2 中没有 1 度结点，即 T_2 是一棵满二叉树。由于 T_1 中的全部结点，都是 T_2 中的分支结点，由性质(5)即可得本结论。

(7) **有 n 个结点的非空完全二叉树的高度为$\lceil\log_2(n+1)\rceil-1$。**

证明：设 n 个结点的完全二叉树高度为 h，即结点一共有 $h+1$ 层(请注意层数从 0 开始算)。该完全二叉树的前 h 层结点数目必然达到最大，为 2^h-1。第 h 层至少有 1 个结点，结合性质(2)，可得：

$$\begin{aligned}&2^h-1+1\leqslant n\leqslant 2^{h+1}-1\\ \Rightarrow&2^h<n+1\leqslant 2^{h+1}\\ \Rightarrow&\log_2(2^h)<\log_2(n+1)\leqslant\log_2(2^{h+1})\\ \Rightarrow&h<\log_2(n+1)\leqslant h+1\end{aligned}$$

由于 h 是整数，故 $h=\lceil\log_2(n+1)\rceil-1$。

将本性质描述为“**有 n 个结点的非空完全二叉树共有$\lceil\log_2(n+1)\rceil$层结点**”更好记。

(8) **完全二叉树中的 1 度结点数目为 0 个或 1 个。**

因为完全二叉树唯一可能为 1 度的结点，就是倒数第二层的最靠右的非叶结点。

(9) **有 n 个结点的完全二叉树有$\lfloor(n+1)/2\rfloor$个叶结点。**

证明：设树中 0 度结点有 n_0 个，1 度结点有 n_1 个，2 度结点有 n_2 个。显然有：

$$n = n_0 + n_1 + n_2 \quad \text{式(1)}$$

由于边数 $e = 2n_2 + n_1 = n - 1$，故有：

$$n = 2n_2 + n_1 + 1 \quad \text{式(2)}$$

2 倍式(1)减去式(2)得：

$$n = 2n_0 + n_1 - 1 \quad \text{式(3)}$$

根据性质(8)，完全二叉树中，n_1 为 0 或 1，不论哪种情况，由式(3)均可得：

$$n_0 = \lfloor (n+1)/2 \rfloor$$

由式(3)还可以得到性质(10)。

(10) **有 n 个叶结点($n>0$)的完全二叉树有 $2n$ 或 $2n-1$ 个结点。**

对任意的 $n>0$，既可以构建一棵有 n 个叶结点，结点总数为 $2n-1$ 的完全二叉树，也可以构建一棵有 n 个叶结点，结点总数为 $2n$ 的完全二叉树。前者没有 1 度结点，后者有 1 个 1 度结点。例如，3 个叶结点的完全二叉树，有如图 7.5 所示的两种形状。

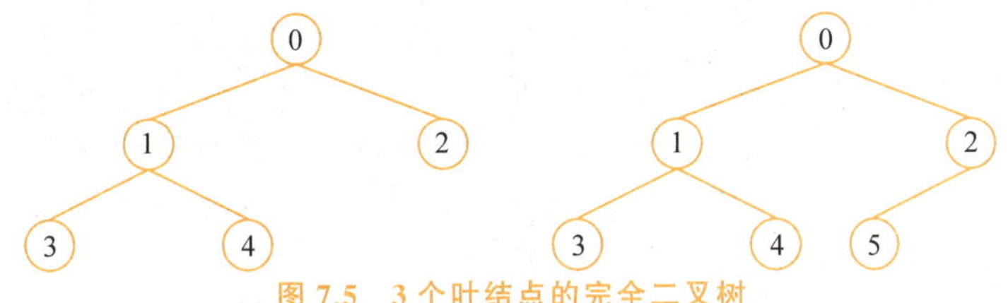

图 7.5　3 个叶结点的完全二叉树

7.3　二叉树的表示

二叉树一般采用链式表示(存储)。完全二叉树也可以采用顺序表表示。

7.3.1　用类表示二叉树

可以用一个泛型类来表示二叉树，如下。

```
class BinaryTree<T> {
    T data;
    BinaryTree<T> left,right;
    BinaryTree(T dt) {
        data = dt;
        left = right = null;
    }
    void addLeft(BinaryTree<T> tree) {          //添加左子树,tree 是一个二叉树
        left = tree;
    }
    void addRight(BinaryTree<T> tree){          //添加右子树,tree 是一个二叉树
        right = tree;
    }
}
```

data 是结点中存放的数据，left、right 都是 BinaryTree 的对象，代表左右子树，也可以称为**指向左右子结点的指针**。如果 left 或 right 为 null，就表示没有左子结点或没有右子结点。二叉树里的每个结点，本身就是一个 BinaryTree 对象，代表一棵子树。叶结点就是 left 和 right 都为 null 的结点。

n 个结点的非空二叉树一共有 $2n$ 个子结点指针，$n-1$ 条边(即 $n-1$ 个非 null 子结点指针)，所以一共有 $n+1$ 个为 null 的子结点指针。

7.3.2 完全二叉树的表示

图 7.6 是一棵完全二叉树。可以看出，对完全二叉树的结点按层次从上到下，同一层从左到右进行编号，若根结点编号为 0，则编号为 i 的结点，其左子结点编号为 $2i+1$，右子结点编号为 $2i+2$。若根结点编号为 1，则编号为 i 的结点，其左子结点编号为 $2i$，右子结点编号为 $2i+1$。后文均假设根结点编号为 0。

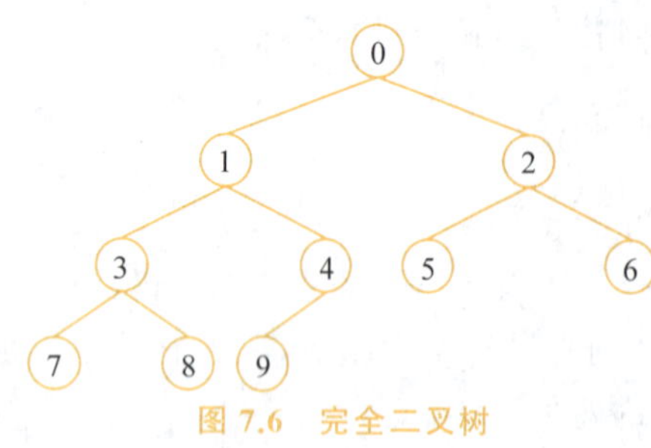

图 7.6 完全二叉树

完全二叉树的上述性质，用数学归纳法很容易证明。上述性质，使得一棵有 n 个结点的完全二叉树，可以被存储在一个有 n 个元素的数组中。编号为 i 的结点，存放在下标为 i 处即可。因为下标为 i 的元素的左右子结点，就是下标为 $2i+1$ 和 $2i+2$ 的元素，所以结点中不需要存放左右子结点的指针，显而易见地节省了空间。而且，用数组存储的完全二叉树，找父结点也很方便，下标为 $i(i>0)$ 的元素，其父结点的下标就是 $\lfloor (i-1)/2 \rfloor$。

请注意，必须是完全二叉树，用上述方式来存放才是合适的。

要构建一棵有 n 个叶结点的完全二叉树，有两种做法，一种没有 1 度结点，一种有一个 1 度结点。对于前者，结点总数为 $2n-1$，用 $2n-1$ 个元素的数组 s 就可以表示，$s[n-1,2n-2]$ 存放 n 个叶结点；对于后者，结点总数为 $2n$，用 $2n$ 个元素的数组 s 可以表示，$s[n,2n-1]$ 存放 n 个叶结点。

7.4 二叉树的遍历

7.4.1 二叉树的前序、后序、中序和按层次遍历

按一定顺序访问二叉树的所有结点，称为二叉树的遍历(也称作二叉树的周游)。二叉树有 4 种常见的遍历方式：前序遍历(也叫“先序遍历”“先根遍历”)、中序遍历(也叫“中根遍历”)、后序遍历(也叫“后根遍历”)和按层遍历。前三种遍历通常用递归来实现。

前序遍历的过程是：①访问根结点；②前序遍历左子树；③前序遍历右子树。

中序遍历的过程是：①中序遍历左子树；②访问根结点；③中序遍历右子树。

后序遍历的过程是：①后序遍历左子树；②后序遍历右子树；③访问根结点。

按层遍历也叫广度优先遍历，即按层次从上到下，同一层从左到右访问结点，需要借助队列实现。

4 种遍历方法的时间复杂度都是 $O(n)$，n 为二叉树结点数目。前序、中序、后序这三种遍历过程不论是否用递归实现都需要用到栈，栈的最大深度和树的层数一致，因此额外空间复杂度和树的高度成正比。

上述“访问”的意思，不是“查看”或“经过”，毕竟，不查看或经过根结点，就无法找到根结点的左右子树。“访问”指的是对结点进行某种具体操作，如输出其值、修改其值等。显然，如果

访问结点指的就是输出其值，那么 4 种遍历方式输出的结点值的序列是不一样的。中序遍历，就是先将左子树全部输出后，才输出根结点值，再输出整个右子树；后序遍历，则是先输出整个左子树的值，再输出整个右子树的值，最后输出根结点的值。

对如图 7.7 所示的二叉树，不同遍历方式访问结点的顺序如下。

前序遍历访问序列（以后简称“前序遍历序列”或“前序序列”）：ABDEHCFIGJ。

中序遍历访问序列（以后简称“中序遍历序列”或“中序序列”）：DBHEAIFCGJ。

后序遍历访问序列（以后简称“后序遍历序列”或“后序序列”）：DHEBIFJGCA。

按层遍历访问序列（以后简称“按层遍历序列”）：ABCDEFGHIJ。

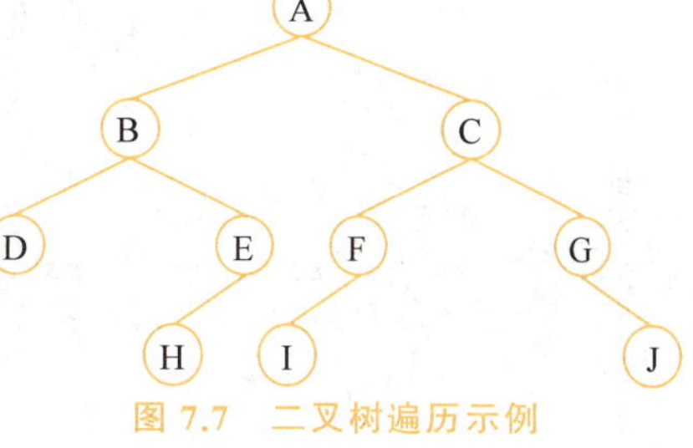

图 7.7　二叉树遍历示例

下面对中序遍历的部分过程给予解释。

要中序遍历树 A，不能先访问 A，要先中序遍历 A 的左子树 B。

中序遍历子树 B 时，不能先访问 B，要先中序遍历其左子树 D。

中序遍历左子树 D，D 无左子结点，所以要访问 D，于是 D 成为第一个被访问的结点。

访问 D 后，D 无右子结点，于是 B 的左子树中序遍历结束，接下来应访问 B。然后中序遍历 B 的右子树 E。

中序遍历子树 E，不能先访问 E，要先中序遍历 E 的子树 H。于是先访问 H，然后才访问 E。到此，A 的左子树中序遍历结束，于是访问 A，再中序遍历 A 的右子树 C，余下过程不再赘述。

下面的程序为类 BinaryTree 添加了前序、中序、后序、按层次 4 种遍历方法。

```
//prg0520.java
import java.util.*;
import java.util.function.*;                       //为了导入函数式接口 Consumer
class BinaryTree<T> {
    T data;
    BinaryTree<T> left,right;
    BinaryTree(T dt) {
        data = dt;
        left = right = null;
    }
    void addLeft(BinaryTree<T> tree) {             //tree 是一个二叉树
        left = tree;
    }
    void addRight(BinaryTree<T> tree){             //tree 是一个二叉树
        right = tree;
    }
    void preorderTraversal(Consumer<BinaryTree<T>> op) {
        //前序遍历,op.accept 是函数,表示访问操作
        op.accept(this);                           //访问根结点
        if (left != null)                          //左子树不为空
            left.preorderTraversal(op);            //遍历左子树
        if (right != null)
            right.preorderTraversal(op);           //遍历右子树
    }
```

```
24.     void inorderTraversal(Consumer<BinaryTree<T>> op) {          //中序遍历
25.         if (left != null)
26.             left.inorderTraversal(op);
27.         op.accept(this);                                         //访问根结点
28.         if (right != null)
29.             right.inorderTraversal(op);
30.     }
31.     void postorderTraversal(Consumer<BinaryTree<T>> op) {        //后序遍历
32.         if (left != null)
33.             left.postorderTraversal(op);
34.         if (right != null)
35.             right.postorderTraversal(op);
36.         op.accept(this);                                         //访问根结点
37.     }
38.     void bfsTraversal(Consumer<BinaryTree<T>> op) {              //按层次遍历
39.         Queue< BinaryTree<T> > q = new ArrayDeque< >();
40.         q.add(this);
41.         while (!q.isEmpty()) {
42.             BinaryTree<T> nd = q.poll();
43.             op.accept(nd);
44.             if (nd.left != null)
45.                 q.add(nd.left);
46.             if (nd.right != null)
47.                 q.add(nd.right);
48.         }
49.     }
50. }
51. public class prg0520  {                      //请注意:在 OpenJudge 提交时类名要改成 Main
52.     public static void main(String[] args){
53.         BinaryTree<String> root = new BinaryTree<>("A");
54.         BinaryTree<String> subTreeB = new BinaryTree<>("B");
55.         root.addLeft(subTreeB);
56.         root.addRight(new BinaryTree<String>("C"));
57.         subTreeB.addRight(new BinaryTree<String>("D"));
58.         root.preorderTraversal((x)->System.out.print(x.data));  //>>ABDC
59.         System.out.println();
60.         root.inorderTraversal((x)->System.out.print(x.data));   //>>BDAC
61.         System.out.println();
62.         root.postorderTraversal((x)->System.out.print(x.data)); //>>DBCA
63.         System.out.println();
64.         root.bfsTraversal((x)->System.out.print(x.data));       //>>ABCD
65.     }
66. }
```

程序构建了如图 7.8 所示的一棵二叉树,并对其进行 4 种遍历。

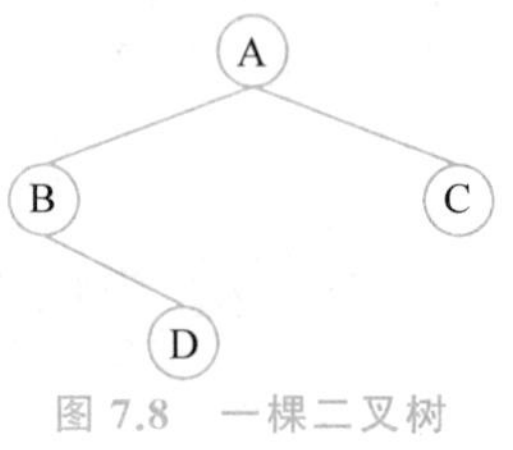

图 7.8 一棵二叉树

第 16 行:op 参数是一个实现了函数式接口 Consumer 的对象,其 accept()方法代表要对结点进行的操作。所谓“访问结点”,就是以结点为参数调用 op.accept 函数。这样做,可以实现将遍历过程和对结点的操作完全分开,写一个遍历函数,就可以适应对结点不同的访问需求。

例如,前序遍历一棵二叉树,即一个假设叫 root 的 BinaryTree 对象,其写法可以如下。

```
root.preorderTraversal((x)->System.out.print(x.data));
```

也可以如下。

```
root.preorderTraversal((x)->{x.data += "0";});
```

第一种写法以前序遍历的顺序输出每个结点的数据，第二种写法以前序遍历的顺序给每个结点的数据加上字符串"0"，当然前提是 x.data 支持+="0"这个操作。

这两种写法都用到了从 JDK 8 才开始支持的 Lambda 表达式。关于 Lambda 表达式和函数式接口，详解请看 2.3 节“匿名类、Lambda 表达式和函数式接口”。

按层次遍历要用队列实现。先将根结点入队列，然后不停地将队头结点取出访问，并将队头结点的左右子结点（如果有的话）先后放入队列，直到队列为空，遍历即结束。对图 7.7 中二叉树进行按层次遍历时，队列的部分变化过程如图 7.9 所示。

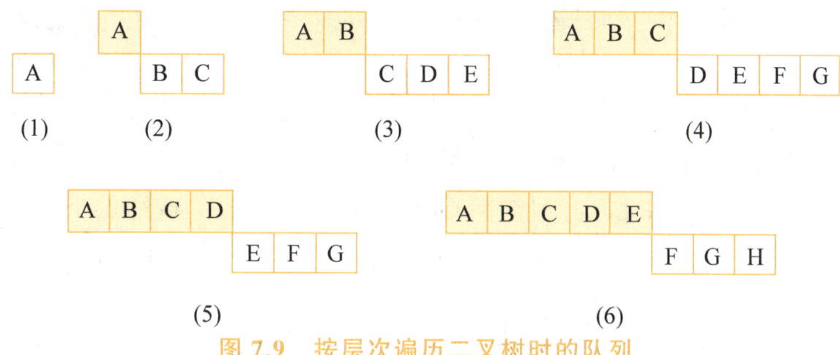

图 7.9　按层次遍历二叉树时的队列

（1）开始队列里只有根结点 A。

（2）A 出队列被访问，将 A 的子结点 B、C 入队列。

（3）B 出队列被访问，将 B 的子结点 D、E 入队列。

（4）C 出队列被访问，将 C 的子结点 F、G 入队列。

（5）D 出队列被访问，D 没有子结点，没有结点入队列。

（6）E 出队列被访问，E 的子结点 H 入队列。

……

余下情况不再赘述，请读者自行分析。

7.4.2　案例：根据二叉树前中序序列建树(P0570)

仅根据单独的前序、中序、后序遍历序列，都不能确定一棵二叉树是什么样子的。

图 7.10 中的三棵不同二叉树，前两棵前序序列相同，后序序列也相同。而第一棵和第三棵的中序序列相同。

就算有了后序序列和前序序列，依然不能确定一棵二叉树。反例请读者自行思考给出。

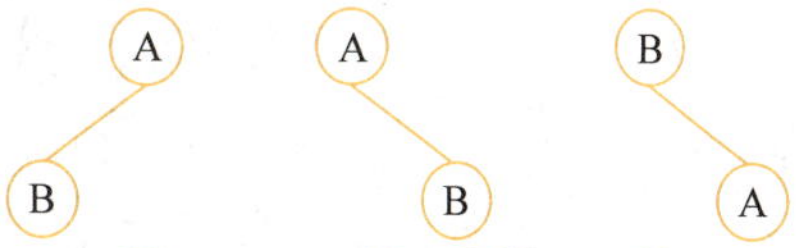

图 7.10　三棵不同的二叉树

如果有了中序序列，那么再加上前序序列，或加上后序序列，就可以确定唯一的二叉树。这就是本案例：假设二叉树的结点里包含一个大写字母，每个结点的字母都不同。给定二叉树的前序遍历序列和中序遍历序列（长度均不超过 26），请输出该二叉树的后序遍历序列。

输入：多组数据。每组数据两行，第一行是前序遍历序列，第二行是中序遍历序列。

输出：对每组数据，输出该组数据对应的二叉树的后序遍历序列。

样例输入

```
DURPA
RUDPA
XTCNB
CTBNX
```

样例输出

```
RUAPD
CBNTX
```

解题思路：

前序序列 ＝ 根结点＋左子树前序序列＋右子树前序序列

中序序列 ＝ 左子树中序序列＋根结点＋右子树中序序列

假设前序序列存于数组 P，中序序列存于数组 Q，则：

(1) $P[0]$是根结点。

(2) 找到根结点 $P[0]$在中序序列 Q 中的位置 $Q[X]$，并将 Q 以根结点为界分为左子树的中序序列 $Q[0,X-1]$和右子树的中序序列 $Q[X+1,n-1]$（n 是结点个数）。

(3) $P[1,X]$是左子树的前序序列，$P[X+1,n-1]$是右子树的前序序列，用同样的办法递归建两棵子树。

(4) 递归的终止条件是 P 或 Q 的长度为 0（为 1 也可以）。

具体实现时，甚至不用建树。因为前序序列和中序序列已经存储了整棵树的信息。

```
//prg0540.java
import java.util.*;
class PostorderProblem {
    String sPre,sIn;                                    //sPre 是前序序列，sIn 是中序序列
    void postorderTraversal(int i,int j,int L){         //L 是前序序列和中序序列长度
    //一棵二叉树前序序列在 sPre[i,i+L-1]，中序序列在 sIn[j,j+L-1]，输出其后序序列
        if (L > 0) {
            int pos = sIn.indexOf(sPre.charAt(i),j);        //找根结点
            int LL = pos-j;                                 //左子树长度
            int RL = L - LL - 1;                            //右子树长度
            postorderTraversal(i+1,j,LL);                   //输出左子树后序序列
            postorderTraversal(i+LL+1,pos+1,RL);            //输出右子树后序序列
            System.out.print(sPre.charAt(i));               //输出根结点
        }
    }
    void solve() {
        Scanner reader = new Scanner(System.in);
        while (reader.hasNextLine()) {
            sPre = reader.nextLine();
            if (sPre.trim().equals(""))
                break;
            sIn = reader.nextLine();
            postorderTraversal(0,0,sPre.length());
            System.out.println();
        }
    }
}
public class prg0540  {                         //请注意：在 OpenJudge 提交时类名要改成 Main
    public static void main(String[] args){
```

```
29.         new PostorderProblem().solve();
30.     }
31. }
```

第 10 行：左子树前序序列在 sPre 中的起点下标是 $i+1$，左子树中序序列在 sIn 中的起点下标是 j，长度为 LL。

上面程序的平均复杂度是 $O(n\times\log(n))$，最坏情况复杂度是 $O(n^2)$。读者学过第 13 章的快速排序后可以做出分析。

由后序序列和中序序列如何确定一棵二叉树作为习题请读者自行练习。

★7.4.3 案例：求二叉树的宽度(P0630)

给定一棵二叉树，求该二叉树的宽度。二叉树宽度的定义是：结点最多的那一层的结点数目。

输入： 第一行是一个整数 n，表示二叉树的结点个数。二叉树结点编号从 0 到 $n-1$。$n\leqslant 100$。接下来有 n 行，依次对应二叉树的编号为 $0,1,2,\cdots,n-1$ 的结点。每行有两个整数，分别表示该结点的左子结点和右子结点的编号。如果第一个（第二个）数为 -1，则表示没有左（右）子结点。

输出： 输出一个整数，表示二叉树的宽度。

样例输入

```
3
-1 -1
0 2
-1 -1
```

样例输出

```
2
```

解题思路： 先要构建二叉树。可以预先开辟一个有 n 个元素的数组来存放二叉树的 n 个结点，编号为 i 的结点就是下标为 i 的元素，开始所有结点左右子结点指针都为 null。从输入的第二行开始，每读入一行，就可以最多将两个结点添加为其父结点的左、右子结点。最终，从未被加为子结点的结点，就是树根。

建好二叉树以后，进行前序遍历，遍历时记住每个结点的层次编号，访问到一个第 i 层的结点，就将第 i 层的结点计数加 1。结点层次可以作为遍历函数的参数，如 prg0524 中的第 22 行所示。

程序如下。

```
//prg0524.java
1.  import java.util.*;
2.  class BiTree524<T> {                                  //二叉树类
3.      T data;
4.      BiTree524<T> left,right;
5.      BiTree524(T dt) {
6.          data = dt;    left = right = null;
7.      }
8.      void addLeft(BiTree524<T> tree) {                 //tree 是一个二叉树
9.          left = tree;
10.     }
11.     void addRight(BiTree524<T> tree){                 //tree 是一个二叉树
```

```
        right = tree;
    }
}
public class prg0524  {                    //请注意:在 OpenJudge 提交时类名要改成 Main
    static ArrayList<BiTree524<Integer>> nodes = new ArrayList<>();
    //nodes[i]就是编号为 i 的结点
    static ArrayList<Boolean> isRoot = new ArrayList<>();
    //isRoot[i]表示编号为 i 的结点是否是根结点
    static ArrayList<Integer> width = new ArrayList<>();
    //width[i]表示第 i 层的结点数目
    static void traversal(BiTree524<Integer> root,int level) {
        //前序遍历子树 root,结点 root 的层次是 level
        if(root == null)
            return;
        if (width.size() <= level)                      //如果 width[level]还不存在
            width.add(1);                       //root 是第一个被访问的第 level 层结点
        else
            width.set(level, width.get(level) + 1); //第 level 层结点计数加 1
        traversal(root.left,level+1);                 //左子结点层次是 level+1
        traversal(root.right,level+1);
    }
    public static void main(String[] args){
        Scanner reader = new Scanner(System.in);
        int n = reader.nextInt();
        for (int i=0;i<n;++i) {
            nodes.add(new BiTree524<>(i));            //创建编号为 i 的结点
            isRoot.add(true);                           //开始假设每个结点都是根结点
        }
        for (int i=0;i<n;++i) {
            int nd = reader.nextInt();
            if (nd > -1) {
                nodes.get(i).addLeft(nodes.get(nd));
                isRoot.set(nd, false);                  //nd 肯定不是根结点
            }
            nd = reader.nextInt();
            if (nd > -1) {
                nodes.get(i).addRight(nodes.get(nd));
                isRoot.set(nd, false);
            }
        }
        for(int i=0;i<n;++i)
            if (isRoot.get(i)) {                        //如果结点 i 是根结点
                traversal(nodes.get(i),0);              //根结点层次为 0
                System.out.println(Collections.max(width));
                return;
            }
    }
}
```

顺便说一下,如果要求的是二叉树一共有多少层,则用下面的函数可以解决。

```
static int levels(BiTree524<Integer> root) {
    if(root == null)
        return 0;
    return 1 + Math.max(levels(root.left), levels(root.right));
}
```

★★★7.4.4 案例: 根据后序表达式建立表达式树(P0580)

后序算术表达式可以通过栈来计算其值,做法就是从左到右扫描表达式,碰到操作数就入栈,碰到运算符,就取出栈顶的两个操作数做运算(先出栈的是第二个操作数,后出栈的是第一个),并将运算结果压入栈中。最后栈里只剩下一个元素,就是表达式的值。

有一种算术表达式不妨叫作"队列表达式",它的求值过程和后序表达式很像,只是将栈换成了队列:从左到右扫描表达式,碰到操作数就入队列,碰到运算符,就取出队头两个操作数做运算(先出队的是第二个操作数,后出队的是第一个),并将运算结果加入队列。最后队列里只剩下一个元素,就是表达式的值。

给定一个后序表达式,请转换成等价的队列表达式。例如,"3 4 + 6 5 * -"的等价队列表达式就是"5 6 4 3 * + -"。

输入: 第一行是正整数 n(n<100)。接下来是 n 行,每行一个由字母构成的字符串,长度不超过 100,表示一个后序表达式,其中小写字母是操作数,大写字母是运算符。运算符都是需要两个操作数的。

输出: 对每个后序表达式,输出其等价的队列表达式。

样例输入

```
2
xyPzwIM
abcABdefgCDEF
```

样例输出

```
wzyxIPM
gfCecbDdAaEBF
```

来源: ACM/ICPC Ulm Local 2007

解题思路: 由后序表达式可以建立一棵表达式树,**表达式树的后序遍历序列就是后序表达式,前序遍历序列就是前序表达式(波兰表达式),中序遍历序列则要在适当地方加括号,才能成为中序表达式。**将表达式树的按层次遍历序列颠倒过来,就是队列表达式。

后序表达式"3 4 * 6 5 + -"对应的表达式树如图 7.11 所示。其前序遍历序列"- * 3 4 + 6 5"就是等价的前序表达式。要通过中序遍历得到中序表达式,仅输出中序遍历序列"3 * 4 - 6 + 5",显然是不对的。对于运算符结点,中序遍历其左子树前,要先输出"(",中序遍历其右子树结束后,要再输出")",这样输出的遍历序列是"((3 * 4) - (6 + 5))",这才是正确的。

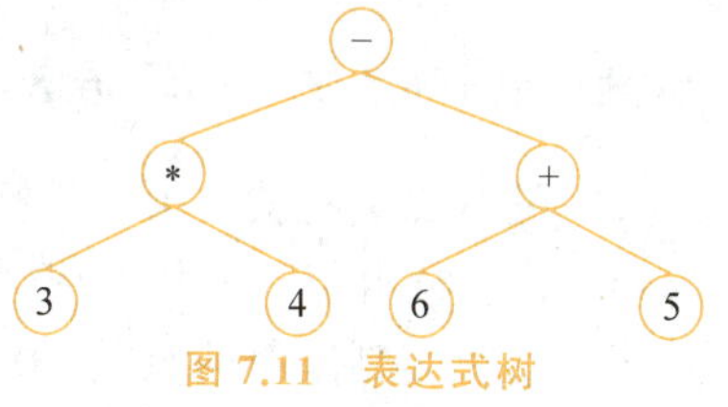

图 7.11 表达式树

图 7.11 表达式树的按层次遍历的序列颠倒过来为"5 6 4 3 + * -",这正是和后序表达式"3 4 * 6 5 + -"等价的队列表达式。

表达式树的树结构决定了计算顺序,计算过程中不用考虑运算符的优先级。

由后序表达式建立表达式树,需要用到栈,过程和计算后序表达式的值类似:从左到右扫描表达式,碰到操作数,就生成一个操作数结点入栈;碰到运算符,就生成运算符结点 N,然后取出栈顶两个结点,先出栈的添加为 N 的右子结点,后出栈的添加为 N 的左子结点,然后将结点 N 入栈。最终栈里剩下的唯一结点,就是整个表达式树的根结点。解题程序如下。

```
//prg0545.java
import java.util.*;
import java.util.function.*;                        //为了导入函数式接口 Consumer
class BinaryTree<T> {
    …与 7.4.1 节 prg0520.java 中相同,略
}
public class prg0545  {                     //请注意:在 OpenJudge 提交时类名要改成 Main
    static BinaryTree<Character> buildTree(String s) {
        Deque<BinaryTree<Character>> stack = new
                ArrayDeque<BinaryTree<Character>>();
        for (int i=0;i<s.length();++i) {
            char c = s.charAt(i);
            if (c >= 'A' && c <= 'Z') {         //c 是运算符
                BinaryTree<Character> root = new
                        BinaryTree<Character>(c);
                root.addRight(stack.pollLast());
                root.addLeft(stack.pollLast());
                stack.addLast(root);
            }
            else                                //c 是操作数
                stack.addLast(new BinaryTree<Character>(c));
        }
        return stack.peekLast();
    }
    public static void main(String[] args){
        Scanner reader = new Scanner(System.in);
        int n = reader.nextInt();
        for(int i=0;i<n;++i) {
            String s = reader.next();
            BinaryTree<Character> tree = buildTree(s);
            StringBuilder result = new StringBuilder("");
            tree.bfsTraversal((x)->result.append(x.data));
            result.reverse();
            System.out.println(result);
        }
    }
}
```

★★7.4.5 案例: 文本缩进二叉树(P0560)

文本缩进二叉树就是由若干行文本来表示的一棵二叉树,其定义如下。

(1) 若一行由若干个制表符("\t")和一个字母构成,则该行表示一个二叉树的结点。该结点的层次就是制表符的数量(根是 0 层)。

(2) 每个结点的父结点,就是文本中它上方离它最近的,比它往左偏移了一个制表符的那个结点。没有父结点的结点,是根结点。

(3) 如果一个结点的左右子树都为空,则左右子树都不需要表示。若左子树不为空但右子树为空,则只表示左子树,右子树不需要表示。若左子树为空但右子树不为空,则在该结点下面的一行用一个向右多缩进了一个制表符的'*'表示其有空的左子树,然后再表示右子树。若左右子树都不为空,则表示完左子树后再表示右子树。

给定一个文本缩进二叉树,求其前序、中序、后序遍历序列。

输入: 一棵文本缩进二叉树, 不超过 100 个结点。

输出：该二叉树的前序、中序、后序遍历序列。

样例输入

```
A
    B
        *
        D
            E
    F
        G
            *
            I
        H
```

样例输出

```
ABDEFGIH
BEDAGIFH
EDBIGHFA
```

提示：样例输入代表的二叉树如图 7.12 所示。

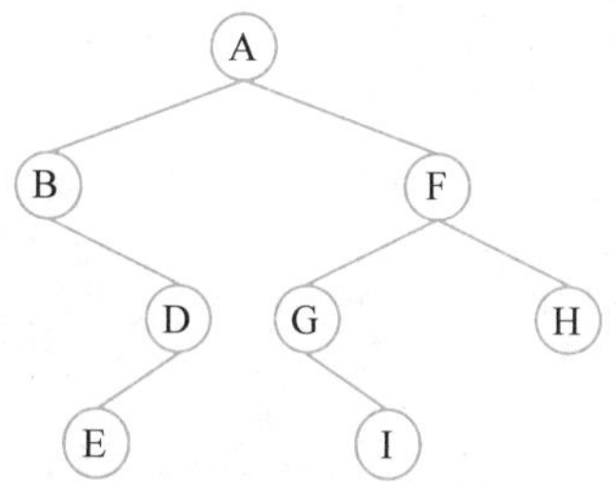

图 7.12　文本缩进二叉树样例

解题程序如下。

```
//prg0530.java
import java.util.*;
import java.util.function.*;
class BinaryTree<T> {
    …同 7.4.1 节 prg0520.java,略
}
class TextBinaryTree {
    static class Node {
        int level;     char data;
        Node(int lv, char dt) {
            level = lv; data = dt;
        }
    }
    int nodesPtr = 0;                                  //正要看 nodes 里的第几个元素
    ArrayList<Node> nodes = new ArrayList<>();
    //nodes 元素为(缩进,数据),例如:(0, 'A'), (1, 'B')…
    //每个元素代表一个结点,缩进即结点的层次
    BinaryTree<Character> build(int level) {
    //读取 nodesPtr 指向的那一个元素,并建立以其为根的子树,该根的层次是 level
        BinaryTree<Character> tree = new
          BinaryTree<>(nodes.get(nodesPtr).data); //建根结点
        ++nodesPtr;                                    //看下一个元素
        if (nodesPtr < nodes.size() &&
```

```
23.                 nodes.get(nodesPtr).level == level+1) {
24.             if (nodes.get(nodesPtr).data != '*')
25.                 tree.addLeft(build(level + 1));
26.             else                                        //没有左子树
27.                 ++nodesPtr;
28.         }
29.         if (nodesPtr < nodes.size() &&
30.                 nodes.get(nodesPtr).level == level+1)
31.             tree.addRight(build(level + 1));
32.         return tree;
33.     }
34.     void solve() {
35.         Scanner reader = new Scanner(System.in);
36.         while (reader.hasNextLine()) {
37.             String s = reader.nextLine();
38.             if (s.trim().equals(""))
39.                 break;
40.             nodes.add(new Node(s.length()-1,s.trim().charAt(0)));
41.         }
42.         nodesPtr = 0;
43.         BinaryTree<Character> tree = build(0);
44.         tree.preorderTraversal((x)->System.out.print(x.data));
45.         System.out.println();
46.         tree.inorderTraversal((x)->System.out.print(x.data));
47.         System.out.println();
48.         tree.postorderTraversal((x)->System.out.print(x.data));
49.     }
50. }
51. public class prg0530  {                 //请注意:在 OpenJudge 提交时类名要改成 Main
52.     public static void main(String[] args){
53.         new TextBinaryTree().solve();
54.     }
55. }
```

第 40 行：因为每一行文字 s 都是若干个制表符再加一个字符，因此 s.length()－1 就是制表符个数，即结点在树中的层次。

函数 build 的功能，是建立以 nodes[nodesPtr]为根的子树，该子树的层次是 level。build 函数读取从 nodes[nodesPtr]开始的连续若干个元素(假设是 k 个)，建立一棵子树，然后将 nodesPtr 向前推进 k，使其指向刚刚建立的子树对应的 k 个元素的后面那个元素。

★7.4.6 非递归方式遍历二叉树

非递归方式遍历二叉树，需要用到栈。前序遍历的非递归算法看代码便可一目了然。

```
//prg0560.java
class BinaryTree<T> {
    …成员变量、构造方法、addLeft、addRight 等和 7.4.1 节 prg0520.java 同
    void preorderTraversal(Consumer<BinaryTree<T>> op) {
        //前序遍历,op.accept 是函数,表示访问操作
        Deque<BinaryTree<T>> stack = new ArrayDeque<>();
        stack.addLast(this);
        while (!stack.isEmpty()) {
            BinaryTree<T> node = stack.pollLast();
            op.accept(node);                    //访问根结点
```

```
10.             if (node.right != null)
11.                 stack.addLast(node.right); //先入栈的后访问,故右子结点先入栈
12.             if (node.left != null)
13.                 stack.addLast(node.left);  //后入栈的先访问,故左子结点后入栈
14.         }
15.     }
```

中序遍历的非递归写法则不那么简单。由于根结点必须在左子树遍历完后才能访问,因此将左子结点压栈前,不能将根结点弹出,否则遍历完左子树就无法找到根结点了。中序遍历时,一棵子树的根结点出现在栈顶,有以下两种情况。

(1) 根结点刚刚被压入栈顶,其左子树的遍历尚未开始。

(2) 根结点的左子树刚刚完成中序遍历,即栈里面根结点上方的结点刚刚全部弹出完毕。

这两种情况的后续处理是不一样的。第(1)种情况后续的处理就是要中序遍历根结点的左子树,即其左子结点要入栈;第(2)种情况则可以让根结点出栈并访问之,然后将其右子结点入栈准备遍历右子树。区分这两种情况的办法,就是将一个状态变量和根结点一起入栈出栈,状态变量为 0 表示根结点左子树尚未遍历过;在左子结点压栈前将该变量改为 1,则根结点再次在栈顶出现时,看到该变量为 1,就知道左子树已经遍历过了。

程序 prg0560 续:

```
16.     void inorderTraversal(Consumer<BinaryTree<T>> op){   //非递归中序遍历
17.         class Item {
18.             BinaryTree<T> tree;
19.             boolean leftTraveled;              //表示 tree 的左子树是否遍历过
20.             Item(BinaryTree<T> t,boolean v)
21.             {tree = t; leftTraveled = v;}
22.         }
23.         Deque<Item> stack = new ArrayDeque<>();
24.         stack.addLast(new Item(this,false)); //开始 this 的左子树还没有遍历过
25.         while (!stack.isEmpty()) {
26.             Item item = stack.peekLast();
27.             if (item.tree == null) {
28.                 //item.tree 是子树根结点,若是 null 则直接弹出
29.                 stack.pollLast();
30.                 continue;
31.             }
32.             if (!item.leftTraveled) {          //左子树还没有遍历过
33.                 item.leftTraveled = true;      //表示左子树遍历过
34.                 stack.addLast(new Item(item.tree.left,false));
35.                 //就算左子结点是 null 也入栈
36.             }
37.             else {                             //左子树已经遍历过
38.                 op.accept(item.tree);          //访问根结点
39.                 stack.pollLast();
40.                 stack.addLast(new Item(item.tree.right,false));
41.                 //就算右子结点是 null 也入栈
42.             }
43.         }
44.     }
```

第 17 行:栈里的每个元素都是一个 Item 对象。属性 tree 是子树根结点,leftTraveled 是该子树状态,为 false 表示左子树没遍历过,为 true 表示左子树已经遍历过。

第 33 行:执行到本句时,item 的左子树还没遍历过,接下来就要遍历其左子树了。因

item 下次再出现在栈顶时，其左子树必然已经遍历过，故应执行本行。

这个写法和前序遍历写法还有一个不同就是子结点为 null 一样入栈，若栈顶元素的 tree 属性为 null，则直接弹出即可。

后序遍历的非递归写法留做习题。

★★7.5 线索二叉树

有时，访问到一个二叉树的结点 x 时，希望能够用 $O(1)$的时间就找到结点 x 的前序(或后序、中序)遍历序列中的前驱或后继结点。解决办法就是在结点内添加两个指针 prev 和 next，分别指向结点的遍历序列前驱和遍历序列后继(本节中简称为"前驱"和"后继")。以中序遍历为例，遍历二叉树的同时可以为每个结点设置中序前驱和中序后继指针。让中序遍历函数返回中序遍历序列的第一个结点和最后一个结点的指针，保存这两个指针后，就可以顺着中序后继指针链中序遍历二叉树，或者顺着中序前驱指针链以和中序相反的顺序遍历整个二叉树。具体实现如下。

```
//prg0570.java
import java.util.*;
import java.util.function.*;
class BinaryTree0570<T> {
        T data;
        BinaryTree0570<T> left,right,prev,next;
        BinaryTree0570(T dt) {
        data = dt; left = right = prev = next = null;
    }
    void addLeft(BinaryTree0570<T> tree) { left = tree; }
    void addRight(BinaryTree0570<T> tree){ right = tree; }
    ArrayList<BinaryTree0570<T>> inorderTraversal(
                            Consumer<BinaryTree0570<T>> op) {
        //中序遍历并且返回 this 的中序遍历序列的第一个结点和最后一个结点
        BinaryTree0570<T> first=this,last=this;
        //first,last 存放要返回的值
        if (left != null) {
            ArrayList<BinaryTree0570<T>> result =
                    left.inorderTraversal(op);
            first = result.get(0);   //first 是 this 的中序遍历序列的第一个结点
            BinaryTree0570<T> leftLast = result.get(1);
            prev = leftLast;
            leftLast.next = this;
        }
        op.accept(this);                //访问根结点
        if (right != null) {
            ArrayList<BinaryTree0570<T>> result =
                    right.inorderTraversal(op);
            BinaryTree0570<T> rightFirst = result.get(0);
            last = result.get(1);
            next = rightFirst;
            rightFirst.prev = this;
        }
        ArrayList<BinaryTree0570<T>> result = new
                ArrayList<>();
```

```
35.         result.add(first); result.add(last);
36.         return result;
37.     }
38. }
```

第 11 行：函数的返回值是个有两个元素的数组 a，$a[0]$是子树 this 的中序遍历序列的头一个结点，$a[1]$是中序遍历序列的最后一个结点。

第 20 行：执行后，leftLast 成为 this 的左子树中序遍历序列的最后一个结点，自然就是 this 的中序前驱。因此有第 21 行和第 22 行。

第 28 行：执行后，rightFirst 是 this 的右子树的中序遍历序列的头一个结点，自然就是 this 的中序后继；last 是 this 的右子树中序遍历序列的最后一个结点，自然也是 this 的中序遍历序列的最后一个结点。

对二叉树 tree 做过一遍中序遍历后，就可以通过 prev 和 next 指针链对其进行中序和反中序遍历。

```
//prg0570.java
        //假设 tree 是一个 BinaryTree0570<Character> 对象
        ArrayList<BinaryTree0570<Character>> result =
                tree.inorderTraversal((x)->System.out.print(x.data));
        //中序遍历 tree 并为每个结点设置 prev 和 next 指针
        BinaryTree0570<Character> first = result.get(0),
                last = result.get(1);
        BinaryTree0570<Character> p = first;
        while (p!=null) {                       //中序遍历
            System.out.print(p.data);
            p = p.next;
        }
        p = last;
        while (p!=null) {                       //反中序遍历
            System.out.print(p.data);
            p = p.prev;
        }
```

为二叉树添加前序遍历和后序遍历的前驱后继指针的工作，留做习题。

为找到前驱和后继，往结点中添加了 prev 和 next 两个指针。在非常在乎空间的情况下(现在已经很少见了，用 Java 编程则更不太可能遇到)，这么做有点浪费。因此有了“线索二叉树”的概念。在线索二叉树中，只需要为每个结点添加两个各占 1 个比特的标记 leftTag 和 rightTag。leftTag 为 1 表示结点有左子结点；为 0 则表示结点没有左子结点，此时左子结点指针用于指向结点的前驱结点。rightTag 为 1 表示结点有右子结点；为 0 则表示结点没有右子结点，此时右子结点指针用于指向结点的后继结点。线索二叉树的思想是让非 2 度结点中本来为 null 的 left 或 right 指针，也发挥作用，变成指向前驱或后继的指针，即所谓的“线索”，从而节约空间。

可以在遍历二叉树的过程中，设置 leftTag、rightTag 标记，以及将本来为 null 的左右子结点指针修改为前驱或后继指针，即“线索”，这个过程叫“二叉树的线索化”。在前序、中序、后序遍历过程中做线索化，分别得到前序线索二叉树、中序线索二叉树和后序线索二叉树。

前序线索二叉树不能解决找结点的前序前驱的问题，因为对于左右子树都不为空的结点 x，如果 x 是其父的左子结点，那么其前驱就是其父；如果 x 是其父的右子结点，那么其前驱就是其父(如果 x 没有兄弟)，或其父的左子树前序遍历的最后一个结点。然而，找 x 的父结点，是办不到的，所以 x 的前序前驱也找不到。

后序线索二叉树不能解决找结点的后序后继问题，因为对于左右子树都不为空的结点 x，要找到 x 的后序后继，必须找到 x 的父结点，这也办不到。

中序线索二叉树可以同时解决找中序前驱和后继的问题。

在中序线索二叉树中，对于结点 x，x.leftTag 为 0 时，x.left 就是 x 的中序前驱。x.leftTag 为 1 时，则 x 的中序前驱就是其左子树中序遍历序列的最后一个结点，不妨记为 x.left.lastNode()。用 n.lastNode()表示以 n 为根的子树的中序遍历序列的最后一个结点，则 n.lastNode()就是从结点 n 出发，一直沿着右子结点指针链前进，能够到达的最后一个结点(即没有右子结点的结点)。lastNode 函数如下编写。

```
ThreadBiTree<T>  lastNode() {                    //ThreadBiTree 表示线索二叉树类
    //求以 this 为根的子树的中序遍历序列的最后一个结点
    ThreadBiTree<T> p = this;
    while (p.rightTag!= 0)                       //当 p 有右子树
        p = p.right;
    return p;
}
```

类似地，x.rightTag 为 0 时，x.right 就是 x 的中序后继结点。x.rightTag 为 1 时，则 x 的中序后继结点就是其右子树中序遍历序列的第一个结点，不妨记为 x.right.firstNode()。用 n.firstNode()表示以 n 为根的子树的中序遍历序列的第一个结点，则 n.firstNode()就是从结点 n 出发，一直沿着左子结点指针链前进，能够到达的最后一个结点(即没有左子结点的结点)。firstNode 函数如下编写。

```
ThreadBiTree<T> firstNode() {
    //求以 this 为根的子树的中序遍历序列的第一个结点
    ThreadBiTree<T> p = this;
    while (p.leftTag != 0)                       //当 p 有左子树
        p = p.left;
    return p;
}
```

线索二叉树在实现时如果不精心编写，节约空间的目的往往不能达到——一些数据结构教材、考研书和网上的线索二叉树的 C/C++ /Java 语言实现代码，用两个 int 类型的变量分别表示 leftTag 和 rightTag，在很多系统上这就和使用 prev 和 next 指针需要相同的存储空间，完全没有任何意义。

在 Java 语言中，无法定义 1 个比特的变量，可以设置 byte 类型的变量 tag，tag 为 0 表示左右子树都不存在，为 2 表示只有左子树，为 1 表示只有右子树，为 3 表示两棵子树都有。中序线索二叉树的线索化实现如程序 prg0580。用程序实现线索化属于较高要求，一般只要给出一棵二叉树，能画出其如图 7.13 所示那样的线索化后的结果即可。

```
//★★★prg0580.java
import java.util.*;
import java.util.function.*;
class ThreadBiTree<T> {
    T data;
    byte tag;                                    //取值 0,1,2,3
    ThreadBiTree<T> left,right;
    ThreadBiTree(T dt) {
```

```
8.          data = dt; tag = 0; left = right = null;
9.      }
10.     void addLeft(ThreadBiTree<T> tree) { left = tree;  }
11.     void addRight(ThreadBiTree<T> tree){ right = tree; }
12.     ArrayList<ThreadBiTree<T>> inorderTraversal(
13.                 Consumer<ThreadBiTree<T>> op) {
14.     //中序遍历且线索化,并且返回以 this 为根的子树的中序遍历的第一个结点和最后一个结点
15.         tag = 0;
16.         ThreadBiTree<T> first=this,last=this;
17.         //记录中序遍历子树 this 的第一个结点和最后一个结点
18.         if (left != null) {
19.             tag += 2;                           //设置标记表明 this 有左儿子
20.             ArrayList<ThreadBiTree<T>> result =
21.                     left.inorderTraversal(op);
22.             first = result.get(0);
23.             ThreadBiTree<T> leftLast = result.get(1);
24.             leftLast.right = this;
25.         }
26.         op.accept(this);
27.         if (right!=null) {
28.             tag += 1;                           //设置标记表明 this 有右儿子
29.             ArrayList<ThreadBiTree<T>> result =
30.                     right.inorderTraversal(op);
31.             ThreadBiTree<T> rightFirst = result.get(0);
32.             last = result.get(1);
33.             rightFirst.left = this;
34.         }
35.         ArrayList<ThreadBiTree<T>> result = new
36.               ArrayList<>();
37.         result.add(first); result.add(last);
38.         return result;
39.     }
40.     ThreadBiTree<T> firstInorderNode() {
41.         //求以 this 为根的子树的中序遍历序列的第一个结点
42.         ThreadBiTree<T> p = this;
43.         while ((p.tag & 2) != 0)                //当 p 有左子树
44.             p = p.left;
45.         return p;
46.     }
47.     ThreadBiTree<T>  lastInorderNode() {
48.         //求以 this 为根的子树的中序遍历序列的最后一个结点
49.         ThreadBiTree<T> p = this;
50.         while ((p.tag & 1) != 0)                //当 p 有右子树
51.             p = p.right;
52.         return p;
53.     }
54. }
```

第 19～24 行：执行完第 22 行后，first 是 this 的左子树的中序遍历序列的第一个结点，因而也是子树 this 的中序遍历序列的第一个结点。leftLast 是 this 的左子树的中序遍历序列的最后一个结点，其后继就是 this。

如果 this.left 为 null，则 this 就是以它为根的子树的中序遍历序列的第一个结点。this.left 会在将来的某个时刻，通过第 33 行被设置成指向 this 的前驱。这个时刻，就是包含 this

的最小(即结点数量最少)右子树 T 的中序遍历结束的时候。这里所说的 T,是满足以下两个条件的最小的子树。

(1) T 必须包含 this。

(2) T 必须是某个结点的右子树。

假设 T 的父结点是 n,则 left 会在 T 的中序遍历结束后,由第 33 行被设置成指向 n。

如图 7.13 所示,实线箭头表示后继指针,虚线箭头表示前驱指针。H 的 left 指针被设置成指向前驱 B,是在包含 H 的最小右子树,即子树 E 的中序遍历完成的时候;I 的 left 指针被设置成指向前驱 F,是在包含 I 的最小右子树,即以 I 为根的子树的中序遍历完成的时候。

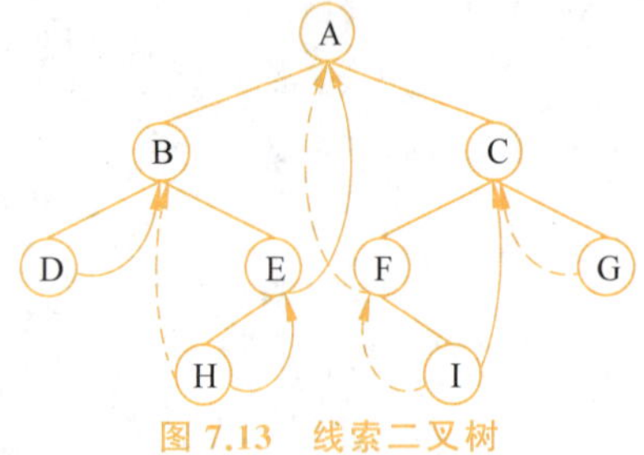

图 7.13 线索二叉树

如果 this.left 本来为 null 且 this 并不属于任何一棵右子树,那么 this 就是整个二叉树的中序遍历的第一个结点,this.left 就会保持为 null 不变,非常合理。例如,图 7.13 中的 D,就不属于任何一棵右子树,它没有中序遍历前驱。

一个结点的本来为 null 的 right 指针被设置成指向后继的情况,和上面的描述类似。即若 x.right 为 null,则在包含 x 的最小的左子树 T 的中序遍历完成时,x.right 会被第 24 行设置成指向 T 的父结点。如果 x.right 为 null 且不存在包含 x 的左子树,则 x 是整个二叉树中序遍历的最后一个结点,x.right 保持为 null 不变,也很合理。

例如,图 7.13 中的结点 I,其 right 指针被设置成指向 C,是在包含 I 的最小左子树,即子树 F 的中序遍历完成的时候。结点 D 的 right 指针被设置成指向 B,是在包含 D 的最小左子树,即子树 D 的中序遍历完成的时候。结点 G 不属于任何一棵左子树,所以它没有中序遍历的后继。

在建好的线索二叉树上进行遍历,时间复杂度是 $O(n)$。由于不需要递归不需要栈,额外空间复杂度为 $O(1)$(不算添加的标记)。prg0580 继续,遍历过程如下。

```
//prg0580.java
    //假设 tree 是 ThreadBiTree<Character> 对象
     ArrayList<ThreadBiTree<Character>> result =
            tree.inorderTraversal((x)->System.out.print(x.data));
    //中序遍历并线索化 tree
    ThreadBiTree<Character> first = result.get(0),
                                  last = result.get(1);
    ThreadBiTree<Character> p = first;
    while (p!=null) {                         //中序遍历
        System.out.print(p.data);
        if ((p.tag & 1) == 0)                 //p 无右子树
            p = p.right;
        else
            p = p.right.firstInorderNode();
    }
    p = last;
    while (p!=null) {                         //反中序遍历
        System.out.print(p.data);
        if ((p.tag & 2) == 0)                 //p 无左子树
            p = p.left;
        else
            p = p.left.lastInorderNode();
    }
```

由于实际应用很少，掌握线索二叉树，应付考试的价值大于实用价值。

7.6 堆

7.6.1 堆的概念

有一个可以有重复元素的集合，需要频繁做以下两种操作。

(1) 取走集合中最小的元素。

(2) 往集合中添加元素。

并且希望这两种操作都能以 $O(\log(n))$的复杂度完成。

“堆”就是一种能满足上述要求的数据结构。**一棵所有结点均不小于其父结点的完全二叉树，被称为“堆”。**如图 7.14 所示的二叉树就是一个堆。

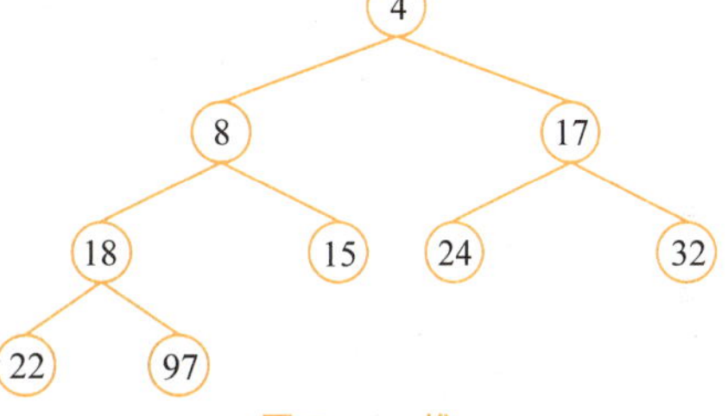

图 7.14 堆

有的资料将所有结点不小于其父结点的完全二叉树称为小顶堆或小根堆，将所有结点都不大于其父结点的完全二叉树称为大顶堆或大根堆。小顶堆用于快速多次取走集合中的最小元素；大顶堆则用于快速多次取走集合中的最大元素。

本书后文提及“堆”时，一概指的是小顶堆。但是，什么叫“小”，可以在建堆的时候自由定义。例如，一个由整数构成的堆，可以规定谁数学上小就算“小”，也可以规定谁的个位数数学上小就算“小”，还可以规定谁数学上大谁就算“小”。一个由学生对象构成的堆，可以规定谁分数高谁就算“小”，分数一样的谁年龄小谁就算“小”，等等。至于“大”的概念，a 比 b“小”，即等价于 b 比 a“大”。本章后文提到的“小”，均是自定义的“小”的意思。数学上的小，会特意指明为“数学小”。

由于堆是所有结点都不小于其父结点的完全二叉树，所以堆的顶，即根结点，就是最小的结点。完全二叉树可以用序列(顺序表)表示，因此一个有 n 个元素的序列 $a_0, a_1, \cdots, a_{n-1}$，当且仅当满足以下条件，其就是一个堆。

a_i 不大于 a_{2i+1} 和 a_{2i+2} ($i=0,1,\cdots$，若 a_{2i+1} 或 a_{2i+2} 在序列中)

显然，a_0 就是堆顶，即最小元素。

本书将“任何结点不小于其父结点”称为“堆的性质”。满足堆的性质的二叉树，不一定是堆，因为它还得是完全二叉树才行。

堆通常用顺序表来实现。

有一种用堆实现排序的方法，叫作堆排序，详见第 13 章。

7.6.2 堆的操作

堆上有两种操作：①添加一个元素；②取走最小元素。都需要在 $O(\log(n))$时间内完成。

必须保证堆中新加了一个元素后，依然是一个堆，这就需要调整堆中一些元素的位置。假设堆有 n 个元素，存放在长度为 n 的顺序表 a 中。则添加元素的过程如下。

(1) 添加元素 x 到顺序表 a 尾部，使其成为 $a[n]$。

(2) 若 x 小于其父结点，$a[i]$的父结点是 $a[(i-1)/2]$(除法向下取整)，则令其和父结点交换，直到 x 不小于其父结点，或 x 被交换到 $a[0]$，变成堆顶为止。此过程称为将 x“上移”。

(3) x 停止上移后，新的堆形成，长度为 $n+1$。

显然，在上移的过程中，以新元素 x 为根的子树，一直都是一个堆，以 x 为根的子树以外的部分，并没有任何变化，依然维持堆的性质。由于 n 个元素的完全二叉树共有 $\lceil \log_2(n+1) \rceil$ 层，每交换一次 x 就上升一层，因此上移操作最多做 $\lceil \log_2(n+1) \rceil-1$ 次，即添加元素的复杂度是 $O(\log(n))$。

图 7.15 演示了在一个堆中新增元素 9 的过程。

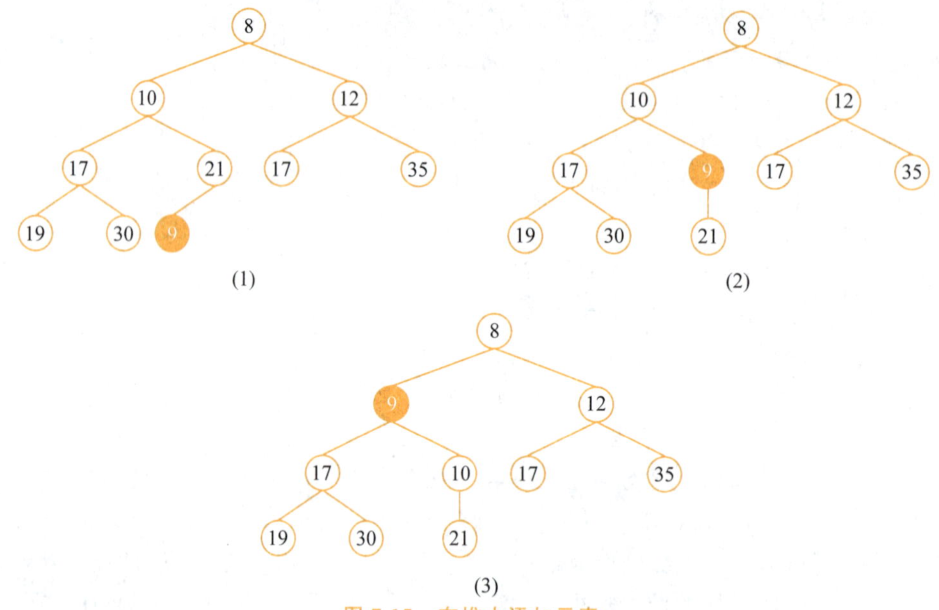

图 7.15　在堆中添加元素

(1) 在堆末尾添加元素 9。

(2) 9 小于其父结点 21，两者交换，9 上移一层。

(3) 9 小于其父结点 10，两者交换，9 再上移一层，此时 9 不小于其父结点 8，上移停止，添加元素完成。

假设堆中有 n 个元素，存放在长度为 n 的顺序表 a 中。取走最小元素，即删除堆顶元素 $a[0]$ 的操作步骤如下。

(1) 将 $a[0]$ 和 $a[n-1]$ 交换。

(2) 执行 a.pop()将 $a[n-1]$，即原 $a[0]$ 删除。

(3) 记此时的 $a[0]$，即原 $a[n-1]$ 为 x。不停地将 x 和它两个子结点中较小的且小于 x 的那个交换，直到 x 变成叶结点，或者 x 的子结点都不小于 x 为止。将此过程称为将 x“下移”。

(4) x 停止下移后，新的堆形成，长度为 $n-1$，堆顶元素依然是最小的。

下移过程中，以 x 为根的子树以外的部分，一直维持着堆的性质。下移的复杂度也是 $O(\log(n))$，道理同上移。

第(1)步只要将 $a[n-1]$ 复制到 $a[0]$ 即可，不一定要将 $a[0]$ 移到 $a[n-1]$。第(2)步也不是一定要执行，用一个变量记录堆中一共有多少个元素也可以。

图 7.16 演示了在一个堆中删除堆顶元素 8 的过程。

(1) 初始堆，要删除堆顶元素 8。

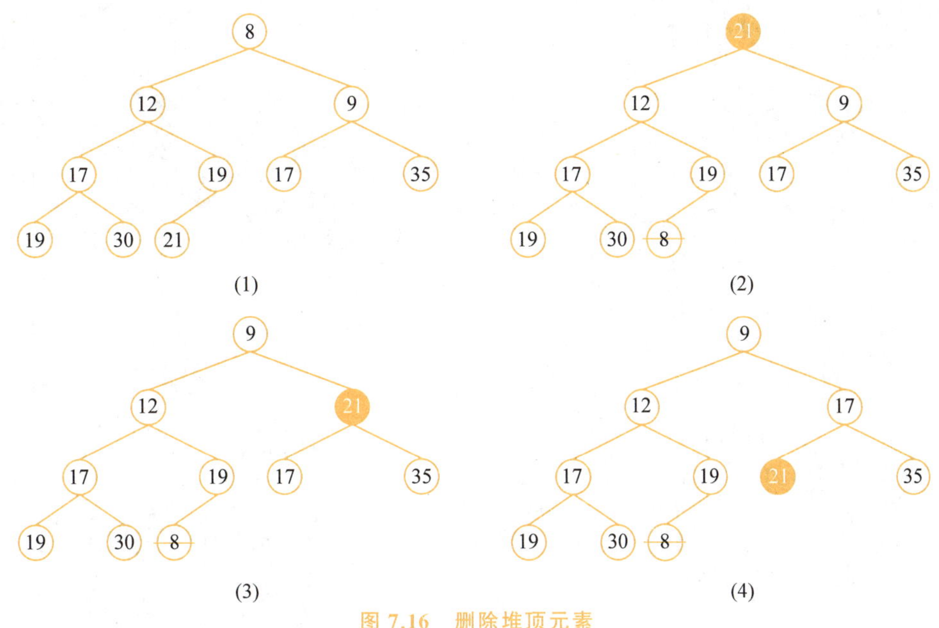

图 7.16 删除堆顶元素

(2) 8 和堆的最后一个元素 21 交换,然后删除 8。

(3) 21 大于其两个子结点中较小的 9,故 9 和 21 交换。

(4) 21 大于其两个子结点中较小的 17,故 17 和 21 交换。21 变为叶结点,下移停止,删除堆顶元素完成。

实际上,还可以修改堆中的元素。对堆中的元素 x,如果修改后变小了,则对其执行上移操作即可维持堆的性质;如果修改后变大了,则对其执行下移操作即可维持堆的性质。

7.6.3 建堆

将一个长度为 n 的无序的顺序表 a,原地变为一个堆,步骤如下。

将 a 看作一个完全二叉树,假设有 H 层。根在第 0 层,则第 $H-1$ 层都是叶结点。

对第 $H-2$ 层的每个有子结点的元素(结点)执行下移操作。

对第 $H-3$ 层的每个元素执行下移操作。

……

对第 0 层的元素执行下移操作。

堆即建好。建堆的复杂度是 $O(n)$,证明较难,略过。上述操作能够建成堆的基本原理是:如果一棵树的两个子树都是堆,则对根结点进行下移操作后,整个树变成一个堆。显然叶结点本身都是堆。对第 $H-1$ 层结点执行完下移操作后,所有以第 $H-1$ 层结点为根的子树即都变为堆,以此类推,对第 0 层元素执行完下移操作后,整棵树就变成一个堆。

图 7.17 演示了建堆的过程。

(1) 原始的无序的完全二叉树。

(2) 倒数第 2 层的结点 5 和 7 下移。

(3)、(4) 倒数第 3 层的结点 8 下移。该层结点 1 无须下移。

(5) 顶层结点 5 下移。所有下移均完成,建堆成功。

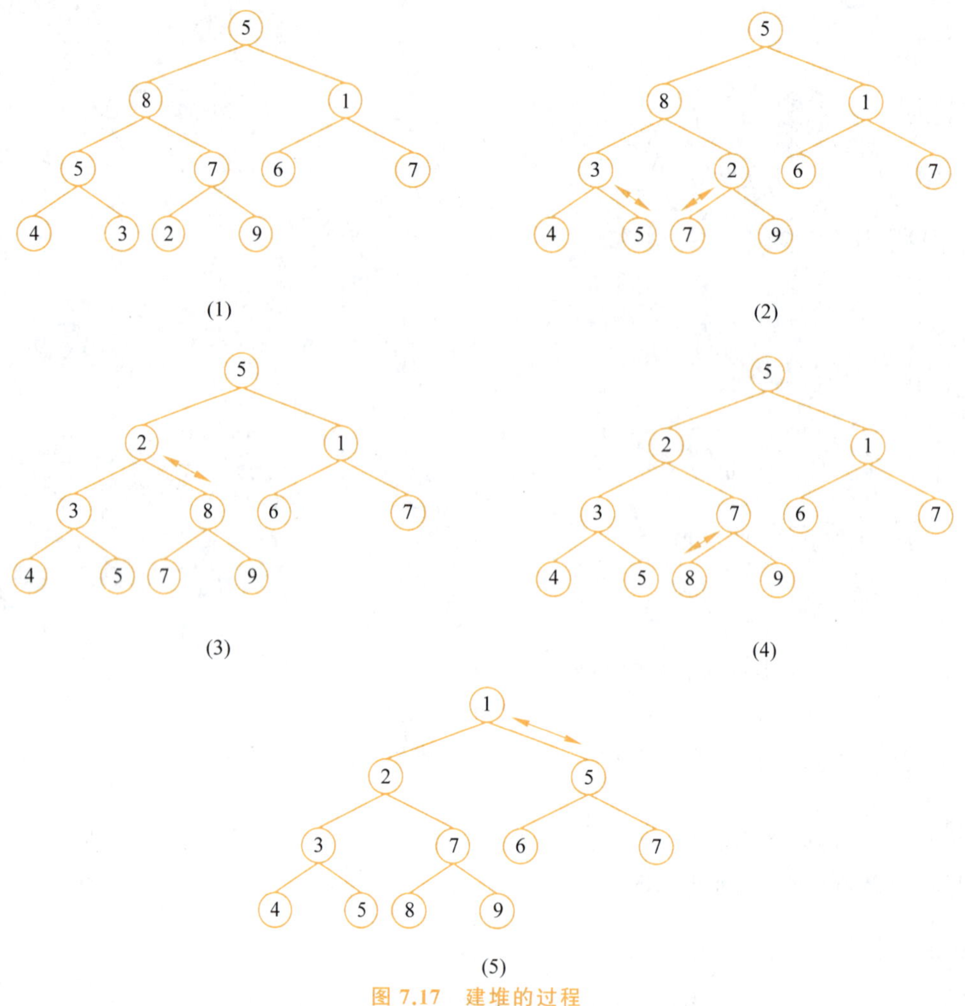

(1) (2) (3) (4) (5)

图 7.17 建堆的过程

同一层的结点，哪个先下移哪个后下移不重要。所以实现建堆时，只要找到最后一个结点的父结点（图 7.17(1)中结点 9 的父结点），假设下标为 x，则可如下执行下移过程进行建堆。

```
for(int i=x;i>=0;--i)
    下移下标为 i 的结点
```

7.6.4 堆的实现和优先队列

优先队列就是优先级最高的元素总是出现在队头的队列——每次取走队头元素，剩下元素里优先级最高的又会移动到队头。优先队列有多种实现方式，下面用堆实现了一个优先队列。也可以说，下面这个优先队列，实际上就是一个堆，只是不支持修改元素的功能。堆中最小的元素，就是队列中优先级最高的元素。

```
//prg0590.java
import java.util.*;
class PriorityQue<E> {
    private ArrayList<E> a = new ArrayList<E>();   //存放堆的数组
    private Comparator<? super E> cp = null;        //比较器,规定比大小的规则
    private void init(E b[]) {
        for(E x:b) a.add(x);
```

```
7.          makeHeap();
8.      }
9.      PriorityQue() {     }
10.     PriorityQue(Comparator<? super E> cp_) { cp = cp_; }
11.     PriorityQue(E b[]) { init(b); }
12.     PriorityQue(E b[], Comparator<? super E> cp_)     {
13.         cp = cp_;
14.         init(b);
15.     }
```

第 4 行："Comparator＜? super E＞"用到了泛型的上下界的概念，详见 2.4.4 节。如果觉得难以理解，不妨将其看作和"Comparator＜E＞"一样。

使用第 10 行或第 12 行的构造函数来创建 PriorityQue 对象，都可以自定义元素比较大小的方式，即通过第 4 行的 cp 属性来比较大小。如果用其他两个构造函数来创建 PriorityQue 对象，则 cp 为 null。在这种情况下，放入优先队列中的元素，必须是实现了 Comparable 接口的对象，PriorityQue 在比较大小时，会调用元素的 compareTo()方法来和其他元素比较大小。程序继续：

```
16.     private void swap(int i,int j) {                        //交换 a[i]和 a[j]
17.         E tmp = a.get(i);
18.         a.set(i, a.get(j));
19.         a.set(j,tmp);
20.     }
21.     boolean isEmpty() {return a.size()==0;}
22.     long size() { return a.size(); };
23.     E top() {                                               //看堆顶元素
24.         if (a.size()== 0)
25.             throw new RuntimeException("Queue is empty.");  //异常
26.         return a.get(0);
27.     }
28.     E pop() {                                               //删除堆顶元素
29.         if (a.size()== 0)
30.             throw new RuntimeException("Queue is empty.");
31.         E tmp = a.get(0);
32.         a.set(0,a.get(a.size()-1));
33.         a.remove(a.size()-1);
34.         shiftDown(0);                                       //将 a[0]下移
35.         return tmp;
36.     }
37.     void push(E x) {                                        //往堆中添加 x
38.         a.add(x);
39.         shiftUp(a.size()- 1);                               //将 a[size-1]上移
40.     }
41.     private void shiftUp(int i) {                           //将 a[i]上移
42.         //被调用时,以 a[i]为根的子树,已经是一个堆
43.         if (i == 0) return;
44.         int f = (i-1)/2;                                    //父结点下标
45.         if (cp == null) {                 //此时类型 E 必须实现了 Comparable<E>接口
46.             Comparable<E> ai = (Comparable<E>)a.get(i);
47.             if (ai.compareTo(a.get(f)) < 0) {
48.                 swap(i,f);
49.                 shiftUp(f);                                 //a[f]上移
50.             }
```

```
        }
        else if (cp.compare(a.get(i), a.get(f)) < 0) { //cp不为 null
            swap(i,f);
            shiftUp(f);
        }
    }
    private void shiftDown(int i)  {                         //a[i]下移
        //前提:在 a[i]的两个子树都是堆的情况下,下移
        if (i * 2 + 1 >= a.size()) return;                   //a[i]没有儿子
        int L = i * 2 + 1, R =i * 2 + 2, s;
        if(cp == null) {
            Comparable<E> aL = (Comparable<E>)a.get(L);
            if (R >= a.size() || aL.compareTo(a.get(R)) < 0)
                    s = L;
            else s = R;
            //上面选择小的儿子
            Comparable<E> as = (Comparable<E>)a.get(s);
            if (as.compareTo(a.get(i)) < 0) {
                swap(i,s);
                shiftDown(s);
            }
        }
        else {
            if (R >= a.size()||cp.compare(a.get(L),a.get(R)) < 0)
                    s = L;
            else s = R;
            //上面选择小的儿子
            if (cp.compare(a.get(s),a.get(i)) < 0) {
                swap(i,s);
                shiftDown(s);
            }
        }
    }
    private void makeHeap()   {                              //建堆
        int i = (a.size()- 1 - 1)/2;                         //i是最后一个结点的父亲
        for (;i>=0;--i)
            shiftDown(i);
    }
}
public class prg0590  {
    public static void main(String[] args){
        Integer a[] = new Integer[] {1,41,6,13,8,14,6};
        PriorityQue<Integer> pq = new PriorityQue<>(a);
        System.out.println(pq.pop());                        //>>1
        pq.push(17);
        while (!pq.isEmpty())                                //>>6,6,8,13,14,17,41,
            System.out.print(pq.pop() + ",");
        System.out.println();
        pq = new PriorityQue<Integer>(a, (x,y)-> x%10 - y%10);
        for (Integer x : a)
            pq.push(x);
        while (!pq.isEmpty())
            //>>1,1,41,41,13,13,14,6,14,6,6,6,8,8,
            System.out.print(pq.pop() + ",");
        System.out.println(pq.top());                        //引发异常
```

```
106.  }
107.}
```

Java 中的优先队列是 java.util.PriorityQueue<T>泛型类，其实现了 Queue<T>接口，因此用法和 Queue 一致。

7.7 哈夫曼树

7.7.1 哈夫曼树的概念和构造

给定 n 个结点，编号为 $1\sim n$。结点 i 有权值 W_i。现要求构造一棵二叉树，叶结点为给定的这 n 个结点，且 WPL 最小。WPL 定义如下。

$$\mathrm{WPL}=\sum_{i=1}^{n} W_i \times L_i$$

L_i 是根结点到叶结点 i 的路径的长度。WPL 是"Weighted Path Length of Tree"的缩写，称为"树的带权路径长度"。

满足上述条件的树就称为那 n 个结点对应的哈夫曼(Huffman)树，也叫最优二叉树。

最优二叉树的构造步骤如下。

(1) 开始 n 个结点位于集合 S。

(2) 从 S 中**取走**两个权值最小的结点 n_1 和 n_2，构造一棵二叉树，根结点为新建的结点 r，r 的两个子结点是 n_1 和 n_2，且 $W_r=W_{n1}+W_{n2}$，并将 r 加入 S。

(3) 重复步骤(2)，直到 S 中只有一个结点，最优二叉树就构造完毕，根就是 S 中的唯一的结点，根的权值就是所有初始结点的权值之和。

权值为 4,5,7,8,10 的 5 个叶结点的哈夫曼树构造过程如图 7.18 所示。

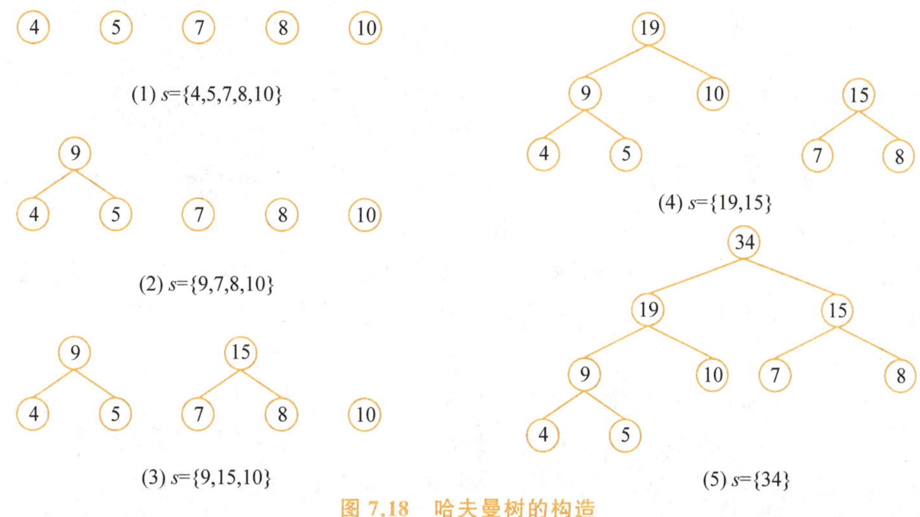

图 7.18 哈夫曼树的构造

哈夫曼树的构造方法是"贪心"算法，可以粗略地理解如下：整棵树是从底往上构造的，权值越小的结点，越早被纳入到树中来，因而距离根结点越远；而权值越大的结点，距离根结点越近。该构造方法的正确性的证明略。

由于做步骤(2)时，在集合 S 中取权值最小的两个结点可能有不止一种取法，且 n_1、n_2 随便哪个作左子结点都可以，因此哈夫曼树是不唯一的。实际上，由相同的一组叶结点构造出来的不同哈夫曼树，高度有可能不一样。

高效构建哈夫曼树的关键是：在步骤(2)中往结点集合 S 中加入新结点，以及取出权值最小的两个结点需要高效完成。将集合 S 实现为优先队列可以做到这一点。

构造 n 个叶结点的哈夫曼树，需要做 $n-1$ 次步骤(2)，每做一次新生成一个非叶结点，最终生成 $n-1$ 个非叶结点。当实现为优先队列的集合 S 中有 i 个结点时，步骤(2)需要时间 $\log(i)$，因此总的时间复杂度是 $\log(n)+\log(n-1)+\log(n-2)+\cdots+\log(2)$，即 $n\times\log(n)$。

如果开始得到的叶结点就是按权值从小到大排好序的，那么只要 $O(n)$时间就可以建立哈夫曼树。办法是使用两个队列 q_1 和 q_2。开始时，将所有叶结点从小到大加入 q_1，q_2 为空。然后每次从($q_1[0]$，$q_2[0]$)($q_1[0]$，$q_1[1]$)($q_2[0]$，$q_2[1]$)这三对结点中选权值和最小的合并后加入 q_2，直到 q_2 只剩下唯一结点，该结点即为哈夫曼树根结点。上面 $q_1[0]$表示 q_1 队头结点，$q_1[1]$表示 q_1 队头后面的那个结点。$q_2[0]$和 $q_2[1]$含义一样。

7.7.2 案例：栅栏修补(P0590)

(题目原标题：Fence Repair)一块长木板，要切割成长度为 $L_1,L_2,\cdots,L_n$ 的 n 块板子来补栅栏。切一刀可以将一个板子切成两块。每切一刀的费用，等于被切的那块板子的长度。求最少总费用。

输入： 第 1 行是整数 n，表示最后一共要切出 n 个板子($1\leqslant n\leqslant 20\,000$)。第 2 行到第 $n+1$ 行：每行一个整数 L($1\leqslant L\leqslant 50\,000$)，表示最后切出来的一块板子的长度。

输出： 一个整数，即最少费用。

样例输入

```
3
8
5
8
```

样例输出

```
34
```

样例解释： 原木板总长为 8+5+8=21，第一刀切出 8 和 13 两块板，产生费用 21，第二刀将板 13 切成板 8 和板 5，产生费用 13，总费用 34。这是最省钱的切法。

解题思路： 考虑切割的逆过程，即用 n 块板子去粘接成最初的长板子，一次粘接能将两块板子粘成一块板子，每粘接一次的费用等于粘成的木板长度，则这个逆过程的最小费用问题和原问题是等价的。

将 n 个初始木板和粘接过程中产生的每个木板，包括最终粘成的长木板，都看作一个结点。则粘接的过程可以描述成一棵二叉树的建立过程。将木板 X、Y 粘接成木板 R，就相当于建一棵以 R 为根，X、Y 为子结点的二叉树。最终的长板就是最终二叉树的根结点。

设初始木板 B_i 的长度是 $W_i(i=1,\cdots,n)$，建树完成后，木板 B_i 到根结点的路径长度为 L_i，则其参加了 L_i 次粘接，贡献了费用 $L_i\times W_i$。要使总费用最小，就是 $\text{WPL}=\sum_{i=1}^{n}W_i\times L_i$ 最小，此即最优二叉树问题。当然本题并不需要真的把树建起来，只要能算出 WPL 即可。程序如下。

```
//prg0610.java
import java.util.*;
public class prg0610  {                    //请注意:在 OpenJudge 提交时类名要改成 Main
    public static void main(String[] args){
        PriorityQueue<Long> pq = new PriorityQueue<>();
        Scanner reader = new Scanner(System.in);
        int n = reader.nextInt();
        for (int i=0;i<n;++i)
            pq.add(reader.nextLong());
        long totalCost = 0L;
        while (pq.size()>1) {
            long cost = pq.poll() + pq.poll();   //求本次粘接产生的费用
            //取堆中最小两个结点就是做两次取堆中最小结点
            pq.add(cost);                        //将新结点加入堆
            totalCost += cost;
        }
        System.out.println(totalCost);
    }
}
```

7.7.3 哈夫曼编码

用 0、1 串表示英文字母、汉字等字符可以有不同的规则或方案,这些规则或方案都叫作“编码”。常见的编码有 ASCII 编码、Unicode 编码、UTF-8 编码等。

编码有定长编码和不定长编码两种。在定长编码方案中,每个字符的编码的比特数都相同。在不定长编码方案中,不同字符的编码的比特数可以不一样。ASCII 编码是定长编码方案,总是用 1 字节来表示数字、英文字母、标点符号。Unicode 编码也是定长编码方案,用 2 字节表示英文、中文、日文等各种文字的字符。UTF-8 编码是不定长编码方案,用 1 字节表示英文字母、数字和英文标点符号,用 3 字节表示一个汉字,用 2 字节甚至 4 字节表示其他一些语言中的文字。

显然,对于以英文为主的文章来说,用 UTF-8 编码表示会比用 Unicode 编码表示更加节约空间,但是对于以汉字为主的文章来说,用 Unicode 编码表示,就比用 UTF-8 编码表示更节约空间。由于世界上绝大多数的电子文字信息是英文的,所以 UTF-8 编码就成了文字传输和存储的标准编码。

不定长编码相较于定长编码的好处,就是可以给予常用的字符以短的编码,给予不常用的字符以长的编码,这样总体来说可以节约文字的存储空间。假设需要表示'A'~'H'这 8 个字符,则每个字符用 3b 是一种可行的编码方案,如下。

```
A 000, B 001, C 010, D 011, E 100, F 101, G 110, H 111
```

这样,表示长度为 18 的字符串“CADAFAAAGABBBAAEAH”一共需要 54b。在该字符串中,'A'最常用,'B'次之,那么可以给字符'A'最短的编码,字符'B'编码长一些,其他字符编码更长。于是可以有下面的编码方案。

```
A 0, B 111, C 1000, D 1001, E 1010, F 1011, G 1100, H 1101
```

这样,字符串“CADAFAAAGABBBAAEAH”可以表示为

```
100001001010110001100011111111100101001101
```

一共只需要 42b,比定长方案的 54b 明显节约了空间。

使用频率较高的字符给予较短编码，使用频率较低的字符给予较长编码，这样的编码方案叫作“熵编码”。

“编码”这个词作动词用时，指的是将字符串变为由编码组成的0、1串；解码，则指的是由一个表示字符串的编码的0、1串，还原出原本的字符串。

不定长编码需要解决的一个问题，是解码时如何区分若干个连续的比特，是一个字符的编码，还是另一个字符的编码的前缀。解决办法之一，就是让这个问题不会产生，即采用“前缀编码”的方案，确保任何字符的编码，都不会是另一个字符的编码的前缀。

哈夫曼编码就是一种熵编码，而且也是前缀编码，其编码和解码的过程，都可以通过哈夫曼编码树进行。哈夫曼编码树是一棵二叉树，每个叶结点代表一个不同的字符，且每个叶结点有一个权值，权值表示该字符的使用频率。使用频率越高，权值就越大。非叶结点里则存放着以它为根的子树的叶结点里的所有字符，以及这些字符的权值之和。换句话说，哈夫曼编码树的每个结点中存有一个权值和一个字符集，权值就是字符集里所有字符的权值之和。

字符的权值，仅在建树时有用，在字符串的编码和解码过程中不再起作用。

哈夫曼编码树的建立步骤如下。

(1) 开始时，有 n 个字符，结点集合 S 中就有 n 个结点。每个结点的字符集里只有一个字符，结点的权值就是该字符的使用频率。

(2) 取走 S 中权值最小的两个结点，合并为一棵子树。子树的根结点的权值为两个结点的权值之和，字符集为两个结点字符集之并。加入新生成的子树根结点到 S。

不断重复步骤(2)，直到 S 中只有一个结点，建树即结束。S 中的唯一结点就是哈夫曼编码树的根结点。

假设有以下7个字符及其使用频率：

A 8, B 6, C 3, D 2, E 2, F 1, G 1

则构建哈夫曼编码树的结点合并过程如下，每一行阴影部分为新加入 S 的结点，下画线部分为将要合并的结点。

(A 8) (B 6) (C 3) (D 2) (E 2) (F 1) (G 1)

(A 8) (B 6) (C 3) (D 2) (E 2) ({F G} 2)

(A 8) (B 6) ({D F G} 4) (C 3) (E 2)

(A 8) (B 6) ({D F G} 4) ({C E} 5)

(A 8) (B 6) ({C D E F G} 9)

({A B} 14) ({C D E F G} 9)

({A B C D E F G} 23)

最终形成的哈夫曼编码树如图7.19所示。

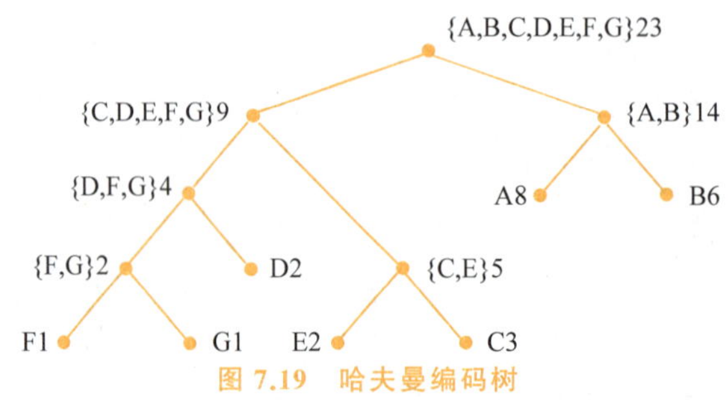

图7.19 哈夫曼编码树

通过哈夫曼编码树得到的编码，就叫哈夫曼编码。

编码树建好以后，求一个字符的编码的过程如下。

从根结点开始，往字符集包含该字符的子结点走。往左子树走，则编码加上比特1，往右子树走，则编码加上比特0，直到走到代表该字符的叶结点为止。对图7.19中的哈夫曼编码树，以字符'C'为例，从根结点出发，必须向左走，因为左子结点的字符集才有'C'。然后向右走后再向右走到达代表'C'的叶结点，产生的编码就是011。根据上面的哈夫曼编码树，各字符编码如下。

```
A 10, B 11, C 011, D 001, E 010, F 0000, G 0001
```

哈夫曼编码是前缀编码。因为从根结点到任何一个叶结点的路径都不可能经过别的叶结点，因此，任何一个字符的编码的前缀，都不可能是另一个字符的编码。

和哈夫曼树一样，哈夫曼编码树不唯一，因此**哈夫曼编码方案也不唯一**。不管形成哪种方案，使用频率高的字符，编码一定不会比使用频率低的字符长；但是使用频率一样高的字符，编码不一定一样长。用哈夫曼编码对一段文字进行编码，如果那段文字中字符的出现频率并不符合建哈夫曼编码树时依据的频率，则编码的结果有可能比采用等长编码更长。

给定一个字符串的01哈夫曼编码串，用哈夫曼编码树进行解码的过程如下。

从根结点开始，在字符串编码中碰到一个0，就走到左子结点；碰到1，就走到右子结点。走到叶结点，即解码出一个字符。然后回到根结点重复前面的过程。

以编码1110011为例，在图7.19中，前两个1导致从根往右走了两步到达代表字符'B'的叶结点，于是得到字符'B'。然后回到根结点，接下来的10导致右走一步，左走一步得到字符'A'，再接下来的011得到字符'C'。

本章有习题要求读者实现哈夫曼编码树的建树、编码和解码。

哈夫曼编码技术可以用于文件压缩。任何文件，包括音视频等二进制文件，其每个字节都可以看作一个字符，于是整个文件就可以看作一个由256种(个)字符组成的字符串。这256个字符，每个都是1B，编码取值范围0～255。将一个文件从头到尾扫一遍，就可以统计出文件中每种字符出现的次数。如果文件中不同字符出现的次数差别较大，那么就可以根据字符在该文件中出现的次数对这256个字符进行哈夫曼编码，然后用哈夫曼编码重新表示整个文件，这样能够比原来的文件节约存储空间，即完成了文件压缩。解压缩就是将压缩后的文件用哈夫曼编码树进行解码还原。

小　　结

二叉树的第 i 层(i 从0开始算)上最多有 2^i 个结点。高度为 h 的二叉树，最多有 $2^{h+1}-1$ 个结点。

n 个结点的非空二叉树，有 $n-1$ 条边，有 $n+1$ 个为null的子结点指针。

非空二叉树若有 i 个叶结点，则度为2的结点有 $i-1$ 个。

有 n 个结点的非空完全二叉树共有 $\lceil \log_2(n+1) \rceil$ 层结点。完全二叉树中的1度结点数目为0个或1个。有 n 个结点的完全二叉树有 $\lfloor (n+1)/2 \rfloor$ 个叶结点。有 n 个叶结点($n>0$)的完全二叉树有 $2n$ 或 $2n-1$ 个结点。

完全二叉树可以用顺序表存储。根结点下标为0，则下标为 i 的结点，父结点下标为 $\lfloor (i-1)/2 \rfloor$(如果有的话)，左右子结点下标分别为 $2i+1$ 和 $2i+2$(如果有的话)。

遍历二叉树的复杂度是 $O(n)$。

由二叉树的前序遍历序列和后序遍历序列，无法确定二叉树。由中序遍历序列加前序遍历序列，或由中序遍历序列加后序遍历序列，均可确定二叉树。

前序线索二叉树不能解决找结点的前序前驱的问题；后序线索二叉树不能解决找结点的后序后继的问题；中序线索二叉树可以同时解决找中序前驱和后继的问题。

堆是一棵每个结点都小于或等于(大于或等于)其子结点的完全二叉树，用于经常从集合中取最小值(最大值)，且需要经常往集合中添加元素的场合。建堆的复杂度是 $O(n)$，查看堆顶元素复杂度是 $O(1)$，取走堆顶元素、添加元素和修改元素的复杂度都是 $O(\log(n))$。

哈夫曼树也叫最优二叉树。在叶结点数目和每个叶结点权值确定的情况下，哈夫曼树的建树方案不唯一。

哈夫曼树建树的复杂度是 $O(n\times\log(n))$。

哈夫曼编码是不定长的前缀熵编码，可以用于文件压缩。

习　题

1. 若定义二叉树中根结点的层数为 0，树的高度等于其结点的最大层数，则当某二叉树的前序序列和后序序列正好相反，则该二叉树一定是(　　)的二叉树。

A. 空或只有一个结点　　B. 高度等于其结点数减 1

C. 任一结点无左子结点　　D. 任一结点无右子结点

2. 任意一棵二叉树中，所有叶结点在前序、中序和后序遍历序列中的相对次序(　　)。

A. 肯定不一样　　B. 可能一样，也可能不一样

C. 肯定一样　　D. 以上都不对

3. 三个结点的二叉树有几种不同形状？(　　)

A. 3　　B. 4　　C. 5　　D. 6

4. 给定 12 个字符及使用频率建哈夫曼编码树，下面说法哪个是正确的？(　　)

A. 建出来的树是唯一的

B. 建出来的树高度都一样

C. 建出来的树带权路径长度(WPL)都一样

D. 使用频率最高的字符编码一定只有 1b

★★5. 层数为 h 的二叉树上没有 1 度结点，则其结点总数至少为(　　)。

A. 2^h　　B. $2h-1$　　C. 2^h-1　　D. $2h$

★★6. 中序遍历线索二叉树中某结点 x 是其父的右子结点，且 x 右子树为空，则其右子树指针不可能指向哪一项？(　　)

A. 空　　B. x 的父结点

C. x 的父结点的父结点　　D. x 的父结点的父结点的父结点

7. 下列序列，哪个是堆？(　　)

A. 20,50,30,70,80,60　　B. 20,10,30,70,80,60

C. 20,50,30,70,45,40　　D. 20,30,50,70,10,60

8. 对序列 8,7,23,45,9,3,16 建堆，建好后的序列是________。

9. 38 个结点的二叉树，最少有________层。

10. 4 个结点的二叉树有________种不同形状。

11. 一棵完全二叉树有 4 个叶结点,画出它所有可能的形状。

12. 一棵含有 101 个结点的二叉树中有 36 个叶结点,度为 2 的结点个数是________,度为 1 的结点个数是________。

13. 已知二叉树的中序遍历序列为 DGBAECF,后序遍历序列为 GDBEFCA,该二叉树的前序遍历序列是________。

14 .对于具有 57 个结点的完全二叉树,如果按层次自顶向下,同一层自左向右,顺序从 0 开始对全部结点进行编号,则编号为 18 的结点的父结点的编号是________,编号为 19 的结点的右子结点的编号是________。

15. 一棵哈夫曼树有 89 个叶结点,则其一共有________个结点。

16. 有 71 个结点的完全二叉树有________个叶结点,有 98 个结点的完全二叉树有________个叶结点。

17. 设给定 5 个字符,其相应的权值分别为{4,8,6,9,18},请画出相应的哈夫曼编码树,并计算它的带权路径长度(WPL)。

以下为编程题。本书编程的例题习题均可在配套网站上程序设计实习 MOOC 组中与书名相同的题集中进行提交。每道题都有编号,如 P0010、P0020。

1. **二叉树(P0600)**:在完全二叉树上指定某结点 x,求以 x 为根的子树的结点数目。

★★2. **求二叉树的高度和叶结点数目(P0610)**:输入一棵文本缩进二叉树(参照 7.4.4 节的定义),求其高度和叶结点数目。

3. **求二叉树的深度(P0620)**:用描述每个结点的子结点的方式给出了一棵二叉树,求其深度(总层数)。

4. **根据二叉树中后序序列建树(P0640)**:根据二叉树的中序遍历序列和后序遍历序列,求其前序遍历序列。

5. **猜二叉树(P0650)**:根据二叉树的中序遍历序列和后序遍历序列,求其按层次遍历的序列。

6. **扩展二叉树(P0700)**:根据二叉树的前序遍历序列无法确定二叉树。但是如果将二叉树中的空子树指针都标记为“#”,并在前序遍历序列中体现出来,则这样的前序遍历序列可以确定二叉树。给定这样的前序遍历序列,求二叉树的中序和后序遍历序列。

7. **有几种二叉树(P0720)**:输入正整数 $n(n<13)$,问 n 个结点的二叉树有多少种?

★★8. **薛定谔的二叉树(P0730)**:假设二叉树的结点里包含一个大写字母,每个结点的字母都不同。给定二叉树的前序遍历序列和后序遍历序列(长度均不超过 20),请计算二叉树可能有多少种。前序序列或后序序列中出现重复字母则直接认为不存在对应的树。

★★9. **前序表达式建表达式树(P0660)**:输入一个前序表达式,请建对应的表达式树,并输出其队列表达式(队列表达式定义见 7.4.4 节)。

★★10. **打印文本缩进二叉树(P0670)**:根据二叉树的中序遍历序列和后序遍历序列,输出其文本缩进二叉树表示形式。

★11. **括号嵌套二叉树(P0680)**:可以用括号嵌套的方式来表示一棵二叉树。方法如下。

(1) '*'表示空的二叉树。

(2) 如果一棵二叉树只有一个结点,则该树就用一个非'*'字符表示,代表其根结点。

(3) 如果一棵二叉左右子树都非空,则用“根结点(左子树,右子树)”的形式表示。根结点是一个非'*'字符，左右子树之间用逗号隔开，没有空格。左右子树都用括号嵌套法表示。如果左子树非空而右子树为空，则用"根结点(左子树)"形式表示；如果左子树为空而右子树非空，则用"根结点(*，右子树)"形式表示。

给出一棵二叉树的括号嵌套表示形式，请输出其前序遍历序列、中序遍历序列。例如，"A(B(*，C)，D(E))"表示的二叉树如图7.20所示。

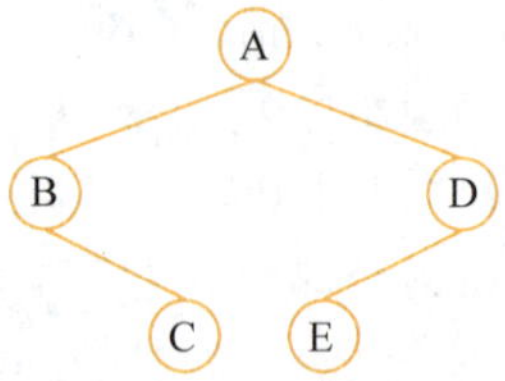

A B D C E

图7.20 括号嵌套二叉树样例

★12. **请实现二叉树的后序遍历的非递归写法。**

★13. **判断二叉树是否同构(P0682)：** 两棵二叉树，如果其中一棵通过交换结点左右子树的办法就能变成另一棵，则这两棵二叉树同构。给定两棵二叉树，判断它们是否同构。

★14. **哈夫曼编码树(P0690)：** 根据字符使用频率生成一棵唯一的哈夫曼编码树。生成树时需要遵循以下规则以确保唯一性。

选取最小的两个结点合并时，结点比大小的规则如下。

(1) 权值小的结点算小。权值相同的两个结点，字符集里最小字符小的，算小。

例如，({'c','k'}，12)和({'b','z'}，12)，后者小。

(2) 合并两个结点时，小的结点必须作为左子结点。

(3) 连接左子结点的边代表0，连接右子结点的边代表1。

然后对输入的字符串进行编码或解码。

第8章 树、森林和并查集

树结构是一种非线性的结构。在树结构中，一个结点最多只有一个前驱结点（父结点），但是可以有多个后继结点（子结点）。现实世界中的许多事物，都可以用树结构来描述。例如，家谱、单位的上下级的人事结构、计算机上的文件夹系统等。树结构简称“树”（Tree）。

0 棵或多棵不相交的树构成森林（Forest）。

并查集则是森林的一种应用。

8.1 树的概念

树的递归定义如下。

（1）树是包含有限结点的非空集合，其中有且仅有一个称为“根”的结点。

（2）仅包含一个结点的集合，是一棵树。根就是该结点。

（3）在树中，根以外的其他结点，被分成若干个不相交的子集，每个子集都是一棵树，称为“子树”（Subtree）。

在一棵树 T 中，T 的子树的根结点，称为 T 的根结点的子结点（或儿子，Child），T 的根结点，称为其子结点的父结点（或父亲，Father/Parent）。图 8.1 是三棵树的样例，圆圈代表结点，线段代表两个结点之间有父子关系，父结点在上，子结点在下。

图 8.1　三棵树

树中的边、高度、祖先、后代、结点的度、结点的深度、结点的层次等概念，和二叉树中的类似。

一棵有 n 个结点的树，共有 $n-1$ 条边。

树的度，是指树中度数最大的结点的度数。

树的子树是有序的，即有第 1 棵子树、第 2 棵子树、……、第 n 棵子树之分。用图表示的话，子树从左至右编号（编号从 0 开始也无妨）。

请注意，二叉树不是树。不能将二叉树看作度为 2 的树，因为二叉树的左右子树是严格区分的。只有一个子树的二叉树，该子树可能是左子树，也可能是右子树，这两种情况是不一样的。而只有一个子树的树，其子树就是第一棵子树。如图 8.2 中的结构，如果把两者都看作二叉树,则它们是不同的两棵二叉树,因为图 8.2(a)有左子树无右子树,图 8.2(b)无左子树有右子树。如果把两者都看作树,则它们是相同的树。换句话说,两个结点的二叉树,有两种形态,而两个结点的树,只有一种形态——仅凭这一事实,就可以知道二叉树不是树。

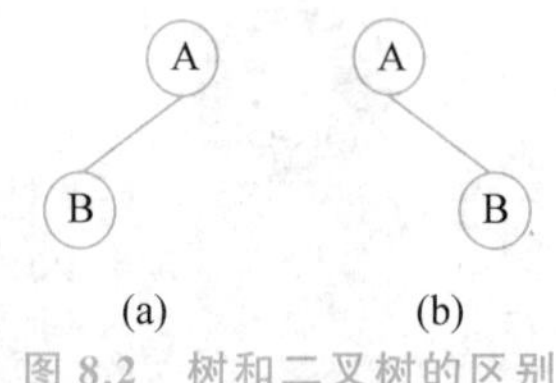

图 8.2　树和二叉树的区别

8.2 树的实现

树有直观表示法、儿子-兄弟表示法、父结点表示法等多种实现方法。

8.2.1 树的直观表示法

直观表示法非常简单,每个结点有一个或若干个变量存放数据,另外有一个顺序表用来存放所有子结点。有几个子结点,顺序表就有几个元素。后文把直观表示法的树称为直观树。

```
//prg0630.java
import java.util.*;
import java.util.function.*;
class Tree<T> {
    T data;
    ArrayList<Tree<T>> subtrees;
    Tree(T dt) {
        data = dt;
        subtrees = new ArrayList<Tree<T>>();
    }
    void addSubTree(Tree<T> tree) {                   //tree 是一个 Tree 对象
        subtrees.add(tree);
    }
    void preorderTraversal(Consumer<Tree<T>> op) {
        op.accept(this);
        for(Tree<T> t :subtrees)
            t.preorderTraversal(op);
    }
    void postorderTraversal(Consumer<Tree<T>> op) {
        for(Tree<T> t :subtrees)
            t.postorderTraversal(op);
        op.accept(this);
    }
    void bfsTraversal(Consumer<Tree<T>> op) {        //按层次遍历
        Queue<Tree<T>> q = new ArrayDeque< >();
        q.add(this);
        while (!q.isEmpty()) {
            Tree<T> nd = q.poll();
            op.accept(nd);
            for(Tree<T> t :nd.subtrees)
                q.add(t);
        }
    }
}
public class prg0630  {                   //请注意:在 OpenJudge 提交时类名要改成 Main
    public static void main(String[] args){
        Tree<Character> root = new Tree<Character>('A');
```

```
        Tree<Character> subTreeB = new Tree<Character>('B');
        root.addSubTree(subTreeB);
        root.addSubTree(new Tree<Character>('C'));
        subTreeB.addSubTree(new Tree<Character>('D'));
        root.preorderTraversal((x)->System.out.print(x.data));      //>>ABDC
        System.out.println();
        root.postorderTraversal((x)->System.out.print(x.data));     //>>DBCA
        System.out.println();
        root.bfsTraversal((x)->System.out.print(x.data));           //>>ABCD
    }                                  //本程序建立的树,根结点为'A','A'有'B','C'两个子结点
}                                      //'B'有子结点'D'.然后对该树进行前序、后序、按层遍历
```

树的前序遍历,就是先访问根结点,然后依次前序遍历每棵子树。

树的后序遍历,就是先依次后序遍历每棵子树,然后再访问根结点。

树的按层次遍历和二叉树的按层次遍历类似。

树没有中序遍历之说。

8.2.2 案例: 括号嵌套树(P0740)

可以用括号嵌套的方式来表示一棵树。表示方法如下。

(1) 如果一棵树只有一个结点,则该树就用一个大写字母表示,代表其根结点。

(2) 如果一棵树有子树,则用"根结点(子树 1,子树 2,…,子树 n)"的形式表示。根结点是一个大写字母,子树之间用逗号隔开,没有空格。子树都是用括号嵌套法表示的树。

给出一棵不超过 26 个结点的树的括号嵌套表示形式,请输出其前序遍历序列和后序遍历序列。

样例输入

```
A(B(E),C(F,G),D(H(I)))
```

样例输出

```
ABECFGDHI
EBFGCIHDA
```

提示:样例输入代表的树如图 8.3 所示。

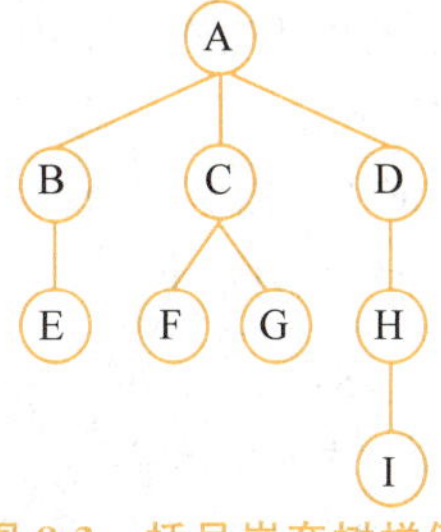

图 8.3 括号嵌套树样例

解题程序:

```
//prg0640.java
import java.util.*;
import java.util.function.*;
class Tree<T> {
    …与 prg0630.java 同,略
}
```

```
6. class ParenthesisTree {
7.     String treeString;                                    //存放读入的括号表示法字符串
8.     int ptr;                                              //指向 treeString 的某个位置
9.     Tree<Character> buildTree() {          //建立并返回以 treeString[ptr]为根的子树
10.        char data = treeString.charAt(ptr);
11.        Tree<Character> tree = new Tree<Character>(data);  //建根结点
12.        ++ptr;                                            //看下一个字符
13.        if (ptr == treeString.length())
14.            return tree;                          //若没有下一个字符,则 tree 已经完全建好
15.        if (treeString.charAt(ptr) == '(') {              //tree 有子树
16.            ++ptr;                                        //跳过'('
17.            tree.addSubTree(buildTree());
18.            while  (treeString.charAt(ptr) == ',') {      //tree 还有子树
19.                ++ ptr;                                   //跳过','
20.                tree.addSubTree(buildTree());
21.            }
22.            ++ptr;                         //此时 treeString[ptr]定为')',跳过它
23.        }
24.        return tree;
25.    }
26.    void solve() {
27.        Scanner reader = new Scanner(System.in);
28.        treeString = reader.next();
29.        ptr = 0;
30.        Tree<Character> tree = buildTree();
31.        tree.preorderTraversal((x)->System.out.print(x.data));
32.        System.out.println();
33.        tree.postorderTraversal((x)->System.out.print(x.data));
34.    }
35. }
36. public class prg0640  {                //请注意:在 OpenJudge 提交时类名要改成 Main
37.     public static void main(String[] args){
38.         new ParenthesisTree().solve();
39.     }
40. }
```

在递归函数 buildTree 的任何一次调用过程中,执行到第 10 行时,ptr 一定指向 treeString 中的某个大写字母 x。显然 buildTree 第一次被调用时就是如此。buildTree 的功能是:从 treeString 中读取以 x 为根的子树所对应的子串 s,建立以 x 为根的子树,并将 ptr 推进到使其指向 s 后面的那个字符,然后返回新建的子树。以样例“A(B(E),C(F,G),D(H(I)))”为例,若 buildTree 某次调用执行到第 10 行时,ptr 指向'C',则本次调用返回后,以'C'为根的子树建好,且 ptr 指向'D'左边那个逗号。

第 24 行:若第 15 行的条件不满足,则 tree 没有子树,从本行直接返回 tree;若第 15 行条件满足,则执行到本行时,tree 的所有子树都建好并加到 tree 中了,也应当返回 tree。

8.2.3 树的儿子-兄弟表示法

一棵树中,每个结点的子树数目可以各不相同。在直观表示法中,用顺序表存放子树,非常合适,因为顺序表本身就是长度可变的。但是有的语言,如 C 语言,并没有长度可变的顺序表这样的数据结构。C 语言中的顺序表是数组,然而 C 语言数组必须在定义时就确定大小,而

且这个大小以后也不可变。在C语言这样的语言里，用直观表示法表示树，只能在每个结点中开设一个足够大的数组，用于存放指向子结点的指针，这未免有点浪费空间。从头实现一个可变长的数组，或用链表存放子结点指针又比较麻烦，因此就有了用二叉树来表示树的儿子-兄弟表示法。**儿子-兄弟树是一棵二叉树，它是用来表示一棵树的。**在这棵二叉树上，结点 X 的左子结点，在原树上是 X 的第1个子结点；结点 X 的右子结点 Y，Y 的右子结点 Z，Z 的右子结点 W……在原树上实际上都是 X 的兄弟，因此叫“儿子-兄弟树”。

用一棵儿子-兄弟二叉树表示一棵树 T 的方法如下。

(1) T 的根就是二叉树的根 R，R 不会有右子结点。

(2) 设 R 的左子结点是 S_1，则 S_1 加上 S_1 的左子树是 T 的第1棵子树的儿子-兄弟树表示形式。

(3) S_1 的右子结点 S_2，加上 S_2 的左子树，是 T 的第2棵子树的儿子-兄弟树表示形式。

(4) S_2 的右子结点 S_3，加上 S_3 的左子树，是 T 的第3棵子树的儿子-兄弟树表示形式。

以此类推。

如图8.4(a)所示的树，表示成儿子-兄弟树则如图8.4(b)所示。

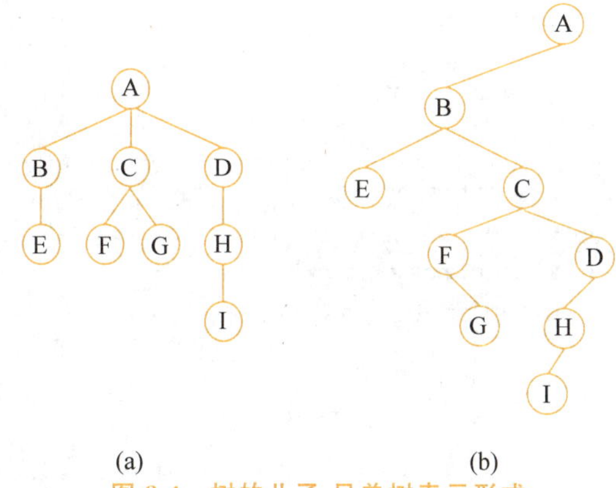

图8.4 树的儿子-兄弟树表示形式

可以看到，兄弟结点在儿子-兄弟树上是通过右子结点指针链连在一起的，如B、C、D。

一般我们说树，默认说的是直观表示法的树。

树的前序遍历序列和其儿子-兄弟树的前序遍历序列一致。

树的后序遍历序列和其儿子-兄弟树的中序遍历序列一致。

8.2.4 案例：树转儿子-兄弟树(P0750)

一棵树，结点都用大写字母表示且**不重复**。请将一棵树用儿子-兄弟法表示出来，并输出该儿子-兄弟树的后序遍历序列。

输入：若干行，每行由若干个用空格分隔的大写字母构成，描述了树的一个非叶结点。每行的第一个字母代表一个结点，后面的字母代表该结点的子结点。第1行描述的是根结点。如果树只有一个结点，则输入只有一行，那一行中只有一个字母。

输出：树对应的儿子-兄弟树的后序遍历序列。

样例输入

```
A B C D
B E
```

```
C F G
H I
D H
```

样例输出

```
EGFIHDCBA
```

提示：样例对应的树和图 8.4 一致。

解题思路：先建立一棵树，然后再转换成儿子-兄弟树。建树时，读取到一个字母，就要用 HashMap 判断该字母表示的结点是否曾经创建过。如果是，就从 HashMap 中找出该结点；如果否，就新建一个结点，并且以字母为关键字，以新建结点为值往 HashMap 里添加一个元素。

下面程序的重点是树的直观表示法转换到儿子-兄弟表示法之间的函数 TreeToBinaryTree.convert。

```
//prg0650.java
import java.util.*;
import java.util.function.*;
class BinaryTree<T>:
    …同 7.4.1 节中的 prg0520.java，略
class Tree<T>:
    …同 8.2.1 节中的 prg0630.java，略
class TreeToBinaryTree {
    static <T>  BinaryTree<T> convert(Tree<T> tree) {
        //直观表示法的树转儿子-兄弟树。tree 是 Tree 对象，所有结点复制了一份
        BinaryTree<T> bTree = new BinaryTree<> (tree.data);  //复制根结点
        BinaryTree<T> tmpTree = null;
        for (int i=0;i<tree.subtrees.size();++i) {
            if (i == 0) {                                   //tree 的第 1 棵子树
                tmpTree = convert(tree.subtrees.get(i));
                bTree.addLeft(tmpTree);
            }
            else {
                Tree<T> t = tree.subtrees.get(i);
                tmpTree.addRight(convert(t));
                tmpTree = tmpTree.right;
            }
        }
        return bTree;
    }
}
public class prg0650  {
    public static void main(String[] args){
        Scanner reader = new Scanner(System.in);
        HashMap <String,Tree<String>> mp = new HashMap<>();
        Tree<String> root = null;                           //树的根
        while (reader.hasNextLine()) {
            String line = reader.nextLine();
            if (line.trim().equals(""))
                break;
            String s[] = line.split(" ");
            Tree<String> node;
            if (mp.containsKey(s[0]))                       //如果 s[0]结点已经创建过
                node = mp.get(s[0]);                        //取出该结点
```

```
39.             else {
40.                 node = new Tree<String>(s[0]);          //创建 s[0]结点
41.                 mp.put(s[0],node);
42.             }
43.             if (root == null)
44.                 root = node;                            //输入的第一行代表树根
45.             for (int k=1;k<s.length;++k)
46.                 if (mp.containsKey(s[k]))
47.                     node.addSubTree(mp.get(s[k]));
48.                 else {
49.                     Tree<String> nd = new Tree<>(s[k]);
50.                     node.addSubTree(nd);
51.                     mp.put(s[k],nd);
52.                 }
53.         }
54.         BinaryTree<String> biTree =
55.             TreeToBinaryTree.convert(root);
56.         biTree.postorderTraversal((x)->System.out.print(x.data));
57.     }
58. }
```

第 29 行：用一个 HashMap 对象 mp 来记下树中的所有结点。碰到输入中的某个字母 x 时，如果 x 所代表的结点已经生成，则在 mp 中根据关键字 x 可以找到它；如果还未生成，则将该结点生成后放入 mp，关键字为 x，以便以后能够找到。

儿子-兄弟树转树的算法，留做习题。

8.2.5 树的父结点表示法

只需记录每个结点的父结点，根结点的父结点算它自己或算不存在，也可以表示一棵树。用这种形式表示的树，无法区分某个子树是第几棵，也无法进行前序或后序遍历。并查集中的树，就是这种形式的。

8.3 森 林

空集或不相交的树的集合，就是森林。森林有序，有第 1 棵树、第 2 棵树、第 3 棵树之分。**森林可以表示为元素都是树的一张线性表，也可以表示为一棵二叉树。**

森林表示为二叉树的办法如下。

(1) 森林中第 1 棵树的根，就是二叉树的根 S_1，S_1 及其左子树，是森林的第 1 棵树的儿子-兄弟二叉树表示形式。

(2) S_1 的右子结点 S_2，以及 S_2 的左子树，是森林的第 2 棵树的儿子-兄弟树表示形式。

(3) S_2 的右子结点 S_3，以及 S_3 的左子树，是森林的第 3 棵树的儿子-兄弟树表示形式。

以此类推。

图 8.5(a)是一个有三棵树的森林，图 8.5(b)是其二叉树表示形式。森林中的各个根结点，在二叉树上，通过二叉树根结点的右子结点指针链连在一起。

森林有前序遍历和后序遍历两种方式。前序遍历就是依次前序遍历每棵树。后序遍历就是依次后序遍历每棵树。**森林的前序遍历序列和其二叉树表示形式的前序遍历序列一致。森林的后序遍历序列和其二叉树表示形式的中序遍历序列一致。**

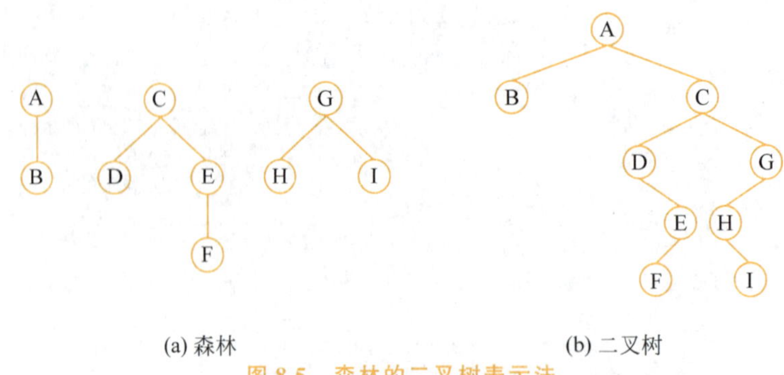

图 8.5 森林的二叉树表示法

图 8.5(a)中森林的前序遍历序列是 ABCDEFGHI,后序遍历序列是 BADFECHIG。

一些教材和资料中会说森林有前序遍历和中序遍历两种遍历方式,却不提后序遍历。本书作者认为森林的"中序遍历"说法不妥,因为森林和树一样,没有定义什么是"中",所以"中序遍历"不知所云。那些资料将森林的"中序遍历"定义成其二叉树表示形式的中序遍历,本质上和此处所说的"后序遍历"是一样的,但是按这个中序遍历的定义,给一个森林,要想明白中序遍历序列到底啥样,是很费脑筋的。而且,中序遍历的英文是 Inorder Traversal,后序遍历的英文是 Postorder Traversal,搜索英文资料,只能找到 Postorder Traversal of Forest,没有 Inorder Traversal of Forest 的说法。森林的所谓"中序遍历",从定义上远不如"森林的后序遍历就是依次后序遍历每棵树"那么简单明了,国际交流也会产生误解,所以只能说它是个长期以来以讹传讹让人增加学习成本的、没有理由存在的概念。

8.4 并 查 集

8.4.1 并查集的概念和用途

并查集是由用父结点表示法表示的树构成的森林。它要解决的问题如下。

一些元素分布在若干个互不相交的集合中,需要多次进行以下三种操作。

(1) merge(a,b):合并 a、b 两个元素所在的集合。

(2) 查询一个元素在哪个集合。

(3) query(a,b):查询两个元素 a、b 是否属于同一集合。

希望这三种操作都能尽快完成。

这个问题最简单的解决方法,是为每个元素设置一个整数标记值,标记值为 i,就表示其在编号为 i 的集合里。这样,(2)(3)两种操作都可以在 $O(1)$时间内完成。但是,合并两个集合,就需要将其中一个集合中的所有元素的标记值都进行修改,这是复杂度为 $O(n)$的操作,并不理想。

一种改进的思路,是用一棵树来表示一个集合,根结点即可代表该集合。两个集合的合并,就是两棵树并为一棵树,即将一个集合的根结点添加为另一个集合的根结点的子结点。这一步的操作复杂度是 $O(1)$的。但是要完成步骤(2)merge(a,b)和步骤(3)query(a,b),都需要找到 a 和 b 所在的集合,即 a 和 b 所在的树的根结点。寻找根结点要花多少时间,是个值得研究的问题。

可以用父结点表示法表示一棵树。将 n 个元素编号为 $0,1,\cdots,n-1$,每个元素都是某棵树的结点。设置一个有 n 个元素的整数数组 parent，parent[i]表示元素 i 在树中的父结点。开始时每个元素各自属于一个集合，即每个元素都是一棵只有一个结点的树，每个元素都是根结点。不妨规定根结点的父结点就是它自己，一开始设置 parent[i] = i(i=0,1,…,n-1)。反过来说，若 parent[i] == i，则表明元素 i 是一棵树的根结点。

不妨将一个结点所在的树的根结点，简称为该结点的根结点。显然，如果一个结点不是根结点，则其根结点和其父结点的根结点是一样的。因此，求一个元素所在的树的根结点的操作可以用递归实现。

```
int getRoot(int a) {                              //求元素 a 的根结点
    if (parent[a] == a)
        return a;
    return getRoot(parent[a]);
}
```

也可以非递归实现。

```
int getRoot(int a) {                              //求元素 a 的根结点
    while(parent[a]!= a)
        a = parent[a];
    return a;
}
```

query(a,b)如下实现。

```
boolean query(int a,int b) {                      //询问 a,b 是否属于同一集合
    return getRoot(a) == getRoot(b);
}
```

merge(a,b)如下实现。

```
void merge(int a,int b) {                         //合并 a 和 b 所在的树
    parent[getRoot(a)] = getRoot(b);
}
```

merge(a,b)将 a 的根结点的父结点设置为 b 的根结点，从而完成两棵树的合并。

getRoot()的效率是决定 query 和 merge 操作时间的关键。getRoot(a)所花时间，正比于结点 a 在树中的深度。因此，应该想办法让树的高度增长尽可能慢。一种办法是，合并两棵树时，应该**按秩合并**，即将矮的树合并到高的树中——将矮树的根结点的父结点，设置成高树的根。这样做后，新树的高度不会比原来的高树更大。但是即便如此，两棵一样高的树合并时必然导致新树高度增加，最终依然可能形成很高的树。在很高的树上进行 getRoot()操作，时间就会比较长，这是需要避免的。

一种有效降低树高度的办法叫作路径压缩。基本的思路就是，在进行 getRoot(a)操作时，对从 a 到根结点的路径上的每个结点，都将其父结点改为根结点，即把它们直接挂在根结点的下面。改进后的 getRoot()方法如下。

```
int getRoot(int a) {                              //求元素 a 的根结点并进行路径压缩
    if (parent[a]!= a)
        parent[a] = getRoot(parent[a]);
    return parent[a];
}
```

如果不能理解递归写法，容易理解的非递归写法如下。

```
int getRoot(int a) {                    //非递归写法
    int root = a;
    while(parent[root] != root)         //此循环结束后 root 是 a 的根结点
        root = parent[root];
    while(a != root) {
        int b = parent[a];
        parent[a] = root;
        a = b;
    }
    return root;
}
```

路径压缩效果如图 8.6 所示。

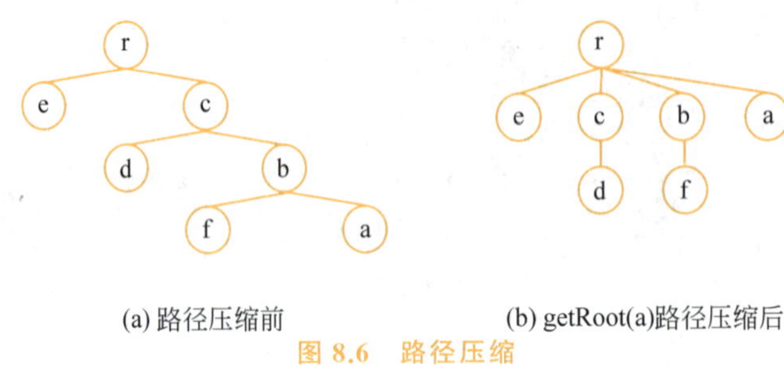

(a) 路径压缩前　　(b) getRoot(a)路径压缩后

图 8.6　路径压缩

只要做一次 getRoot(a)，a 到根的路径上的每个结点，都变成了根的子结点，下次再对这些结点执行 getRoot()操作，时间就是 $O(1)$的。可以想象，经过很多次 getRoot()操作以后，大部分结点都变成了根的子结点，或者离根很近，getRoot()操作的速度就会大大提升。在均摊情况下，getRoot()的复杂度会变成 $O(\log(n))$，这个复杂度的分析比较复杂，只能略过。

单靠路径压缩，getRoot()的均摊复杂度是 $O(\log(n))$。如果再加上按秩合并，getRoot()的复杂度就可以做到基本上是 $O(1)$。一般情况下，只靠路径压缩就已经足够快。

8.4.2　案例: The Suspects-疑似病人(P0760)

有 n 个学生，编号为 0～$n-1$，以及 m 个社团($0<n\leqslant 30\ 000, 0\leqslant m\leqslant 500$)，一个学生可以属于多个社团，也可以不属于任何社团。一个学生患病，则它所属的整个社团都会被传染而患病。

开始只有 0 号学生患病。已知每个社团都由哪些学生构成，求最终一共会有多少学生患病。

输入： 多组数据。对每组数据：第一行是整数 n 和 m，表示一共有 n 个学生，m 个社团。n，m 均为 0 时表示输入数据结束。接下来每行代表一个社团，第一个整数是社团人数 k，后面 k 个整数是社团中每个学生的编号。

输出： 对每组数据，输出最终患病人数。

样例输入(# 及其右边的文字是样例解释，不是样例输入的一部分)

```
100 4                          #第一组数据,100 人,4 个社团
2 1 2                          #本社团有 2 人,编号 1,2
5 10 13 11 12 14               #本社团有 5 人,编号 10 13 11 12 14
2 0 1
2 99 2
200 2                          #第二组数据,200 人,2 个社团
```

```
1 5                          #本社团有 1 人,编号 5
5 1 2 3 4 5
1 0                          #第三组数据,1 人,0 个社团
0 0                          #结束标记
```

样例输出

```
4
1
1
```

解题思路：用并查集解题，首先要定义什么是我们关心的“集合”。在本问题中，如果存在这么一群人，只要其中有一个得病，整群人就得病，则这群人就属于一个集合。本题中，开始时每个学生自成一个集合。如果已知学生 a 属于集合 A，学生 b 属于集合 B，后来又发现 a、b 在同一个社团，由于 a、b 会互相传染，所以集合 A 或集合 B 中只要有一个人得病，则这两个集合的所有人都会得病。因此，集合 A、B 就可以合并成一个集合。

不妨用“$a \# b$”表示 a、b 在一个社团中，即 a 可以直接传染 b。任何一个病人 K，都是由 0 号学生直接或间接传染而来，因而必定存在 0 号学生到 K 的传染路径 $0, S_1, S_2, \cdots, S_n, K$。则必有 $0 \# S_1, S_1 \# S_2, S_2 \# S_3, \cdots, S_n \# K$。按照前面的说法，若 $a \# b$ 则应合并 a、b 各自所在的集合，那么最终 K 就会被合并到 0 号学生所在的集合中。发现两个学生在一个社团就进行一次集合合并，则完成所有集合合并后，所有病人都会和 0 号学生处于同一个集合中。那么问题的答案就是 0 号所在的集合的元素个数。

具体做法，就是如果发现某个社团有学生 $a_1, a_2, \cdots, a_n$，则需将 $a_2, a_3, \cdots, a_n$ 所在的集合，都合并到 a_1 所在的集合中去。

用并查集解决问题，一般还需要维护一些与题目相关的数据。在本题中，需要维护每个集合的人数。可以设置数组 total，**若 i 是根结点，则 total[i]表示 i 所在的集合的元素个数；若 i 不是根结点，则 total[i]无意义。**开始时，每个学生自成一个集合，因此设置 total[i]=1($i=0, 1, \cdots, n-1$)。随着集合的合并，total 数组的元素会发生变化。最后 total[getRoot(0)]就是问题的答案。解题程序如下。

```java
//prg0660.java
import java.util.*;
class Suspects {
    int [] parent;
    int [] total;                      //total[GetRoot(a)]是 a 所在的集合的人数
    int getRoot(int a) {
        if (parent[a]!= a)
            parent[a] = getRoot(parent[a]);
        return parent[a];
    }
    void merge(int a,int b) {
        int p1 = getRoot(a);
        int p2 = getRoot(b);
        if (p1 == p2)
            return;
        total[p1] += total[p2];     //集合 p2 的元素都并到集合 p1 了
        parent[p2] = p1;
    }
    void solve() {
        Scanner reader = new Scanner(System.in);
```

```
20.         while (true) {
21.             int n = reader.nextInt(), m = reader.nextInt();
22.             if (n == 0 && m == 0)
23.                 break;
24.             parent = new int[n];
25.             total = new int[n];      //total[GetRoot(a)]是 a 所在的集合的人数
26.             for(int i=0;i<n;++i) {
27.                 parent[i] = i;       //开始每个学生自成一个集合,根结点就是自己
28.                 total[i] = 1;
29.             }
30.             for(int i=0;i<m;++i) {
31.                 int k = reader.nextInt(), h = reader.nextInt();
32.                 for(int j=2;j<k+1;++j)
33.                     merge(h,reader.nextInt());
34.             }
35.             System.out.println(total[getRoot(0)]);
36.         }
37.     }
38. }
39. public class prg0660  {                  //请注意:在 OpenJudge 提交时类名要改成 Main
40.     public static void main(String[] args){
41.         new Suspects().solve();
42.     }
43. }
```

请注意,第 35 行写 total[0]是不行的,因为 0 号未必是根结点;写 total[parent[0]]也不行,因为 parent[i]未必就是 i 的根结点,只有执行过 getRoot(i)后,parent[i]才保证是 i 的根结点。另外,**只有根结点的父结点才是它自己,因此如果想要知道最后一共有几个集合,则数数有多少个元素 i 满足 parent[i] == i 即可。**

用并查集解决问题,对要维护的数据的更新,一般是在 merge()和 getRoot()中进行。

小　结

二叉树不是树。

n 个结点的树有 $n-1$ 条边。

树的前序遍历序列和其儿子-兄弟树的前序遍历序列一致。

树的后序遍历序列和其儿子-兄弟树的中序遍历序列一致。

用并查集做集合合并,复杂度为 $O(\log(n))$,可以改进至约为 $O(1)$。

习　题

1. 一棵树如图 8.7 所示,请画出其对应的儿子-兄弟树。
2. 一棵树对应的儿子-兄弟树如图 8.8 所示,请画出该树。
3. 请画出图 8.9 中森林的二叉树表示形式。
4. 图 8.10 是一个森林的二叉树表示形式,请画出森林。
5. 一棵度为 4 的树,若有 12 个度为 4 的结点,8 个度为 3 的结点,2 个度为 2 的结点,3 个度为 1 的结点,那它有几个叶结点?

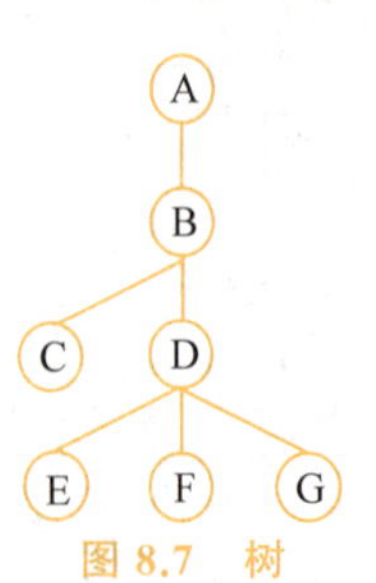

图 8.7　树

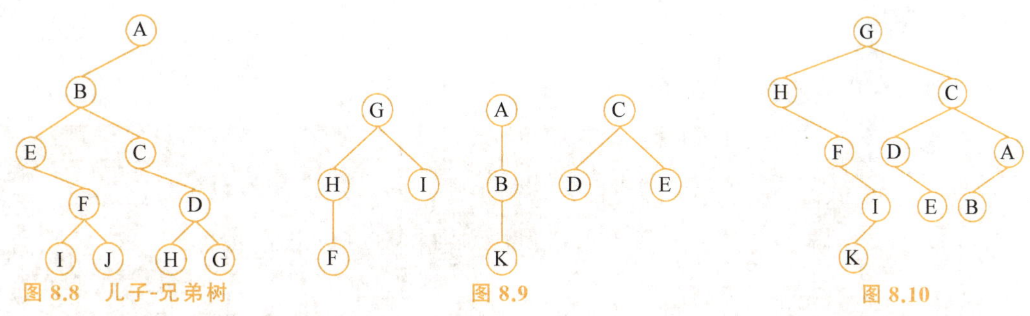

图 8.8 儿子-兄弟树

图 8.9

图 8.10

以下为编程题。本书编程的例题习题均可在配套网站上程序设计实习 MOOC 组中与书名相同的题集中进行提交。每道题都有编号，如 P0010、P0020。

1. **森林的带度数层次序列存储(P0770)**：已知一棵树的按层次遍历序列，以及每个结点的度数，就可以确定一棵树。例如，“C 3 E 3 F 0 G 0 K 0 H 0 J 0”表明了一棵结点是字母的树的按层次遍历的序列以及每个结点的度数。给出一个森林中每棵树的上述表示，求森林的后序遍历序列。

★2. **树的转换(P0780)**：给出一棵树的前序遍历的过程，如“dudduduudu”，“d”表示向下走了一层，“u”表示回到了上一层，遍历过程最终要回到根结点。例如，“du”就表示一棵有两个结点的树。要求将树转换为儿子-兄弟树，并输出转换前和转换后的树的高度。

★★3. **文本缩进树(P0790)**：文本缩进树就是由若干行文本来表示一棵树。其定义如下。

(1) 每一行代表一个结点，每个结点是一个英文字母。

(2) 每个结点的父结点，就是文本中它上方，离它最近的，比它往左偏移了一个制表符的那个结点。没有父结点的结点，是根结点。

(3) 一个结点的子树，在文本表示法中总是按从左到右的顺序先后表示。

给定一个文本缩进树，求其前序、后序遍历序列。

★★4. **二叉树形式表示的树(P0800)**：输入一棵文本缩进形式表示的树，树结点都是大写字母。请建立一棵儿子-兄弟形式的二叉树来表示该树，并且输出该二叉树的前序遍历序列和中序遍历序列。注意，是二叉树，而不是原来那棵树的遍历序列。

★★★5. **Pre-Post-erous!-多少棵树前序后序都一样?(P0810)**：已知树的度是 m，给出树的前序遍历序列和后序遍历序列，问这棵树有多少种可能的形状?

6. **冰阔落 I(P0820)**：老王喜欢喝冰阔落。初始时刻，桌面上有 n 杯阔落，编号为 $1\sim n$。老王总想把其中一杯阔落倒到另一杯中，这样他一次性就能喝很多很多阔落，假设杯子的容量是足够大的。

有 m 次操作，每次操作包含两个整数 x 与 y。若原始编号为 x 的阔落与原始编号为 y 的阔落已经在同一杯，请输出“Yes”；否则，我们将原始编号为 y 的阔落所在杯子的所有阔落，倒往原始编号为 x 的阔落所在的杯子，并输出“No”。

最后，老王想知道哪些杯子中还有冰阔落。

第9章 字符串

字符串就是由字符构成的序列，一个长度为 n 的字符串 a，可以表示成 $a_0a_1a_2\cdots a_{n-1}$。其中，$a_i(0\leqslant i<n)$是字符串 a 中的第 i 个字符。一个字符都没有的字符串，叫空串。一个字符串中的连续的一部分或全部，称为该字符串的子串。下面是 4 个字符串的相关概念。

前缀：对字符串 $a_0a_1a_2\cdots a_{n-1}$，子串 $a_0a_1\cdots a_k(0\leqslant k<n)$称为其前缀。

真前缀：字符串的长度小于自身的前缀。

后缀：对字符串 $a_0a_1a_2\cdots a_{n-1}$，子串 $a_ka_{k+1}\cdots a_{n-1}(0\leqslant k<n)$称为其后缀。

真后缀：字符串的长度小于自身的后缀。

一个长度为 n 的字符串，有 n 个前缀，$n-1$ 个真前缀，n 个后缀，$n-1$ 个真后缀。

本书中提到字符串 a 时，用 $a[i]$表示 a 中第 i 个字符(即 a_i)，字符串 a 的头一个字符是 $a[0]$，$a[i,j]$表示 a 中始于 $a[i]$终于 $a[j]$的子串(含 $a[j]$)。

9.1 字符串的编码

字符串中的“字符”，指的就是某种自然语言中的文字(包括字母)。用 01 串来表示文字的方案，称为文字的“编码”。

最常见的文字编码方案是 ASCII 编码方案。ASCII 编码是一套表示英文字母、数字和常用标点符号的方案，它用 8b 表示一个字符。8b 二进制数的取值范围是 0～255，因此 ASCII 编码最多只能表示 256 个字符，足以覆盖能通过计算机键盘输入的那些符号。键盘上的字符，其 ASCII 编码的范围为 0～127，即它们的二进制表示形式的最高位(最左位，亦即第 7 位，因最右位称为第 0 位)都是 0。不妨把这些字符称为常规字符。常规字符以外的 ASCII 编码字符，往往不可显示或显示为奇怪的字符，如一张笑脸之类，因此也有说法认为有效的 ASCII 编码范围就是 0～127。

显然，用 ASCII 编码无法表示汉字。GB 2312 编码是中国颁布的一套能表示汉字和常规字符的编码，称为国标码。在这套编码中，常规字符的编码和 ASCII 编码相同，但是每个汉字则用 2B，即 16b 表示。每个汉字所对应的 2B，最高位都是 1，这样就能够和常规字符区分开来。解读 GB 2312 编码信息时，碰到最高位为 0 的字节，则认为其是一个常规字符，碰到连续两个最高位为 1 的字节，就将其当作一个汉字看待。落单的最高位为 1 的字节，还是看作

ASCII 编码字符,只不过这些字符往往显示为乱码。GB 2312 编码有一种修订方案称为 GBK 编码,能表示的汉字更多。中国台湾省则用自己规定的一套 BIG5 编码表示繁体汉字。

Unicode 编码是国际通用的文字编码,用 2B 表示一个字符,共能表示 65 536 个字符。由于世界上大部分语言都是使用字母的拼音语言,字符数量很有限,因此 Unicode 可以表示全球常用语言中的常用字符。常规字符在 Unicode 编码中也是用 2B 表示,其中低字节和 ASCII 编码一样,高字节就是 0。一篇由常规字符构成的文章,用 ASCII 编码表示,显然比用 Unicode 表示节省空间。由于互联网上绝大部分信息,如各种网页,都是用常规字符表示的,这些信息存储或者传输的时候如果用 Unicode 编码,就会比用 ASCII 编码多费一倍的空间或时间,因此就有了更节约存储空间和传输时间的 UTF-8 编码。

UTF-8 编码不是定长编码,即不同字符在 UTF-8 编码中的字节数是不一样的。常规字符在 UTF-8 中的编码中都是用 1B 表示,且和 ASCII 编码相同。某些语言的字符在 UTF-8 编码中用 2B 表示。常用的约两万个汉字,在 UTF-8 编码中用 3B 表示。还有一些字符用 4B 甚至更多字节表示。一个中英文混合的网页,用 ASCII 编码无法表示,用 Unicode 编码和 UTF-8 编码都能表示。如果该网页以英文为主,用 UTF-8 编码表示就比用 Unicode 编码节省空间;如果以中文为主,结果就相反。由于全世界的大部分信息是由常规字符组成的,因此文字信息在传输和存储在外存时通常都是用 UTF-8 编码。

内存中的字符串如果用 UTF-8 编码表示,处理起来会比较麻烦。例如,要找字符串中下标为 i 的字符,由于 UTF-8 编码不定长,无法迅速算出这下标为 i 的字符在字符串中位于第几个字节的位置,得把前 i 个字符都看一遍才能找到下标为 i 的字符,这样效率就会低得不可接受。因此内存中的字符串,应该采用定长编码方案。

程序是在内存中运行的,因此在大多数程序设计语言中,字符都采用定长编码。

C/C++ 语言的普通字符串中,每个字符都是一个 char 类型的数据,占 1B,用的是 ASCII 编码。一般来说,汉字在 C/C++ 语言中不是一个字符。

在 Java 程序中,字符采用 Unicode 编码,每个字符都是 2B,包括汉字、英文字母和其他语言中的字符。

9.2 字符串的实现

字符串应当采用线性数据结构实现,可以用顺序表或链表存放字符串。由于经常需要做"求字符串中的第 i 个字符"这样应当在 $O(1)$时间内完成的随机访问操作,所以字符串用链表存放其实不太合适,只有在字符串长度极大(如数百、数千 MB)以致难以找到那么大的连续内存时,才需要考虑用顺序表结合链表的方式存放,如链表的每个元素都是一个长度为 10MB 的顺序表之类。

不同语言中的字符串有不同实现方式。

C/C++ 语言中的普通字符串,就是元素为字符的数组,其最大长度固定,就是数组的元素个数减去 1。要减去 1,是因为普通字符串没有记录长度,必须以一个 ASCII 码为 0 的字节(即 8b 全为 0 的字节,称为 0 字符,不是字符'0')来标记字符串的结尾。求字符串长度,就要从头到尾一直扫描,直到看见 0 字符为止,复杂度是 $O(n)$的。字符串长度不包括结尾的 0 字符。

可变长字符串,可以采用类似于可变长顺序表的方式实现,相当于元素都是字符的可变长顺序表。C++ 语言中的 string 类型的字符串,即是如此。string 对象专门分配空间记录字符串的长度，因此求字符串长度的复杂度是 $O(1)$的。

C/C++ 中的字符串，可以修改其中的字符。Python 语言中的字符串，不可以修改其中的字符。Java 语言的 String 类型的字符串，不可以修改其中的字符，但 StringBuilder 类型的字符串，可以修改其中的字符。

9.3 字符串的匹配算法

字符串的匹配指的是如下问题：给定一个模式串（子串）和一个母串，求模式串在母串中出现的位置。如果母串中找不到模式串，这个位置就算是−1。

字符串匹配问题，并不局限于由“字符”构成的串。只要是在一个序列 x 中查找是否出现了另一个序列 y，且 y 出现时必须是连续的，就是字符串匹配问题。

计算机病毒程序都有一些特征字符串，判断某个文件是否被病毒感染，就要看文件里有没有出现病毒的特征字符串，这就是一个字符串匹配问题。

9.3.1 暴力匹配算法

字符串匹配有很简单的暴力算法，实现如下。

引入“母串匹配起点”概念。母串 a，子串 b，若 $a[s]$和 $b[0]$比较，则称“母串匹配起点”为 s。设置一个母串指针 i，指向母串中即将比较的字符；设置一个子串指针 j，指向子串中即将比较的字符。初始时 $s=i=j=0$。比较 i 和 j 指向的字符，如果相等，则 i、j 都加 1。如果不相等，则 j 恢复成 0，s 加 1，令 i 等于新 s，即子串指针回溯到头，母串匹配起点加 1，母串指针回溯到新匹配起点，然后继续逐个字符比较。如图 9.1(a)所示，假设子串前 n 个字符已经被匹配，但 $a_n \neq b_n$，则应如图 9.1 所示继续比较。

(a)
s i
母串：$a_0a_1a_2\cdots a_{n-1}a_n\cdots$
子串：$b_0b_1b_2\cdots b_{n-1}b_n\cdots$
j

(b)
s
i
母串：$a_0a_1a_2\cdots a_{n-1}a_n\cdots$
子串：$b_0b_1b_2\cdots b_{n-1}b_n\cdots$
j

图 9.1 字符串匹配失配前后

暴力算法程序实现如下。

```
//prg0662.java
import java.util.*;
class String0662 {
    static int strstr(String a,String b) {
        //寻找子串 b 在母串 a 中的位置。找不到返回-1
        int La=a.length(),Lb=b.length();
        int s = 0, i = 0, j = 0;
        while (i < La && j < Lb) {
            if (a.charAt(i) == b.charAt(j)) {
                ++i; ++j;
            }
            else {
                ++s;
                j = 0;
```

```
                if (s > La - Lb)                  //母串剩下字符数不到子串长度
                    break;
                i = s;
            }
        }
        if (j == Lb)                              //子串每个字符都匹配上了
            return s;
        else return -1;
    }
}
public class prg0662  {
    public static void main(String[] args){
        System.out.println(String0662.strstr("abcd","d"));    //>>3
        System.out.println(String0662.strstr("abcd","dd"));   //>>-1
    }
}
```

设母串长度为 m，子串长度为 n。在上面的程序中，枚举了母串匹配起点，有 $m-n+1$ 个；对每个母串匹配起点，如果匹配失败，则最多可能要做 n 次匹配，因此，复杂度是 $O((m-n+1)\times n)$。如果一般情况下母串长度明显长于子串，则可以认为复杂度是 $O(m\times n)$。但实际应用中大多数情况下暴力匹配算法是足够快的。

★★9.3.2 KMP 字符串匹配算法

KMP 算法是 D.E.Knuth、J.H.Morris 和 V.R.Pratt 提出的，因此取三人姓氏首字母作为算法名称。其复杂度是 $O(m+n)$。这里 m，n 分别是母串和子串长度。

字符串匹配暴力算法的 $O(m\times n)$ 复杂度不能让人满意，速度慢的原因是失配时，母串指针和子串指针都要回溯。为了高效实现匹配，不希望母串指针 i 回溯。但是在图 9.1 中，当 a_n 和 b_n 失配，如果鲁莽地坚持母串指针不回溯，直接用 a_n 和 b_0 做比较继续往下匹配，则会漏掉如图 9.2 所示这种子串可能获得的匹配机会。

图 9.2 中，假如 $a_3a_4\cdots a_{n-1}$ 和 $b_0b_1\cdots b_{k-1}(k=n-3)$ 能匹配上，那么以此为基础继续匹配，说不定整个子串都能匹配上。所以武断地坚持母串指针不回溯，是不行的，如图 9.3 所示。

图 9.3(a) 中，母串'a'和子串'q'失配时，如果保持母串指针不变，让子串指针回到开头如图 9.3(b)所示继续匹配，则会忽略掉图 9.4 这个母串能匹配上子串的情况。

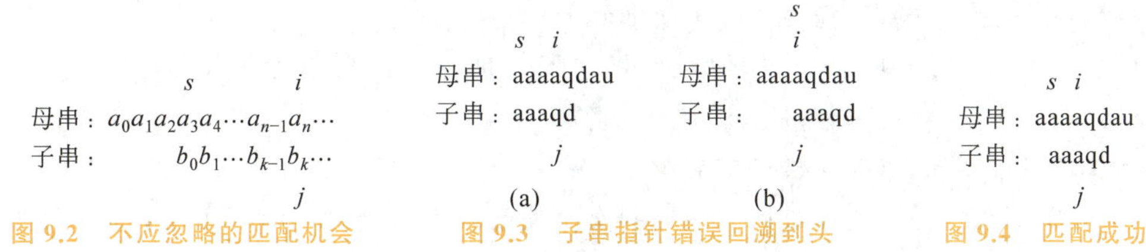

图 9.2　不应忽略的匹配机会　　图 9.3　子串指针错误回溯到头　　图 9.4　匹配成功

在此情况下，母串指针不变，让子串指针回溯到下标 2 继续匹配，最终能够成功。

请注意，图 9.2 中的 a_0 并不一定是母串的头一个字符，a_0 左边还有字符时也一样。

所以，如果事先知道有图 9.2 这样的匹配机会，那么当初 $a[i]$(即 a_n)和 $b[j]$(即 b_n)失配后，确实可以做到母串指针 i 不回溯且不会损失掉这个机会：i 不变，子串指针 j 不要回溯到 0，而是回溯到 k，让 $a[i]$ 和 $b[k]$ 继续比较即可。

问题的关键是如何事先知道有图 9.2 这样的匹配机会，即如何知道 $a_3a_4\cdots a_{n-1}$ 和 $b_0b_1\cdots b_{k-1}$ 是能够匹配上的。

若 $a_3a_4\cdots a_{n-1}$ 和 $b_0b_1\cdots b_{k-1}$ 可以匹配上，则 $b_0b_1\cdots b_{k-1}$ 是 $a_0a_1\cdots a_{n-1}$ 的真后缀。请注意，前面已经有 $a_0a_1\cdots a_{n-1}$ 和 $b_0b_1\cdots b_{n-1}$ 能够匹配，即 $a_0a_1\cdots a_{n-1}=b_0b_1\cdots b_{n-1}$，故 $b_0b_1\cdots b_{k-1}$ 也是 $b_0b_1\cdots b_{n-1}$ 的真后缀。$b_0b_1\cdots b_{k-1}$ 自然还是 $b_0b_1\cdots b_{n-1}$ 的真前缀。此处不妨引入“前后缀”这个概念：字符串 a 的某个**真**前缀，如果同时也是 a 的后缀，则称该其为 a 的“前后缀”。前后缀是 a 的前缀，自然不为空串；前后缀是 a 的真前缀，自然比 a 短。例如，对字符串“abcmxdabc”，“abc”是其前后缀。综上所述，当 a_n 和 b_n 失配时，如果 $b[0,n-1]$ 存在前后缀 $b_0b_1\cdots b_{k-1}$，则母串指针不回溯而将子串指针回溯到 0 继续比较，就会导致匹配机会的损失；母串指针不回溯还能避免损失的办法，是让子串指针回溯到 k 继续比较。

一个字符串可能有不止一个前后缀，例如，字符串“aaaqdaaa”有三个前后缀，分别是“a”“aa”和“aaa”。

设有子串“aaaqdaaay”，若它和某母串的一部分“aaaqdaaau”匹配到'y'和'u'进行比较时发生了失配，则在母串指针不回溯，依然指向'u'的情况下，子串指针应该回溯到哪里呢？应该回溯到'y'左边的“aaaqdaaa”的最长前后缀后面的那个字符'q'，这样母串的新匹配起点才会最靠左，不会丢失任何匹配机会。子串指针回溯到下标 0、1 或 2 都会导致子串的第一个“aaa”能和母串中的第二个“aaa”匹配上这个机会的丢失。

总结一下匹配过程：

(1) 若 $a[i]$ 和 $b[0]$ 比较失配，则 $i+=1$ 后 $a[i]$ 继续和 $b[0]$ 比较。

(2) 若 $a[i]$ 和 $b[n]$($n>0$)比较失配，此刻若 $b[0,n-1]$ 没有前后缀，则母串指针 i 不变，子串指针回溯到 0，$a[i]$ 和 $b[0]$ 继续比较；若 $b[0,n-1]$ 的最长前后缀为 $b_0b_1\cdots b_{k-1}$($k>0$)，即 $b[0,n-1]$ 的最长前后缀长度为 k，则母串指针 i 也不变，子串指针回溯到 k，让 $a[i]$ 和 $b[k]$ 继续比较；若 $a[i]$ 和 $b[k]$ 失配且 $b[0,k-1]$ 的最长前后缀长度为 m，则子串指针回溯到 m，$a[i]$ 和 $b[m]$ 继续比较……若 $a[i]$ 一直没配上，那么直到 $a[i]$ 和某个 $b[x]$ 比较失配，且 $b[0,x-1]$ 没有前后缀，则 $a[i]$ 和 $b[0]$ 比较。

因此问题的关键就在于，对子串的每个前缀 $b[0,i-1]$($i=1,2,\cdots,b.\text{length}()$)，要事先**计算出 $b[0,i-1]$ 的最长前后缀的长度，保存到数组元素 Next[i] 中**。如果 $b[0,i-1]$ 没有前后缀，则 Next[i] 为 0。**在匹配的过程中若 $b[i]$ 失配，则母串指针不变，将子串指针回溯到 Next[i] 继续比较。**Next 数组的值，只和子串本身有关，和母串无关。

对字符串 b，求其 Next 数组可以用递推的方法来做。

设 $b[0,i-1]$ 的最长前后缀长度为 Next[i]，即 $b[0,i-1]$ 的最长前后缀是 $b_0b_1\cdots b_{\text{Next}[i]-1}$，$b[0,i-1]$ 最长前后缀后面的那个字符是 $b[\text{Next}[i]]$。**若 $b[0,i-1]$ 有不止一个前后缀，则其次长前后缀，必然是最长前后缀 $b_0b_1\cdots b_{\text{Next}[i]-1}$ 的真后缀和真前缀，即 $b[0,\text{Next}[i]-1]$ 的最长前后缀。**以此类推，$b[0,i-1]$ 的次次长前后缀，是次长前后缀的最长前后缀，因而就是字符串 $b[0,\text{Next}[\text{Next}[i]]-1]$ 的最长前后缀……故若 $b[0,i-1]$ 的最长前后缀长度为 Next[i]，则其次长前后缀长度为 Next[Next[i]]，次次长前后缀的长度为 Next[Next[Next[i]]]……显然 Next[1] 和 Next[0] 都是 0。

有了上面的结论，若已知 Next[0]，Next[1]，…，Next[i]($i\geq 1$)，即可递推出 Next[$i+1$]。方法如下。

设已知 Next[i] $=k$。

情况(1)

若 $b[i]=b[k]$,则 $Next[i+1]=k+1$。证明如下。

考虑字符串：$b_0b_1\cdots b_{k-1}b_k\cdots b_{i-1}b_ib_{i+1}$

若 $Next[i]=k$,则 $b_0b_1\cdots b_{k-1}=b_{i-k}\cdots b_{i-1}$。

此时若 $b[i]=b[k]$,则 $b_0b_1\cdots b_{k-1}b_k=b_{i-k}\cdots b_{i-1}b_i$,即 $Next[i+1]$至少为 $k+1$。

$Next[i+1]$不可能大于 $k+1$,否则设 $Next[i+1]=k+p(p>1)$,则有：

$b_0b_1\cdots b_{k+p-1}=b_{i-k-p+1}\cdots b_i$，可推出 $b_0b_1\cdots b_{k+p-2}=b_{i-k-p+1}\cdots b_{i-1}$,进一步推出：

$Next[i]>=k+p-1>k$,这和前提 $Next[i]=k$ 矛盾。故 $Next[i+1]$即为 $k+1$。

情况(2)

若 $b[i]\neq b[k]$,则事情较为复杂。

$b[0,i]$的最长前后缀 p 若存在,则 p 的形成有以下两种成因。

成因 1：p 由 $b[0,i-1]$的某个前后缀 prefix 加上 prefix 后面的那个字符 c 构成,此时 c 必然和 $b[i]$相等。若 $b[0,i-1]$的最长前后缀(已知其长度为 k),不能加上其后的字符 $b[k]$构成 $b[0,i]$的最长前后缀(即 $b[k]\neq b[i]$),则要考虑 $b[0,i-1]$的次长前后缀(长度为 $Next[k]$),能否加上其后的那个字符 $b[Next[k]]$,构成 $b[0,i]$的最长前后缀(能构成的充要条件是 $b[Next[k]]=b[i]$)。若次长的不行,则考虑长度为 $Next[Next[k]]$的次次长前后缀……

成因 2：$b[0,i-1]$的所有前后缀都无法加上其后面的那个字符来构成 p。这种情形下，只能是 $b[0]$等于 $b[i]$,故 $Next[i+1]$为 1。

如果上述两种成因都不成立,则 $b[0,i]$的最长前后缀不存在,即 $Next[i+1]$为 0。

综上所述,可以写出求字符串的 Next 数组的函数如下。

```
//prg0664.java
import java.util.*;
class String0664 {
    static int [] countNext(String b) {  //求字符串 b 的 Next 数组
        int i=1,k=0,L=b.length();         //k 开始就是 Next[1](如果 b 不为空串)
        int [] Next = new int[L];         //初始值都是 0

        while (i < L-1) {                //每次循环求 Next[i+1],最先求的是 Next[2]
            //欲求 Next[i+1]时,k 的值是 Next[i]
            if (b.charAt(i) == b.charAt(k)) {
                Next[i+1] = k + 1;
                k = Next[i+1]; ++i;
            }
            else {
                if (k == 0) {
                    Next[i+1] = 0;
                    k = Next[i+1]; ++i;
                }
                else k = Next[k];
            }
        }
        return Next;
    }
}
public class prg0664  {                  //请注意:在 OpenJudge 提交时类名要改成 Main
    public static void main(String[] args){
        int Next[] = String0664.countNext("aaaqdaaay");
```

```
27.         for(int x:Next) //>>0,0,1,2,0,0,1,2,3,
28.             System.out.print(x+",");
29.     }
30. }
```

第 18 行：若执行本行后 k 变为 0，则说明 $b[0,i]$ 的最长前后缀是不可能由“成因 1”形成的。接下来再执行第 9 行，如果条件满足，则算出 Next$[i+1]$为 1，即“成因 2”；条件不满足说明“成因 2”不具备，接下来会执行第 15 行，算出 Next$[i+1]$为 0。

程序 prg0664 中的求 Next 的函数不是很简洁优美，出于易于理解的目的才先这样写。各种教科书中求 Next 数组的标准写法，都将 Next[0]设置为-1，起到“哨兵”的作用，如下所示。

```
//prg0665.java
1.  import java.util.*;
2.  class String0665 {
3.      static int [] countNext(String b) {     //求字符串 b 的 Next 数组
4.          int i=0, k=-1, L=b.length();        //开始 k 就是 Next[0]
5.          int [] Next = new int[L];
6.          if (Next.length > 0) Next[0] = -1;
7.          while (i < L - 1)                   //每次循环求 Next[i+1],最先求的是 Next[1]
8.              if (k == -1 || b.charAt(i) == b.charAt(k))
9.                  Next[++i] = ++k;            //执行完本句后 k 就是 Next[i]
10.             else k = Next[k];
11.         return Next;
12.     }
13. }
14. public class prg0665  {
15.     public static void main(String[] args){
16.         int Next[] = String0665.countNext("aaaqdaaay");
17.         for(int x:Next)                     //>>-1,0,1,2,0,0,1,2,3,
18.             System.out.print(x+",");
19.     }
20. }
```

若执行第 10 行导致 k 变为 0，如果接下来执行第 8 行，条件还不能满足，则 Next$[i+1]$就应该为 0。第 8 行条件不满足导致执行第 10 行，k 变为-1，下次执行第 8 行条件就满足了，于是 Next$[i+1]$就变为 0。

如果应付招聘考试，最好照上面那样写。

字符串“aaaqdaaay”的 Next 数组如表 9.1 所示。

表 9.1　字符串"aaaqdaaay"的 Next 数组

下标	0	1	2	3	4	5	6	7	8
字符串	a	a	a	q	d	a	a	a	y
Next	−1	0	1	2	0	0	1	2	3

字符串匹配的 KMP 算法实现如下。

```
//prg0666.java
import java.util.*;
class String0666 {
    private static int [] countNext(String b) {   //求字符串 b 的 Next 数组
        …同 prg0665.java 中的 countNext
    }
    static int KMP(String a,String b)  {            //a 是母串,b 是子串
```

```
7.          int Next[] = countNext(b);
8.          int La = a.length(), Lb = b.length();
9.          int pa = 0, pb = 0;                                 //母串指针和子串指针
10.         while (pa < La && pb < Lb) {
11.             if (pb == -1 || a.charAt(pa) == b.charAt(pb)) {
12.                 //pb==-1 说明 b[0]失配,因为只有 Next[0]才为-1
13.                 ++pa; ++pb;
14.             }
15.             else pb = Next[pb];      //执行次数不会多于++pa,即++pb 的执行次数
16.         }
17.         if (pb == Lb)
18.             return pa - pb;
19.         return -1;
20.     }
21. }
22. public class prg0666  {              //请注意:在 OpenJudge 提交时类名要改成 Main
23.     public static void main(String[] args){
24.         System.out.println(String0666.KMP("abcd","d"));          //>>3
25.         System.out.println(String0666.KMP("abcd","dd"));         //>>-1
26.         System.out.println(String0666.KMP("abcd",""));           //>>0
27.     }
28. }
```

第10～16行的复杂度为O(La)。因为：显然第13行的执行次数不会超过La，否则pa就大于La了。pb的值在执行第15行时一定会减少（注意：Next[0]是－1），执行第13行时会增加1。pb初始值为0，第10行的while循环结束时，pb一定大于或等于0，因此pb被减少的次数，即第15行被执行的次数，一定不大于pb被加1的次数，即第13行执行次数。每次while循环必然执行第13行或第15行之一，这两行执行次数都不超过La，则while循环复杂度为O(La)。

用同样的方法可以分析出，countNext函数的复杂度是$O(L)$。L是b的长度。即，**求一个字符串的Next数组的复杂度是$O(n)$**。

综上所述，KMP算法进行字符串匹配，复杂度为$O(m+n)$，m和n分别是母串和子串的长度。实际应用中常会在多个母串中查找相同子串，则子串的Next数组只需要求一次。

countNext函数还可以改进，生成更好的Next数组，以提高KMP算法的执行速度。

在程序prg0665第8行，若b.charAt(i) == b.charAt(k)成立，则将Next[$i+1$]设置为$k+1$，意为如果母串字符c和b[$i+1$]比较失配，就会将子串指针回溯至$k+1$，让c和b[$k+1$]比较。现在考虑如果b[$k+1$]==b[$i+1$]成立的情况：c和b[$i+1$]比较失配，也必然会和b[$k+1$]比较失配，和b[$k+1$]比较失配后，子串指针必然要回溯到Next[$k+1$]。既然如此，当初就没有必要将子串指针回溯到$k+1$让c和b[$k+1$]去做比较，应该在c和b[$i+1$]失配时，直接将子串指针回溯到Next[$k+1$]。也就是说，若b[$k+1$] == b[$i+1$]，则将Next[$i+1$]设置为Next[$k+1$]比设置为$k+1$效率更高。于是可以改写countNext函数如下。

```
//prg0667.java
    static int [] countNext(String b) {            //求字符串 b 的 Next 数组
        int i=0, k=-1, L=b.length();               //开始 k 就是 Next[0]
        int [] Next = new int[L];
        if( Next.length>0) Next[0] = -1;
        while (i < L - 1)                          //最先求的是 Next[1]
            if (k == -1 || b.charAt(i) == b.charAt(k)) {
```

```
                if (b.charAt(i+1) == b.charAt(k+1))
                    Next[++i] = Next[++k];
                else Next[++i] = ++k;
            }
            else k = Next[k];
        return Next;
    }
```

表 9.2 是字符串"abbcabcaabbcaa"的 Next 数组在改进前后的值的对比。Next2 表示改进后的 Next 数组。

表 9.2　字符串"abbcabcaabbcaa"的 Next 数组

下标	0	1	2	3	4	5	6	7	8	9	10	11	12	13
字符串	a	b	b	c	a	b	c	a	a	b	b	c	a	a
Next	−1	0	0	0	0	1	2	0	1	1	2	3	4	5
Next2	−1	0	0	0	−1	0	2	−1	1	0	0	0	−1	5

下面分析为何 Next2[4]的值是−1,其他 Next2 元素值的来历分析方法类似。

字符串 s = "abbcabcaabbcaa",Next[4]为 0,但 $s[4]==s[0]$,所以母串字符若与 $s[4]$比较失配,也没必要去和 $s[0]$比较,应直接将子串指针回溯至 Next[0],即−1,故 Next2[4]=−1。子串指针回溯至−1,并不会导致子串中下标为−1 的字符参与匹配,因为在 prg0666 的第 11 行,若子串指针 pb 回溯至−1,母串指针就会加 1,子串指针会变为 0。

小　结

字符串通常采用可变长顺序表的方式实现。

字符串匹配的暴力算法复杂度是 $O((m-n+1)\times n)$,KMP 算法的复杂度是 $O(m+n)$。m 和 n 分别是母串和子串长度。

习　题

1. 若母串长度为 m,子串长度为 n,则 KMP 算法求母串是否包含子串的复杂度是(　　)。
   A. $O(m\times n)$　　B. $O(m+n)$　　C. $O(m)$　　D. $O(n)$
2. KMP 算法中,求子串的 Next 数组的复杂度是(　　)。
   A. $O(n)$　　B. $O(n^2)$　　C. $O(\log(n))$　　D. $O(n\times\log(n))$
3. 若母串长度为 m,子串长度为 n,则 KMP 算法的额外空间复杂度是(　　)。
   A. $O(n)$　　B. $O(m)$　　C. $O(m+n)$　　D. $O(m\times n)$
4. 写出字符串"aabcaabcad"的 Next 数组,包括经过改进的和未经过改进的两种情况。
5. 写出字符串"ababaabab"的 Next 数组,包括经过改进的和未经过改进的两种情况。

以下为编程题。本书编程的例题习题均可在配套网站上程序设计实习 MOOC 组中与书名相同的题集中进行提交。每道题都有编号,如 P0010、P0020。

1. **找第一个只出现一次的字符(P0830)**:给定一个只包含小写字母的字符串,请你找到第一个仅出现一次的字符。如果没有,输出“no”。
2. **判断字符串是否为回文(P0840)**:输入一个字符串,输出该字符串是否是回文。回文是指顺读和倒读都一样的字符串。

3. **字符串最大跨距(P0850)**：有三个字符串 S,S_1,S_2,其中,S 长度不超过 300,S_1 和 S_2 的长度不超过 10。想检测 S_1 和 S_2 是否同时在 S 中出现,且 S_1 位于 S_2 的左边,并在 S 中互不交叉(即 S_1 的右边界点在 S_2 的左边界点的左侧)。计算满足上述条件的最大跨距(即最大间隔距离：最右边的 S_2 的起始点与最左边的 S_1 的终止点之间的字符数目)。如果没有满足条件的 S_1、S_2 存在,则输出−1。

例如,S ="abcd123ab888efghij45ef67kl", S_1 ="ab", S_2 ="ef",其中,S_1 在 S 中出现了2次,S_2 也在 S 中出现了2次,最大跨距为18。

4. **找出全部子串位置(P0860)**：输入两个串 s_1,s_2,找出 s_2 在 s_1 中所有出现的位置。两个子串的出现不能重叠。例如,"aa"在"aaaa"里出现的位置只有0,2。

第10章 动态规划

动态规划是一种实践应用非常广泛的算法。互联网上可以找到数量巨大的动态规划编程练习题和竞赛题。本章只讲解初级的动态规划算法，例题习题在动态规划题中都相对比较简单。

10.1 什么是动态规划

前面的章节讲解了如何用递归的方法解决问题。但是在解决某些问题的时候，单纯的递归效率很低，例如下面这道题目。

案例：数字三角形(P0870)

图 10.1 给出了一个数字三角形。从三角形的顶部到底部有很多条不同的路径。对于每条路径，把路径上面的数加起来可以得到一个和，和最大的路径称为最佳路径。你的任务就是求出最佳路径上的数的和。

```
        7
      3   8
    8   1   0
  2   7   4   4
4   5   2   6   5
```

图 10.1　数字三角形

注意： 路径上的每一步只能从一个数走到下一层上和它最近的左边的数或者右边的数。例如，从第 3 行的 1 出发只能走到下一行的 7 或 4，不能走到其他数。

输入： 第一行是一个整数 $N(1 < N \leqslant 100)$，给出三角形的行数。下面的 N 行给出数字三角形。数字三角形上的数的范围都为 0～100。

输出： 输出最大的和。

输入样例

```
5
7
3 8
8 1 0
2 7 4 4
4 5 2 6 5
```

输出样例

```
30
```

题目来源： IOI 1994

这道题目可以用递归的方法解决。基本思路是：用二维数组存放数字三角形。以 $D(i,j)$ 表示第 i 行第 j 个数(i,j 都从 0 开始算)，以 MaxSum(i,j)表示从第 i 行的第 j 个数到底边的最佳路径上面的数之和，则 MaxSum(0,0)即为本题所求的答案。

用递归或用动态规划思想解决问题，一个重要的思路，就是先做一步，然后看看剩下的问题变成什么样——剩下的问题很有可能和原问题形式相同，但是规模变小。在本题中，先走的一步，无非就是往正下方的数走，或往右下方的数走。如果第一步走到了正下方的数，剩下的问题，就是如何从正下方的数出发，走出一条到底边的最佳路径。这和原问题形式相同，但是规模变小了，因为起点离底边更近。第一步走到右下方的数，情况也类似。

总之，从某个 $D(i,j)$出发，显然下一步只能走 $D(i+1,j)$或者 $D(i+1,j+1)$。如果走 $D(i+1,j)$，那么得到的 MaxSum(i,j)就是 MaxSum$(i+1,j)$ + $D(i,j)$；如果走 $D(i+1,j+1)$，那么得到的 MaxSum(i,j)就是 MaxSum$(i+1,j+1)+D(i,j)$。所以，选择往哪里走，就看 MaxSum$(i+1,j)$和 MaxSum$(i+1,j+1)$哪个更大。如果 $D(i,j)$在底边上，则 MaxSum$(i,j)=D(i,j)$，程序如下。

```java
//prg0670.java
import java.util.*;
class Triangle1 {
    int D[][];
    int MaxSum(int i,int j) {
        int n = D.length;
        if (i == n-1)              //D[i][j]在底边
            return D[i][j];
        int x = MaxSum(i+1,j);
        int y = MaxSum(i+1,j+1);
        return Math.max(x,y) + D[i][j];
    }
    void solve() {
        Scanner reader = new Scanner(System.in);
        int n = reader.nextInt();
        D = new int[n][n];
        for (int i=0;i<n;++i)
            for(int j=0;j<i+1;++j)
                D[i][j] = reader.nextInt();
        System.out.println(MaxSum(0,0));
    }
}
public class prg0670  {            //请注意：在 OpenJudge 提交时类名要改成 Main
    public static void main(String[] args){
        new Triangle1().solve();
    }
}
```

上面的程序效率非常低，在 N 值并不大，如 $N=100$ 的时候，就慢得几乎永远算不出结果了。为什么会这样呢？因为重复计算过多。分析程序的复杂度，需要找出进行次数最多的那种时间固定的操作。在本程序中，这个操作就是函数 MaxSum 的“**调用**”**动作**。“调用”这个动作只包括参数和返回地址入栈，然后跳转到函数入口，其时间是固定的，和函数执行的时间无关。MaxSum 函数的执行过程，无非就是执行了两个调用动作，然后再执行 Math.max 和加法，Math.max 和加法都是常数时间的操作，且次数没有比调用动作更多，因此可以认为上面程序的时间复杂度，就是由执行了多少次调用动作决定的。每次计算 MaxSum(i,j)的时候，都要调用一次 MaxSum($i+1,j$)，而每次计算 MaxSum($i,j-1$)的时候，也要调用一次 MaxSum($i+1,j$)，这就产生了重复的调用动作。在题目中给出的例子里，如果将 MaxSum(i,j)这个调用动作被执行的次数写在位置(i,j)，就能得到下面的三角形。

```
1
1 1
1 2 1
1 3 3 1
1 4 6 4 1
```

可以看出，最后一行的调用动作次数总和是 16，倒数第二行的调用动作次数总和是 8。总结一下规律，就可以看出这个程序的复杂度是 $O(2^N)$的，即对于 N 行的三角形，总的调用动作次数是 $2^0+2^1+2^2+\cdots+2^{N-1}=2^N-1$。当 $N=100$ 时，2^N 是一个让人无法接受的大数，没有计算机能够在一个人的有生之年能用这个程序算出结果。

既然问题出在重复计算，那么解决的办法就是：一个值一旦算出来，就要记住，以后不必重新计算。即第一次算出 MaxSum(i,j)的值时，就将该值存放起来，下次再需要计算 MaxSum(i,j)时，直接取用存好的值即可，不必再次调用 MaxSum 进行函数递归计算，就可以避免递归下去引发的一系列调用动作。这样，每个调用动作 MaxSum(i,j)最多只需要做两次，即计算 MaxSum($i-1,j$)和 MaxSum($i-1,j-1$)的时候。那么总的调用动作的次数不会超过三角形中的数的总数的二倍，即 $2\times(1+2+3+\cdots+N)=N(N+1)$。

可以用一个二维数组 maxSum 存放 MaxSum 函数的返回值。maxSum[i][j]就存放 MaxSum(i,j)的返回值。下次需要用到 MaxSum(i,j)的值时，不必再调用 MaxSum 函数，只需直接取 maxSum[i][j]的值即可。maxSum[i][j]的初始值是-1，表示 MaxSum(i,j)还从未计算过，程序如下。

```
//prg0680.java
import java.util.*;
class Triangle2 {
    int D[][];
    int maxSum[][];
    int MaxSum(int i,int j) {
        int n = D.length;
        if (i == n-1)
            return D[i][j];
        if (maxSum[i][j] != -1)     //等于-1 说明 MaxSum(i,j)还没算出来过
            return maxSum[i][j];
        int x = MaxSum(i+1,j);
        int y = MaxSum(i+1,j+1);
        maxSum[i][j] = Math.max(x,y) + D[i][j];
        return maxSum[i][j];
    }
    void solve() {
        Scanner reader = new Scanner(System.in);
        int n = reader.nextInt();
        D = new int[n][n];
        maxSum = new int[n][n];
        for (int i=0;i<n;++i)
            for(int j=0;j<i+1;++j) {
                D[i][j] = reader.nextInt();
                maxSum[i][j] = -1;
```

```
            }
        System.out.println(MaxSum(0,0));
    }
}
public class prg0680  {                    //请注意:在 OpenJudge 提交时类名要改成 Main
    public static void main(String[] args){
        new Triangle2().solve();
    }
}
```

上面的程序中,每个 maxSum 元素的值只被计算 1 次,且计算一次所花的时间是常数,因此时间复杂度就是 $O(N^2)$。

将一个问题分解为子问题递归求解,并且将中间结果保存以避免重复计算的方法,可以称为"动态规划"。

动态规划和分治的区别在于,动态规划分解的子问题有重叠部分,为避免重叠部分重复求解,需要将子问题的解求出后保存下来。而分治所分解出的子问题,没有重叠部分。以数字三角形题为例,MaxSum(i,j)和 MaxSum$(i,j+1)$这两个子问题是有重叠的,它们都需要用到子问题 MaxSum$(i+1,j+1)$的解。而在归并排序这个典型的分治问题中,对数组前一半归并排序和对数组后一半归并排序,是两个无重叠、不相关的子问题。

动态规划通常用来求最优解,能用动态规划解决的求最优解问题,必须满足一个条件:最优解的每个局部解也都是最优的。以数字三角形题为例,最佳路径上面的每个数到底部的那一段路径,都是从该数出发到达底部的最佳路径。

实际上,递归的思想在编程时未必要用递归函数来实现。在上面的例子里,有递推公式:

$$\text{MaxSum}(i,j)=\begin{cases}D(i,j), & i=N-1\\ \max\{\text{MaxSum}(i+1,j),\text{MaxSum}(i+1,j+1)\}+D(i,j), & \text{其他情况}\end{cases}$$

不需要写递归函数,从 maxSum$[N-1]$这一行元素开始向上逐行递推,就能求得最终 maxSum[0][0]的值,程序如下。

```
//prg0690.java
import java.util.*;
class Triangle3 {
    int D[][];
    int maxSum[][];
    void solve() {
        Scanner reader = new Scanner(System.in);
        int n = reader.nextInt();
        D = new int[n][n];
        maxSum = new int[n][n];
        for (int i=0;i<n;++i)
            for(int j=0;j<i+1;++j) {
                D[i][j] = reader.nextInt();
            }
        for (int i=0;i<n;++i)
            maxSum[n-1][i] = D[n-1][i];
        for (int i=n-2;i>=0;--i)
            for (int j=0;j<i+1;++j)
                maxSum[i][j] = Math.max(maxSum[i+1][j],maxSum[i+1][j+1])
                                +  D[i][j];
        System.out.println(maxSum[0][0]);
```

```
    }
}
public class prg0690  {                  //请注意:在 OpenJudge 提交时类名要改成 Main
    public static void main(String[] args){
            new Triangle3().solve();
    }
}
```

实际上，因为 maxSum[i][j]的值在用来计算出 maxSum[$i-1$][j]后已经无用，所以可以将算出来的 maxSum[$i-1$][j]的值直接存放在 maxSum[i][j]的位置。这样，计算出 maxSum[$N-2$][0]替换原来的 maxSum[$N-1$][0]，计算出 maxSum[$N-2$][1]替换原来的 maxSum[$N-1$][1]…maxSum[$N-2$][$N-2$]替换原来的 maxSum[$N-1$][$N-2$]，只用二维数组 maxSum 的最后一行，就能够存放上面程序中本该存放在 maxSum[$N-2$]那一行的全部结果。同理，再逐行向上递推，maxSum 二维数组只需要最后一行就可以存放全部中间计算结果，最终的结果(本该是 maxSum[0][0])，也可以被存放在 maxSum[$N-1$][0]。因此，实际上 maxSum 不需要是二维的，一维的足矣。改写后的程序如下。

```
//prg0700.java
1.  import java.util.*;
2.  class Triangle4 {
3.      int D[][];
4.      int maxSum[];
5.      void solve() {
6.          Scanner reader = new Scanner(System.in);
7.          int n = reader.nextInt();
8.          D = new int[n][n];
9.          maxSum = D[n-1];            //用 D 的最后一行作为 maxSum 数组使用
10.         for (int i=0;i<n;++i)
11.             for(int j=0;j<i+1;++j)
12.                 D[i][j] = reader.nextInt();
13.         for (int i=n-2;i>=0;--i)
14.             for (int j=0;j<i+1;++j)
15.                 maxSum[j] = Math.max(maxSum[j],maxSum[j+1]) + D[i][j];
16.         System.out.println(maxSum[0]);
17.     }
18. }
19. public class prg0700  {             //请注意:在 OpenJudge 提交时类名要改成 Main
20.     public static void main(String[] args){
21.             new Triangle4().solve();
22.     }
23. }
```

这种用一维数组取代二维数组进行递推以节省空间的技巧，叫“滚动数组”。上面的程序虽然节省了空间，但是时间复杂度依然是 $O(N^2)$的，从第 13、14 行的两重循环就可以看出这一点。

一般的动态规划的题目只要求求出最优解，很少要求将获得最优解的步骤也求出来。对于本题，如果要求输出从顶端的数到底边的最佳路径，则需要设置一个二维数组 steps，setps[i][j]表示从 D[i][j]出发，下一步的最佳走法——即下一步应该走到 D[$i+1$][steps[i][j]]，程序如下。

```
//★★prg0710.java
import java.util.*;
```

```
class Triangle5 {
    int D[][];
    int maxSum[];
    void solve() {
        Scanner reader = new Scanner(System.in);
        int n = reader.nextInt();
        D = new int[n][n];
        maxSum = D[n-1];                    //用 D 的最后一行作为 maxSum 数组使用
        for (int i=0;i<n;++i)
            for(int j=0;j<i+1;++j)
                D[i][j] = reader.nextInt();
        maxSum = new int[n];
        int steps[][] = new int[n][n];
        for(int i=0;i<n;++i)
            maxSum[i] = D[n-1][i];          //D 不应该被修改,所以复制其最后一行
        for (int i=n-2;i>=0;--i)
            for (int j=0;j<i+1;++j) {
                if (maxSum[j]> maxSum[j+1]) {
                    steps[i][j] = j;    //下一步走到第 j 列
                    maxSum[j] += D[i][j];
                }
                else {
                    steps[i][j] = j+1; //下一步走到第 j+1 列
                    maxSum[j] = maxSum[j+1] + D[i][j];
                }
            }
        System.out.println(maxSum[0]);
        System.out.print(D[0][0]+",");
        int c = 0;
        for (int i=0;i<n-1;++i) {
            c = steps[i][c];
            System.out.print(D[i+1][c]+",");
        }
    }
}
public class prg0710   {                    //请注意:在 OpenJudge 提交时类名要改成 Main
    public static void main(String[] args) {
        new Triangle5().solve();
    }
}
```

针对样例数据,输出结果为

```
30
7,3,8,7,5,
```

10.2 动态规划解题的一般思路

许多求最优解的问题可以用动态规划来解决。用动态规划解题,首先要把原问题分解为若干个子问题,这一点和递归方法类似。区别在于,单纯的递归往往会导致子问题被重复计算,而用动态规划的方法,子问题的解一旦求出就会被保存,所以每个子问题只需求解一次。

子问题经常和原问题形式相似,有时甚至完全一样,只不过规模从原来的 n 变成了 $n-1$,或从原来的 $n\times m$ 变成了 $n\times(m-1)$ ……找到子问题,就意味着找到了将整个问题逐渐分解

的办法，因为子问题可以用相同的思路分解成子子问题，一直分解下去，直到最底层规模最小的子问题可以一目了然地看出解(像数字三角形例题的递推公式中，$i=N-1$ 时，解就是一目了然的)。每一层子问题的解决，会导致上一层子问题的解决，逐层向上，最终导致整个问题的解决。如果从最底层的子问题开始，自底向上地推导出一个个子问题的解，那么编程的时候就不需要写递归函数。

在用动态规划解题时，往往将和子问题相关的各个变量的一组取值称为一个"状态"。一个"状态"对应于一个或多个子问题，所谓某个"状态"下的"值"，就是这个"状态"所对应的子问题的解。

具体到数字三角形的例子，子问题就是"位于(i,j)的数到底边最佳路径的和"。这个子问题和两个变量 i 和 j 相关，那么一个"状态"就是 i,j 的一组取值，即每个数的位置就是一个"状态"。该"状态"所对应的"值"，就是从该位置的数开始，到底边的最佳路径上的数之和。

定义出什么是"状态"，以及在该"状态"下的"值"后，就要找出不同的状态之间如何迁移——一般来说，即为如何从一个或多个"值"已知的"状态"，求出另一个"状态"的"值"。状态的迁移可以用递推公式表示，此递推公式也可被称作"状态转移方程"。

在数字三角形例题中，如下的递推式就说明了状态转移的方式。

$$\mathrm{MaxSum}(i,j)=\begin{cases}D(i,j), & i=N-1\\ \max\{\mathrm{MaxSum}(i+1,j),\mathrm{MaxSum}(i+1,j+1)\}+D(i,j), & \text{其他情况}\end{cases}$$

上面的递推式说明了在状态$(i+1,j)$和状态$(i+1,j+1)$对应的值都已知的情况下，该如何求出状态(i,j)对应的值。即两个子问题的解决如何导致一个更高层的子问题的解决。

所有"状态"的集合，构成问题的"状态空间"。"状态空间"的大小，与用动态规划解决问题的时间复杂度直接相关。在数字三角形的例题中，一共有 $N\times(N+1)/2$ 个数，所以这个问题的状态空间里一共就有 $N\times(N+1)/2$ 个状态。在该问题里，求每个状态的值所花的时间都是和 N 无关的常数，所以时间复杂度等于状态数目。

用动态规划解题时，一个状态常常由 K 个整型变量构成(如数字三角形例题中的行号和列号这两个变量构成"状态")。如果这 K 个整型变量的取值范围分别是 $N_1,N_2,\cdots,N_k$，就可以用一个 K 维的数组 array$[N_1][N_2]\cdots[N_k]$来存储各个状态的"值"。这个"值"未必就是一个整数或浮点数，也可能是需要一个对象才能表示的多项数据，那么 array 就可以是一个对象数组。一个"状态"下的"值"通常会是一个或多个子问题的解。

某些状态的值，很容易就能知道，如数字三角形例题中底边数到底边的最大和。这些状态称为边界状态。可以在数组里先填充边界状态的值，然后再按照一定的顺序，由数组中的已知元素，根据状态转移方程推出未知元素的值，直到将代表整个问题答案的数组元素的值求出。

用动态规划解题，如何寻找"子问题"，定义"状态"，以及"状态转移方程"是什么样的，并没有一定之规，需要具体问题具体分析，题目做多了就会有感觉。甚至，对于同一个问题，分解成子问题的办法可能不止一种，因而"状态"也可以有不同的定义方法。不同的"状态"定义方法可能会导致时间、空间效率上的区别。难的动态规划题目，难就难在"状态"的定义上。

必须要注意，同时满足以下两个条件的问题，才可以用动态规划算法求解。

(1) 问题具有最优子结构性质。如果问题的最优解所包含的子问题的解也是最优的，就称该问题具有最优子结构性质。

(2) 无后效性。当前的若干个状态值一旦确定，则此后过程的演变就只和这若干个状态的值有关，和之前是采取哪种手段或经过哪条路径演变到当前的这若干个状态，没有关系。换句话说，解决后续所有问题，所需要的信息仅限于当前若干个状态及其值，并不需要知道当前状态的值是通过什么路径得到的。具体到数字三角形的例题，状态(i,j)的值 maxSum$[i][j]$是重要的，但是如何得到该值，即从(i,j)位置的数，到底边的最佳路径（可能有多条）是什么样的，则并不需要关心。

动态规划是非常常用的算法，有很多技巧，本章中的例题都是简单的入门题。

10.3 案例：简单背包问题(P0880)

背包问题是一类典型的动态规划问题，这里仅讲解其中最简单的一种形式。

有一个容积为 n 的背包和 m 种物品，每种物品体积已知。要求取出若干物品，正好将背包填满，问一共有多少种不同取法？每种物品可以取任意多个，同种物品，取这个还是取那个没区别。

输入：有多组测试数据。每组测试数据两行。第一行是两个整数 n 和 m，$0<n,m\leqslant100$。第二行是 m 个正整数，表示 m 种物品的体积。物品体积不超过 1000。若干组输入数据后，输入数据以一行“0 0”表示结束。

输出：对每组输入数据，输出取法种数。

输入样例

```
5 3
1 2 3
5 3
3 4 6
0 0
```

输出样例

```
5
0
```

提示：第一组数据的 5 种取法是(1,1,1,1,1)(1,1,1,2)(1,1,3)(1,2,2)(2,3)。

解决问题的思路，是先做一步，看看剩下的问题会变成什么。可以把原问题描述为：有 m 种物品，编号为 $1\sim m$。要用前 m 种物品去凑容积 n，问有多少种取法？要做的第一步，可以是决定第 m 种物品取还是不取。于是所有取法就被分为两大类，即不取第 m 种物品的取法和取第 m 种物品的取法。第一类的取法总数，等于用前 $m-1$ 种物品去凑容积 n 的取法总数。对于第二类取法，取了一个第 m 种物品后，剩下要凑的体积就变成了 $n-v(m)$，$v(m)$表示第 m 种物品的体积。由于可以再次取第 m 种物品，第二类的取法总数就是用 m 种物品去凑体积 $n-v(m)$的取法总数。当然，如果 $v(m)>n$，则不存在第二类取法。

有了上面的分析，就可以设计出“状态”。用 ways(i,j)表示用前 j 种物品去凑容积 i 的取法总数，状态转移方程如下。

```
if (i == 0)                    ways(i,j) = 1
else if (i>0 && j == 0)        ways(i,j) = 0
else {
    if (i >= v(j))             ways(i,j) = ways(i,j-1) + ways(i-v(j),j)
    else                       ways(i,j) = ways(i,j-1)
}
```

两个边界条件的意思是：当要凑的容积 i 为 0 时，不论 j 是多少，都只有一种取法，即什么都不取；当要凑的容积 $i>0$，且 $j=0$，即意味着已经没有物品可以取了，那么取法总数就是

0,因为没法凑出容积 i。

解题程序如下。

```
//prg0740.java
1.  import java.util.*;
2.  public class prg0740  {              //请注意:在 OpenJudge 提交时类名要改成 Main
3.      public static void main(String[] args){
4.          Scanner reader = new Scanner(System.in);
5.          while (true) {
6.              int n = reader.nextInt(),m = reader.nextInt();
7.              if (n == 0)
8.                  break;
9.              int volume[] = new int[m+1];
10.             for(int i=1;i<m+1;++i)
11.                 volume[i] = reader.nextInt();
12.              //物品编号 1~m,volume[i]是第 i 种物品的体积
13.             int ways[][] = new int[n+1][m+1];
14.             for (int j=0;j<m+1;++j)
15.                 ways[0][j] = 1;
16.             for (int i=1;i<n+1;++i)
17.                 ways[i][0] = 0;
18.             for (int i=1;i<n+1;++i)
19.                 for (int j=1;j<m+1;++j) {
20.                     ways[i][j] = ways[i][j-1];
21.                     if (i >= volume[j])
22.                         ways[i][j] += ways[i - volume[j]][j];
23.                 }
24.             System.out.println(ways[n][m]);
25.         }
26.     }
27. }
```

第 14～17 行:进行边界状态的值的填充。

第 18、19 行:这个两重循环就是从边界状态出发,在 ways 数组中由已知推导未知。按照状态转移方程,求 ways[i][j]的值时,需要知道 ways[i][$j-1$]的值和 ways[$i-$volume[j]][j]的值,即 ways[i][j]左边那个元素和正上方若干行的某个元素的值,因此推导的顺序就是按行从上到下,同一行从左到右。

推导顺序是由状态转移方程决定的,要确保使用状态转移方程时,赋值号右边的元素值已经求得。

上面程序的复杂度是 $O(n\times m)$。

如果要在算出取法总数的同时,得到一种成功的取法并输出,则如下修改程序。下画线的部分是新增的代码。

```
//★★★prg0750.java
import java.util.*;
public class prg0740  {              //请注意:在 OpenJudge 提交时类名要改成 Main
    public static void main(String[] args){
        Scanner reader = new Scanner(System.in);
        while (true) {
            int n = reader.nextInt(),m = reader.nextInt();
            if (n == 0)
                break;
```

```
9.          int volume[] = new int[m+1];
10.         for(int i=1;i<m+1;++i)
11.             volume[i] = reader.nextInt();
12.          //物品编号 1~m,volume[i]是第 i 种物品的体积
13.         int ways[][] = new int[n+1][m+1];
14.         for (int i=0;i<m+1;++i)
15.             ways[0][i] = 1;
16.         int select[] = new int[n+1];
17.         //select[i]表示最终凑成容积 i 的情况下,第一步选了哪种物品
18.         for (int i=1;i<n+1;++i) {
19.             ways[i][0] = 0;
20.             select[i] = -1;             //初始值无意义
21.         }
22.         for (int i=1;i<n+1;++i)
23.             for (int j=1;j<m+1;++j) {
24.                 ways[i][j] = ways[i][j-1];
25.                 if (i >= volume[j]) {
26.                     ways[i][j] += ways[i - volume[j]][j];
27.                     if (ways[i - volume[j]][j] > 0)
28.                         //既然选第 j 种物品最终是可以成功的,那就选第 j 种物品
29.                         select[i] = j;
30.                 }
31.             }
32.         System.out.println(ways[n][m]);
33.         if (ways[n][m] > 0)
34.             while (n > 0) {
35.                 int c = select[n];      //凑容积 n 的时候先选了物品 c
36.                 System.out.print(volume[c]+",");
37.                 n -= volume[c];
38.             }
39.         System.out.println();
40.     }
41.   }
42. }
```

第 29 行：凑容积 i 时，第一种物品有多种选择都可能导致最终成功。那么随便做哪种选择都可以。

针对“简单背包问题(P0880)”的输入样例，本程序输出为

```
5
3,2,
0
```

背包问题有各种各样的变种。例如，将上题改为每种物品最多只能取一个，问有多少种取法；每种物品都有其价值，那么装满背包能得到的物品总价值最大是多少；不要求背包一定要装满，能得到的物品总价值最大是多少，等等。具体的思路都是先做一步，即决定第 m 种物品取或不取，然后看看剩下的问题变成什么。

★★10.4 案例：不简单的出栈序列统计(P0890)

输入整数 $n(0<n<100)$。问将 $1,2,\cdots,n$ 依次入栈，能产生多少个不同的出栈序列？

输入样例

```
3
```

输出样例

```
5
```

样例解释：5 个不同出栈序列分别是 123,132,213,231,321。

解题思路：如果仅用一个状态变量 i，ways(i)表示将 1,2,…,i 依次入栈能形成的出栈序列数目，难以写出状态转移方程。之所以难以写出状态转移方程，常常是因为对状态的描述不够精细，以至于状态及其值所包含的信息，不足以用来对后续的过程进行推导。用于描述状态的变量越多，对状态的描述就越精细。因此，应该考虑增加一个变量来描述状态。用 ways(i，j)表示栈外序列(尚未入过栈的序列)长度为 i，栈内元素个数为 j 时，此后能产生的出栈序列数目，则原问题就是求 ways(n，0)。按照先做一步再看的思想，分为以下几种情况讨论。

(1) 如果栈外序列为空，则只能将栈中元素依次出栈，得到的出栈序列只有 1 个。哪怕此时栈为空，也认为得到了 1 个出栈序列，即空序列。

(2) 如果栈外序列不为空且栈为空，则只能执行入栈操作。

(3) 如果栈和栈外序列都不为空，则第一步有两种选择：弹出栈顶元素，或者将栈外序列中一个元素入栈。根据这一步的不同选择，可以把后面的所有可能出栈序列分为两类。于是可以写出状态转移方程：

```
if (i==0)               ways(i,j) = 1         //只能将栈中元素逐个出栈,得到唯一出栈序列
else if (i>0 && j==0)   ways(i,j) = ways(i-1,1)   #只能执行入栈操作
else                    ways(i,j) = ways(i,j-1) + ways(i-1,j+1)
```

程序如下。

```
//prg0752.java
1.  import java.math.BigInteger;
2.  import java.util.*;
3.  public class prg0752 {                          //在 OpenJudge 提交时类名要改为 Main
4.      public static void main(String[] args) {
5.          Scanner reader = new Scanner(System.in);
6.          int n = reader.nextInt();
7.          BigInteger ways[][] = new BigInteger[n+1][n+1];
8.          //ways[i][j]表示栈外序列有 i 个元素,栈内有 j 个元素的情况下的出栈序列数目
9.          for (int j=0;j<n+1;++j)
10.             ways[0][j] = new BigInteger("1");
11.         for (int i=1;i<n+1;++i)
12.             for (int j=0;j<n+1;++j)
13.                 if (j == 0)
14.                     ways[i][j] = ways[i-1][1];
15.                 else if(i+j <= n)
16.                     ways[i][j] = ways[i][j - 1].add(ways[i - 1][j + 1]);
17.         System.out.println(ways[n][0]);
18.     }
19. }
```

第 15 行：如果按照状态转移方程，用递归函数 ways(int i,int j)来实现本程序，是不会出现参数 $i+j>n$ 的情况的。但是用递推写法，二维数组 ways 中的元素 ways[i][j]，在 $i+j>n$ 时无意义，因此要避免对这些元素的求值。

★10.5 案例：最长上升子序列(P0900)

一个数的序列$(b_1,b_2,\cdots,b_n)$，当$b_1<b_2<\cdots<b_n$的时候，称这个序列是上升的。对于给定的一个序列$(a_1,a_2,\cdots,a_N)$，可以得到一些上升的子序列$(a_{i1},a_{i2},\cdots,a_{iK})$，这里$1\leqslant i_1<i_2<\cdots<i_K\leqslant N$。例如，序列(1,7,3,5,9,4,8)有一些上升子序列，如(1,7)(3,4,8)等。这些子序列中最长的长度是4，如子序列(1,3,5,8)。

你的任务，就是对于给定的序列，求出最长上升子序列的长度。

输入：输入的第一行是序列的长度N $(1\leqslant N\leqslant 1000)$。第二行给出序列中的$N$个整数，这些整数的取值范围都为0～10 000。

输出：最长上升子序列的长度。

输入样例

```
7
1 7 3 5 9 4 8
```

输出样例

```
4
```

题目来源：ACM-ICPC Northeastern Europe 2002, Far-Eastern Subregion

解题思路：如何把这个问题分解成子问题呢？“求序列的前n个元素的最长上升子序列的长度$F(n)$”是个子问题，但这样分解子问题，不具有“无后效性”。设$F(n)=x$，则可能有多个子序列使得$F(n)=x$。有的子序列的最后一个元素比a_{n+1}小，则加上a_{n+1}就能形成更长上升子序列；有的子序列最后一个元素不比a_{n+1}小，不能和a_{n+1}形成一个更长的上升子序列。以后的事情，即$F(n+1)$，$F(n+2)$，…这些状态值的求解会受形成$F(n)$的值的途径的影响，因此$F(n)$这样的子问题分解方法，不符合“无后效性”。

经过分析，发现“求以$a_k(k=1,2,3,\cdots,N)$为终点的最长上升子序列的长度”是个好的子问题——这里把一个上升子序列中最右边的那个数，称为该子序列的终点。虽然这个子问题和原问题形式上并不完全一样，但是只要这N个子问题都解决了，那么这N个子问题的解中最大的那个就是整个问题的解。

上述子问题只和一个变量相关，就是数的位置。因此序列中数的位置k就是“状态”；而状态k对应的“值”，就是以a_k为“终点”的最长上升子序列的长度。这个问题的状态一共有N个。状态定义出来后，转移方程就不难想了。假定$\text{MaxLen}(k)$表示以a_k为“终点”的最长上升子序列的长度，那么：

$$\text{MaxLen}(1)=1$$
$$\text{MaxLen}(k)=\max\{\text{MaxLen}(i)\mid 1\leqslant i<k \text{ 且 } a_i<a_k\}+1$$

这个状态转移方程的意思是，$\text{MaxLen}(k)$的值等于在a_k左边，终点数值小于a_k，且长度最大的那个上升子序列的长度再加1，因为a_k左边任何一个终点小于a_k的子序列加上a_k后就能形成一个更长的上升子序列。如果a_k左边所有的数都不小于a_k，则$\text{MaxLen}(k)=1$。

实际实现的时候，可以不必编写递归函数，因为从MaxLen(1)就能推算出MaxLen(2)，有了MaxLen(1)和MaxLen(2)就能推算出MaxLen(3)……程序实现如下，其中序列元素的下标从0开始算。

```
//prg0720.java
1. import java.util.*;
2. public class prg0720  {                //请注意:在 OpenJudge 提交时类名要改成 Main
3.     public static void main(String[] args){
4.         Scanner reader = new Scanner(System.in);
5.         int N = reader.nextInt();
6.         int maxLen[] = new int[N];
7.         int a[] = new int[N];
8.         for(int i=0;i<N;++i) {
9.             maxLen[i] = 1;
10.            a[i] = reader.nextInt();
11.        }
12.        int answer = 1;
13.        for(int i=1;i<N;++i) {
14.            //每次求以 a[i]为终点的最长上升子序列的长度
15.            for (int j=0;j<i;++j)
16.                //查看以 a[j]为终点的最长上升子序列
17.                if (a[i] > a[j])
18.                    maxLen[i] = Math.max(maxLen[i],maxLen[j]+1);
19.            answer = Math.max(answer,  maxLen[i]);
20.        }
21.        System.out.println(answer);
22.    }
23. }
```

以 $a[i]$($i=0,1,\cdots,N-1$)为终点的最长上升子序列的长度至少是 1,因此在第 9 行做了初始化。maxLen[0]必然是 1,这算是边界状态。第 13 行从边界条件开始由已知推未知。对某个 i,如果第 17 行的条件始终不能满足,即 $a[i]$左边找不到一个上升子序列加上 $a[i]$后能形成更长上升子序列,那么 maxLen[i]的值就是初始化时给的 1。

从本程序中的两重循环不难看出,复杂度是 $O(n^2)$的。

★★10.6 案例:最长公共子序列(P0910)

(题目原标题:Common Subsequence)子序列是原序列的一部分,可以不是连续的一部分,但是元素出现的先后次序不能变。例如,序列<a, b, f, c>是序列<a, b, c, f, b, c>的子序列。

现在给出两个序列 X 和 Y,你的任务是找到 X 和 Y 的最长公共子序列,也就是说,要找到一个最长的序列 Z,使得 Z 既是 X 的子序列也是 Y 的子序列。

输入: 输入包括多组测试数据。每组数据包括一行,给出两个长度不超过 200 的字符串,表示两个序列。两个字符串之间由若干个空格隔开。

输出: 对每组输入数据,输出一行,给出两个序列的最长公共子序列的长度。

输入样例

```
abcfbc          abfcab
programming     contest
abcd            mnp
```

输出样例

```
4
2
0
```

题目来源： ACM-ICPC Southeastern Europe 2003

样例解释： “abcfbc”和“abfcab”的最长公共子序列是“abcb”。

解题思路： 用 $s_1[i]$表示字符串 s_1 的第 i 个字符，$s_2[j]$表示字符串 s_2 的第 j 个字符(字符编号从 0 开始)，用 $s1_i$ 表示 s_1 的前 i 个字符所构成的子串，$s2_j$ 表示 s_2 的前 j 个字符构成的子串，MaxLen(i,j)表示 $s1_i$ 和 $s2_j$ 的最长公共子序列的长度，那么递推关系如下。

```
if (i == 0 || j == 0)
    MaxLen(i, j) = 0                          //任何串和空串的最长公共子序列长度显然是 0
else if (s1[i-1] == s2[j-1])
    MaxLen(i,j) = MaxLen(i-1,j-1)+1
else
    MaxLen(i,j) = max(MaxLen(i,j-1), MaxLen(i-1,j))
```

若 $s_1[i-1]==s_2[j-1]$，则说明 $s1_i$ 的最后一个字符和 $s2_j$ 的最后一个字符相同。那么，在 $s1_{i-1}$ 和 $s2_{j-1}$ 的最长公共子序列的基础上，加上两者的最后一个字符，必然构成一个更长的公共子序列。

要证明递推关系 MaxLen(i,j) = max(MaxLen(i,$j-1$), MaxLen($i-1$,j))，证明以下两个命题即可。

(1) MaxLen(i,j)不可能小于 MaxLen(i,$j-1$)或 MaxLen($i-1$,j)。

(2) MaxLen(i,j)不可能比 MaxLen(i,$j-1$)和 MaxLen($i-1$,j)都大。

不比两者中任何一个小，又不比两者都大，那只能和两者中大的那个相等。

命题(1)显然成立，因为 MaxLen(i,j)处理的字符串是比后两者都更长的。

命题(2)要用反证法证明。先假设 MaxLen(i,j)比 MaxLen($i-1$,j)大。如果是这样的话，那么一定是 $s_1[i-1]$起作用了，即 $s_1[i-1]$是 $s1_i$ 和 $s2_j$ 的最长公共子序列里的最后一个字符。同样，如果 MaxLen(i,j)比 MaxLen(i,$j-1$)大，也能够推导出，$s_2[j-1]$是 $s1_i$ 和 $s2_j$ 的最长公共子序列里的最后一个字符。即如果 MaxLen(i,j)比 MaxLen(i,$j-1$)和 MaxLen($i-1$, j)都大，那么，$s_1[i-1]$应该和 $s_2[j-1]$相等，这就和应用本递推关系的前提——$s_1[i-1]\neq s_2[j-1]$相矛盾了。因此，MaxLen(i,j)不可能比 MaxLen(i,$j-1$)和 MaxLen($i-1$,j)都大。

本题目的“状态”就是 s_1 的子串长度 i 和 s_2 的子串长度 j。“值”就是 MaxLen(i,j)。状态的数目是 s_1 长度和 s_2 长度的乘积。可以用一个二维数组来存储各个状态下的“值”。本问题的两个子问题，和原问题形式完全一致，只不过规模小了一点，程序如下。

```
//prg0730.java
import java.util.*;
public class prg0730 {                  //请注意:在 OpenJudge 提交时类名要改成 Main
    public static void main(String[] args){
        Scanner reader = new Scanner(System.in);
        while(true) {
            try {
                String s1 = reader.next(),s2 = reader.next();
                int L1 = s1.length(),L2 = s2.length();
                int [][] maxLen = new int[L1+1][L2+1];
                for (int i=0;i<L1+1;++i)
                    maxLen[i][0] = 0;
                for (int j=0;j<L2+1;++j)
                    maxLen[0][j] = 0;
                for (int i=1;i<L1+1;++i)
                    for (int j=1;j<L2+1;++j)
                        if (s1.charAt(i-1) == s2.charAt(j-1))
```

```
17.                             maxLen[i][j] = maxLen[i-1][j-1] + 1;
18.                         else
19.                             maxLen[i][j] = Math.max(maxLen[i][j-1],
20.                                                     maxLen[i-1][j]);
21.                 System.out.println(maxLen[L1][L2]);
22.             }
23.             catch(Exception e) {
24.                 break;
25.             }
26.         }
27.     }
28. }
```

第 10～13 行：进行边界状态的值的填充。填好后，maxLen 数组的第 0 行和第 0 列的值都是 0。

第 14、15 行：这个两重循环从边界状态出发，在 maxLen 数组中由已知推导未知。按照状态转移方程，求 maxLen[i][j]的值时，需要用到 maxLen[i][$j-1$]的值和 maxLen[$i-1$][j]的值，即 maxLen[i][j]左边那个元素和上方那个元素的值，因此推导的顺序就是按行从上到下，同一行从左到右。

推导顺序是由状态转移方程决定的，要确保使用状态转移方程时，赋值号右边的元素值已经求得。

上面的程序，状态数目是 $O(L_1 \times L_2)$的(L_1，L_2 分别是两个字符串的长度)，且计算一个状态的值的时间是常数，因此，程序复杂度是 $O(L_1 \times L_2)$。

小　　结

动态规划算法适合用于解决具有最优子结构性质和无后效性的问题。

动态规划算法的时间复杂度等于状态数目乘以状态转移所需的时间。

如果由于状态没有包含足够多的信息导致不满足无后效性，难以写出状态转移方程，可以考虑多加一个变量来描述状态，使得状态包含更多的信息，以便写出状态转移方程。

习　　题

以下为编程题。本书编程的例题习题均可在配套网站上程序设计实习 MOOC 组中与书名相同的题集中进行提交。每道题都有编号，如 P0010、P0020。

1. **简单的整数划分问题(P0920)**：将正整数 n 表示成若干正整数之和，$n=n_1+n_2+\cdots+n_k$，其中，$n_1 \geqslant n_2 \geqslant \cdots \geqslant n_k \geqslant 1$，$k \geqslant 1$。正整数 n 的这种表示称为正整数 n 的划分。求正整数 n($n \leqslant 50$)的不同的划分数目。

★2. **复杂的整数划分问题(P0930)**：求将正整数 N($N \leqslant 50$)划分成 K 个正整数之和的划分数目、划分成若干个不同正整数之和的划分数目、划分成若干个奇正整数之和的划分数目。

3. **移动办公(P0940)**：假设你经营着一家公司，公司在北京和南京各有一个办公地点。公司只有你一个人，所以你每个月只能选择在其中一个城市办公。在第 i 个月($i \leqslant 100$)，如果你在北京办公，你能获得 P_i 的营业额，如果你在南京办公，你能获得 N_i 的营业额。但是，如果你某个月在一个城市办公，下个月在另一个城市办公，你需要支付数额为 M 的交通费。那么，该怎样规划你的行程(可以在任何一个城市开始),才能使得总收入(总营业额减去总交通费)最大?

4. **开餐馆(P0950)**:共有 n 个地点($n<100$)可供开设数量不限的餐馆。这 n 个地点排列在同一条直线上。用一个整数序列 $m_1,m_2,\cdots,m_n$ 来表示它们的坐标。用 p_i 表示在 m_i 处开餐馆的利润。为了避免餐馆的内部竞争,餐馆之间的距离必须大于 $k(0<k<1000)$。求利润最大的地点选择方案的利润。

★5. **Zipper(P0960)**:给定三个长度不超过 200 的字符串 a,b,c,判断 c 能否由 a 和 b 中的字符混合得到。a 中的所有字符都必须出现在 c 中,而且这些字符在 c 中的先后次序和它们在 a 中一致。b 亦然。例如,"cat"和"tree"可以混合得到"catrtee",但是不能混合得到"cttaree"。

★6. **硬币(P0970)**:一共有 n 个面值不同的硬币,面值分别为 $a_1,a_2,\cdots,a_n$.问要凑成 X 元,哪些硬币是必须要用到的($1\leqslant n\leqslant 200,1\leqslant X\leqslant 10\ 000$)。

★★7. **股票买卖(P0980)**:假设已经准确预知某只股票在未来 N 天的价格($1\leqslant N\leqslant 100\ 000$),希望买卖两次,使得获得的利润最高。卖出的价格减去买入的价格即为利润。同一天可以进行多次买卖。但是在第一次买入之后,必须要先卖出,然后才可以第二次买入。问最多可以获得多少利润。

★★★8. **切割回文(P0990)**:如果一个字符串从左往右看和从右往左看完全相同的话,那么就认为这个串是一个回文串。例如,"abcaacba"是一个回文串,"abcaaba"则不是一个回文串。任给一个字符串,可以通过切割它,使得切割完之后得到的子串都是回文的。给定字符串,问最少切割多少次就可以达到目的。例如,对于字符串"abaacca",最少切割一次,就可以得到"aba"和"acca"这两个回文子串。字符串长度不超过 1000 且只包含小写字母。

★★★9. **上机(P1000)**:机房有一排机器共 N 台,编号为 $1\sim N$。同学们来到机房上机。一位同学来到机房,坐在机位 i 上,如果此刻他的左右两边都空着,他将获得能力值 $a[i]$;如果当他坐下时,左边或者右边已经有一个人在上机了,他将获得能力值 $b[i]$;如果当他坐下时,他的左边和右边都有人在上机,他将获得能力值 $c[i]$。已经在上机的同学不会受到刚要坐下的同学的影响,即他们的能力值只会在坐下时产生,以后不会发生变化。第一个机位左边没有机位,视为左边永远没人;最后一个机位右边没有机位,视为右边永远没人。有 N 位同学来到机房上机,问如何安排落座的顺序,可以使这 N 位同学获得能力值的和最大?

★10. **滑雪(P1010)**:滑雪场可以看作一个整数矩阵,每个整数代表一个点的高度。下面是一个例子:

```
1   2   3   4   5
16  17  18  19  6
15  24  25  20  7
14  23  22  21  8
13  12  11  10  9
```

滑雪者可以从某个点滑向上下左右相邻 4 个点之一,当且仅当高度减小。在上面的例子中,一条可滑行的道路为 24-17-16-1。当然,道路 25-24-23-…-3-2-1 更长。事实上,这是最长的一条道路。给定行列数不超过 100 的矩阵,求最长可滑行道路的长度。

第11章 图的遍历和搜索

11.1 图的定义和术语

图(Graph)由非空有限顶点集合 V 和有限边集合 E 组成,记为 $G=(V,E)$。通常用 $V(G)$ 表示图 G 的顶点集合,$E(G)$ 表示图 G 的边集合。$E(G)$ 若是空集,则表示图 G 中只有顶点没有边。顶点也可以称为结点。

一条边连接顶点集合 V 中的两个顶点。两个顶点若有起点终点之分,则该边称为有向边;两个顶点若无起点终点之分,则该边称为无向边。规定一个图中的边,要么都是有向边,要么都是无向边。一条无向边可以看作两条方向相反的有向边,因此不需要研究有的边有向、有的边无向的图。边有向的图,称为有向图;边无向的图,称为无向图。

边可以用一对顶点来表示。用 $<x,y>$ 表示有向边,起点为 x,终点为 y。有向边也称为弧,则 x 为弧头,y 为弧尾。用 (x,y) 表示无向边。

图 11.1(a)是无向图,图 11.1(b)是有向图。

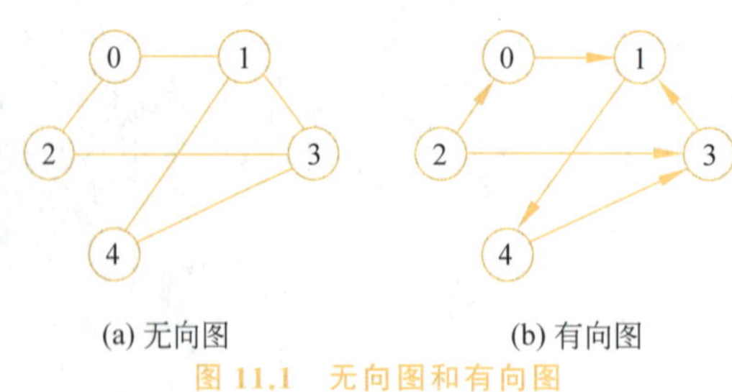

图 11.1 无向图和有向图

和图相关的术语有很多,列举如下。下面用 n 表示图中顶点数目,用 e 表示边的数目。本章提到时间、空间复杂度,如 $O(n^2)$、$O(n+e)$时,n 和 e 都是这个意思。

重边:无向图中两个顶点之间有不止一条边,或者有向图中两个顶点之间有不止一条同方向的边,这种现象称为重边。

自环:一条边的两个端点是同一个顶点,这条边就称为“自环”。

简单图:不含有重边和自环的图。

请注意,除非有特别说明,本书中默认图都是简单图。

子图：两个图 $G=(V,E)$ 和 $G'=(V',E')$。如果 $V'\subseteq V$ 且 $E'\subseteq E$，则称 G' 为 G 的子图。简单地说，图 G 的子图就是从 G 中抽取一部分或全部顶点和边构成的图。

真子图：两个图 $G=(V,E)$ 和 $G'=(V',E')$。如果 $V'\subset V$ 且 $E'\subseteq E$，或 $V'\subseteq V$ 且 $E'\subset E$ 则称 G' 为 G 的真子图。简单地说，图 G 的真子图就是从 G 中抽取一部分顶点和边构成的图，但不能和 G 一样。

无向完全图：任意两个顶点之间都有边的无向图。无向完全图有 $n(n-1)/2$ 条边。

有向完全图：任意两个顶点之间都有方向相反的两条边的有向图。有向完全图有 $n(n-1)$ 条边。

边的权：可以为边赋予一个数值，这个数值就叫"权"。例如，顶点代表城市，边代表两个城市之间的路的情况下，边的权值就可以代表路的长度，或者修路的花费等。

带权图和网：边上带权的图叫带权图，也称作"网"。

邻点和相邻：对于无向边 (x,y)，顶点 x 和顶点 y 互为邻点，或者说 x 和 y 相邻；对于有向边 $<x,y>$，称 y 是 x 的邻点。

度、出边、入边、出度和入度：和某顶点相连的边的数目，称为该顶点的"度"。在有向图中，以某顶点为起点的边称为该顶点的"出边"；以某顶点为终点的边称为该顶点的"入边"；一个顶点的出边数目，即为该顶点的"出度"；一个顶点的入边数目，称为该顶点的"入度"。显然，图的边数等于顶点度数和的一半。

稀疏图：边比较少的图。何为"比较少"没有明确定义，没有达到 n^2 量级即可。也可以说，大多数顶点的度都远比 n 少的图是稀疏图。

稠密图：边数达到 n^2 量级的图。也可以说，大多数顶点的度都比较接近 n 的图是稠密图。

路径和可达：无向图 G 的路径，是指一个顶点序列 $(V_{i\_0},V_{i\_1},V_{i\_2},\cdots,V_{i\_k})$，其中，对任意 $0\leqslant j\leqslant k-1$，有 $(V_{i\_j},V_{i\_(j+1)})\in E(G)$。该顶点序列称为从 V_{i_0} 到 V_{i_k} 的一条路径，V_{i_0} 称为路径的起点，V_{i_k} 称为路径的终点。有向图上路径的定义类似，只是条件须改为 $<V_{i\_j},V_{i\_(j+1)}>\in E(G)$。通俗地说，从顶点 V_i 可以沿着一系列边走到顶点 V_j，则 V_i 到 V_j 存在一条路径，也称从 V_i 可达 V_j。无向边两个方向都可以走，有向边只能从起点走到终点，不能由终点走到起点。显然，在无向图上，V_i 可达 V_j，则 V_j 也必可达 V_i，在有向图上就不是这样。不过，即便没有自环，一个顶点一般被认为可达自身。

路径长度：在边没有权的图上，路径长度就是路径上的边的数目。在带权图上，路径长度是路径上的边的权值之和。

简单路径：路径上的每个顶点只出现一次，则该路径就是简单路径。

回路或环：起点和终点相同的路径称为回路或环。

简单回路或简单环：在有向图上，起点和终点相同，其他路径上的顶点只出现一次的路径，称为简单回路或简单环。在无向图上，起点和终点相同，其他路径上的顶点只出现一次，且多于两条边的路径，称为简单回路或简单环。要求多于两条边，是因为在无向图上，若顶点 a、b 之间有边，则路径 aba 不算简单环。

路径和环(回路)这几个词，大家在日常使用中，约定俗成得很不规范。提到路径的时候，往往指的是简单路径，提到环(回路)的时候，往往指的是简单环(简单回路)，读者需要根据上下文自行判断。本书也是如此，否则读起来不符合习惯比较别扭。上面环的定义，和其他教科书一样，如果按照这个定义，若无向图上两个顶点 a、b 之间有边，则 aba 这条路径就是环，那么有边的无向图，就一定有环，这显然不符合习惯的说法。

连通和连通图：在无向图中，如果顶点 V_i 可达 V_j，则称 V_i 和 V_j 是连通的。如果一个无向图中任意两个顶点都连通，则称该无向图为连通图。

强连通图：一个有向图，如果任意两个顶点都互相可达，则称其为强连通图。

树：没有简单环的连通图称为“树”。通常大家都会说树中没有环，指的就是树中没有简单环。树上任意两个顶点之间有唯一简单路径；n 个顶点的树有 $n-1$ 条边；有 n 个顶点和 $n-1$ 条边且无简单环的无向图一定是树；树上删除任何一条边都会导致树分为不连通的两个部分。此处“树”的概念和第 8 章的“树”不同之处在于不关心根结点是哪个顶点，所以不相邻两个顶点之间也没有父子关系。第 8 章的“树”中的结点的度是指结点的子结点数目，而此处的“树”的顶点的度就是顶点连接的边的数量。

连通分量：无向图的极大连通子图。图 G 的子图 G' 是极大连通子图，当且仅当 G' 是连通的，且找不到一个 G 的连通子图 G''，使得 G' 是 G'' 的真子图。

强连通分量：有向图的极大强连通子图。

11.2 图的表示

程序中通常用邻接矩阵或邻接表来表示一个图。

11.2.1 邻接矩阵

一个有 n 个顶点的图，可以用一个 $n\times n$ 的矩阵 $\boldsymbol{G}$ 来表示。$\boldsymbol{G}$ 的第 i 行第 j 列的元素 $\boldsymbol{G}[i][j]$ 表示顶点 V_i 和 V_j 之间边的情况(有无边、边权值多少等)。$\boldsymbol{G}[i][j]$ 取什么值表示什么情况，可以视具体问题而定。通常在图中，可以规定：

$$\boldsymbol{G}[i][j]=\begin{cases}1, & (V_i,V_j)\text{或}<V_i,V_j>\in E(\boldsymbol{G})\\0, & \text{和上面情况相反}\end{cases}$$

即 $\boldsymbol{G}[i][j]$ 取值 1 或 0 表示 V_i 与 V_j 之间的边存在或者不存在。

在带权图中，可以规定：

$$\boldsymbol{G}[i][j]=\begin{cases}W_{ij}, & (V_i,V_j)\text{或}<V_i,V_j>\in E(\boldsymbol{G})\\\infty, & \text{和上面情况相反}\end{cases}$$

即 V_i 与 V_j 之间的边存在，则 $\boldsymbol{G}[i][j]$ 取值为边权值，边不存在，则 $\boldsymbol{G}[i][j]$ 取值可以是无穷大。这里的“无穷大”，具体实现时，可以取大于所有可能权值的某个值。当然根据具体问题，取小于所有可能权值的某个值也不是不可以，只要能够和可能的权值区分开来就行。根据实际情况，$\boldsymbol{G}[i][i]$ 取 0 或者 ∞ 甚至 -1 都可以。

图 11.2 展示了无向图及有向图的邻接矩阵。矩阵行列号从 0 开始算。以图 11.2(a)为例，V_0 和 V_1、V_2 有边相连，因此矩阵中的第 0 行第 1 列、第 0 行第 2 列为 1，第 0 行其他元素为 0。

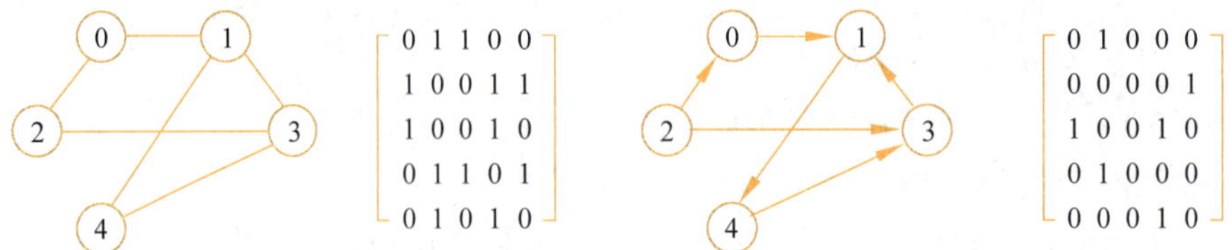

(a) 无向图及其邻接矩阵　　(b) 有向图及其邻接矩阵

图 11.2　无向图和有向图的邻接矩阵

无向图邻接矩阵中，**G**[i][j]必等于**G**[j][i]，因此无向图的邻接矩阵是以从左上到右下的对角线为对称轴对称的。如果内存空间紧张，可以只保存矩阵的上三角或下三角(对角线不用保存)，可以节约一半存储空间。

有向图的邻接矩阵不存在对称性质。

用邻接矩阵表示图，空间复杂度是 $O(n^2)$，n 是顶点数目。

11.2.2 邻接表

可以为图中的每个顶点 x 设置一个线性表，x 有几个邻点，线性表就有几个元素。一个线性表元素记录了 x 的一个邻点 y，还可记录边(x, y)或$\langle x, y\rangle$的权值(如果有的话)。这种表示图的方式，称为邻接表。

邻接表可以用可变长二维数组实现。设有二维数组 **G**，则 **G**[i]就是一个一维数组，称做 **G** 的一行。**G**[i]存放顶点 V_i 的所有邻点，以及连接 V_i 和这些邻点的边的权值。**G** 并不一定是一个矩阵，因为 **G** 的每一行的元素个数可以不一样。具体实现的时候，**G**[i]的元素，可以是一个表示邻点编号的整数(对于非带权图)，也可以是一个存放了邻点编号和边权值的对象，如下面的 Edge 类对象。

```
class Edge {
    int v,w;                                    //v是邻点,w是权值
    Edge(int v_,int w_) {
        v = v_;   w = w_;
}
```

以图 11.3 为例，图 11.3(a)中的无向图，就可以用数组

```
int G[][] = new int[][]{{1,2}, {0,4,3}, {0,3}, {1,2,4}, {1,3}} ;
```

表示。以 **G**[1]为例，其描述了顶点 V_1 有三个邻点 V_0，V_4 和 V_3，顺序不重要。实践中更多以 ArrayList<ArrayList<Integer>>类型的二维可变长数组来表示邻接表。

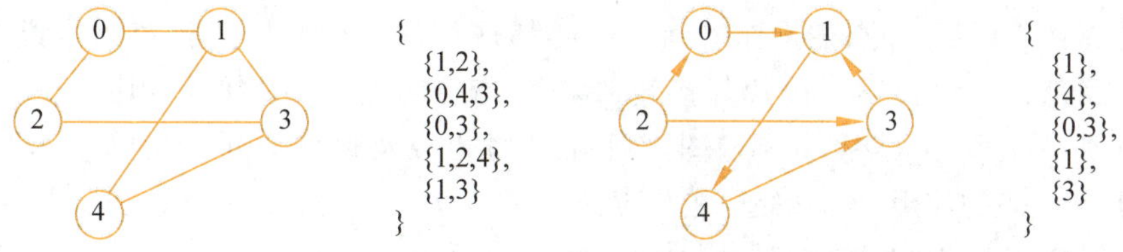

图 11.3 无向图和有向图的邻接表

早期的程序设计语言，包括 C 语言，一般不支持长度可变的顺序表，所以一般数据结构教材中在描述邻接表时，会说为每个顶点 x 设置一个单链表，每个结点存放 x 的一个邻点以及 x 和该邻点之间的边的权值(如果要应对考研等笔试，请遵循这种描述)。由于现在常用的程序设计语言基本都支持可变长的顺序表，所以大多数情况下，邻接表并不需要用麻烦且效率更低的单链表实现。如果图的边需要频繁动态增删，用单链表实现邻接表才可能有意义，但这种情况是很少见的。

用单链表方式实现的图 11.3(a)的无向图的邻接表结构如图 11.4 所示。

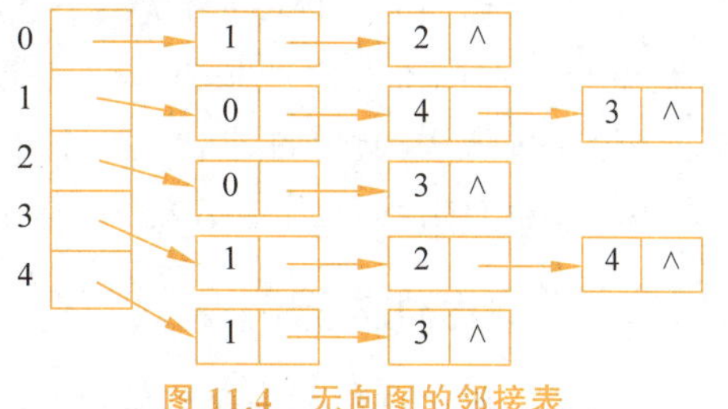

图 11.4 无向图的邻接表

有向图还可以用“逆邻接表”来表示。逆邻接表针对每个顶点 x，记录所有以 x 为邻点的顶点。如图 11.3(b)中的无向图，其逆邻接表可以用以下数组表示。

```
int G[][] = new int[][]{{2}, {0,3}, {}, {2,4}, {1}};
```

11.2.3 邻接表和邻接矩阵的对比

邻接矩阵的初始化需要 $O(n^2)$的时间，所以不管解决什么问题，只要用邻接矩阵表示图，复杂度都至少是 $O(n^2)$。(此处及以下的 n 表示图顶点数目，e 表示边数目。)

用邻接矩阵或邻接表表示图，处理不同问题时，有以下优劣对比。

(1) 对任意的两个顶点 V_i 和 V_j，想要知道两个顶点之间的边的情况。

用邻接矩阵，$O(1)$时间内即可完成——只要查看 $\boldsymbol{G}[i][j]$和/或 $\boldsymbol{G}[j][i]$即可。用邻接表，对无向图需要查看整个一维数组 $\boldsymbol{G}[i]$或 $\boldsymbol{G}[j]$，对有向图，则 $\boldsymbol{G}[i]$和 $\boldsymbol{G}[j]$都需要查看，因此复杂度是 $O(n)$的。

(2) 对于有向图，求顶点 V_i 的入度。

用邻接矩阵，只需要查看矩阵 $\boldsymbol{G}$ 的第 i 列并做个统计即可，复杂度为 $O(n)$。用邻接表，则需要查看遍邻接表 $\boldsymbol{G}$ 的每一行，统计共有多少行包含顶点 V_i，复杂度为 $O(n+e)$。

(3) 如何节约存储空间存储稀疏图？

不论图稀疏与否，邻接矩阵需要的存储空间都是 $O(n^2)$的。用邻接表，每条边需要被存一次(对有向图)或两次(对无向图)，另外，每个顶点 V_i 都需要对应一个数组 $\boldsymbol{G}[i]$，哪怕 $\boldsymbol{G}[i]$是个空数组。因此邻接表的存储空间是 $O(n+e)$。在稀疏图的情况下，e 远小于 n^2，因此邻接表更节约存储空间。

(4) 给定顶点 V_i，想要知道它有哪些邻点，以及它和邻点连边的权值。

用邻接矩阵，需要查看 $\boldsymbol{G}[i]$，复杂度 $O(n)$。对邻接表，也是要查看 $\boldsymbol{G}[i]$，但是 V_i 有几个邻点，$\boldsymbol{G}[i]$就只有几个元素。对于稠密图来说，每个顶点的邻点数目都接近 n，因此不论用邻接矩阵还是邻接表，寻找邻点的操作时间复杂度都是 $O(n)$；但是对于稀疏图来说，大多数顶点的邻点数目都远不到 n，因此使用邻接表，寻找邻点会明显比用邻接矩阵快。

现实中用到的图，绝大多数是稀疏图，而且找出邻点以及和邻点相连的边，基本上是最常用的操作，因此邻接表的应用比邻接矩阵更为普遍。当然，对于稠密图，就没有必要用邻接表表示。

由于用邻接表或邻接矩阵表示图会导致一些操作的时间复杂度不同，尤其是上面第(4)项，因此图上的问题，即便算法相同，采用不同的图的表示方式，也可能导致最终时间复杂度不同。

11.3 图的遍历

在一个无向图或有向图上，从一个顶点沿着一条边，可以“走”到其邻点。通俗地说，图的遍历，就是走遍图上所有的顶点。通常遍历一个图，有深度优先遍历和广度优先遍历两种做法。不论哪种做法，遍历的过程中都要记住哪些顶点已经走过，哪些顶点还没有走过，走过的顶点不可以重复走到，这个操作称为“判重”。

11.3.1 深度优先遍历

深度优先遍历是用深度优先搜索(Depth First Search，DFS，简称“深搜”)的策略对图进行遍历。

一般的“搜索”，是指从图上某一起点出发寻找到指定顶点(终点)的路径，这是 11.4 节讲述的问题。搜索有深度优先搜索和广度优先搜索(Breadth First Search，BFS，简称“广搜”)两种方法。但是，从起点出发，将所有可达的顶点都走遍，往往也被称为“搜索”。为避免混淆，这种情况不妨称为“彻底搜索”，相应地，也有“彻底深搜”和“彻底广搜”的概念。请注意，在 11.3 节提到的“深搜”或“广搜”，指的都是“彻底深搜”或“彻底广搜”。

深度优先遍历步骤如下。

(1) 开始时，将所有顶点都标记为“没有走过”。

(2) 随意选择一个没有走过的顶点作为起点，并将“当前顶点”设为起点。以后走到哪个顶点，哪个顶点就变成“当前顶点”，且被标记为“已经走过”。

(3) 当前顶点如果有没走过的邻点，则随便挑一个走过去将其变为当前顶点，再重复步骤(3)；如果当前顶点没有邻点，或者所有邻点都已经走过，则回退一步，即回退到上一步来时的顶点，并把来时的顶点设为当前顶点，重复步骤(3)。**回退一步不算再次走到已经走过的顶点。** 回退也称为“回溯”，来时的顶点称为当前顶点的“深搜前驱”，或搜索树中的父结点，简称深搜父结点。搜索树的概念后文会解释。

(4) 当回溯到起点且无法再继续走时，称为“完成了一次深搜”。此时若所有顶点都已经走过，则遍历结束。如果还有顶点没有走过，则转步骤(2)再进行一次深搜。

以图 11.5 为例，若开始选择顶点 0 作为起点，则一种可能的深度优先遍历顺序如下。

0－＞1－＞4－＞5＝＞4＝＞1－＞2＝＞1＝＞0－＞3－＞6＝＞3＝＞0

7－＞8＝＞7

上面单箭头“－＞”表示向前走，双箭头“＝＞”表示回溯。单箭头左边的顶点是右边顶点的搜索树父结点。走到顶点 5 时，顶点 5 的邻点 1 和 4 都已经走过，所以只能回溯到 4。同理退到 4 后只能再回溯到 1。回溯到 1 后发现 2 没有走过，因此可以走到 2 然后继续。当从 3 回溯到 0 时，已经无法继续向前走，一次深搜结束。此时 7，8 两个顶点还未走过，因此随意选择 7 作为新的起点，继续深度优先遍历。回溯到 7 时，无法继续往前走，且所有顶点都走过了，遍历结束。

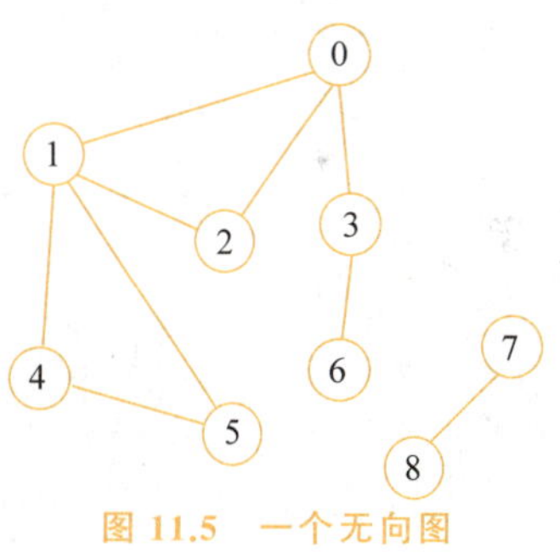

图 11.5　一个无向图

上述过程中，完成了两次深搜，第一次起点是 0，第二次起点是 7。

一般来说，提及遍历顺序的时候，回溯的步骤省略不提。所以图 11.5 的一种可能的深度优先遍历序列如下。

0，1，4，5，2，3，6，7，8

遍历序列可能不止一种，是因为每次深搜起点可以有不同选择，且走到邻点的时候也可能有多种选择。因此图 11.5 还有另外多种可能的深度优先遍历序列，其中一种过程如下。

8－＞7＝＞8

0－＞1－＞2＝＞1－＞4－＞5＝＞4＝＞1＝＞0－＞3－＞6＝＞3＝＞0

形成的遍历序列如下。

8，7，0，1，2，4，5，3，6

深度优先搜索的策略就是能往前走一步就往前走一步，不能往前走就回溯一步看看能否换个方向继续走，还不能则再回溯……深度优先搜索时总是试图**尽快**走得更远，所以称为“远度优先搜索”更容易理解些。所谓远近（或深度），就是以距离起点的步数来衡量的。

当一次深搜完成时，一定已经走过了所有从本次深搜起点可达的顶点。对无向图来说，一次深搜完成时走过的顶点，以及这些顶点之间的连边，构成一个连通分量。以图 11.5 为例，图中有两个连通分量，因此需要两次深搜来完成遍历。

图的深度优先遍历可以用伪代码描述如下。

```
void dfs(v)  {
    将 v 标记为走过;
    对 v 的每个邻点 u {
        if (u 没有走过)
            dfs(u);
    }
}
//程序从下面开始执行
将所有顶点都标记为没有走过;
while  (在图中能找到没有走过的顶点 k)
    dfs(k);                                     //以 k 为起点进行深搜
```

在查看 v 的邻点 u 时，如果发现 u 没有走过从而执行了 dfs(u)，则称 v 是 u 在深度优先搜索过程中的前驱，或者 v 是 u 的深度优先搜索树的父结点（深搜父结点）。

11.3.2 案例：输出无向图深度优先遍历序列(P1020)

输入：第一行是整数 n 和 m（$0<n<16$），表示无向图有 n 个顶点，m 条边，顶点编号为 $0\sim n-1$。接下来 m 行，每行两个整数 a，b，表示顶点 a，b 之间有一条边。

输出：一个可能的深度优先遍历序列。

样例输入

```
9 9
0 1
0 2
3 0
2 1
1 5
1 4
4 5
6 3
8 7
```

样例输出

```
0 1 2 4 5 3 6 7 8
```

该样例对应的图就如 11.3.1 节中图 11.5 所示。

使用邻接矩阵的解题程序如下，该程序输出和样例一致。

```
//prg0760.java
import java.util.*;
import java.util.function.Consumer;
class Graph0760 {                              //避免和其他.java 文件中的 Graph 类同名
    int G[][];                                 //G 是邻接矩阵,顶点编号从 0 开始
    boolean visited[];
    private void dfs(int v,Consumer<Integer> op) {
        visited[v] = true;                     //将 v 标记为已经访问过
        op.accept(v);                          //访问 v
```

```
9.          for (int i=0;i<G.length;++i)
10.             if (G[v][i] == 1 && ! visited[i])
11.                 dfs(i,op);
12.     }
13.     void dfsTraversal(Consumer<Integer> op) {
14.         int n = G.length;               //顶点数目
15.         for(int i=0;i<n;++i)
16.             visited[i] = false;
17.         for(int i=0;i<n;++i)            //顶点编号 0~n-1
18.             if (!visited[i])            //如果顶点 i 没有走过
19.                 dfs(i,op);              //以顶点 i 为起点进行深搜
20.     }
21.     Graph0760(int n) {                  //n 是顶点数目
22.         G = new int[n][n];
23.         for(int i=0;i<n;++i)
24.             for(int j=0;j<n;++j)
25.                 G[i][j] = 0;
26.         visited = new boolean[n];
27.     }
28.     void addEdge(int s,int e) {         //建图的时候往图中加一条边
29.         G[s][e] = G[e][s] = 1;
30.     }
31. }
32. public class prg0760  {                 //请注意:在 OpenJudge 提交时类名要改成 Main
33.     public static void main(String[] args){
34.         Scanner reader = new Scanner(System.in);
35.         int n = reader.nextInt(),m = reader.nextInt();
36.         //n 个顶点,编号 0~n-1, m 条边
37.         Graph0760 g = new Graph0760(n);
38.         for (int i=0;i<m;++i) {
39.             int u = reader.nextInt(), v = reader.nextInt();
40.             g.addEdge(u, v);
41.         }
42.         g.dfsTraversal((x)->System.out.print(x+" "));
43.     }
44. }
```

第 5 行：visited[i]取值 true 或 false,表示顶点 i 是否访问过,即是否走过。

第 6 行：Consumer 是 Java 的函数式接口。如果不了解函数式接口,请先阅读第 2.3 节“匿名类、Lambda 表达式和函数式接口”。

第 10 行：$\boldsymbol{G}[v][i]$为 1 则表示顶点 i 是顶点 v 的邻点。

第 19 行：dfs(i,op)执行的过程中,会走遍所有从顶点 i 可达的顶点,并将这些顶点标记为走过。下次第 18 行的条件满足时,则意味还有未走过的顶点,则应该以其为起点再次进行深搜。

第 29 行：如果题目改为有向图,输入数据的描述改为“每行两个整数 a,b,表示顶点 a 到顶点 b 有一条边”,则本行应改为“G[s][e] = 1;”。

对每个顶点 v,只会在当 visited[v]为 false,即它还没被访问过时,执行一次 dfs(v)。对每个 v,都需要执行一次第 9 行的循环,因此使用邻接矩阵深度优先遍历图的复杂度是 $O(n^2)$,n 为顶点数目。

使用邻接表的解题程序如下。

```
//prg0770.java
1.  import java.util.*;
2.  import java.util.function.Consumer;
3.  class Graph0770 {                          //避免和其他文件中的 Graph 类同名
4.      private ArrayList<ArrayList<Integer>> G;
5.      //G 是邻接表,顶点编号从 0 开始
6.      private boolean visited[];
7.      Graph0770(int n) {                     //n 是顶点数目
8.          G = new ArrayList< >();
9.          for(int i=0;i<n;++i)
10.             G.add(new ArrayList<Integer>());
11.         visited = new boolean[n];
12.     }
13.     void addEdge(int s,int e) {            //建图的时候往图中加一条边
14.         G.get(s).add(e);
15.         G.get(e).add(s);
16.     }
17.     private void dfs(int v,Consumer<Integer> op) {
18.         visited[v] = true;                 //将 v 标记为已经访问过
19.         op.accept(v);                      //访问 v
20.         for (Integer i:G.get(v))
21.             if (! visited[i])
22.                 dfs(i,op);
23.     }
24.     void dfsTraversal(Consumer<Integer> op) {
25.         int n = G.size();                  //顶点数目
26.         for(int i=0;i<n;++i)
27.             visited[i] = false;
28.         for(int i=0;i<n;++i)               //顶点编号 0~n-1
29.             if (!visited[i]) {             //如果顶点 i 没有走过
30.                 dfs(i,op);                 //以顶点 i 为起点进行深搜
31.             }
32.     }
33. }
34. public class prg0770  {                    //请注意:在 OpenJudge 提交时类名要改成 Main
35.     …除了类名 Graph0770 外与 prg0760.java 同,略
36. }
```

该程序输出为

```
0 1 2 5 4 3 6 7 8
```

对每个顶点 v,都只会执行一次 dfs(v)。根据第 20 行,执行 dfs(v)时,会将 v 的邻点都看一遍。对无向图来说,此即相当于将和 v 相连的每条边都看一遍,则整个图的每条边都被看了两遍。对有向图来说,第 20 行相当于将以 v 为起点的边都看一遍,则整个图每条边都被看了一遍。由于度为 0 的顶点也要看一遍,即便图中一条边都没有,所有顶点也需要看一遍,所以用邻接表方式进行深度优先遍历,相当于将所有顶点看一遍,且将所有边看两遍(对无向图)或一遍(对有向图),因此复杂度就是 $O(n+m)$,n 是顶点数目,m 是边数目。对稀疏图来说,由于 m 未到 n^2 量级,因此用邻接表存图进行遍历,比用邻接矩阵存图进行遍历时间复杂度低。

针对上述案例,使用邻接表的非递归深度优先遍历函数如下(非计算机专业读者可以跳过)。

```
//★★prg0780.java
    void dfsTraversal(Consumer<Integer> op) {
        class Item {                                   //栈中的元素
            int v; int num;                            //num 表示 v 的邻点已经查看了几个
```

```
        Item(int vv,int n) {v = vv; num = n;}
    }
    int n = G.size();                                     //顶点数目
    for(int i=0;i<n;++i)
        visited[i] = false;
    for (int x=0;x<n;++x)
        if (!visited[x]) {
            Deque<Item> stack = new ArrayDeque<>();
            stack.addLast(new Item(x,0));                 //0 表示 x 的邻点只看了 0 个
            visited[x] = true;
            while (!stack.isEmpty()) {
                Item nd = stack.peekLast();               //获得栈顶元素
                int v = nd.v;
                if (nd.num == 0)                          //nd.v 的邻点还没看过
                    op.accept(v);
                if (nd.num == G.get(v).size())            //最后一个邻点已经看过
                    stack.pollLast();                     //出栈
                else
                    for (int i=nd.num;i<G.get(v).size();++i) {
                        int u = G.get(v).get(i);
                        ++ nd.num;                        //看过的邻点多了一个
                        if (!visited[u]) {
                            stack.addLast(new Item(u,0));
                            visited[u] = true;
                            break;
                        }
                    }
            }
        }
}
```

11.3.3 案例: 城堡的房间(P1030)

求一个用字符矩阵表示的城堡中的房间个数和最大房间的面积。

输入：第一行是两个整数 r 和 $c(1 \leqslant r, c \leqslant 100)$，表示字符矩阵共有 r 行 c 列。接下来的 r 行就是表示城堡的字符矩阵。'#'表示墙壁，'.'表示一块空地。左右或上下连在一起的空地构成房间。房间的面积就是其包含的字符'.'的数目。数据保证城堡最外围的一圈都是墙壁。

输出：输出城堡的房间数目和最大房间的面积。

样例输入

```
6 12
# # # # # # # # # # # #
# . . . # . # . # . . #
# # # # # . . . . . . #
# . . # # # # # # # # #
# . . # . . # . . . . #
# # # # # # # # # # # #
```

样例输出

```
5
10
```

提示：样例里面有 5 个房间，面积分别是 3、10、4、2、4。

此题的本质,是一个在图上进行遍历的问题。城堡相当于一个无向图,每块空地,即一个字符'.',相当于一个顶点。上下或左右相邻的两块空地之间有边相连。房间就是一个连通分量,房间的面积就是连通分量中的顶点数目。于是题目的本质就是:给定一个无向图,求连通分量个数和顶点最多的连通分量的顶点数目。

需要从几个起点进行深搜,就有几个连通分量。做深搜时,每走到一个新顶点,就将当前连通分量的顶点个数加1。

编程解决此题时,并不需要建立邻接表或者邻接矩阵。因为建邻接表或者邻接矩阵的目的,就是为了能找出任意一个顶点的邻点。而在本题中,字符矩阵就已经包含每个顶点的邻点的信息——一个顶点的邻点就是其上下左右4个方向相邻字符中的'.'。

实际上,大部分本质上是在图上进行操作的问题,实际编程解决时都不需要建立邻接矩阵或者邻接表。本题解题程序如下。

```
//prg0790.java
import java.util.*;
class RoomProblem {
    int maxRoomArea,roomNum, roomArea; //roomArea 是当前正在搜索的房间的面积
    int color[][];                     //color 是空地是否走过的标记
    char G[][];                        //字符矩阵
    void search(int i, int j) {        //从第 i 行第 j 列空地出发进行深度优先搜索
        color[i][j] = roomNum ;    //染色,即设置访问过的标记。赋值为任何非 0 值都行
        ++roomArea;
        if (color[i-1][j] == 0 && G[i-1][j] == '.')    //可以向上走
            search(i-1,j);
        if (color[i+1][j] == 0 && G[i+1][j] == '.')    //可以向下走
            search(i+1,j);
        if (color[i][j-1] == 0 && G[i][j-1] == '.')    //可以向左走
            search(i,j-1);
        if (color[i][j+1] == 0 && G[i][j+1] == '.')    //可以向右走
            search(i,j+1);
    }
    void solve() {
        maxRoomArea = roomNum = roomArea = 0;
        Scanner reader = new Scanner(System.in);
        int r = reader.nextInt(), c = reader.nextInt();
        G = new char[r][c];
        color = new int[r][c];
        for (int i=0;i<r;++i) {
            String s = reader.next();
            for(int k=0;k<c;++k) {
                G[i][k] = s.charAt(k);
                color[i][k] = 0;                        //开始所有空地都没有走过
            }
        }
        for (int i=0;i<r;++i)
            for (int j=0;j<c;++j)
                if (color[i][j] == 0 && G[i][j] == '.') {   //发现新房间
                    ++roomNum;
                    roomArea = 0;                       //新房间面积
                    search(i,j);                       //从(i,j)开始探索一个新房间
                    maxRoomArea = Math.max(roomArea,maxRoomArea);
                }
        System.out.println(roomNum);
```

```
40.         System.out.println(maxRoomArea);
41.     }
42. }
43. public class prg0790  {              //请注意:在 OpenJudge 提交时类名要改成 Main
44.     public static void main(String[] args){
45.         new RoomProblem().solve();
46.     }
47. }
```

第 4 行：color[i][j]表示空地(i,j)的颜色。开始所有空地颜色都为 0,表示还没有走过。color[i][j]最终会被设置成空地(i,j)所属的房间的编号。本题中体现的对房间染色的办法,也称为“洪水填充”,类似于洪水从一个地方流出,会淹没它所有能够到达的区域。用广度优先搜索的办法也可以进行洪水填充。

11.3.4 案例: 判断无向图是否连通及是否有回路(P1040)

输入: 第一行两个整数 n($0<n\leqslant 50$),m,分别表示无向图顶点数和边数。顶点编号为 $0\sim n-1$。接下来 m 行,每行两个整数 u 和 v,表示顶点 u 和 v 之间有边。

输出: 如果图是连通的,则在第一行输出“connected:yes”,否则第一行输出“connected:no”。如果图中有回路,则在第二行输出“loop:yes”,否则第二行输出“loop:no”。

输入样例

```
3 2
0 1
0 2
```

输出样例

```
connected:yes
loop:no
```

判断无向图是否连通的办法是,任选一顶点为起点进行一次深度优先搜索。搜索结束后,如果还有顶点没有走过,则图不连通。

判断无向图是否有回路的问题属于较高要求,难度为“★★”。具体算法是：在深度优先搜索的过程中,对于当前顶点 u,依次考查其邻点。若发现一个邻点 v,v 不是 u 的搜索树父结点且 v 已经走过,则图中有回路。如果在整个深度优先遍历过程中从未发生上述情况,则图没有回路。因为当初走到 v 时,没有进一步沿着边(v,u)走到 u(否则 v 就是 u 的搜索树父结点),那必然从 v 经别的路径走到了 u。这条路径加上边(u,v)就构成回路。解题程序如下。

```
//prg0800.java
import java.util.*;
class Graph {
    private ArrayList<ArrayList<Integer>> G;
    //G是邻接表,顶点编号从 0 开始
    Graph(int n) {                          //n 是顶点数目
        G = new ArrayList< >();
        for(int i=0;i<n;++i)
            G.add(new ArrayList<Integer>());
    }
    void addEdge(int s,int e) {             //建图的时候往图中加一条边(s,e)
        G.get(s).add(e);
        G.get(e).add(s);
```

```
    }
    boolean isConnected() {
        int n = G.size();
        boolean visited[] = new boolean[n];
        for(int i=0;i<n;++i)
            visited[i] = false;
        class Dfs {
            void dfs(int v) {
                visited[v] = true;
                for (Integer u:G.get(v))
                    if (!visited[u])
                        dfs(u);
            }
        }
        new Dfs().dfs(0);
        for (int i=0;i<n;++i)
            if (!visited[i])
                return false;
        return true;
    }
    boolean hasLoop() {                                //★★难度
        int n = G.size();
        boolean visited[] = new boolean[n];
        for(int i=0;i<n;++i)
            visited[i] = false;
        class Dfs {
            boolean dfs(int v,int father) {
                //v的搜索树父结点是father,返回值表示本次dfs是否找到回路
                visited[v] = true;
                for (Integer u: G.get(v))
                    if (visited[u]) {
                        if (father != u)
                            return true;
                    }
                    else if (dfs(u,v))         //u的搜索树父结点是v
                        return true;
                return false;
            }
        }
        Dfs dfsObj = new Dfs();
        for(int i=0;i<n;++i)
            if (!visited[i])
                if (dfsObj.dfs(i,-1))          //-1表示顶点i无搜索树父结点
                    return true;
        return false;
    }
}
public class prg0800 {                  //请注意:在OpenJudge提交时类名要改成Main
    public static void main(String[] args) {
        Scanner reader = new Scanner(System.in);
        int n = reader.nextInt(),m = reader.nextInt();
        Graph graph = new Graph(n);
        for(int i=0;i<m;++i) {
            int u = reader.nextInt(),v = reader.nextInt();
            graph.addEdge(u, v);
```

```
        }
        if (graph.isConnected())
            System.out.println("connected:yes");
        else
            System.out.println("connected:no");
        if (graph.hasLoop())
            System.out.println("loop:yes");
        else
            System.out.println("loop:no");
    }
}
```

判断无向图是否有回路还有另一种方法，就是使用并查集。用一个集合代表一个连通的子图，开始每个顶点各自属于一个集合，互不连通。依次查看所有的边，对每一条边，判断其两个端点是不是在同一个集合中。如果不是，则将这两个端点所属的集合，即连通子图合并，得到一个更大的连通子图；如果是，则说明这条边的两个端点已经是连通的了，那么加上这条边，就会形成回路，算法结束。所有边都考察完还没有发现回路，则图中无回路。

n 个顶点的无向图，如果有超过 $n-1$ 条边，则一定有回路。但是如果边数不超过 $n-1$ 条，也未必没有回路，因为图可能不连通，在某个连通分量里面有回路。

给定一个有向图，判断是否有回路，可以用深度优先遍历的方法解决。在深度优先遍历的过程中，第一次访问某顶点，该顶点会入栈；从该顶点出发的深度优先遍历结束，回溯到该顶点的搜索树父结点时，该顶点会出栈。如果发现栈顶的顶点（即当前顶点）有边连到栈中的顶点，则说明有回路。如果遍历完整个图都没有发生这个现象，则说明没有回路。用递归实现深度优先遍历，并不需要专门维护一个栈，因为递归函数调用本身就会将顶点入栈出栈。只需要记录每个顶点是否在栈中即可。此问题留做习题。

判断有向图是否有回路，还可以用第 12 章的“拓扑排序”来解决。

11.3.5 广度优先遍历

广度优先遍历就是用广度优先搜索的策略遍历一个图。如果从顶点 a 到顶点 b 的边数最少的路径上的边数是 n，则称 b 到 a 的距离为 n，那么广度优先遍历的基本过程如下。

(1) 任选一个未访问过的顶点作为起点，访问之。

(2) 访问所有距离起点为 1 的顶点，再访问所有距离起点为 2 的顶点，再访问所有距离起点为 3 的顶点……直到所有从起点可达的顶点都被访问过，即称为“完成了一次广搜”。与起点距离相同的多个顶点，访问的先后次序无要求。

(3) 如果所有顶点都已经被访问过，则遍历结束；否则转步骤(1)再进行一次广搜。

将起点算做第 0 层顶点，则距离起点为 n 的顶点就是第 n 层的顶点。一个顶点是第几层，是相对于一个指定的起点来说的。

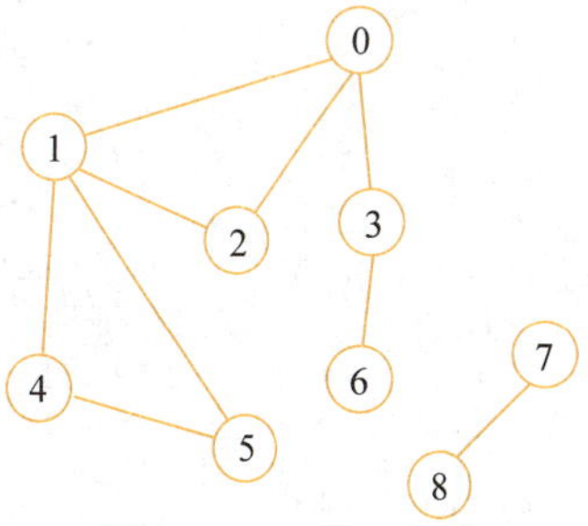

显然，对无向图来说，一次广搜就会走遍一个连通分量。

广度优先遍历图的序列也可能有多种。

图 11.6 的一个可能的广度优先遍历的序列是：

0,1,2,3,4,5,6,7,8

图 11.6 一个无向图

开始选择 0 为起点做一次广搜，先访问距离起点为 1 的点 1,2,3，再访问距离起点为 2 的顶点 4,5,6。然后选择 7 作为新起点再做一次广搜。

广度优先搜索的实现需要用到队列，过程如下。

(1) 把起点放入队列中。开始只有起点算扩展过，其他顶点都未扩展过。扩展过的意思，就是曾经进入过队列。

(2) 如果队列为空，则转步骤(4)；否则取出队头顶点 v，访问之。

(3) 若顶点 v 没有未扩展过的邻点，则转步骤(2)；否则将顶点 v 的每个未扩展的邻点 u，都放入队列的尾部(次序随意)，并标记为已经扩展过。然后转步骤(2)。

(4) 本次广搜结束。

在步骤(3)，如果 v 的层次是 n，则 u 的层次就是 $n+1$。一次广搜时，先将层次为 0 的顶点(起点)放入队列，然后放入所有层次为 1 的顶点，再放入所有层次为 2 的顶点……

广度优先遍历时，每个顶点都会进出队列 1 次。每个顶点出队列时，都要考查其所有邻点。故若图用邻接表表示，复杂度为 $O(n^2)$，用邻接表表示，复杂度为 $O(n+e)$。n 和 e 分别为顶点数和边数。

用广度优先遍历方法解决 11.3.3 节城堡的房间案例，程序如下，只改写了 search 函数，其他部分都和 prg0790 相同。

```
//prg0810.java
    void search(int i,int j) {              //从第 i 行第 j 列空地出发进行广度优先搜索
        class Pos {
            int r,c;
            Pos(int rr,int cc) {r = rr; c = cc; }
        }
        Queue<Pos> q = new ArrayDeque<>();
        color[i][j] = roomNum;                   //染色,即设置访问过的标记
        q.add(new Pos(i,j));
        while (!q.isEmpty()) {
            Pos pos = q.poll();                  //取队头元素
            ++roomArea;
            i = pos.r; j = pos.c;
            if (color[i-1][j] == 0 && G[i-1][j] == '.') {   //可以向上走
                q.add(new Pos(i-1,j));           //放入队尾
                color[i-1][j] = roomNum;         //标记为已经扩展过
            }
            if (color[i+1][j] == 0 && G[i+1][j] == '.') {   //可以向下走
                q.add(new Pos(i+1,j));
                color[i+1][j] = roomNum;
            }
            if (color[i][j-1] == 0 && G[i][j-1] == '.') {   //可以向左走
                q.add(new Pos(i,j-1));
                color[i][j-1] = roomNum;
            }
            if (color[i][j+1] == 0 && G[i][j+1] == '.') {   //可以向右走
                q.add(new Pos(i,j+1));
                color[i][j+1] = roomNum;
            }
        }
    }
```

11.4 图的搜索

11.4.1 概述

在图上，从一个给定的起始顶点(起点)出发，寻找到目标顶点(终点)的路径，就称为“搜索”。搜索有两种基本策略：深度优先搜索和广度优先搜索。

在图 11.7(a)中，从起点 1 出发寻找到顶点 8 的路径，可以采用深搜的策略，即能往前走就往前走，走不了再回溯看看有没有另一条路，除了回溯的时候，不可以走到已经走过的点。由于在下一步有多种选择时是随机进行选择，因此可能找到多条不同路径。运气最好的情况下找到的路径最短，访问顶点的顺序为

1－＞2－＞4－＞8　　　　　　　　(走法 1)

运气坏一些时找到的路径比较长，为

1－＞2－＞4－＞5－＞6－＞8　　　　(走法 2)

运气很坏的情况下，找路径的过程还需要多次回溯：

1－＞3－＞7－＞9＝＞7－＞10＝＞7＝＞3－＞4－＞2＝＞4－＞8 (走法 3，双线箭头表示回溯)

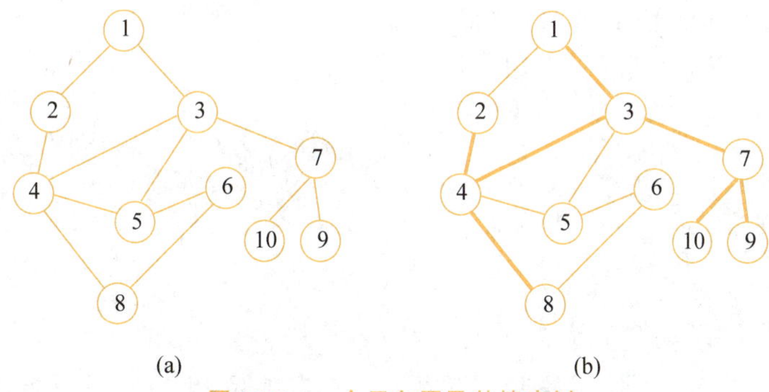

图 11.7　一个无向图及其搜索树

不论哪种情况，搜索过程中走过的边，都会构成一棵树，这棵树就称为“搜索树”。走过一条边(u,v)的意思，就是曾经在走到 u 并要继续向前搜索时，发现 u 的邻点 v 还没被访问，于是通过边(u,v)走到 v 并访问之。

走法 3 的搜索树如图 11.7(b)中加粗的边所示，树根是起点即顶点 1。按照走法 3，走到顶点 2 后，虽然考察了边(2,1)，但是发现顶点 1 已经访问过，所以不会沿着边(2,1)走到顶点 1，故边(1,2)不是搜索过程中走过的边。边(4,5)(3,5)(5,6)(6,8)都未被考察过，故都不是搜索树上的边。

如果采用广度优先搜索的策略，则访问顶点的一种顺序可以是：

1,2,3,4,5,7,8

先访问距起点为 1 的顶点 2 和 3，再访问距起点为 2 的顶点 4、5 和 7，再访问距起点为 3 的顶点，此时就发现了 8，在上述过程中可以找出从 1 到 8 的路径就是 1,2,4,8，任务完成。

当然访问顶点的顺序也可以是：

1,3,2,7,4,5,9,10,8

不管哪种顺序，都可以找出从 1 到 8 的路径是 1,2,4,8。

可以看出，按照广搜的策略找到的路径一定是边数最少的。因为如果终点到起点距离为 n，则其一定且只会在访问距离起点为 n 的那些顶点时被发现。

图的搜索问题也可能无解。例如图 11.8 的非连通图，不存在从顶点 1 到顶点 8 的路径。倘若用深搜的办法从顶点 1 开始搜索，一种可能的完整尝试过程如下。

1−>2−>4−>3−>7=>3=>4=>2−>9=>2=>1

得出不存在从 1 到 8 的路径这个结论之前，一定会走遍所有从 1 可达的顶点。

用广搜的办法当然也可以发现从 1 到 8 的路径不存在。过程请读者思考。

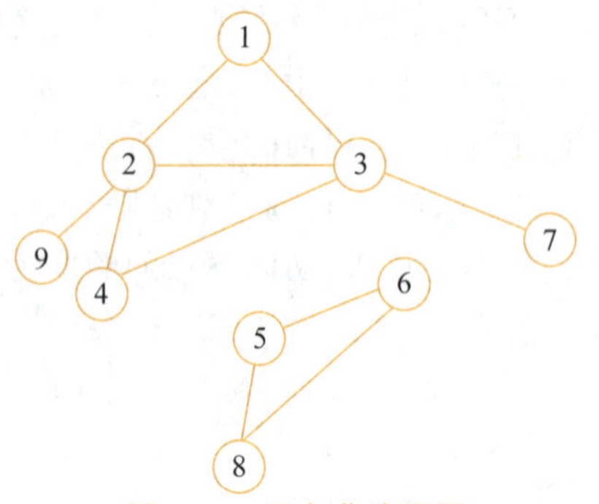

图 11.8　无向非连通图

许多问题的本质，都可以抽象为在图上寻找路径。在问题中可以抽象出一些"状态"，每个**状态对应一个顶点**；状态 A 可以通过一步操作转换到状态 B，或状态 A 和状态 B 有某种直接关系，则状态 A 到状态 B 就有边相连。初始的问题对应起点状态（初始状态），问题的解对应于目标状态，所有的状态构成了问题的"状态空间"。从一个状态走到其邻点状态，就称为"状态转移"。解决问题，就是要在状态空间中寻找从初始状态（起点）转移到目标状态（终点）的路径。

以走迷宫问题为例，下面是一个用字符表示的迷宫。

```
. # # # # # # #
. . . # . . . .
. # . # . # # .
. # . . . . # .
. # # # # . # .
. . . . . . . .
```

'.'表示可以走的空地，'#'表示墙壁。迷宫入口在左上角，出口在右下角，要找一条从入口到出口的路，这就是典型的在图上找路的问题。迷宫上每个放着'.'字符的位置，就是一个顶点，也叫一个"状态"。状态可以用表示第 r 行第 c 列的坐标 (r,c) 表示。初始状态（起点）就是左上角的坐标，目标状态（终点）就是右下角的坐标。一个状态（顶点）的邻点，就是它周围上下左右 4 个方向放着'.'的位置。

再以解魔方为例，魔方的每个局面都是一个状态。初始状态就是某一个魔方打乱的局面，目标状态就是六面对齐的状态。如果从状态 A 经过一次转动（每次转动都是 90°的）就能到达状态 B，当然从状态 B 经过相反的转动也一定能到达状态 A，就在状态 A 和 B 之间连一条无向边。解魔方，就是要在无向图上找一条从初始状态到目标状态的路径。这条路径上的每一条边，都代表一次转动，整条路径就描述了对齐魔方的转动过程。魔方的每一次转动都有 18 种不同的选择，所以每个状态都和 18 个状态有边相连。魔方可能的状态总数，是一个天文数字。

再看第 5 章"递归"中 5.3.2 节提到的 4 张扑克牌算 24 的问题，即给定 4 个数，要通过用加减乘除算出 24。在这个问题中，"状态"就是若干个数构成的集合（集合元素可以重复）。起点状态就是包含开始的 4 个数的集合，目标状态就是只有一个元素 24 的集合。在状态 A 中取走两个数进行一次运算，将运算结果再放回去，就会得到一个少了一个数的新状态 B，此即发生了状态转移,从状态 A 就应该有一条有向边连到状态 B。于是算 24 的问题,本质上就是在一个有向图上寻找从起点到目标顶点的路径的问题,路径上的每一条边,就代表一次运算。例如,给定 2,3,5,6,算 24 的状态转移过程可以描述如下(计算方法:2×3×5－6)。

{2,3,5,6} －＞ {6,5,6} －＞{30,6}－＞{24}。

许多问题中终点可能不止一个,随便走到哪个终点问题都算解决。起点也可能不止一个。

绝大多数情况下,解决搜索问题并不需要用邻接表或邻接矩阵将图表示出来,只要能找到顶点的邻点即可。魔方和算 24 问题都是如此。

搜索类的题目,复杂度往往很难估算,因此本书中搜索案例都不做复杂度分析。

11.4.2 深度优先搜索

判断图上是否存在从起点到终点的路径的伪代码如下。

```
//prg0820
1. boolean dfs(V) {                          //寻找一条从 V 到终点的路径,返回值表示能否成功
2.     if (V 为终点)
3.         return true;
4.     将 V 标记为走过;
5.     对 V 的每个邻点 U {
6.         if (U 没有走过) {
7.             if (dfs(U) == true)
8.                 return true;
9.         }
10.    }
11.    return false;
12. }
13. //程序从下面开始执行:
14. 将所有顶点都标记为没走过;
15. 指定终点;
16. 输出 dfs(起点);
```

上面的伪代码,找到一条从起点到终点的路径后就会结束,因为第 8 行决定了只要找到一个能走到终点的 V 的邻点,就不会再走到 V 的其他邻点。

从逻辑上来说,V 虽然代表图的顶点,但是在真正解决问题的时候,往往不需要用邻接矩阵或邻接表将图表示出来,在这种情况下,V 就代表一个状态,而不是顶点的编号。比如在走迷宫问题中,V 代表的状态就是迷宫中的位置(r,c)。那么,标记 V 是否走过,可以有两种办法,一种是设置二维标记数组 visited,visited[r][c]为 true 就表示状态(r,c)曾经走过,为 false 就表示没走过。另一种办法,是设置一个包含所有走过的状态的集合,即 Java 中的 HashSet,状态(r,c)如果走过,就将对象(r,c)加入到该集合——那么判断一个状态是否走过,就是看它是否在该集合中(HashSet 用法参见 14.3.6 节)。

有的搜索问题对应的图,是个有向无环图,对这样的问题,搜索时就可以不必维护顶点是否走过的标记。比如算 24 问题,每走一步(做一次运算),一定会走到数更少的状态,不必担心像走迷宫问题那样,如果不记录哪些状态已经走过,就会发生在一些状态之间来回走没完没了的事情。

如果要问从起点到终点有多少条不同的简单路径,则 dfs 函数伪代码改写如下。写法适合只有一个终点的情况。不适合多个终点的情况,是因为多个终点的情况下,可能存在到达一个终点后还要继续往前走到下一个终点的情况。

```
//prg0830
1. int dfs(V) {                              //求从 V到终点有多少条不同简单路径
2.      if (V为终点)
3.           return 1;
4.      将 V标记为走过;
5.      int total = 0;                       //从 V到终点的路径总数
6.      对 V的每个邻点 U {
7.           if(U没有走过)
8.                total += dfs(U);
9.      }
10.     将 V恢复为没有走过;
11.     return total;
12. }
```

dfs(V)的返回值表示，当前从 V 到终点，一路只能走还没走过的顶点，一共能有多少种不同的走法。

第 8 行：从 V 到终点的不同简单路径，即走法数目，等于从 V 出发，第一步走邻点 1 的走法数，加上第一步走邻点 2 的走法数，加上第一步走邻点 3 的走法数……当然这些邻点必须都是没有走过的。

第 10 行：将 V 恢复为没有走过，是为了回溯到 V 的深搜前驱后，还可以绕路再次经过 V。考虑图 11.9，假设起点为 1，终点为 4。

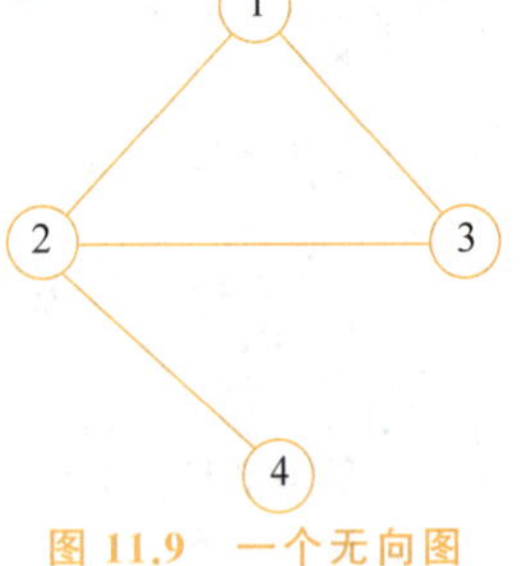

图 11.9 一个无向图

找到 1，2，4 这条路径后，最终会从 2 回溯到 1。如果从 2 回溯到 1 时，不把 2 恢复成没有走过，则从 1 走到 3 后，就无法再走到 2，因而无法发现 1，3，2，4 这条路径。

请注意，初学者编程时很容易忘记“恢复为没走过”这个步骤。

在伪代码 prg0820 中没有“将 V 恢复为没有走过”这个操作，是因为那个问题是找到一条路即可，不是找所有路。如果现在从 V 走不到终点，那么回溯到 V 的前驱后再绕路走到 V，一样走不到终点。

如果要记录并输出从起点到终点的所有简单路径，则如下编写。写法适合只有一个终点的情况。

```
//prg0840
path = 空顺序表;                             //用以记录路径上的顶点
将所有点都标记为没走过;
指定终点;
dfs(起点);
void dfs(int V)  {                           //寻找从 V到终点的所有路径
     path.add(V);                            //将 V添加到 path 尾部
     if (V为终点) {
          print(path);                       //输出一条路径
          path.pop();                        //从 path 尾部删除 V
          return;
     }
     将 V标记为走过;
     对 V的每个邻点 U {
          if(U没有走过)
               dfs(U);
     }
     path.pop();                             //从 path 尾部删除 V
     将 V恢复为没有走过;
     return;
}
```

path 用来记录探索中的从起点到终点的路径。每走过一个顶点，就要将该顶点加入 path 尾部；如果从一个顶点回溯了，则要从 path 尾部删除该顶点。

第 9 行和第 17 行：dfs(V)返回后，就会回溯到 V 的前驱，假设叫 X，程序回到上一层函数的第 13 行，在第 13 行寻找一个不同于 V 的、X 的没走过的邻点继续深搜——即换条路，因此要在路径 path 中将 V 去除。第 9 行和第 17 行就是起到了去除 V 的作用。

如果只需要输出一条起点到终点的路径，则请读者参考“判断图上是否存在从起点到终点的路径”的伪代码，或参考 11.4.3 节的走迷宫例题，对上面的伪代码进行修改。

如果要求从起点到终点的最优路径，基本的思路就是找出所有路径，然后选最优的。如下编写，写法适合只有一个终点的情况。假设代码中的 cost 表示求代价的函数，cost(path)就是路径 path 花费的代价。代价越小的路径就越优。如果代价就是边数，则 cost(path) 即 path .length－1。

```
//prg0850
1.  bestPath = 空顺序表;                                    //存放最优路径
2.  path = 空顺序表;                                        //正在探索的路径
3.  将所有点都标记为没有走过;
4.  指定终点;
5.  dfs(起点);
6.  if (bestPath.length > 0) {                              //bestPath 不为空表则说明找到路径
7.      print(bestPath)                                     //输出最优路径
8.
9.  void dfs(int V)   {                                     //探索从 V 到终点的多条路径
10.     path.add(V);                                        //将 V 加入 path 尾部
11.     if (V 为终点) {
12.         if (bestPath.length == 0 || cost(path) < cost(bestPath)) {
13.             复制 path 到 bestPath;
14.         }
15.         path.pop();                                     //删除 V
16.         return;
17.     }
18.     if (bestPath.length > 0 && cost(path) >= cost(bestPath)) {
19.         path.pop();
20.         return;                                         //最优性剪枝
21.     }
22.     将 V 标记为走过;
23.     对 V 的每个邻点 U {
24.         if(U 没走过)
25.             dfs(U);
26.     }
27.     将 V 恢复为没有走过;
28.     path.pop();                                         //删除 V
29.     return;
30. }
```

第 12 行：path 存放正在探索的那条路径，bestPath 存放到目前为止发现的最优路径。程序运行到本行，说明发现了一条新的能走到终点的路径。本行条件如果满足，则说明 path 是第一条发现的成功路径，或 path 是比 bestPath 更优的路径，那么就要将 bestPath 更新为新发现的 path。

第 18～21 行：这几行进行的操作叫“最优性剪枝”。

在状态空间中进行搜索，每向前一步都可能有多种走法，随着走的步数的增加，走法数量会呈指数级增长，就像一棵向上不断分叉的树木。一步的不同走法，可类比于树木向上长出几个不同分支。搜索过程中走过的边，也的确构成了一棵树。有大量的走法，实际上根本不需要尝试就能知道走不到终点，或者即便能走到终点也不会是最优的。如果能够预判走到某个顶点 X 后，再往下走是没有意义的，则从 X 到终点的各种可能的走法都不需要尝试，相当于搜索树上以 X 为根的子树都不必搜索。不搜索以 X 为根的子树，可以类比于剪掉了一棵树木上的一整个分支，因此称为“剪枝”。以 11.4.1 节的图 11.6 为例，假设起点是 1，终点是 8，如果能预判走到 7 是没有意义的，则以 7 为根的那棵搜索子树就没有必要进行搜索。

“剪枝”是减少搜索时间的关键手段。对付一些复杂的搜索问题，如魔方问题、下棋问题，不进行剪枝是不可想象的。一种在搜索最优解的过程中最常用的剪枝手段，叫“最优性剪枝”，其基本思想是：如果走到状态 i 时，发现目前付出的代价，已经大于或等于到目前为止发现的最优解的代价，则没必要从状态 i 继续走下去了，应该回溯。

在第 18 行中，bestPath.length>0 说明目前为止发现的最优路径已经存放在 bestPath 中了。path 是正在探索中的路径，运行到本行时，该路径尚未到达终点。如果此时满足 cost(path)≥cost(bestPath)，则说明这条还没走到终点的路径，代价已经不小于目前发现的最优路径，那么沿这条路继续走下去，自然是没有意义的。因此，应该回溯，即执行第 19、20 行。

最优性剪枝还可以在走到每个顶点时都进行。例如，可以设置数组 minCost，minCost[i]表示目前为止发现的从起点到顶点 i 的最优路径的代价，初值为无穷大。那么当走到顶点 i 时，如果发现目前花费的代价已经不小于 minCost[i]，就没必要再走下去了。如果目前花费的代价小于 minCost[i]，则更新 minCost[i]。这就是典型的用空间来换时间。

剪枝还可以是带预测的。例如，走到顶点 i 时，如果能通过某种手段预判出再走下去一定走不到终点，则不应往下走，要立即回溯——这叫作可行性剪枝。有的情况下，虽然走到顶点 i 时的代价 x 仍小于目前发现的起点到终点的最优路径的代价 y，但是用某种手段可以估算出，从 i 走到终点，最乐观的情况下代价至少也会是 z，且 $x+z\geq y$，那么也没必要从顶点 i 再走下去，应该回溯——这就是带预测的最优性剪枝。

还有一种剪枝手段，称为“重复性剪枝”，即设法避免重复经过相同的状态。按理说深度优先搜索会做状态的判重，本来就能够避免经过相同状态多于 1 次，但是在许多具体问题中，不仔细思考就会忽略掉状态重复的情况。比如算 24 这个例题，在 5.3.2 节算 24 的案例的程序 prg0400 中，没有引入判重标记，因为每次状态转移总是到达一个数更少的状态，因此不可能出现在状态之间来来回回走没完没了的情况，所以不判重也不影响正确性。但是状态出现重复，是有可能发生的。例如，对于初始状态{4，4，5，7}，取 5 和第一个 4 做减法，状态转移至{1，4，7}，取5 和第二个 4 做减法，状态同样转移至{1，4，7}。对状态{1，4，7}不判重的话，从该状态出发进行的搜索就会进行两次，这显然是一种浪费。另外，程序 prg0400 还有一个可以改进的地方：当 $x==y$ 时，第 13 行 t 中的 $x-y$ 和 $y-x$ 重复了，包括后面添加进 t 的 x/y 和 y/x 也重复了，这就导致了重复的搜索，应该判断 $x==y$ 是否成立，成立时单独处理一下。

注意观察，发现并避免重复的搜索，也是提高搜索效率的重要手段。

11.4.3 案例：走迷宫之一(P1050)

一个字符矩阵代表一个迷宫。'.'是可以走的空地，'#'是不能走的墙壁。迷宫入口在左上角，出口在右下角。只能往上下左右 4 个方向的空地走。出口和入口一定是空地。问从入口是否可以走到出口？

输入：第一行是整数 $n,m(0<m,n<20)$ 表示迷宫字符矩阵有 n 行 m 列。接下来就是 n 行 m 列的字符矩阵。

输出：如果可以走到出口，输出 1，否则输出 0。

样例输入

```
6 8
. # # # # # # #
. . . . . . . .
. # . # . # # .
. # . . . . # .
. # # # # . # .
. . . . . . . .
```

样例输出

```
1
```

解题思路：本题的状态，就是矩阵中'.'的位置。每个状态就是图的一个顶点。初始状态（起点）就是左上角的位置，目标状态（终点）就是右下角的位置。一个顶点（状态）的邻点，就是它上下左右 4 个相邻位置中的'.'。由于一个状态有行、列两个维度，因此用于记录状态是否走过的数组 visited 就是二维数组，visited$[i][j]$就表示位置(i,j)，即第 i 行第 j 列是否走过。程序如下。

```
//prg860.java
import java.util.*;
class Maze1 {
    int directions[][] =                    //往上下左右 4 个方向走时的行、列增量
        new int[][] {{-1,0},{1,0},{0,-1},{0,1}};
    int n,m;
    boolean visited[][];
    char maze[][];
    int dfs(int r,int c) {              //求从(r,c),即第 r 行第 c 列的位置能否走到出口
        if (r == n - 1 && c == m - 1)       //终点位置(n-1,m-1)
            return 1;                       //可以走到出口
        visited[r][c] = true;               //(r,c)标记为走过
        for (int d[] : directions) {        //依次考虑往上下左右 4 个方向走
            int newR = r + d[0], newC = c + d[1];  //(newR,newC)可能是邻点
            if (newR >= 0 && newR < n && newC>=0 && newC < m  &&
                !visited[newR][newC] && maze[newR][newC] == '.')
                if (dfs(newR,newC) == 1)
                    return 1;
        }
        return 0;                           //从(r,c)走不到出口
    }
    void solve() {
        Scanner reader = new Scanner(System.in);
        n = reader.nextInt();
        m = reader.nextInt();
        maze = new char[n][m];
        visited = new boolean[n][m];        //默认初始化为全 false
        for(int i=0;i<n;++i) {
            String s = reader.next();
            for(int j=0;j<m;++j)
                maze[i][j] = s.charAt(j);
```

```
        }
        System.out.println(dfs(0,0));     //起点位置(0,0)
    }
}
public class prg0860 {                   //请注意:在 OpenJudge 提交时类名要改成 Main
    public static void main(String[] args){
        new Maze1().solve();
    }
}
```

请参照 11.4.2 节的伪代码 prg0820 来理解本程序。

11.4.4 案例: 走迷宫之二(P1060)

和走迷宫之一的不同仅在于问从入口到出口有多少种不同的不走回头路的走法,走法不存在则输出 0。对同样的样例,输出应为

```
7
```

对比 prg0860.java,只需要将 dfs 函数改成如下即可,其余部分不变。

```
//prg0870.java
    int dfs(int r,int c) {                    //求从(r,c),即第 r 行第 c 列的位置能否走到出口
        if (r == n - 1 && c == m - 1)         //终点位置(n-1,m-1)
            return 1;
        visited[r][c] = true;
        int total = 0;                        //当前情况下从(r,c)到出口的走法总数
        for (int d[]: directions) {           //依次考虑往上下左右 4 个方向走
            int newR = r + d[0], newC = c + d[1];  //(newR,newC)可能是邻点
            if (newR >= 0 && newR < n && newC >=0 && newC < m  &&
                !visited[newR][newC] && maze[newR][newC] == '.')
                total += dfs(newR,newC);
        }
        visited[r][c] = false;
        return total;
    }
```

请参照 11.4.2 节的伪代码 prg0830 来理解本程序。

11.4.5 案例: 走迷宫之三(P1070)

和走迷宫之一的不同仅在于要求的是从入口到出口步数最少的走法。如果有不止一个答案,随便输出哪个答案都可以。如果走法不存在,则输出 0。对相同的样例输入,样例输出为

```
(0,0)(1,0)(2,0)(3,0)(4,0)(5,0)(5,1)(5,2)(5,3)(5,4)(5,5)(5,6)(5,7)
```

其中的形式(x,y)表示第 x 行第 y 列这个位置。迷宫的行列号从 0 开始算,因此入口坐标是(0,0),样例输入中的出口坐标是(5,7)。

解题程序:

```
//prg0880.java
import java.util.*;
class Maze3 {
    static class Pos {                              //位置
        int r,c;                                    //行列号
        Pos(int rr,int cc) { r = rr; c = cc; }
    }
```

```
    int directions[][] =                        //往上下左右 4 个方向走时的行、列增量
            new int[][] {{-1,0},{1,0},{0,-1},{0,1}};
    int n,m;
    boolean visited[][];
    char maze[][];
    ArrayList<Pos> path,bestPath;               //存放路径,元素是位置
    void dfs(int r,int c) {
        path.add(new Pos(r,c));
        if (r == n - 1 && c == m - 1) {
            if (bestPath.size() == 0 || path.size() < bestPath.size()) {
                bestPath.clear();
                for(Pos x:path)
                    bestPath.add(x);
            }
            path.remove(path.size()-1);
            return;
        }
        if (bestPath.size() > 0 && path.size() >= bestPath.size()) {
            path.remove(path.size()-1);
            return;                             //最优性剪枝
        }
        visited[r][c] = true;
        for (int d[]: directions) {             //依次考虑往上下左右 4 个方向走
            int newR = r + d[0], newC = c + d[1];   //(newR,newC)是邻点
            if (newR >= 0 && newR < n && newC>=0 && newC < m  &&
                !visited[newR][newC] && maze[newR][newC] == '.')
                dfs(newR,newC);
        }
        visited[r][c] = false;
        path.remove(path.size()-1);
    }
    void solve() {
        Scanner reader = new Scanner(System.in);
        n = reader.nextInt();
        m = reader.nextInt();
        maze = new char[n][m];
        visited = new boolean[n][m];            //默认全为 false
        path = new ArrayList<Pos>();
        bestPath = new ArrayList<Pos>();
        for(int i=0;i<n;++i) {
            String s = reader.next();
            for(int j=0;j<m;++j)
                maze[i][j] = s.charAt(j);
        }
        dfs(0,0);
        if (bestPath.size() > 0)
            for (Pos x:bestPath)
                System.out.print("(" + x.r +"," + x.c + ")");
        else
            System.out.println(0);
    }
}
public class prg0880 {                          //请注意:在 OpenJudge 提交时类名要改成 Main
    public static void main(String[] args){
        new Maze3().solve();
```

```
62.     }
63. }
```

请参照 11.4.2 节的伪代码 prg0840 来理解本程序。

11.4.6 广度优先搜索

用广度优先搜索的策略在图上第一次找到的从起点到终点的路径，就是最优路径。这里最优路径指的是步数最少（即边数最少）的路径。

广度优先搜索的关键是要将顶点分层。起点是第 0 层，从起点最少要走 n 步，且走 n 步就一定能到达的顶点，就位于第 n 层。广搜就是按层次从低到高依次扩展顶点，扩展出来的顶点要用队列存放。设置一个队列，一个顶点如果曾经进入过队列，不论其后来有没有出队列，都称其为“已扩展过”，如果顶点从未进入过队列，则称为“未扩展过”。广搜算法流程如下。

(1) 把起点及其层次号 0 放入队列中。

(2) 如果队列为空，则问题无解，失败退出。

(3) 将队列头部的顶点，假设叫 v，及其附带信息取出。

(4) 考察顶点 v 是否为终点。若是，则得到问题的解，转步骤(7)。

(5) 若顶点 v 没有未扩展过的邻点，则转步骤(2)。

(6) 将顶点 v 的每个未扩展过的邻点 u，都放入队列的尾部（次序随意）。放入顶点 u 时，将 u 的层次号以及 u 的前驱顶点 v 在队列中的位置（下标），即前驱指针，一并放入队列，然后转步骤(2)。

(7) 广搜成功结束。根据终点 v 附带的层次信息，就知道从起点走到 v 的最佳路径是几步；根据前驱顶点的指针链一步步倒着查，就能找到从起点到 v 的路径。

起点层次为 0，其前驱顶点不存在。如果只需要知道最优路径的步数，不需要知道具体的路径，也可以不在队列中存储前驱顶点的位置。

带前驱顶点位置信息的广搜队列如图 11.10 所示。

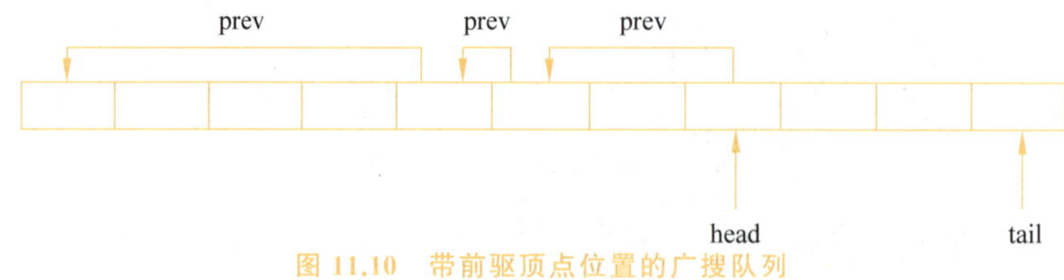

图 11.10　带前驱顶点位置的广搜队列

图 11.10 中队列中的每个顶点都有前驱指针 prev，由于空间有限没有都画出来。虽然终点出队列时，其前驱指针链上的顶点都已经不在队列中，但还是需要能找到它们，因此在这种情况下，顶点出队列时，不能真的将其从队列的存储空间中删除，而应该只是将队头指针 head 往后移动。

和深搜一样，需要用标记等手段来记录一个顶点是否已经扩展过。这个步骤也称为“判重”。

其实，在步骤(6)时，如果发现未扩展过的邻点 u 就是终点，广搜也算完成。但是出于实现方便考虑，通常写广搜时，还是在步骤(4)判断是否发现终点。实践证明这样并不会比在步骤(6)判断终点慢多少。

11.4.7 案例：抓住那头牛(P1080)

农夫知道一头牛的位置，想要抓住它。农夫和牛都位于数轴上，农夫开始位于点 N（$0\leqslant$

$N \leqslant 100\ 000$)，牛位于点 $K(0 \leqslant K \leqslant 100\ 000)$。农夫有以下两种移动方式。

(1) 从 X 移动到 $X-1$ 或 $X+1$，每次移动花费一分钟。

(2) 从 X 跳跃到 $2X$，每次跳跃花费一分钟。

假设牛没有意识到农夫的行动，站在原地不动。农夫最少要花多少时间才能抓住牛？

输入： 只有一行，N 和 K。

输出： 抓到牛要花的最少时间。

输入样例

```
5 17
```

输出样例

```
4
```

题目来源： USACO 2007 Open Silver

解题思路： 本题的“状态”就是坐标轴上的点的坐标。数轴上每个整点相当于图的顶点，顶点编号就是坐标值。从任意整点 X 出发，到点 $X-1$、$X+1$、$2X$ 各有一条有向边。本问题就是寻找从顶点 N 到顶点 K 的最优路径。

若 $N \geqslant K$，则农夫显然没必要走到大于 N 的位置去。

若 $N < K$，则农夫没必要跳跃到大于 $K+1$ 的位置去。证明如下。

如果农夫通过一次跳跃到达位置 $K+x(x>1)$，则跳跃起点坐标为 $(K+x)/2$。这样做从 $(K+x)/2$ 出发到达 K 一共要花 $x+1$ 分钟(跳 1 步，左移 x 步)。然而从 $(K+x)/2$ 左移到 $(K+x)/2-1$，然后跳跃到 $K+x-2$，再移动到 K，一共只需要 $2+(x-2)=x$ 分钟。

假设农夫起始位于 3，牛位于 5，$N=3$，$K=5$，则最远只需要走到 6，建有向图如图 11.11 所示，问从图上的顶点 3 到顶点 5 最少要走多少步？

图 11.11 用一条双向边表示两条方向相反的单向边，这样美观一些。状态 x 的邻点是 $x-1$、$x+1$ 和 $2x$，当然邻点坐标必须位于[0,6]中。x 到 $2x$ 有边，$2x$ 到 x 没有边(除非 $x=1$)。

逐层将顶点放入队列。判重是必需的，否则顶点 2 出队列的时候，会把已经扩展过的顶点 4 又作为第 2 层顶点加入到队列里，显然是不对的。

广搜时，队列的变化情况如图 11.12 所示。

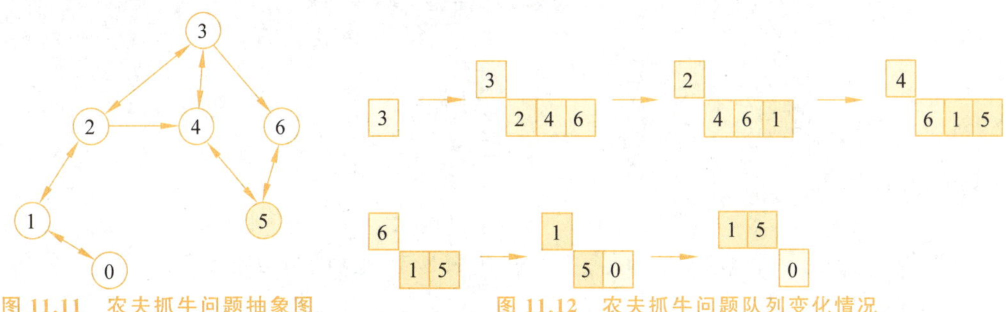

图 11.11　农夫抓牛问题抽象图　　图 11.12　农夫抓牛问题队列变化情况

开始队列里只有初始状态 3。3 出队列后，扩展出 2、4、6 放入队列。然后 2 出队列，扩展出 1 放入队列……最后，顶点 5 出队列，广搜完成。图中颜色深浅相同的顶点是同一层的顶点。

本题中放入队列的元素，应该是一个二元组 (x, steps)，x 是坐标，steps 是坐标 x 的层次。实际实现的时候用一个 Step 类的对象来表示这个二元组。

程序如下。

```
//prg0890.java
1.  import java.util.*;
2.  public class prg0890{                          //请注意:在 OpenJudge 提交时类名要改成 Main
3.      static class Step {
4.          int x,steps;
5.          Step(int x_, int steps_){
6.              x = x_;                                            //位置
7.              steps = steps_;                                    //到达 x 所需的步数
8.          }
9.      }
10.     public static void main(String[] args){
11.         Scanner reader = new Scanner(System.in);
12.         int N = reader.nextInt(), K = reader.nextInt();
13.         int MAXN = Math.max(N, K+1);                           //最大有效坐标
14.         Queue<Step> q = new ArrayDeque<>();                    //队列
15.         boolean visited[] = new boolean[MAXN+1];               //判重标记
16.         for(int i=0;i<=MAXN;++i)
17.             visited[i] = false;
18.         q.add(new Step(N,0));                                  //起点入队列
19.         visited[N] = true;
20.         while (!q.isEmpty()) {
21.             Step s = q.poll();
22.             if (s.x == K) {                                    //找到目标
23.                 System.out.println(s.steps);
24.                 break;
25.             }
26.             else {
27.                 if (s.x - 1 >= 0 && !visited[s.x-1]) {
28.                     q.add(new Step(s.x-1,s.steps+1));
29.                     visited[s.x-1] = true;
30.                 }
31.                 if (s.x + 1 <= MAXN && !visited[s.x+1]) {
32.                     q.add(new Step(s.x+1,s.steps+1));
33.                     visited[s.x+1] = true;
34.                 }
35.                 if (s.x * 2 <= MAXN && !visited[s.x*2]) {
36.                     q.add(new Step(s.x*2,s.steps+1));
37.                     visited[s.x*2] = true;
38.                 }
39.             }
40.         }
41.     }
42. }
```

第 28 行：$s.x$ 的一个邻点，坐标是 $s.x-1$，步数是走到 s 的步数再加 1。

11.4.8 案例："走迷宫之三"的广搜解法(P1070)

案例见 11.4.5 节。要放入队列的元素应该是一个三元组(r,c,prev)，(r,c)是迷宫中第 r 行第 c 列那个位置，prev 是位置(r,c)在广搜过程中的前驱在队列中的下标。用一个 Pos 类的对象来表示这个三元组。程序如下。

```
//prg0900.java
```

```
import java.util.*;
class Maze3bfs {
    static class Pos {
        int r,c,prev;       //r:行号,c:列号,prev:(r,c)的前驱点在队列 que 中的下标
        Pos(int rr,int cc,int p) {
            r = rr; c = cc; prev = p;
        }
    }
    void solve() {
        int directions[][]=new int[][]{{-1,0},{1,0},{0,-1},{0,1}};
        //往上下左右 4 个方向走时的行、列增量
        Scanner reader = new Scanner(System.in);
        int n = reader.nextInt(), m = reader.nextInt();
        char maze[][] = new char[n][m];
        for(int i=0;i<n;++i) {
            String s = reader.next();
            for(int j=0;j<m;++j)
                maze[i][j] = s.charAt(j);
        }
        boolean visited[][] = new boolean[n][m];          //默认初始化为全 false
        ArrayList<Pos> que = new ArrayList<>();            //队列
        que.add(new Pos(0,0,-1));                          //开始队列只有起点
        int head = 0;                                      //队头位置
        visited[0][0] = true;
        while (head != que.size()) {                       //队列不为空
            Pos ps = que.get(head);
            if (ps.r == n-1 && ps.c == m-1) {              //找到了终点
                ArrayList<Pos> path = new ArrayList<>();
                while (true) {
                    path.add(new Pos(ps.r,ps.c,0));
                    //prev 值此处无意义,随便写个 0
                    if (ps.prev == -1)                     //碰到起点了
                        break;
                    ps = que.get(ps.prev);                 //找到 ps 的前驱点
                }
                Collections.reverse(path);                 //颠倒
                for (Pos x : path)
                    System.out.print("(" + x.r + "," + x.c + ")");
                break;
            }
            else {
                for(int [] d : directions) {           //依次考虑往上下左右 4 个方向走
                    int newR = ps.r+d[0], newC = ps.c+d[1];
                    //(newR,newC)可能是邻点
                    if (0<=newR && newR<n && 0<=newC && newC<m &&
                     !visited[newR][newC] && maze[newR][newC] == '.') {
                            que.add(new Pos(newR,newC,head));
                            visited[newR][newC] = true;
                    }
                }
                ++head;                                    //队头元素出队列
            }
        }
    }
}
```

```
56. public class prg0900 {              //请注意:在 OpenJudge 提交时类名要改成 Main
57.     public static void main(String[] args){
58.         new Maze3bfs().solve();
59.     }
60. }
```

第 22 行：开始队列里只放起点。起点没有前驱点，所以其 prev 属性设置为-1。

★★11.4.9 案例: 拯救行动(P1100)

公主被恶人抓走，被关押在牢房的某个地方。牢房用 $N\times M(N, M\leqslant 200)$ 的矩阵来表示。矩阵中的每项可以代表道路(@)、墙壁(#)和守卫(x)。

骑士要去拯救公主。骑士到达了公主所在的位置即拯救成功。在道路上可能遇到守卫，遇到守卫则必须杀死守卫才能继续前进。

现假设骑士可以向上、下、左、右 4 个方向移动，每移动一个位置需要 1 个单位时间，杀死一个守卫需要花费额外的 1 个单位时间。同时假设骑士足够强壮，有能力杀死所有的守卫。

给定牢房矩阵，公主、骑士和守卫在矩阵中的位置，请你计算拯救行动成功需要花费的最短时间。

输入：第一行为一个整数 S，表示输入的数据的组数(多组输入)。随后有 S 组数据，每组数据按如下格式输入。

第 1 行是两个整数代表 N 和 $M(N, M\leqslant 200)$。接下来 N 行，每行有 M 个字符。"@"代表道路，"a"代表公主，"r"代表骑士，"x"代表守卫，"#"代表墙壁。

输出：如果拯救行动成功，输出一个整数，表示行动的最短时间。如果不可能成功，输出"Impossible"。

样例输入

```
1
7 8
#  @  #  #  #  #  #  @
#  @  a  #  @  @  r  @
#  @  @  #  x  @  @  @
@  @  #  @  @  #  @  #
#  @  @  @  #  #  @  @
@  #  @  @  @  @  @  @
@  @  @  @  @  @  @  @
```

样例输出

```
13
```

解题思路：本案例中，行走到相邻字符算"一步"，杀死守卫也算"一步"。由于在同一位置有是否杀死过守卫的区别，因此本题状态设计为位置(r,c)不足以反映当前的境况。状态应当是一个三元组(r,c,killed)。(r,c)是位置，killed 取值 1 或 0，分别表示是否在位置(r,c)杀死过守卫。如果位置(r,c)没有守卫，则进入位置(r,c)时就应该处于状态$(r,c,1)$，即相当于已经杀死守卫。状态$(r,c,0)$的唯一邻点状态就是$(r,c,1)$，因为在状态$(r,c,0)$，下一步动作只能是杀死守卫，使得状态转移至$(r,c,1)$。状态$(r,c,1)$的邻点状态有哪些，取决于位置(r,c)上下左右 4 个相邻位置的情况。以位置$(r+1,c)$为例，如果$(r+1,c)$是道路且没有守卫，则$(r+1,c,1)$就是$(r,c,1)$的邻点；如果有守卫，则$(r+1,c,0)$是$(r,c,1)$的邻点，$(r+1,c,1)$不是。若骑士的初始位置是(i,j)，公主的位置是(p,q)，则整个问题的初始状态是$(i,j,1)$，目标状态是(p,q,X)，X 的值是啥都行。

由于本例状态有三个维度，因此用于判重的数组 visited 也是三维的。visited[i][j][k]表示状态(i,j,k)是否被扩展过，程序如下。

```
//prg0910.java
import java.util.*;
class RescureProblem {
    static class Status {
        int r,c,killed,steps;
        Status(int rr,int cc,int k,int s) {
            r = rr; c = cc; killed = k; steps = s;
        }
    }
    void solve() {
        Scanner reader = new Scanner(System.in);
        int S = reader.nextInt();
        while (S > 0) {
            --S;
            int n = reader.nextInt(),m = reader.nextInt();
            char maze[][] = new char[n][m];
            Status start = null, goal = null;
            for(int i=0;i<n;++i) {
                String s = reader.next();
                for(int j=0;j<m;++j) {
                    maze[i][j] = s.charAt(j);
                    if(maze[i][j] =='r')
                        start = new Status(i,j,1,0);            //起点
                    if(maze[i][j] == 'a') {
                        goal = new Status(i,j,0,0);             //目标点
                    }
                }
            }
            boolean visited[][][] = new boolean[n][m][2];
            int directions[][]=new int[][]{{-1,0},{1,0},{0,-1},{0,1}};
            //往上下左右 4 个方向走时的行、列增量
            Queue<Status> que = new ArrayDeque<>();
            que.add(start);
            visited[start.r][start.c][start.killed] = true;
            while (!que.isEmpty()) {
                Status st = que.peek();
                if (st.r == goal.r && st.c == goal.c)
                    break;
                que.poll();
                if (st.killed == 0)
                    que.add(new Status(st.r,st.c,1,st.steps+1));
                else {
                    for (int d[] :directions) {
                        int newR = st.r + d[0];
                        int newC = st.c + d[1];
                        if (newR<0 || newR>=n || newC<0 || newC>=m)
                            continue;
                        if( maze[newR][newC] == '#')
                            continue;
```

```
                        if(maze[newR][newC] == 'x')  {          //有守卫
                            if (!visited[newR][newC][0]) {
                                que.add(new
                                    Status(newR,newC,0,st.steps+1));
                                visited[newR][newC][0] = true;
                            }
                        }
                        else if(!visited[newR][newC][1]) {    //无守卫
                                que.add(new
                                    Status(newR,newC,1,st.steps + 1));
                                visited[newR][newC][1] = true;
                        }
                    }
                }
            }
            if(que.isEmpty()) //说明没有走上面的 break 语句,即未能到达目标状态
                System.out.println("Impossible");
            else System.out.println(que.peek().steps);
        }
    }
}
public class prg0910 {          //请注意:在 OpenJudge 提交时类名要改成 Main
    public static void main(String[] args){
        new RescureProblem().solve();
    }
}
```

判重也可以不用标记数组,而是设置一个 HashSet,状态(r,c,killed)是一个对象,扩展过的状态就放入该 HashSet。

关于迷宫的问题可以有很多种变种。例如本案例,可以有以下变种。

变种(1) 骑士有一些金币,碰到守卫不能杀死它,必须给一个金币才能通过。

状态应为(r,c,x),x 是手中的金币数量。若($r+1$,c)是道路且没有守卫,则(r,c,x)可以转移到($r+1$,c,x);若有守卫,则当且仅当 $x>0$ 时,(r,c,x)可以转移到($r+1$,c,$x-1$)。

★★★**变种(2)** 没有守卫。迷宫里有一些格子里放着钥匙,一个格子最多放 1 把钥匙,所有的钥匙都一样。骑士经过一个格子,就会取走该格子的钥匙。骑士要收集到至少 K 把钥匙,才能在找到公主的时候打开牢门救出她。

直观的想法是将状态设计为(r,c,keys),keys 表示手里钥匙数量。但这样的状态设计不能完整反映骑士的境况,因而是不正确的。考虑下面的样例,"K"表示放着钥匙的道路,骑士要拿到 3 把钥匙才能救公主。

```
r#a
@KK
K@@
```

经路线(0,0)(1,0)(1,1)(1,2)走到位置(1,2)时,已经拿到两把钥匙,状态为(1,2,2)。但此时(1,1)处的钥匙已经被拿走,这个信息在状态中没有记录。那么从状态(1,2,2)就可以走到(1,1)再拿一把钥匙,状态变为(1,1,3),然后再经(1,2)到达(0,2),6 步完成任务,这是不正确的。

所以状态中还应该包含哪些钥匙已经被取走这样的信息。如果迷宫里一共有 n 把钥匙,将它们编号为 $0\sim n-1$,可以设计一个 n 元组(k_0,k_1,…,k_{n-1})来表示钥匙的情况,k_i 为 0 表

示第 i 把钥匙已经取走，为 1 表示尚未取走。也可以用一个 int 型变量的 n 个比特来表示钥匙的情况。例如，迷宫里一共有 5 把钥匙，则可用(r，c，status)表示状态，status 为 0(二进制形式 00000)时，表示所有钥匙都没被取走；status 为 31(二进制形式 11111)时表示所有钥匙都被取走；status 为 5(二进制形式 00101)时表示第 0 把和第 2 把钥匙已经取走(因最右边那位是第 0 位)，其他钥匙还在——这样的状态设计就是合适的。如果一共要 3 把钥匙才能救公主，则目标状态为(p，q，S)，(p，q)是公主的位置，S 是任何一个二进制表示形式至少有 3 个 1 的整数均可。

★★★变种(3)　和变种(2)的区别是，钥匙分为 K 种，骑士要集齐 K 种钥匙才可以。但是拿钥匙要按顺序拿，即只能先拿第 0 种，拿了第 i 种以后才能拿第 $i+1$ 种。

这种情况下状态设计为(r，c，keys)，keys 表示手里钥匙数量。为何这样设计正确请读者思考。目标状态是(p，q，K)，(p，q)是公主位置。

11.5　深搜和广搜的选择

各种问题都可以考虑用深搜解决，虽然其复杂度往往没有保证，难以分析。根据具体问题，如果剪枝用得好，也可能效率很高。而且深搜需要的额外内存空间一般就是递归用的栈空间，栈里只要保存当前正在探索的那条路上经过的顶点，所以空间需求较小。

广搜需要队列的支持。一层的每个顶点都要放到队列中，因此需要的空间较大。如果一个顶点的邻点不是很多，比如几个，可以考虑用广搜。广搜一般找到的是在图上经过的边最少的解，但是如果使用优先队列，也可以用来解决路径总权值最少的解。广搜复杂度同样也往往难以分析，没有保证。

小　结

本章中提及复杂度时，用 n 表示图中顶点数目，e 表示图中边数目。

图常用邻接矩阵和邻接表两种方式表示。一般邻接矩阵适用于稠密图，邻接表适用于稀疏图。前者的空间复杂度是 $O(n^2)$，后者的空间复杂度是 $O(n+e)$。

通过邻接矩阵可以用 $O(1)$时间获得两个顶点之间的边的关系，可以用 $O(n)$时间统计有向图给定顶点的入度，通过邻接表则做不到。但是邻接表在稀疏图中寻找指定顶点的邻点，比邻接矩阵快，后者需要 $O(n)$时间。

图的遍历有深度优先遍历和广度优先遍历两种方式。不论哪种方式，用邻接矩阵表示图，遍历图的复杂度是 $O(n^2)$；用邻接表表示图，遍历图的复杂度是 $O(n+e)$。

在深度优先搜索中，“剪枝”是提高搜索效率的有效手段。剪枝有以下三种。

(1) 可行性剪枝：如果走到某状态时，发现已经不可能走到终点，则应回溯。

(2) 最优性剪枝：如果走到某状态时，发现目前付出的代价，已经大于或等于到目前为止发现的最优解的代价，则应回溯。有的情况下，在每个顶点都可以进行最优性剪枝，最优性剪枝还可以是带预测的。

(3) 重复性剪枝：要发现重复的状态，避免经过重复的状态。

深搜和广搜都需要判重，即记录已经走过(或扩展过)的状态。可以用标志数组来判重，也可以用包含所有已经走过(或扩展过)的状态的 HashSet 来判重。

习　题

1. n 个顶点的无向图,最多有多少条边?(　　)

A. $n(n+1)/2$　　B. n　　C. n^2　　D. $n(n-1)/2$

2. n 个顶点的有向图,最多有多少条边?(　　)

A. $n(n+1)$　　B. $2n$　　C. $2n^2$　　D. $n(n-1)$

3. n 个顶点的无向连通图,至少有几条边?(　　)

A. n　　B. $n-1$　　C. $n(n-1)/2$　　D. n^2

4. n 个顶点的强连通有向图,最少有几条边?(　　)

A. n　　B. $n-1$　　C. $n(n-1)/2$　　D. n^2

5. 下面说法哪个不对?(　　)

A. 无向图的邻接矩阵是对称矩阵

B. 有向图的邻接矩阵一定不对称

C. 用邻接表表示图,不一定比用邻接矩阵节约空间

D. 用邻接矩阵表示有向图的空间复杂度是 $O(V^2)$,V 是顶点数目

6. 下面哪一项操作,使用邻接矩阵表示图会快于使用邻接表表示图?(　　)

A. 找出一个顶点的所有邻点　　B. 计算有向图一个顶点的出度

C. 考查给定两个顶点之间的边的情况　　D. 遍历整个图

7. 下面说法哪个正确?(　　)

A. 用广度优先的方法遍历图,时间复杂度和图用邻接表还是邻接矩阵表示无关

B. 用深度优先的方法遍历图,必须用递归才能完成,广度优先遍历则可以不用递归

C. 深度优先遍历图的复杂度是 $O(V^2)$,V 是顶点数目

D. 在图的表示形式相同的情况下,深度优先遍历和广度优先遍历的时间复杂度是一样的

8. 下面的说法有几个正确?(　　)

(1) n 个顶点的无向图,最多有 n 个连通分量

(2) n 个顶点的无向图,如果有超过 $n-1$ 条边,则是连通图

(3) n 个顶点的无向图,如果有超过 $n-1$ 条边,则一定有环

(4) 有环的有向图就是强连通图

A. 1　　B. 2　　C. 3　　D. 4

9. 用邻接表表示一个有 n 个顶点,m 条边的有向图,要统计出一个指定顶点的入度和出度,时间复杂度是(　　)。

A. $O(n)$　　B. $O(n^2)$　　C. $O(m)$　　D. $O(m+n)$

10. 一个无向图的邻接矩阵用 Java 二维数组表示如下:

```
int G[][]=new int[][]
{ {0,1,1,0,0,0},{1,0,1,0,0,0},{1,1,0,1,0,0},{0,0,1,0,0,0},
{0,0,0,0,0,1},{0,0,0,0,1,0} }
```

(1) 请画出该图。

(2) 定义一个 Java 的二维数组来表示该图的邻接表。

(3) 写出一个该图的深度优先遍历序列。

★★(4) 画出按照(3)的顺序进行深度优先遍历的过程中栈中顶点的变化情况。

(5) 写出一个该图的广度优先遍历序列,并画出遍历过程中队列的变化情况。

以下为编程题。本书编程的例题习题均可在配套网站上程序设计实习 MOOC 组中与书名相同的题集中进行提交。每道题都有编号,如 P0010、P0020。

1. **踩方格(P1110)**:有一个方格矩阵,矩阵边界在无穷远处。我们做如下假设:①每走一步时,只能从当前方格移动一格,走到某个相邻的方格上;②走过的格子立即塌陷无法再走第二次;③只能向北、东、西三个方向走。请问:如果允许在方格矩阵上走 n 步($n \leqslant 20$),共有多少种不同的方案?两种走法只要有一步不一样,即被认为是不同的方案。

★2. **马走日(P1120)**:马在中国象棋棋盘上以日字形规则移动。请编写一段程序,给定 $n \times m$ 大小的棋盘($m < 10$, $n < 10$),以及马的初始位置(x,y),要求不能重复经过棋盘上的同一个点,计算马可以有多少种途径遍历棋盘上的所有点。

3. **红与黑(P1130)**:有一间长方形的房子,地上铺了红色、黑色两种颜色的正方形瓷砖。你站在其中一块黑色的瓷砖上,只能向相邻的黑色瓷砖移动。请写一个程序,计算你总共能够到达多少块黑色的瓷砖。房子长宽不超过 20 块瓷砖。

★4. **判断有向图是否有回路(P1140)**:给定一个有向图,顶点数少于 150,边数不超过 10 000,判断是否有回路。

★★5. **数独游戏(P1150)**:一个 9 行 9 列的矩阵,可以划分成 9 个 3 行 3 列的子矩阵,如图 11.13 所示。

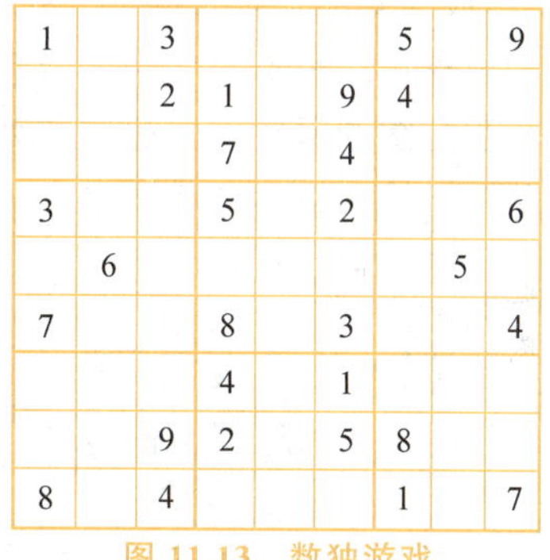

1		3				5		9
		2	1		9	4		
			7		4			
3			5		2			6
	6						5	
7			8		3			4
			4		1			
		9	2		5	8		
8		4				1		7

图 11.13 数独游戏

在一些单元中已经填好了数(范围 1~9),要求将其余所有单元都填上数,使得矩阵的每一行、每一列和每个子矩阵上都包含 1~9 这 9 个数。

★6. **海贼王之伟大航路(P1160)**:有 N 个城市($2 < N \leqslant 16$),编号为 1~N。任意两个城市之间都有路相连并知晓其长度。现在要从 1 号城市出发,走到 N 号城市,中间要经过其他所有城市,且任何一个城市(包括 1 和 N)都不能踏足两次或更多,求最短路径的长度。

7. **Pots-水壶(P1170)**:给你 1 号水壶和 2 号水壶,容积是 A 升和 B 升(A,B 都是整数且不超过 100)。可以有以下三种操作。

(1) FILL(i):把 i 号水壶灌满($1 \leqslant i \leqslant 2$)。

(2) DROP(i):把 i 号水壶倒空。

(3) POUR(i,j):把 i 号水壶的水倒进 j 号水壶,直到 i 号水壶空了或者 j 号水壶满了。

开始两个水壶都是空的。要求用最少的操作次数使得有一个水壶里恰好有 C 升水(C 是整数)。输出这个操作序列。

★8. **Flip Game-翻转游戏(P1180)**:在一个 4×4 的棋盘上,每个格子都摆着一个棋子。棋子一面为黑,一面为白。有一种操作,叫作"翻转",对某一个棋子做"翻转"操作,则会将该棋子及其上下左右的 4 个棋子翻过来。给定初始的棋盘局面(有的棋子黑朝上,有的棋子白朝上),求用最少多少次操作,能使得所有棋子都白朝上或黑朝上。

★★9. **变换的迷宫(P1190)**:你现在身处一个 $R \times C$ 的迷宫中,你的位置用"S"表示,迷宫的出口用"E"表示。迷宫中有一些石头,用"#"表示,还有一些可以随意走动的区域,用"."表示。初始时间为 0 时，你站在地图中标记为“S”的位置上。你每移动一步（向上下左右方向移动）会花费一个单位时间。你必须一直保持移动，不能停留在原地不走。当时间是 K 的倍数时，迷宫中的石头就会消失，此时你可以走到这些位置上。在其余的时间里，你不能走到石头所在的位置。求你从初始位置走到迷宫出口最少需要花费多少个单位时间。$0 < R, C \leqslant 100, 2 \leqslant K \leqslant 10$。

★★★10. **DNA(P1200)**：给定 N 个基因片段($N \leqslant 9$)，每个基因片段由 AGCT 这 4 个字母组成，且长度介于 1～15(含两端)。问包含这 N 个基因片段的 DNA 单链最短长度是多少。单链上基因片段可以重叠。例如，单链 AGCTC 可以认为是包含基因片段 AGC 和 CTC。

★★★11. **Saving Tang Monk-拯救唐僧(P1210)**：有宽度不超过 100 的正方形迷宫如下。

```
K.S
##1
1#T
```

K 代表开始孙悟空所处的位置，T 代表唐僧所处的位置。'.'代表空地，'#'代表墙，'S'代表此处有一条蛇，数字 n 代表此处有钥匙且此钥匙的种类编号是 n($0 < n \leqslant 9$)。孙悟空要去救唐僧，它只能朝上下左右 4 个方向走，走到相邻的格子需要花 1 分钟。'#'处不能走。走到'S'处，则需要停留 1 分钟。走到放钥匙处，如果该钥匙种类编号为 n，且悟空已经得到了编号为 $1, 2, \cdots, n-1$ 的钥匙，则他就可以取走该钥匙，否则就只能过而不取。一共有 m 种钥匙($0 < m \leqslant 9$)，悟空走到唐僧处时，手里必须集齐 m 种钥匙才能救唐僧，否则只能过而不救。问悟空要救唐僧，最少要花多长时间？

★★12. **判断是否是深度优先遍历序列(P1212)**：给定一个无向图和一个序列，判断该序列是否是图的深度优先遍历序列。

第12章 图论基础应用算法

图论是数学的一个分支，研究图的各种性质，以及图上的一些问题。有些典型问题在实践中的应用非常广泛。本章讲述 4 个这样的问题：最短路、最小生成树、拓扑排序和关键路径。

请注意，本章提到各种算法的复杂度，如 $O(E\times \log(V))$、$O(V^2)$时，E 代表图的边的数目，V 代表图的顶点数目。

12.1 最短路

在带权无向或有向图上，一个顶点到另一个顶点的边权值之和最小的路径，称为最短路，边权值之和称为最短路的长度。在现实的问题中，顶点可能代表地址、阶段性目标、任务；边可能代表某种操作，如从一个地方走到另一个地方，或者完成某个工作步骤；边权值可能代表距离、时间、花费等，则最短路就是达成目标的距离最少、时间最少或花费最小的方案。

求最短路可以用深度优先搜索算法，但是效率往往无法保证。所以，需要寻找更好的算法。Dijkstra 算法和 Floyd 算法就是两种常见的最短路算法。

12.1.1 单源最短路问题的 Dijkstra 算法

Dijkstra 算法解决的是在有向图或无向图上求指定的起点到其他所有顶点的最短路的问题。这个起点就叫作“源”。Dijkstra 算法解决的问题只能有一个起点，因此叫作单源最短路问题。求指定起点到某个特定顶点的最短路，和单源最短路问题一样复杂，因此也是用 Dijkstra 算法来完成。但是要注意：**若图中存在从源点可达(即可经过)的负权边，则 Dijkstra 算法不适用。**

算法步骤如下。

(1) 顶点数目为 V 的图中，设源 s 到其的最短路已经求出的顶点构成的集合为 U，开始时 U 为空。

(2) 维护一个 dist 数组，dist[i]表示目前为止发现的源 s 到顶点 i 的最短路的长度。开始时 dist[s] = 0，其余顶点 i 的 dist[i]均为无穷大，表示尚未发现从 s 到 i 的路径。

(3) 维护一个 prev 数组，prev[i]表示目前为止发现的，从 s 到 i 的最短路(不一定是最终结果)上的 i 的前驱顶点。prev[s]的值设为 null。对 s 以外的顶点 i，prev[i]若为 null 则表示

尚未发现从 s 到 i 的路径。开始时对所有顶点 i，prev[i]均为 null。

(4) 若 U 中顶点数达到 V，则转步骤(7)。否则考察所有不在 U 中的顶点 k，取 dist[k]最小的那个，假设叫 x。若 dist[x]是无穷大，则说明剩下的顶点都从源点不可达，转步骤(7)，否则将 x 加入 U，s 到 x 的最短路长度可确定最终为 dist[x]。

(5) 更新所有不在 U 中的 x 的邻点 j 的 dist 值：

```
dist[j] = min(dist[j], dist[x]+W(x,j))       W(x,j)是边(x,j)或边<x,j>的权值
```

如果确实执行了将 dist[j]更新为 dist[x]+$W(x,j)$，则将 prev[j]更新为 x。

这一步称为"松弛操作"。其含义是：将点 x 加入 U 后，点 x 的不在 U 中的邻点 j，其到 s 的距离 dist[j]就应该重新计算，因为从 s 走到 x 再走到 j 这条路径，有可能比目前发现的 s 到 j 的最短路更短。这条新路的长度是 dist[x]+$W(x,j)$。如果 dist[j]真的被修改成了 dist[x]+$W(x,j)$，则应该修改 j 的前驱为 x。

(6) 转步骤(4)。

(7) 对每个顶点 i，dist[i]就是源 s 到顶点 i 的最短路的长度(可能为无穷大)。如果要求出从 s 到顶点 i 的最短路，则 prev[i]是最短路上 i 的前驱，prev[prev[i]]是 prev[i]的前驱……即可倒推出最短路径上的所有顶点。算法结束。

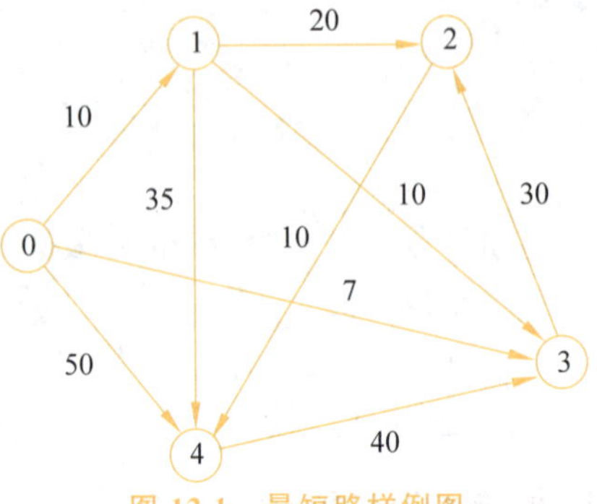

图 12.1　最短路样例图

对图 12.1 中的图，以顶点 0 为源点，用 Dijkstra 算法求最短路的过程如表 12.1 所示。

表 12.1　求最短路的过程

	dist[0]	dist[1]	dist[2]	dist[3]	dist[4]
初始状态	0	∞	∞	∞	∞
0 最短路确定	0	***10***	∞	***7***	***50***
3 最短路确定		10	***37***	7	50
1 最短路确定		10	***30***		***45***
2 最短路确定			30		***40***
4 最短路确定					40

表中粗斜体的值是通过松弛操作被更新的值，带下画线的值，是最短路尚未求出的顶点的最小 dist 值。灰色底的值，是已经求出的最短路的长度。

表格第 3 行：初始状态，dist[0]=0，其他顶点的 dist 值都是无穷大。所以顶点 0 的最短路长度可以确定为 0。通过顶点 0 做松弛操作，将顶点 1、3、4 的 dist 值分别改成顶点 0 到它们的边的长度 10、7、50。

表格第 4 行：在最短路尚未确定的顶点中，顶点 3 的 dist 值 7 最小，因此顶点 3 的最短路长度确定为 7。通过顶点 3 做松弛操作，将顶点 2 的 dist 值更新为 37(到顶点 3 的最短路长度 7，加上 3 到 2 的边长 30)。

表格第 5 行：在最短路尚未确定的顶点中，顶点 1 的 dist 值 10 最小，因此顶点 1 的最短路长度确定为 10。通过顶点 1 做松弛操作，将顶点 2 的 dist 值更新为 10+20=30，将顶点 4 的 dist 值更新为 10+35=45。

表格第 6 行：在最短路尚未确定的顶点中，顶点 2 的 dist 值 30 最小，因此顶点 2 的最短路长度确定为 30。通过顶点 2 做松弛操作，将顶点 4 的 dist 值更新为 30+10=40。

表格第 7 行：顶点 4 的最短路长度确定为 40，算法结束。

下面证明 Dijkstra 算法的正确性。此证明为★★★难度的内容。

记顶点 i 到顶点 j 的最短路长度为 $\text{dis}(i,j)$。**对 U 中任何的顶点 i，均有 $\text{dis}(s,i)=\text{dist}[i]$。** 这个结论在 U 中只有源点的时候是正确的。按照数学归纳法，假设它正确，如果做一遍步骤(4)后，它依然正确，那这个结论就永远是正确的。

下面证明在做步骤(4)的时刻，$\text{dis}(s,x)$ 就可以确定为 $\text{dist}[x]$，**即 $\text{dis}(s,x)<\text{dist}[x]$ 不成立，**这样 x 就可以被加入 U。

假设最终 s 到 x 的最短路为 $p_0p_1p_2\cdots p_n(p_0=s,p_n=x)$，由于此刻 x 尚未被加入 U，则必存在 $i(0<i\leqslant n)$，使得此刻 p_i 不在 U 中，且 $p_0,p_1,\cdots,p_{i-1}$ 都在 U 中。

最短路上的每一部分都是最短路。所以 $p_0p_1\cdots p_{i-1}p_i$ 就是最终 s 到 p_i 的最短路。因此 $\text{dis}(s,p_i)=\text{dis}(s,p_{i-1})+W(p_{i-1},p_i)$。当初 p_{i-1} 加入 U 时，$\text{dist}[p_{i-1}]$ 就是 $\text{dis}(s,p_{i-1})$，那么做了步骤(5)松弛操作后，就有：

$$\text{dist}[p_i]\leqslant \text{dis}(s,p_{i-1})+W(p_{i-1},p_i)=\text{dis}(s,p_i) \tag{1}$$

从 s 走到 x 的最短路，要先从 s 走到 p_i，再从 p_i 走到 x，**由于从 s 可达的所有边权值非负**，因此

$$\text{dis}(s,p_i)\leqslant \text{dis}(s,x) \tag{2}$$

在做步骤(4)的时刻，若我们要推翻的以下结论成立：

$$\text{dis}(s,x)<\text{dist}[x] \qquad \text{((3)，不应该成立)}$$

则由式(1)(2)(3)可以得出：

$$\text{dist}[p_i]<\text{dist}[x] \tag{4}$$

因 p_i 不在 U 中，式 4 和"对任何不在 U 中的顶点 k，均有 $\text{disk}[x]\leqslant\text{disk}[k]$"这个前提矛盾。故此此刻，式 3 必不成立，$\text{dis}(s,x)$ 必然等于 $\text{dist}[x]$，所以 x 的最短路可以确定为 $\text{dist}[x]$，x 加入 U 是正确的。

不过要注意，做步骤(4)的时刻，并不能断定 p_i 就是 x，因为路径 $p_ip_{i+1}\cdots x$ 长度为 0 导致 $\text{dist}[p_i]=\text{dist}[x]$ 也是可能的。

上述证明有一个关键，就是"从 s 可达的所有边权值非负"。因为从 p_i 到 x 如果可以经过负权边，则不能断定 $\text{dis}(s,p_i)\leqslant\text{dis}(s,x)$。即如果有负权边存在，多绕几条负权边，路径的总权值反而会变得更小，Dijkstra 算法就不正确。

总之，Dijkstra 算法不适用于包含从源点可达的负权边的图。

图 12.2 就是一个用 Dijkstra 算法求以 0 为源点的单源最短路失败的例子。

0 到 1 的最短路应该是 0－＞2－＞1，长度为 2，而按照 Dijkstra 算法，最短路为 0－＞1，长度 3。Dijkstra 算法错误是因为没有考虑到从 0 走到更远的 2 后可以通过负权边绕回 1 导致总路径长度更短。

但是对于图 12.3 中的图，用 Dijkstra 算法求源点为 0 的最短路就没有问题，可以求出来 0 到顶点 3 的最短路是无穷大——因为边＜3,2＞和＜3,1＞从顶点 0 不可达。

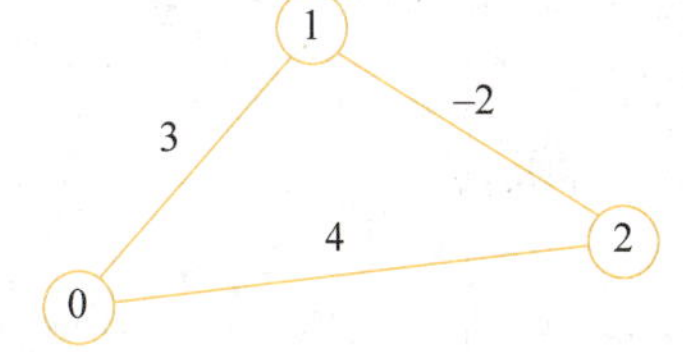

图 12.2 Dijkstra 算法不适用的图

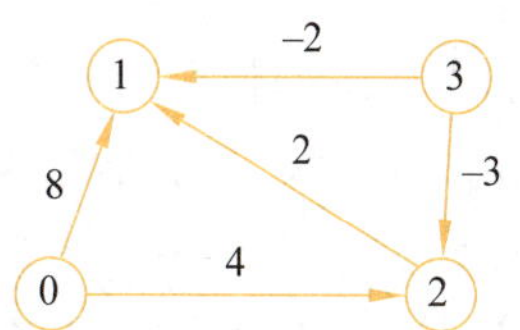

图 12.3 Dijkstra 算法适用的有负权边的图

带负权边的图的最短路问题，需要用 Bellman－Ford 等算法解决。

Dijkstra 算法一共要将 V 个顶点加入集合 U。将一个顶点加入集合 U 所花的时间，取决于步骤(4)中的找最小 dist[i]的操作和步骤(5)中的找 x 的邻点的操作。

如果用邻接矩阵表示图，则步骤(5)复杂度为 $O(V)$，步骤(4)不论是否优化，复杂度都不会超过 $O(V)$，所以总的复杂度为 $O(V^2)$。可以说，对于稠密图，Dijkstra 算法复杂度是 $O(V^2)$。

对于用邻接表表示的稀疏图，步骤(4)可以用堆(优先队列)做优化，复杂度变为 $O(\log(V))$。所有的步骤(5)操作一共需要考察每条边各 1 次。考察 1 条边时，假设进行了 dist[i]值的更新并将新的 dist[i]值加入堆，则复杂度为 $O(\log(V))$，于是所有步骤(5)操作的总复杂度是 $O(E\times\log(V))$。于是 Dijkstra 算法总的复杂度就是 $O((V+E)\times\log(V))$。如果步骤(4)不做优化，则总复杂度也是 $O(V^2)$。

Dijkstra 算法是一种动态规划算法，状态是顶点编号 i，状态 i 的值就是从源点到 i 点的最短路长度。状态的 i 值存于 dist[i]，被不断更新，越来越接近真实值，最终变为真实值。当一个状态 i 的值 dist[i]变为真实值的时候，就会用 dist[i]去更新其他状态的值。第 10 章"动态规划"中的案例，都是从若干个值已知的状态的值，推算出值未知的状态的值，可以称为"人人为我"型动态规划，"人人"就是值已知的状态，"我"就是值未知的状态。而 Dijkstra 算法这样的动态规划，可以称为"我为人人"型动态规划，"我"是值刚刚确定，或刚刚被更新的状态，"人人"是因"我"的值而被更新的状态。

Dijkstra 算法还可以算是贪心算法。

12.1.2 案例：简单的糖果分配(P1220)

(题目原标题：Candies)有 N 个孩子($N\leqslant 300$)分糖果。有 M 个关系($M\leqslant 30\ 000$)。每个关系形式如：

$A\ B\ C$

A，B 是孩子编号，从 1 开始算，C 是整数，表示 A 比 B 少的糖果数目，不能超过 C。求第 N 个孩子最多比第 1 个孩子能多分几个糖果。数据保证有解。

输入： 第一行两个整数，N 和 M。接下来 M 行，每行表示一个关系。

输出： 第 N 个孩子最多比第 1 个孩子多分的糖果数目。

样例输入

```
2 2
1 2 5
2 1 4
```

样例输出

```
5
```

解题思路： 将孩子看作顶点，关系看作边，建带权有向图。读入关系"$A\ B\ C$"，就从顶点 A 出发连一条有向边到顶点 B，权值为 C，表示 B 最多可以比 A 多 C 个糖果。考虑图 12.4 的情况，D 最多可以比 A 多几个糖果？

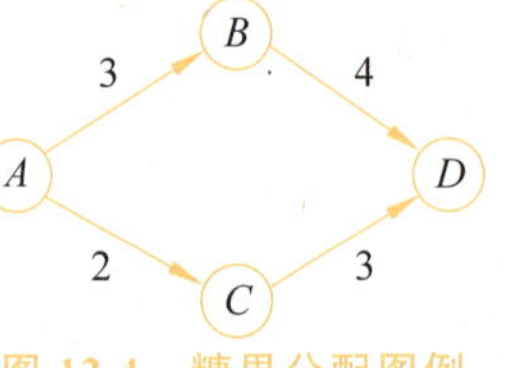

图 12.4 糖果分配图例

考察路径 ABD，B 最多比 A 多 3 个，D 最多比 B 多 4 个，所以 D 最多比 A 多 7 个。

考察路径 ACD，C 最多比 A 多 2 个，D 最多比 C 多 3 个，所以

D 最多比 A 多 5 个。"D 最多比 A 多 5 个"不违反"D 最多比 A 多 7 个"的限制，所以 D 最多可以比 A 多 5 个糖果。

综上所述，问题的实质就是求顶点 1 到顶点 N 的最短路的长度。由于此题的图是个稀疏图，因此可以用邻接表表示图。具体实现时，不需要将所有顶点的最短路都求出，只要顶点 N 的最短路求出，算法就可以终止。解题程序如下。程序中顶点编号是 $0 \sim N-1$。

```
//prg0920.java
import java.util.*;
class Graph0920 {
    static class Edge  {
        int v,w;                               //边的一个端点和权值
        Edge(int v_,int w_) { v = v_; w = w_; }
    }
    private ArrayList<ArrayList<Edge>> G;  //邻接表
    Graph0920(int n) {                         //n 是顶点数目
        G = new  ArrayList<>();
        for(int i=0;i<n;++i)
            G.add(new ArrayList<>());
    }
    void addEdge(int s,int e, int w) { //建图的时候往图中加一条有向边
        G.get(s).add(new Edge(e,w));
    }
    int [][] dijkstra() {                      //顶点从 0 开始编号,源点是顶点 0
        final int INF = 1<<30;                 //无穷大
        int N = G.size();
        boolean done[] = new boolean[N];
        //done[i]为 true 表示源到 i 的最短路已经求出
        int prev[] = new int [N];              //prev[i]是 i 的最短路前驱,-1 表示无前驱
        int dist[] = new int [N];
        for(int i=0;i<N;++i) {
            done[i] = false; prev[i] = -1; dist[i] = INF;
        }
        dist[0] = 0;
        int doneNum = 0;                       //最短路已经求得的顶点数目
        while  (doneNum < N) {
            int x = -1,minDist = INF;
            for (int k=0;k<N;++k)        //找 dist 值最小的顶点 x
                if (!done[k] && dist[k] < minDist){
                    minDist = dist[k];
                    x = k;
                }
            if (minDist == INF) //剩下的点都从源不可达,它们的最短路长度无穷大
                break;
            done[x] = true;                    //顶点 x 的最短路现在求出了,即 dist[x]
            //if (x == N-1)                    //若只要求 0 到 N-1 的最短路,可以 return
            //return new int[][] {dist,prev};
            doneNum += 1;
            for (Edge e : G.get(x)) {
                int j = e.v;
                if (!done[j] && dist[j] > dist[x] + e.w) {//松弛操作
                        dist[j] = dist[x] + e.w;
                        prev[j] = x;
                }
            }
```

```
48.         }
49.         return new int[][] {dist,prev};
50.     }
51. }
52. public class prg0920 {                          //请注意:在 OpenJudge 提交时类名要改成 Main
53.     public static void main(String[] args){
54.         Scanner reader = new Scanner(System.in);
55.         int N = reader.nextInt(),M = reader.nextInt();
56.         Graph0920 g = new Graph0920(N);
57.         for (int i=0;i<M;++i) {
58.             int s = reader.nextInt(),e = reader.nextInt();
59.             int w = reader.nextInt();
60.             g.addEdge(s-1, e-1, w);             //dijkstra 函数要求图顶点从 0 开始编号
61.         }
62.         int [][] r = g.dijkstra();
63.         int dist[] = r[0], prev[] = r[1];
64.         System.out.println(dist[N-1]);
65.         ArrayList<Integer> path = new ArrayList<>();  //存放 0 到 N-1 的最短路
66.         int p = N-1;
67.         while (p != -1) {
68.             path.add(p+1);
69.             p = prev[p];
70.         }
71.         //for(int i=path.size()-1;i>=0;--i)
72.         //    System.out.print(path.get(i) + ",");
73.     }
74. }
```

第 16 行：dijkstra 函数的返回值是一个二维数组，第 0 行是 dist 数组，第 1 行是 prev 数组，分别存放源到所有顶点的最短路长度和每个顶点在其最短路上的前驱顶点。实际上求 prev 对本题没必要。

第 65～70 行：求出顶点 0 到顶点 $N-1$ 最短路径 path。这对本题是没有必要的。

本程序的复杂度是 $O(N^2)$。本题在 OpenJudge 上有一个数据规模更大的版本，$N \leqslant 3000$，$M \leqslant 150\ 000$。对这个版本，本程序会因为超时而无法通过。在选取最小 dist 值时用堆进行优化，使得复杂度降为 $O((N+M)\times\log(N))$，这样就能通过。这对于计算机专业的读者也算较高要求。需改写 dijkstra 函数如下。

```
//★★★ prg0930.java
class Graph0930 {
    …与 prg0920.java 同,略
    class Dist implements Comparable<Dist> {
        int v,dist;                         //顶点 v 到源的目前的距离是 dist
        Dist(int v_, int d) { v = v_; dist = d; }
        public int compareTo(Dist o) {
            return dist - o.dist;
        }
    }
    int [][] dijkstra() {                   //顶点从 0 开始编号,源点是顶点 0
        final int INF = 1<<30;
        int N = G.size();
        boolean done[] = new boolean[N];
        //done[i]为 True 表示源到 i 的最短路已经求出
```

```
15.         int prev[] = new int [N];   //prev[i]是 i 最短路前驱,-1 表示无前驱
16.         int dist[] = new int [N];
17.         for(int i=0;i<N;++i) {
18.             done[i] = false; prev[i] = -1; dist[i] = INF;
19.         }
20.         dist[0] = 0;
21.         int doneNum = 0;            //最短路已经求得的顶点数目
22.         PriorityQueue<Dist> pq = new PriorityQueue< >();
23.         pq.add(new Dist(0,0));
24.         while  (doneNum < N && !pq.isEmpty()) {
25.             int i = pq.peek().v;
26.             int dist_i = pq.peek().dist;
27.             pq.poll();
28.             if (done[i])
29.                 continue;
30.             done[i] = true;         //顶点 i 的最短路现在求出了,即 dist[i]或 dist_i
31.             doneNum += 1;
32.             //if (i == N-1)         //若只要求 0 到 N-1 的最短路,可以 return
33.             //      return new int[][] {dist,prev};
34.             for (Edge e:G.get(i)) {
35.                 int j = e.v;
36.                 if (!done[j] && dist[j] > dist[i] + e.w ) {//松弛操作
37.                     dist[j] = dist[i]+ e.w;
38.                     pq.add(new Dist(j,dist[j]));
39.                     prev[j] = i;
40.                 }
41.             }
42.         }
43.         return new int[][] {dist,prev};
44.     }
45. }
46. public class prg0930  {             //请注意:在 OpenJudge 提交时类名要改成 Main
47.     public static void main(String[] args){
48.         …除了用到的类名为 Graph930 外与 prg0920.java 同,略
49.     }
50. }
```

第 22 行,pq 是个堆(优先队列),pq 中存放的元素是二元组(i,dist[i]),并且 dist[i]最小的元素会出现在队头。

第 24 行:如果图中有顶点 i 从源点出发不可达,则 dist[i]将永远是无穷大,且(i,dist[i])没有机会被放到队列 pq 中。这样 doneNum 就永远不可能增长到 N。若 pq 为空且 doneNum$<N$,就说明剩下的最短路未求出的顶点,都是从源出发不可达的,算法结束且认为这些顶点的最短路长度就是无穷大。

第 28 行:对顶点 u 进行松弛操作的时候,可能将其邻点 i 加入队列 pq;对顶点 v 进行松弛操作的时候,也可能将其邻点 i 加入队列 pq,故一个顶点 i 在队列 pq 里面可能出现不止一次。因此当顶点 i 出现在队头的时候,有可能其最短路早已求出。

prg0930 这个程序,实际上也可以算是使用了优先队列的广度优先搜索。

★12.1.3 求每对顶点之间最短路的 Floyd 算法

如果要求每一对顶点之间的最短路,可以以每个顶点作为起点各运行 Dijkstra 算法一次。

但这个做法只适用于不带负权边的图。Floyd 算法可以用来求每一对顶点之间的最短路，对有向图和无向图都适用，且对有向图，允许有负权边，但是不能有总权值为负的回路。如果图中存在总权值为负的回路，那么可以通过不停地走这个回路，使得一些顶点之间的最短路长度变成负无穷大，Floyd 算法便不能工作。如果要找出所有负权回路，以及哪些顶点之间的路径可以经过负权回路，那就完全是另外一个复杂的问题了。无向图的负权边可以没完没了来回走，所以 Floyd 算法不能用于带负权边的无向图。Floyd 算法编写程序比 Dijkstra 算法略为简单一点。

假设图中顶点编号为 $0\sim n-1$，Floyd 算法的基本思想是，对任意顶点对(V_i, V_j)，先求出从 V_i 到 V_j 的不途经任何顶点的最短路长度，然后再依次求出途经的顶点编号不大于 0 的最短路长度、途经的顶点编号不大于 1 的最短路长度……直到求出途经的顶点编号不大于 $n-1$ 的最短路长度，任务即完成。记 $\text{dist}^{-1}(i,j)$为从 V_i 到 V_j 的不途经任何顶点的最短路径的长度，则有

$$\text{dist}^{-1}(i,j) = W(i,j)$$

$W(i,j)$是 i 到 j 的边的权值。如果边不存在，则 $W(i,j)=\infty$。若 $i=j$，则 $W(i,j)=0$。

记 $\text{dist}^k(i,j)$为从 V_i 到 V_j 的途经所有顶点编号都不大于 k 的最短路长度，则有

$$\text{dist}^k(i,j) = \min\{\text{dist}^{k-1}(i,j),\ \text{dist}^{k-1}(i,k) + \text{dist}^{k-1}(k,j)\}\ (k = 0,1,\cdots,n-1)$$

上式的重点是：如果已知从 V_i 到 V_k 的途经所有顶点编号都不大于 $k-1$ 的最短路径$(V_i \cdots V_k)$，以及从 V_k 到 V_j 的途经所有顶点编号都不大于 $k-1$ 的最短路径$(V_k \cdots V_j)$，则从 V_i 到 V_j 的途经顶点编号都不大于 k 的最短路径，一定不会比上述两条已知路径的拼接$(V_i \cdots V_k \cdots V_j)$更长。展开就是：

$$\text{dist}^0(i,j) = \min\{\text{dist}^{-1}(i,j),\ \text{dist}^{-1}(i,0) + \text{dist}^{-1}(0,j)\}$$
$$\text{dist}^1(i,j) = \min\{\text{dist}^0(i,j),\ \text{dist}^0(i,1) + \text{dist}^0(1,j)\}$$
$$\text{dist}^2(i,j) = \min\{\text{dist}^1(i,j),\ \text{dist}^1(i,2) + \text{dist}^1(2,j)\}$$
$$\cdots$$
$$\text{dist}^{n-1}(i,j) = \min\{\text{dist}^{n-2}(i,j),\ \text{dist}^{n-2}(i,n-1) + \text{dist}^{n-2}(n-1,j)\}$$

先对所有(i,j)组合求出 $\text{dist}^{-1}(i,j)$，再对所有(i,j)组合求 $\text{dist}^0(i,j)$，再求 $\text{dist}^1(i,j)$……最终 $\text{dist}^{n-1}(i,j)$就是 i 到 j 的最短路长度。

具体实现时，因对所有(i,j)组合求出所有 $\text{dist}^k(i,j)$后，所有 $\text{dist}^{k-1}(i,j)$的值就不再有用，因此用一个 dist 二维数组就可以依次存放 $\text{dist}^{-1}(i,j)$，$\text{dist}^0(i,j)$，…，$\text{dist}^{n-1}(i,j)$。Floyd 算法实现过程如下。

(1) 设置二维数组 dist 和 prev。dist[i][j]表示到目前为止发现的从顶点 i 到顶点 j 的最短路的长度。prev[i][j]表示到目前为止发现的从 i 到 j 的最短路上，j 的前驱。

(2) 开始时，对所有顶点 i，dist[i][i] = 0。对任意顶点对(i,j)，若 j 是 i 的邻点，则 dist[i][j] = $W(i,j)$，prev[i][j]=i，否则 dist[i][j]= ∞，prev[i][j] = null。显然，开始时，dist[i][j]表示 $\text{dist}^{-1}(i,j)$。

(3) k 取值依次为 $0,1,\cdots,(n-1)$，对每个 k，都需要对每个顶点对(i,j)执行

dist[i][j] = min{dist[i][j], dist[i][k]+dist[k][j]}。

如果 dist[i][j]被更新为 dist[i][k]+dist[k][j]，则还需要执行 prev[i][j] = prev[k][j]，因为从 i 到 j 的最短路上 j 的前驱，已经变成了从 k 到 j 的最短路上的 j 的前驱。

Floyd 算法编程实现如下。

```
//prg0940.java
1. class Graph0940 {                //避免和其他文件中的 Graph 类同名
2.     private int G[][];           //邻接矩阵,顶点编号从 0 开始算,无边则边权值为无穷大
3.     …Graph0940 的构造函数,以及添加边的函数略,见 prg0950.java
4.     Object [] floyd() {          //根据邻接矩阵 G 求图的任意两点之间的最短路
5.         int n = G.length;        //顶点数目
6.         int prev[][] = new int [n][n];
7.         int dist[][] = new int [n][n];
8.         for (int i=0;i<n;++i)
9.             for (int j=0;j<n;++j) {
10.                if (i == j)
11.                    dist[i][j] = 0;
12.                else {
13.                    dist[i][j] = G[i][j];
14.                    prev[i][j] = i;
15.                }
16.            }
17.        for (int k=0;k<n;++k)
18.            for (int i=0;i<n;++i)
19.                for (int j=0;j<n;++j)
20.                    if (dist[i][k] + dist[k][j] < dist[i][j]) {
21.                        dist[i][j] = dist[i][k] + dist[k][j];
22.                        prev[i][j] = prev[k][j];
23.                    }
24.        return new Object[]{dist,prev};
25.    }
26. }
```

第 8～16 行：这一段代码求所有 $\text{dist}^{-1}(i,j)$。

第 21、22 行：i 到 j 的目前的最短路被更新为先从 i 到 k，再从 k 到 j，则这条暂时的最短路上，j 的前驱就是目前 k 到 j 的最短路上 j 的前驱，即 prev[k][j]。

最终 dist[i][j]就是顶点 i 到顶点 j 的最短路的长度。prev[i][j]是从 i 到 j 最短路上 j 的前驱，prev[i][prev[i][j]]是 j 的前驱的前驱……可一步步倒着往前找到 i 到 j 的最短路。

从第 17 行开始的三重循环可以看出，Floyd 算法的复杂度是 $O(V^3)$的，而且和图的表示形式无关。因此，不论是稀疏图还是稠密图，用邻接矩阵来存图都是最方便的。

★12.1.4 案例: 奶牛比赛(P1230)

(题目原标题：Cow Contest)N 头奶牛参加比赛，编号为 1～N。每场比赛在两头奶牛之间进行。比赛全凭实力，没有运气成分，所以如果 A 赢了 B 且 B 赢了 C，则 A 和 C 不用比就可以断定 A 一定比 C 强。已知若干场比赛的结果，问有多少头奶牛的排名可以确定？

输入：第一行是两个整数 N 和 M，表示有 N 头奶牛参加比赛，已知了 M 场比赛的结果($1 \leqslant N \leqslant 100, 1 \leqslant M \leqslant 4500$)。接下来有 M 行，每行有两个整数 $A,B(1 \leqslant A,B \leqslant N$ 且 $A \neq B)$，表示编号为 A 奶牛在比赛中战胜了编号为 B 的奶牛。

输出：排名可以确定的奶牛的数目。

样例输入

```
5 5
4 3
4 2
```

```
3 2
1 2
2 5
```

样例输出

```
2
```

解题思路：以奶牛为顶点建立有向图。A 赢了 B，就从 A 连一条有向边到 B，权值可随意设为 1。能确定 X 比 Y 强的充要条件是 X 可达 Y。一头奶牛 X 的排名可以确定的充要条件，是可以确定的比它强的奶牛数目（即可达 X 的顶点数目），加上可以确定的比它弱的奶牛数目（即从 X 出发可达的顶点数目），等于 $N-1$。在图上运行一次 Floyd 算法，就可以知道任意一对顶点之间的最短路长度，亦即它们之间的可达情况。当且仅当 X 到 Y 的最短路长度不为无穷大，则 X 可达 Y。然后对每个顶点 i，看其是否满足排名确定的充要条件即可，程序如下。

```
//prg0950.java
import java.util.*;
class Graph0950 {                          //避免和其他文件中的 Graph 类同名
    final int INF = 1<<29;
    private int G[][];                     //邻接矩阵
    Graph0950(int n) {                     //n 是顶点数目
        G = new  int [n][n];
        for(int i=0;i<n;++i)
            for(int j=0;j<n;++j)
                G[i][j] = INF;
    }
    void addEdge(int s,int e, int w) { //建图的时候往图中加一条边
        G[s][e] = w;                       //对有向图
        //G[s][e] = G[e][s] = w;           //对无向图
    }
    Object [] floyd() {          //G 是邻接矩阵,顶点编号从 0 开始算,无边则边权值为 INF
        …同 prg0940.java,略
    }
}
public class prg0950  {                    //请注意:在 OpenJudge 提交时类名要改成 Main
    public static void main(String[] args){
        final int INF = 1<<29;             //此 INF 必须等于 floyd 函数中定义的 INF
        Scanner reader = new Scanner(System.in);
        int N = reader.nextInt(),M = reader.nextInt();
        Graph0950 g = new Graph0950(N);
        for (int i=0;i<M;++i) {
            int s = reader.nextInt(),e = reader.nextInt();
            g.addEdge(s-1,e-1,1);      //floyd 函数要求顶点编号从 0 开始
        }
        Object result[] = g.floyd();
        int dist[][] = (int [][]) result[0];
        int prev[][] = (int [][]) result[1];  //prev 对本题没用
        int total = 0;                     //存放答案
        for (int i=0;i<N;++i) {
            int reachI = 0;                //和 i 比能够区分强弱的奶牛数目
            for (int j=0;j<N;++j)
                if (i != j && (dist[i][j] != INF || dist[j][i] != INF))
                    reachI += 1;
            if (reachI == N - 1)
```

```
            total += 1;
        }
        System.out.println(total);
    }
}
```

此题的另一解法，是再建一个和原图结构一样但是每条边都方向相反的反向图。对某顶点 i，在原图上以 i 为起点，做一遍深度(或广度)优先遍历，就可以求出 i 可达多少个点；在反向图上以 i 为起点做一遍深度(或广度)优先遍历，就可以知道原图上多少个顶点可达 i，于是就知道 i 是否排名确定。

12.2 最小生成树

12.2.1 概述

取一个无向连通图 G 中的所有顶点和一些边构成一个子图 G'，即 $V(G')=V(G)$ 且 $E(G')\subseteq E(G)$，若边集 $E(G')$ 中的边既将图中的所有顶点连通又不形成回路，则称子图 G' 是原图 G 的一棵生成树。显然，一棵有 n 个顶点的生成树，必有 $n-1$ 条边。

深度优先遍历无向连通图，记录每个顶点在深度优先搜索树中的父结点。遍历结束后，将每个顶点及其父结点之间的边输出，即得到深度优先搜索树，也是一棵生成树。

广度优先遍历无向图，如果从顶点 u 扩展出顶点 v 并将 v 加入队列，则输出边(u,v)，这样也能得到一棵生成树。

案例：求无向连通图生成树(P1232)

输入：第一行是两个整数 n 和 m，表示一个无向连通图有 n 个顶点，m 条边。接下来有 m 行，每行有两个整数 s，e，表示编号为 s 的顶点和编号为 e 的顶点之间有边。顶点编号从 0 开始。

输出：一棵生成树的边集合。每行输出一条边，边用两个端点的编号表示。

样例输入

```
4 6
0 1
1 2
2 3
3 1
0 2
1 3
```

样例输出

```
0 1
1 2
2 3
```

程序如下。

```
//prg0960.java
import java.util.*;
class GraphForST {
    private ArrayList< ArrayList<Integer>> G;
```

```
    //G 是无向图邻接表,顶点编号从 0 开始
    private int father[];                          //father[i]是顶点 i 的深搜父结点
    GraphForST(int n) {                            //n 是顶点数目
        G = new ArrayList< >();
        father = new int[n];
        for(int i=0;i<n;++i) {
            G.add(new ArrayList< >());
            father[i] = -1;                        //father[i]为-1 说明顶点 i 未访问过
        }
    }
    void addEdge(int s,int e) {
        G.get(s).add(e); G.get(e).add(s);
    }
    private void dfs(int v,int f) {                //f 是 v 的深搜父结点
        father[v] = f;
        for (Integer u : G.get(v))                 //u 是 v 的邻点
            if (father[u] == -1)                   //u 没访问过
                dfs(u,v);                          //u 的深搜父结点是 v
    }
    ArrayList<int []> dfsMST() {               //求连通无向图生成树,返回生成树的边的数组
        int n = G.size();
        dfs(0,0);         //顶点 0 作为起点,是搜索树的根结点。令其深搜父结点就是它自己
        ArrayList<int []> result = new ArrayList<>();    //存放生成树的边
        for(int i=1;i<n;++i)
            result.add(new int[] {father[i],i});   //加入边(father[i],i)
        return result;
    }
}
public class prg0960  {
    public static void main(String[] args){
        Scanner reader = new Scanner(System.in);
        int n = reader.nextInt(),m = reader.nextInt();
        GraphForST g = new GraphForST(n);
        for(int i=0;i<m;++i) {
            int s = reader.nextInt(),e = reader.nextInt();
            g.addEdge(s, e);
        }
        ArrayList<int []> edges = g.dfsMST();
        for(int [] x:edges)
            System.out.println(x[0]+" "+x[1]);
    }
}
```

显然,图的生成树不唯一。对于一个无向连通带权图,每棵生成树的权(即树中所有边的权值总和)可能不同。具有最小权值的生成树称为最小生成树(Minimum Spanning Tree,MST)。

后文将权值大的边称为“长边”,权值小的边称为“短边”。

求无向连通图的最小生成树,常用的算法有 Prim(普里姆)算法和 Kruskal(克鲁斯卡尔)算法。一般来说,Prim 算法适用于稠密图,Kruskal 算法适用于稀疏图。

求最大生成树和求最小生成树,本质上是一样的问题。将所有边权变为相反数,然后求最小生成树,再将总权值取相反数即可。

12.2.2 最小生成树的性质

最小生成树有以下三个在解决相关问题时常用的性质。

性质 1：设 $G=(V,E)$ 是一个连通带权无向图，U 是 V 的一个非空真子集。则一端在 U 中另一端不在 U 中的所有边里，权值最小的那条边 X，一定在 G 的某棵最小生成树上面。

简单地说，就是把图中的顶点划分为两部分，连接这两部分的最短边，一定可以在某个最小生成树上面。不过并非所有的最小生成树都一定会包含这条边。

证明：对给定的 U，任意最小生成树 T 中必有边两端分属 U 和 $V-U$。若前述最短的 X 不属于 T，则将 X 加入 T 后，T 中一定会形成回路。该回路必然包含 X，以及另外一条两端分属 U 和 $V-U$ 的边 Y。此时删除 Y，则 T 依然连通，且没有回路，即包含 X 的新 T 依然是一棵生成树。由于 X 的权值不大于 Y，因此新 T 的权值和最初相比没有变化，即 X 在新 T 这棵最小生成树上面。

性质 2：最小生成树 T 上的任意一条边 X，将其删除后就会将最小生成树分成不连通的两个连通分量 U_1 和 U_2，且 X 一定是原图上两端分属 U_1 和 U_2 的所有边中，权值最小的一条。

证明：如若不然，原图上两端分属 U_1 和 U_2 的边中有另一条边 Y 比 X 更短，则在 T 中用 Y 替换 X，T 一样会是生成树，且权值变得更小，这和 T 是最小生成树矛盾。

性质 3：在最小生成树 T 上加入图中不属于 T 的任意一条边 e，都会在 T 中形成环。且 e 必是该环中权值最大的边。

证明：如若不然，设环中有边 e' 权值大于 e，则用 e 替换 e'，T 仍然连通且无环，是一棵生成树。而且，T 的总权值变小了，这和原来的 T 是最小生成树矛盾。

性质 4：一个图的两棵不同的最小生成树，它们的边的权值排序以后得到的序列，必然相同。

证明：设一个图的最小生成树 T_1 的边按照权值从小到大排序得到的序列 A 是：

$a_1a_2a_3\cdots a_n$

另一棵最小生成树 T_2 的边按照权值从小到大排序得到的序列 B 是：

$b_1b_2b_3\cdots b_n$

请注意，上述两个序列是边的序列，不是边的权值的序列。将序列 A 对应的边权值序列称为 WS(A)，序列 B 对应的边权值序列称为 WS(B)，要证明的是 WS(A)=WS(B)。

设 i 是最小的使得 $a_i \neq b_i$（即 a_i 和 b_i 不是同一条边）的整数，令 $W(e)$ 表示边 e 的权值，不妨设 $W(a_i) \geqslant W(b_i)$。则只会有以下两种情况：

情况(1)：边 b_i 在序列 A 中。

此情况下，设 $a_j=b_i$。因 a_k 和 b_k 都相同($k=1,2,\cdots,i-1$)，故必有 $j>i$。由于序列 A 按边权值递增，故 $W(a_j) \geqslant W(a_i) \geqslant W(b_i)$。由此可知 $W(a_j)=W(a_i)=W(b_i)$。在序列 A 中交换边 a_j 和 a_i，则新的 WS(A)和原 WS(A)依然相同，且新序列 A 中和序列 B 的第一条不同的边的位置向右移了。接下来若能一直重复情况(1)，则可以最终将序列 A 变成和序列 B 一样，且此过程中 WS(A)保持不变，那么可以推断最初的 WS(A)和 WS(B)相同。

情况(2)：边 b_i 不在序列 A 中。

此情况下，将边 b_i 加入 T_1，则会形成环 C。C 中必有一条边 a_j 不在序列 B 中。因 a_k 和 b_k 都相同($k=1,2,\cdots,i-1$)，那么必有 $j \geqslant i$，即 $W(a_j) \geqslant W(a_i)$。由前述性质 3，得到 $W(a_j) \leqslant W(b_i)$，然而 $W(a_j) \geqslant W(a_i) \geqslant W(b_i)$，故 $W(a_j)=W(a_i)=W(b_i)$。将 T_1 中的 a_j 替换为 b_i，T_1 依然是一棵最小生成树，且序列 A 中的 a_j 被替换成 b_i 后，WS(A)依然没有变化。此刻，情况转变成了情况(1)。

12.2.3 Prim 算法

Prim 算法的基本思路如下。

假设 $G=(V,E)$ 是有 n 个顶点的带权连通图，$T=(V',E')$ 是 G 的最小生成树，V' 开始仅包含 V 中的一个顶点（随便哪一个都行）；E' 开始为空集。

每次从一个端点在 T 中，另一个端点在 T 外的所有边中，找一条权值最小的，并把该边及端点并入 T。这样做 $n-1$ 次，T 中就有 n 个点，$n-1$ 条边，T 就是最小生成树。

过程如图 12.5 所示，灰色点和灰色加粗边代表 T。

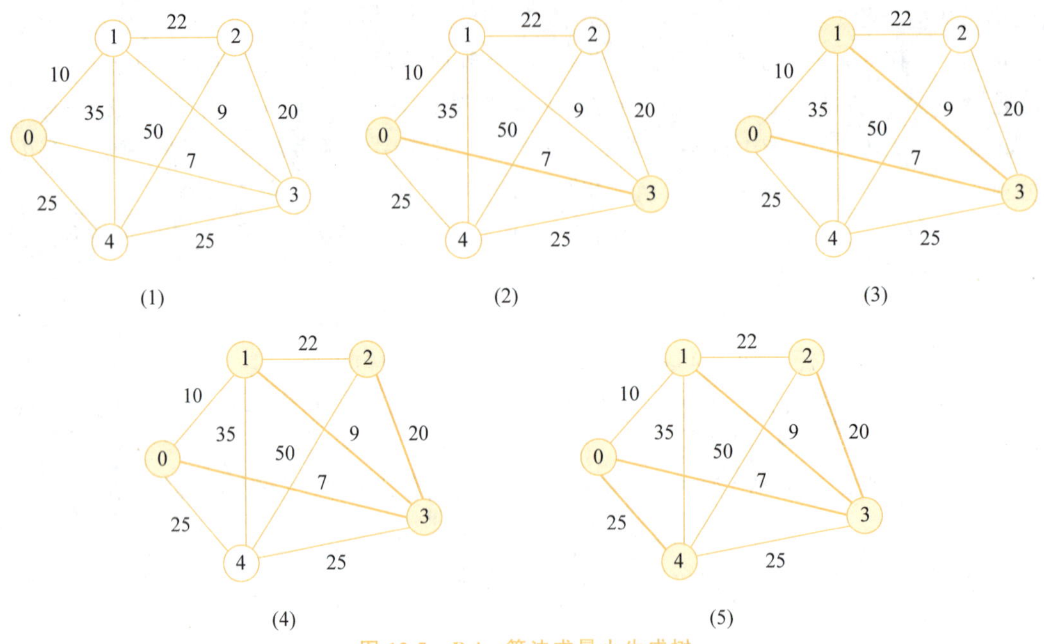

图 12.5 Prim 算法求最小生成树

(1) 开始只有顶点 0 在 T 中。

(2) 边(0,3)是两端点分属 T 中和 T 外的最短边，将它和顶点 3 加入 T。

(3) 边(3,1)是两端点分属 T 中和 T 外的最短边，将它和顶点 1 加入 T。

(4) 边(3,2)是两端点分属 T 中和 T 外的最短边，将它和顶点 2 加入 T。边(0,1)虽然比边(3,2)短，但它两端都在 T 中，不能选。

(5) 边(0,4)是两端点分属 T 中和 T 外的最短边，将它和顶点 4 加入 T。算法结束。

可以看出，在第(5)步，选边(3,4)也是可以的，所以一个图的最小生成树可能不止一种。

Prim 算法的正确性大致证明如下。

显然 Prim 算法若成功运行，得到的结果包含所有顶点，且无环，因此是一棵生成树。

假设 T 是通过 Prim 算法求得的一棵生成树，T' 是一棵最小生成树。若 T 和 T' 所有边都相同，则 T 是最小生成树。否则，将 Prim 算法运行过程中被加入 T 的第一条不在 T' 中的边称为 e。在 e 即将被加入 T 时，令已经被加入 T 的顶点集合为 U，尚未被加入 T 的顶点集合为 V，$e=(u,v)$，则有 $u\in U$ 且 $v\in V$。若将 e 加入 T'，则会在 T' 中生成包含 e 的环 C。因 C 是包含 e 的环，因此 C 中必然存在一条从 v 到 u 的不包含 e 的路径。此路径中必然有一条边 e' 两端点分属 U 和 V，且 $e'\neq e$。当初 Prim 算法选择 e 加入 T 时，e' 也是备选边之一。e' 权值必不小于 e 的权值，否则会选择 e' 而非 e 加入 T。那么，在 T' 中用 e 替换 e' 后，T' 依然是一棵生成树，且总权值不会变大，即 T' 依然是最小生成树。再考虑下一条被加入 T 中却不在 T' 中的边 f，同理还可以将 f 换入 T' 且保持 T' 依然是最小生成树……。以此类推，可将 T' 中所有的边替换成和 T 相同而总权值保持不变，即 T 也是最小生成树。

Prim 算法的实现步骤和 Dijkstra 算法有些类似。

(1) 称顶点数目为 N 的图的正在构造的最小生成树为 T，开始时 T 为空。

(2) 维护一个 dist 数组，dist[i]表示顶点 i 到 T 的"距离"，即 i 和 T 中的点的所有连边的最小权值。开始时所有 dist[i]均为无穷大。

(3) 维护一个 prev 数组，顶点 i 不在 T 中时，prev[i]表示 T 中和顶点 i 有边相连，且边最短的那个顶点。prev[i]为 null 表示尚未发现这样的顶点。开始时，对所有顶点 i，prev[i]均为 null。

(4) 若 T 中顶点数达到 N，则最小生成树完成，算法结束。否则考察所有不在 T 中的顶点 i，取 dist[i]最小的那个，假设叫 x，将它以及边(prev[x],x)加入 T。最初 T 为空时，随便取一个顶点 x 加入 T，此时由于 prev[x]为 null，没有边被加入 T。

(5) 更新所有与顶点 x 有边相连且不在 T 中的顶点 j 的 dist 值：

$$\text{dist}[j] = \min(\text{dist}[j],\ W(x,j)) \qquad W(x,j)\text{是边}(x,j)\text{的权值}$$

如果确实执行了将 dist[j]更新为 $W(x,j)$，则将 prev[j]更新为 x。

这一步称为"松弛操作"。其含义是：将点 x 加入 T 后，和点 x 有边相连且不在 T 中的点 j，其到 T 的距离 dist[j]就应该重新计算，有可能会修改成 $W(x,j)$。如果真的改成了 $W(x,j)$，则 x 就是 T 中和 j 有最短边相连的那个顶点，因此要将 prev[j]更新为 x。

(6) 转步骤(4)。

如果用邻接矩阵存放图，而且选取最短边的时候遍历所有点进行选取，则 Prim 算法的时间复杂度为 $O(V^2)$(V 为顶点数)。因为一共要选出 V 个点加入最小生成树，选每个点时，寻找最小的 dist[i]要花 $O(V)$时间，选出一个新点后，松弛操作需要看遍邻接矩阵的一行，时间也是 $O(V)$。虽然找最小 dist[i]的操作可以用堆进行优化改进为 $O(\log(V))$，但是松弛操作的 $O(V)$时间不能减少，因此复杂度就是 $O(V^2)$。

Prim 算法适合稠密图。实际上，如果用邻接表存放图，且对 Prim 算法做一些改进，将找最小 dist[i]的操作用堆优化成复杂度为 $O(\log(V))$，则也可以做到和 Kruskal 算法一样的 $O(E\times\log(V))$的复杂度(E 为图的边数)，只是程序编写比 Kruskal 算法麻烦一些。"Prim+堆优化"的算法，请学有余力的读者自行研究，也可以参照 12.1.2 节的案例"糖果分配"来写。

Prim 算法的具体编程实现见 12.2.5 节。

12.2.4 Kruskal 算法

Kruskal 算法的步骤非常简单：

(1) 假设 G 是有 n 个顶点的带权连通图，T 是 G 的最小生成树，开始时 T 为空。

(2) 按权值从小到大的顺序考察所有边，如果发现某条边加入 T 后并不会使得 T 中形成回路，则将其并入 T 中。当 T 中包含 $n-1$ 条边时，T 即为最小生成树。

T 在构建的过程中，未必是个连通图。最小生成树构建过程如图 12.6 所示，灰色点和灰色加粗的边代表 T。

(1) 开始将最短边(0,3)加入 T。

(2) 次短边(1,2)加入 T 不会形成回路，因此将边(1,2)加入 T。

(3) 第 3 短边(1,3)加入 T 不会形成回路，因此将边(1,3)加入 T。

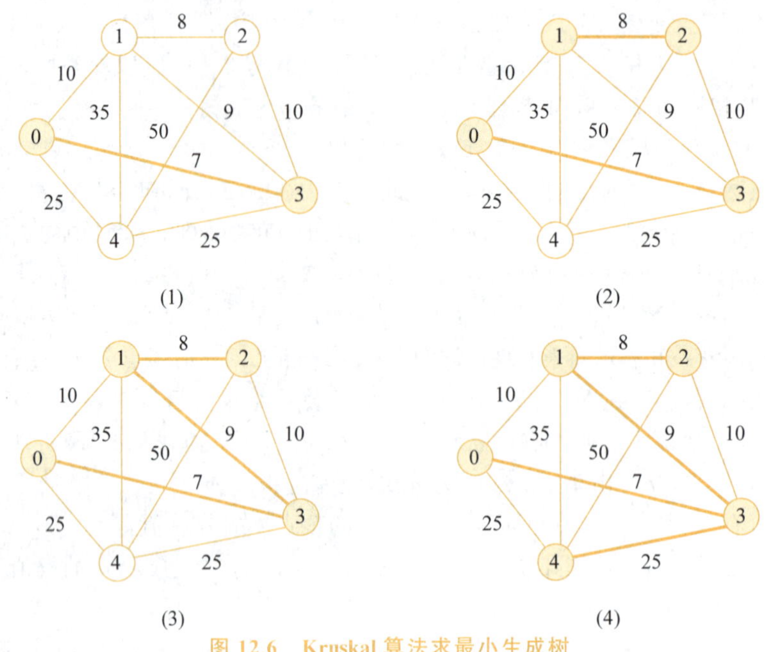

图 12.6 Kruskal 算法求最小生成树

(4) 第 4 短边(2,3)和(0,1)若加入 T,都会在 T 中形成回路,不能加。因此将第 6 短边(3,4)加入 T,算法结束。当然加入(0,4)也可以。

Kruskal 算法正确性的证明和 Prim 算法的证明类似,请读者自行思考。

Kruskal 算法实现的关键,是如何判断一条边是否与正在构建的生成树 T 中的边构成回路。这可以通过将图 G 中的顶点划分为若干个集合的方法来解决,每个集合是一个无回路的连通子图,不同集合之间互相不连通。开始时 n 个顶点分属 n 个集合,每个集合只有一个顶点。

考查一条边 X 时:

若 X 两个端点分属于不同的集合,则表明 X 连接了两个不同的连通子图。因这两个连通子图都没有回路且本来并不连通,因此通过 X 将它们连接起来后,得到的依然是个无回路的连通子图。将 X 并入 T,并将 X 两个端点所属的集合合并。只有在选出一条边加入 T 时才会进行集合合并,因此对每个合并而得的集合 U,U 的所有顶点都在 T 中。

若 X 的两个端点属于同一集合,由于该集合的顶点已经全部在 T 中,则将 X 并入 T 定会在 T 中形成回路,所以应抛弃 X。

上述过程牵涉到如何查询一个元素所属的集合,以及如何对集合进行合并。用并查集可以很好地解决这个问题。若并查集的操作使用了按秩合并,复杂度视为常数,则 Kruskal 算法的复杂度就是 $O(E\times\log(E)))$,也可以说是 $O(E\times\log(V))$ (因 E 最多是 V^2 量级)。$E\times\log(E)$ 是将所有边按照权值从小到大排序所花的时间(排序问题的复杂度是 $O(n\times\log(n))$,在第 13 章讲述)。排好序后,只需要花 $O(E)$时间从短到长考查所有边一次即可选出 $V-1$ 条边建好最小生成树。

复杂度 $O(E\times\log(V))$决定了 Kruskal 算法适用于稀疏图,不如 Prim 算法那样适用于稠密图。但是,也不能说对于稀疏图,Kruskal 算法就能完全替代“Prim+堆优化”的算法。因对于某些最小生成树相关问题,使用 Prim 算法的过程中可以方便地做一些动态规划等操作,如记住最小生成树上任意两个顶点之间路径上的最长边长度之类,这是 Kruskal 算法难以完成的。

Kruskal 算法的编程实现见 12.2.5 节。

★12.2.5 案例：团结真的就是力量(P1235)

有 n 个人，本来互相都不认识。现在想要让他们团结起来。假设如果 a 认识 b，b 认识 c，那么最终 a 总会通过 b 而认识 c。如果最终所有人都互相认识，那么大家就算团结起来了。但是想安排两个人直接见面认识，需要花费一些社交成本。不同的两个人要见面，花费的成本还不一样。一个人可以见多个人，但是，有的两个人就是不肯见面。问要让大家团结起来，最少要花多少钱？请注意，认识是相互的，即若 a 认识 b，则 b 也认识 a。

输入： 第一行是整数 n 和 m，表示有 n 个人，以及 m 对可以安排见面的人($0<n<100$，$0<m<5000$)。n 个人编号为 $0\sim n-1$。

接下来的 m 行，每行有两个整数 s，e 和一个浮点数 w，表示花 w 元钱($0\leqslant w<100\ 000$)可以安排 s 和 e 见面。数据保证每一对见面的花费都不一样。

输出： 第一行输出让大家团结起来的最小花销，保留小数点后面两位。接下来按花费从小到大输出每一对见面的人。输出一对人的时候，编号小的在前面。

如果没法让大家团结起来，则输出“NOT CONNECTED”。

样例输入

```
5 9
0 1 10.0
0 3 7.0
0 4 25.0
1 2 8.0
1 3 9.0
1 4 35.0
2 3 11.0
2 4 50.0
3 4 24.0
```

样例输出

```
48.00
0 3
1 2
1 3
3 4
```

解题思路： 每个人看作一个顶点，在可以安排见面的两人之间连边，权值为见面花费。要求的就是这个图的最小生成树。如果图不连通，则团结任务失败。

```
//prg0962.java
import java.util.*;
class Edge {                                      //表示一条边
    int s,e;  double w;                           //起点,终点,权值
    Edge(int ss, int ee, double ww)
    { s = ss; e = ee; w = ww;}
}
class Prim {
    static final int INF = 1 << 30;               //无穷大。两点之间无边,则令其边权为无穷大
    static Object [] solve(double G[][]){
        //求图 G 最小生成树,G 是邻接矩阵,返回值是最小生成树的总权值和边的集合
        int n = G.length;                         //n 是顶点数目,顶点编号 0 ~ (n-1)
        double dist[] = new double[n];            //各顶点到已经建好的那部分树的距离
```

```
        boolean used[] = new boolean[n];  //标记顶点是否已经被加入最小生成树
        int prev[] = new int[n];          //prev[i]是和 i 相连的最小生成树中的顶点
        for(int i=0;i<n;++i) {
            dist[i] = INF;    used[i] = false; prev[i] = -1;
        }
        int doneNum = 0;                  //已经被加入最小生成树的顶点数目
        double totalW = 0;                //最小生成树总权值
        ArrayList<Edge> edges = new ArrayList<>();  //最小生成树的边的集合
        while (doneNum < n) {
            int x; double minDist;
            if (doneNum == 0) {
                x = 0; minDist = 0;       //顶点 0 最先被加入最小生成树
            }
            else {
                x = -1; minDist = INF;
                for (int i=0;i<n;++i)
                    if (!used[i] && dist[i] < minDist) {
                        x = i; minDist = dist[i];
                    }
                if (x == -1)
                    return null;          //图不连通,无最小生成树
            }
            used[x] = true;               //x 是新加入最小生成树的顶点
            doneNum += 1;
            totalW += minDist;            //新加入的边权值就是 minDist
            if (doneNum > 1)
                edges.add(new Edge(x,prev[x],G[x][prev[x]]));
            for (int v=0;v<n;++v)
                if (!used[v] && G[x][v]<INF && G[x][v] < dist[v]) {
                    dist[v] = G[x][v];
                    prev[v] = x;          //v 通过 x 连接到最小生成树
                }
        }
        return new Object[] {totalW,edges};
    }
}
public class prg0962  {                //请注意:在 OpenJudge 提交时类名要改成 Main
    public static void main(String[] args){
        Scanner reader = new Scanner(System.in);
        int n = reader.nextInt();
        int m = reader.nextInt();
        double G[][] = new double[n][n]; //邻接矩阵
        for(int i=0;i<n;++i)
            for(int j=0;j<n;++j)
                G[i][j] = Prim.INF;
        for(int i=0;i<m;++i) {
            int s = reader.nextInt(),e = reader.nextInt();
            double w = reader.nextDouble();
            G[s][e] = G[e][s] = w;
        }
        PrintResult(Prim.solve(G));
    }
    public static void PrintResult(Object [] result) {
        if(result == null)
            System.out.println("NOT CONNECTED");
```

```
68.         else {
69.             System.out.printf("%.2f\n",(double)result[0]);
70.             ArrayList<Edge> edges = (ArrayList<Edge>) result[1];
71.             edges.sort((e1,e2)->{
72.                 final double eps = 1e-6;
73.                 if(e1.w - e2.w < eps)    return -1;
74.                 else if(e1.w - e2.w > eps)     return 1;
75.                 else return 0;
76.             });
77.             for (Edge edge : edges) {
78.                 if (edge.s < edge.e)
79.                     System.out.printf("%d %d\n", edge.s,edge.e);
80.                 else
81.                     System.out.printf("%d %d\n", edge.e,edge.s);
82.             }
83.         }
84.     }
85. }
```

第 16 行：prev[i]为−1 说明尚未发现顶点 i 到构建中的最小生成树 T 的最短连边。当 prev[i]不为−1 时，边(i,prev[i])就是目前发现的顶点 i 和 T 中顶点相连的边中最短的一条，第 43 行体现了这一点。

如果不需要求最小生成树的边，只要求总权值，则只需要将 solve 函数中所有和 prev 以及 edges 变量有关的代码都删除即可。

Kruskal 算法解决本案例的程序如下。

```
//prg0970.java
import java.util.*;
class Edge {  …和 prg0962.java 中的 class Edge 一致,略  }
class AdjEdge {                                       //用于邻接表的边
    int v;  double w;                                 //终点,权值
    AdjEdge(int vv, double ww)     { v = vv; w = ww; }
}
class Kruskal {
    int parent[];                                     //用于并查集
    ArrayList<ArrayList<AdjEdge>> G;                  //图的邻接表,顶点编号从 0 开始
    Kruskal(ArrayList<ArrayList<AdjEdge>> GG) {    G = GG;     }
    int getRoot(int a) {
        if (parent[a] == a)
            return a;
        parent[a] = getRoot(parent[a]);
        return parent[a];
    }
    void merge(int a, int b) {
        int p1 = getRoot(a);
        int p2 = getRoot(b);
        if (p1 == p2)
            return;
        parent[p2] = p1;
    }
    Object [] solve() {
        //Kruskal 算法求图最小生成树, 返回值是最小生成树的权值和边的数组
        int n = G.size();                             //n 是顶点数目,顶点编号从 0 开始
        parent = new int[n];
```

```
        for (int i=0;i<n;++i)
            parent[i] = i;
        ArrayList<Edge> edges = new ArrayList<>();  //存放所有边
        for(int i=0;i<n;++i)                        //从邻接表中取出所有边放入 edges
            for (AdjEdge e:G.get(i))
                edges.add(new Edge(i,e.v,e.w));
        edges.sort((e1,e2)-> {
                final double eps = 1e-6;
                if(e1.w - e2.w < eps)     return -1;
                else if(e1.w - e2.w > eps)     return 1;
                else return 0;
            });                                     //排序复杂度 O(ElogE)
        ArrayList<Edge> mstEdges = new ArrayList<>();   //最小生成树的边数组
        int doneNum = 0;                            //已经加入最小生成树的边数目
        double totalW = 0;
        for (Edge edge:edges) {
            if (getRoot(edge.s) != getRoot(edge.e)) {
                merge(edge.s, edge.e);
                mstEdges.add(edge);
                doneNum += 1;
                totalW += edge.w;
            }
            if (doneNum == n - 1)
                break;
        }
        if (doneNum == n - 1)
            return new Object[] {totalW,mstEdges};
        else
            return null;                            //图不连通,无最小生成树
    }
}
public class prg0970  {                     //请注意:在 OpenJudge 提交时类名要改成 Main
    public static void main(String[] args){
        Scanner reader = new Scanner(System.in);
        int n = reader.nextInt();
        int m = reader.nextInt();
        ArrayList<ArrayList<AdjEdge>> G = new ArrayList<>();
        for(int i=0;i<n;++i)
            G.add(new ArrayList<AdjEdge>());
        for(int i=0;i<m;++i) {
            int s = reader.nextInt(),e = reader.nextInt();
            double w = reader.nextDouble();
            G.get(s).add(new AdjEdge(e,w));
            G.get(e).add(new AdjEdge(s,w));
        }
        PrintResult(new Kruskal(G).solve());
    }
    public static void PrintResult(Object [] result) {
        …与 prg0962.java 中的相同,略
    }
}
```

用 Kruskal 算法解决本案例,其实不需要生成图的邻接表,只要生成所有的边的数组即可。但是为了增加通用性,本程序中的 Kruskal 类还是写成了处理邻接表表示的图的形式。

第 31～33 行：每条边实际上被放入 edges 两次，这样并不影响正确性，只是要多花一些时间。如果非常强调效率，也很容易改进。

★★12.2.6 案例：北极网络(P1240)

(题目原标题：Arctic Network)平面上有 n 个要塞，每个要塞的坐标用一对整数(x，y)表示。现在要在要塞之间建立通信网络。可以铺设一些光纤将这些要塞连接起来，则它们就互相可以通信。每条光纤必须直接连接两个要塞，长度就是两个要塞的距离。后来又得到 k 个无线通信设备，两个具有无线设备的要塞，它们之间不需要铺设光纤就可以直接通信，因此就可以少铺设一些光纤。光纤太长就需要加放大器，增加成本。所以希望合理分配无线设备，使得必须铺设的光纤中，最长的那一条尽可能短。求最长的那条光纤的长度。

输入：第一行是整数 N，表示有 N 组测试数据。对每组测试数据，第一行是整数 S 和 P，表示有 S 个无线设备，P 个要塞。接下来 P 行，每行是一个要塞的坐标。

输出：对每组测试数据，输出最长的那条光纤的长度。保留小数点后面两位。

样例输入

```
1
2 4
0 100
0 300
0 600
150 750
```

样例输出

```
212.13
```

来源：ACM/ICPC Waterloo local 2002.09.28

解题思路：先考虑一个问题，如果没有无线设备，该怎样铺设光纤最节约？将每个要塞看作一个顶点，任意两个要塞之间都连一条边，权值就是两个要塞的距离，表示这两个要塞之间可以(是可以，不是必须)铺设一条长度为权值的光纤，这样即可构成一个带权完全图。要使要塞之间连通，只要铺设出一棵生成树即可。如果要使光纤总长度最短，就铺设一棵最小生成树。

再考虑一个问题：在没有无线设备的情况下，必须铺设的光纤，最长的那一条是多长？答案就是最小生成树中的最长边的长度——因为这条边所连接的最小生成树中的两个部分，无法用更短的边来连接(否则换边后会得到更小的生成树)，而且所有最小生成树的最长边长度都相同(因为所有最小生成树的边权值排序后得到的序列都是一样的)。

有 2 个无线设备可以少铺 1 条光纤，3 个无线设备可以少铺设 2 条光纤…有 k 个无线设备，就可以少铺设 $k-1$ 条光纤，即在生成树上去掉 $k-1$ 条边。本题做法就是建一棵最小生成树，然后去掉最长的 $k-1$ 条边，剩下的最长边，即最小生成树的第 k 长边，其长度就是问题的答案。

Prim 算法解题程序如下。

```
//prg0980.java
import java.util.*;
class Edge {   …和 prg0962.java 中的 class Edge 同,略   }
class Prim {   …和 prg0962.java 中的 class Prim 同,略   }
class ArcticNetworkPrim {
    static class Pos {                                    //要塞坐标
```

```
        int x,y;
        Pos(int xx,int yy) { x = xx ;y = yy ;}
    }
    static double distance(Pos p1,Pos p2) {
        return Math.sqrt((p1.x - p2.x ) * (p1.x - p2.x )+
                (p1.y - p2.y) * (p1.y - p2.y));
    }
    void solve() {
        Scanner reader = new Scanner(System.in);
        int N = reader.nextInt();
        for(int t=0;t<N;++t) {
            int S = reader.nextInt(), P = reader.nextInt();
            Pos forts[] = new Pos[P];                  //要塞坐标数组
            for (int i=0;i<P;++i)
                forts[i] = new Pos(reader.nextInt(),reader.nextInt());
            double G[][] = new double[P][P];           //图的邻接矩阵
            for (int i=0;i<P-1;++i)
                for (int j=i+1;j<P;++j)
                    G[i][j] = G[j][i] = distance(forts[i],forts[j]);
            Object result [] = Prim.solve(G);
            ArrayList<Edge> edges =                    //最小生成树的边集合
                    (ArrayList<Edge>) result[1];
            edges.sort((e1,e2)-> {                     //按边权值从小到大排序
                final double eps = 1e-6;
                if(e1.w - e2.w < eps)     return -1;
                else if(e1.w - e2.w > eps)     return 1;
                else return 0;
            });
            System.out.printf("%.2f\n",edges.get(P-1-S).w);
        }
    }
}
public class prg0980   {                      //请注意:在 OpenJudge 提交时类名要改成 Main
    public static void main(String[] args){
        new ArcticNetworkPrim().solve();
    }
}
```

Kruskal 算法解决本题的程序,请读者综合 prg0970 和 prg0980 写出。

本题中的图是完全图,所以 Kruskal 算法比 Prim 算法在效率上没有优势。

12.3 拓扑排序

12.3.1 拓扑排序的定义和算法

拓扑排序(Topological Sorting)是指在有向图中求一个顶点的序列,使其满足以下条件。

(1) 每个顶点出现且只出现一次。

(2) 若存在一条从顶点 A 到顶点 B 的路径,那么在序列中顶点 A 一定出现在顶点 B 的前面。

有向图可以拓扑排序的充要条件是图中无环。有向无环图简称 DAG(Directed Acyclic Graph)。

如果有向图中的顶点表示活动，边表示活动之间的先后关系，即 A 到 B 有边表示 B 活动进行前必须先进行 A 活动，则该有向图就是一个 AOV 网络(Activity On Vertext Nextwork)。

在 AOV 网络上，按什么样的顺序进行各项活动，才能将全部活动顺利完成呢？答案是按拓扑排序的结果依次进行各项活动。

如果将顶点看作课程，A 到 B 有边表示 A 是 B 的先修课，则拓扑排序的结果就是一个可行的先后修完各个课程的方案。

拓扑排序的算法如下。

(1) 从图中任选一个入度为 0 的顶点 x 输出。

(2) 从图中删除 x 和所有以它为起点的边，转步骤(1)。

重复步骤(1)和(2)直到图为空或当前图中不存在入度为 0 的顶点为止。前一种情况，输出的序列就是拓扑排序的结果。后一种情况说明图中有环，无法拓扑排序。

由于步骤(1)可能有多种选择，所以拓扑排序的结果可能不唯一。

图 12.7 展示了拓扑排序的过程。

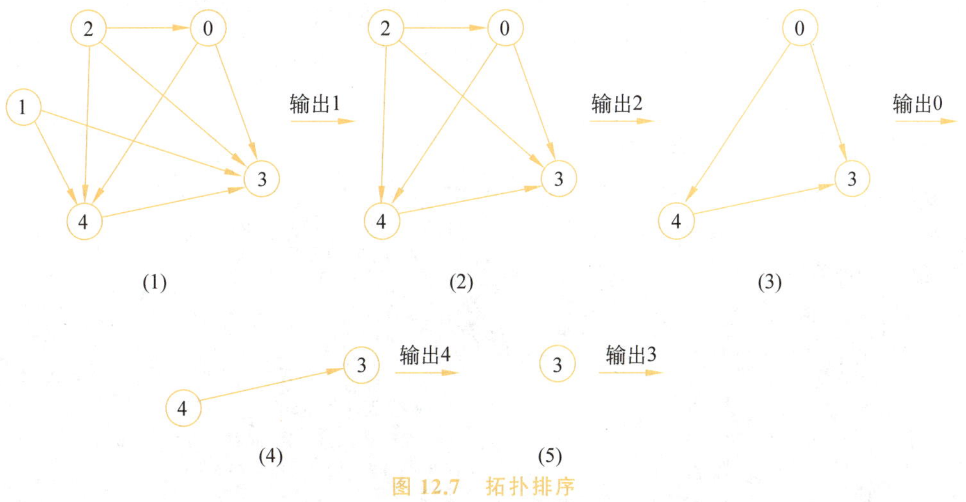

图 12.7 拓扑排序

(1) 顶点 1、2 入度都是 0，选哪个先输出都可以。输出 1，并删除 1 的出边。

(2) 只有顶点 2 入度为 0，输出 2，并删除 2 的出边。

(3) 只有顶点 0 入度为 0，输出 0，并删除 0 的出边。

(4) 只有顶点 4 入度为 0，输出 4，并删除 4 的出边。

(5) 输出剩下的 3，拓扑排序完成。拓扑序列为 1,2,0,4,3。

具体实现时，如果每次做步骤(1)找入度为 0 的顶点时，都要扫描所有图中剩下的顶点，则比较浪费。好的做法是使用队列(或栈)。开始队列中存放图中所有本来入度就为 0 的顶点，进行步骤(1)就是从队列中取出队头顶点，并且将删除边后新产生的入度为 0 的顶点加入队列。队列为空且图中已经没有剩下顶点，则拓扑排序完成；队列为空了图中还剩有顶点，则图中有环，拓扑排序失败。由于每个顶点最多出入队列一次，每个顶点出队时，其出边都要看一次，故如果图用邻接表存放，拓扑排序的时间复杂度为 $O(E+V)$；如果用邻接矩阵存图，拓扑排序的时间复杂度是 $O(V^2)$(E 是边数，V 是顶点数)。12.3.2 节案例的解题程序即实现了拓扑排序。

12.3.2 案例: 火星人家族树(P1250)

(题目原标题：Genealogical tree)火星人是奇怪的物种，一个火星人可以有很多个父母和很多个子女。火星人开会的时候有规矩，一个火星人不允许在他的祖先之前发言，否则就是丑闻。已知一些人是另一些人的父母，父母算祖先，祖先的父母也算祖先，请安排他们的发言顺序，以免出现丑闻。

输入：第一行是整数 n，表示有 n 个火星人($1 \leqslant n \leqslant 100$)，编号为 $1 \sim n$。接下来 n 行，第 i 行列出了火星人 i 的所有子女，以 0 结尾。没有子女的火星人对应行就是单独一个 0。

输出：一个不会出丑闻的火星人发言序列。

样例输入(#其右边的文字是说明，不是输入的一部分)

```
5                    #5个火星人
0                    #1号火星人没子女
4 5 1 0              #2号火星人有子女 4,5,1
1 0
5 3 0
3 0
```

样例输出

```
2 4 5 3 1
```

来源：Ural State University Internal Contest October'2000 Junior Session

解题思路：以火星人为顶点，从每个火星人到他的每个子女都连一条有向边，构成一个有向图。这个有向图的拓扑排序序列，就是合理的发言序列。程序如下。

```
//prg0990.java
import java.util.*;
class Graph0990 {
    static class Edge {                         //邻接表中存放的边
        int v,w;                                //一个端点和边权值,本题权值无用
        Edge(int vv,int ww) {v = vv; w = ww; }
    }
    private ArrayList<ArrayList<Edge>> G;
    //G是邻接表,顶点编号从0开始
    Graph0990(int n) {                          //n是顶点数目
        G = new ArrayList< >();
        for(int i=0;i<n;++i)
            G.add(new ArrayList< >());
    }
    void addEdge(int s,int e,int w) {  //建图的时候往图中加一条有向边
        G.get(s).add(new Edge(e,w));
    }
    ArrayList<Integer> topoSort()  {
        int n = G.size();                       //G是邻接表,顶点从0开始编号
        int inDegree [] = new int[n];  //inDegree[i]是顶点 i 的入度
        for(int i=0;i<n;++i) inDegree[i] = 0;
        for(int i=0;i<n;++i)                    //计算所有顶点入度
            for (Edge e :G.get(i))
                ++ inDegree[e.v];
        Queue<Integer> q = new ArrayDeque< >();
        for (int i=0;i<n;++i)
            if (inDegree[i] == 0)
```

```
                q.add(i);
        ArrayList<Integer> seq = new ArrayList<>();   //存放拓扑排序结果
        while(!q.isEmpty()) {
            int k = q.poll();           //出队列
            seq.add(k);
            for (Edge e:G.get(k)) {
                -- inDegree[e.v];       //删除边<k,e.v>后将 e.v 入度减 1
                if (inDegree[e.v] == 0)
                    q.add(e.v);
            }
        }
        if (seq.size() != n)            //如果拓扑序列长度少于顶点数,则说明有环
            return null;
        else   return seq;
    }
}
public class prg0990   {                //请注意:在 OpenJudge 提交时类名要改成 Main
    public static void main(String[] args){
        Scanner reader = new Scanner(System.in);
        int n = reader.nextInt();
        Graph0990 g = new Graph0990(n);
        for(int i=0;i<n;++i) {
            int s;
            while((s = reader.nextInt()) != 0)
                g.addEdge(i, s-1, 1);  //边权值没用,可以设为 1
        }
        ArrayList<Integer> seq = g.topoSort();
        for (Integer x:seq)
            System.out.print((x+1)+" ");
    }
}
```

★12.4 关键路径

12.4.1 关键路径的定义和算法

一个 AOE 网络(Activity On Edge Network)具有以下特点。

(1) 它是一个带权有向无环图。

(2) 顶点表示事件,事件不需要花时间。

(3) 边表示活动,边权值表示活动需要花的时间。

(4) 当且仅当一个顶点的所有入边代表的活动都已经完成,该顶点表示的事件可以发生(不是必须立即发生,延后一些时间再发生可能也可以);当且仅当顶点代表的事件发生,其出边代表的活动可以开始(不是必须立即开始)。

(5) 先后次序无关的活动可以同时进行。

图 12.8 就是一个 AOE 网络。

在现实生活中,图 12.8 的 AOE 网络可以代表一个工程。工程由 $a_0,a_1,\cdots,a_{10}$ 这 11 个任务(即活动)组成,所有活动完成,则工程完工。事件 V_0 表示活动 a_0、a_1、a_2 可以开始了;事件 V_1 表示活动 a_0 完成,活动 a_3 可以开始了;V_4 表示活动 a_3 和活动 a_4 都完成,活动 a_6 和 a_7 可

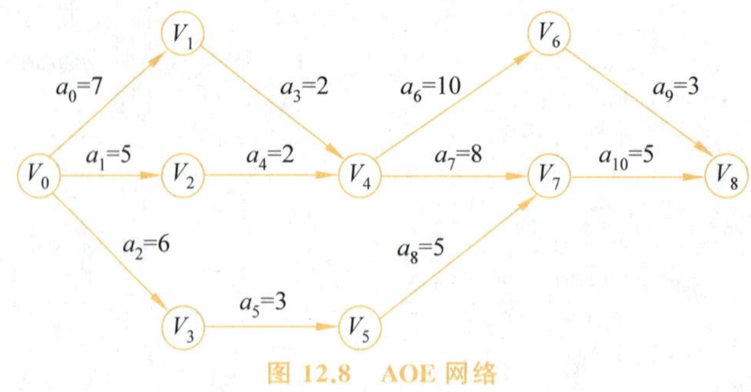

图 12.8　AOE 网络

以开始了;V_8 表示活动 a_9 和 a_{10} 都已经完成……所有事件都发生了,则整个工程完工。有些活动的完成必须有先后,如 a_3 一定得在 a_0 完成后才能开始;有些活动则可以同时进行,如 a_0 和 a_1。

没有入边的事件,不需要等待任何活动完成就可以发生,因此可以认为它们在时刻 0 就可以发生。这样的事件可以有多个。在图 12.8 中,V_0 在时刻 0 即可发生。

对图 12.8 这个代表一个工程的 AOE 网络,可以提出以下问题。

(1) 每个事件最早可以在什么时刻发生(时刻从 0 开始算)?

(2) 整个工程最早可以在什么时刻完成?不妨记这个时刻为 T。由于所有事件都发生了则工程完成,因此工程的最早完成时刻,就是最早发生时刻最晚的那个事件的最早发生时刻,即

$$T = \max\{\text{事件 } V_i \text{ 的最早发生时刻} \mid i = 0,1,2,\cdots\}$$

以图 12.8 为例,V_2 的最早发生时刻是 5,V_1 的最早发生时刻是 7,因而 V_4 的最早发生时刻是 9。

(3) 求事件的最晚发生时刻:有的事件,并不是可以发生了就必须立即发生,将其推迟一些发生,也可以不影响工期。如 V_2 最早发生时刻是 5,但是将 V_2 推迟到时刻 7 发生,也不影响 V_4 的最早发生时刻,因而不会造成任何影响。一个事件不得晚于什么时刻发生,才不会导致工程最早完成时刻 T 推迟,称这个时刻为该事件的“最晚发生时刻”。

(4) 求哪些活动是关键活动:最早开始时刻和最晚开始时刻一致的活动叫关键活动。a_1 的最早开始时刻是 0,但是最晚可以推迟到时刻 2 开始,也不影响什么——反正 V_4 得等 a_0 和 a_3 都完成了才能发生。所以 a_1 的最早开始时刻(时刻 0)和最晚开始时刻(时刻 2)不一致,a_1 不是关键活动。关键活动在其最早开始时刻就必须开始,如果推迟了,必将导致整个工期延长。

每个活动连接两个事件,分别称为起点事件和终点事件。显然有

$$\text{活动的最早开始时刻} = \text{起点事件的最早发生时刻}$$

$$\text{活动的最晚开始时刻} = \text{终点事件的最晚发生时刻} - \text{活动时长}$$

(5) 求关键路径:关键路径就是 AOE 网络上权值之和最大的路径,即最长路径。关键路径可能不唯一。完工时刻 T 就是关键路径权值之和。被称为关键路径,是因为关键路径上的活动,都是关键活动。只有减少关键路径上的活动的花费时间,才可能将整个工程的完成时刻提前。但是关键路径可能不止一条,因此减少了某条关键路径上某个活动的耗时,并不一定会导致工程提前完成。找出关键路径,对确保工程不延期或设法提前完成,是有意义的。

解决上面 5 个问题的关键,在于求出每个事件 V_i 的最早发生时刻 earliest[i]和最晚发生时刻 latest[i]。

对所有顶点进行拓扑排序后，可以按如下递推的方法求 earliest[i]。

(1) 初始时，令 earliest[i] = 0(i = 0,1,2,…)。对于入度为 0 的事件 V_k，由于其不需要等待任何活动的完成，因此 earliest[k] = 0 就是正确的。

(2) 按拓扑序列的顺序递推每个事件的最早开始时刻。

对顶点 V_i，若边<V_i,V_j>存在且权值为 W_{ij}，则执行如下赋值语句。

```
earliest[j] = max(earliest[j], earliest[i] + Wij)
```

此赋值语句的依据是：一个活动起点事件为 V_i，终点事件为 V_j，活动花时间 W_{ij}，则必有 earliest[j] ≥ earliest[i] + W_{ij}

以图 12.8 为例，拓扑排序序列是 V_0,V_1,V_2,V_3,V_4,V_5,V_6,V_7,V_8，递推过程如下。

```
earliest[0] = 0,earliest[1] = earliest[0]+7 = 7
earliest[2] = 5, earliest[3] = 6
earliest[4] = max(earliest[1]+2, earliest[2]+2) = max(7+2,5+2) = 9
earliest[5] = earliest[3]+ 3 = 9
earliest[6] = earliest[4]+ 10 = 19
earliest[7] = max(earliest[4]+8, earliest[5]+5) = max(9+8,9+5) = 17
earliest[8] = max(earliest[6]+3,earliest[7]+5) = max(19+3,17+5) = 22
```

由 T = max{earliest[i] | i = 0,1,2,…}得到工程最早完成时刻 T = 22。

同理可以递推求 latest[i]。

(1) 初始时，令 latest[i] = T(i = 0,1,2,…)。对于出度为 0 的事件 V_k，由于没有活动需要等待 V_k 发生，因此 latest[k] = T 就是正确的，即这些事件可以都安排在 T 时刻发生。

(2) 按拓扑序列的逆序递推每个事件的最晚发生时刻。

对顶点 V_i，若边<V_i,V_j>存在且权值为 W_{ij}，则执行如下赋值语句。

```
latest[i] = min(latest[i], latest[j] - Wij)
```

此赋值语句的依据是：一个活动起点事件为 V_i，终点事件为 V_j，活动花时间 W_{ij}，则必有 latest[i] ≤ latest[j]−W_{ij}

递推 latest 数组的过程如下，注意拓扑序列是 V_0,V_1,V_2,V_3,V_4,V_5,V_6,V_7,V_8。

```
latest[8] = 22, latest[7] = latest[8]-5 = 17, latest[6]=latest[8]-3 = 19,
latest[5] = latest[7] - 5 = 12
latest[4] = min(latest[7]-8, latest[6]-10) = min(17-8,19-10) = 9
latest[3] = latest[5] - 3 = 9
latest[2] = latest[4] - 2 = 7
latest[1] = latest[4] - 2 = 7
latest[0] = min(laxtest[1]- 7,latest[2]-5,latest[3]-6) = 0
```

最后得到表 12.2。

表 12.2 图 12.8 各事件的最早发生时刻和最晚发生时刻

事件	V_0	V_1	V_2	V_3	V_4	V_5	V_6	V_7	V_8
最早发生时刻	0	7	5	6	9	9	19	17	22
最晚发生时刻	0	7	7	9	9	12	19	17	22

可以看到，事件 V_2,V_3,V_5 的最早发生时刻和最晚发生时刻不一致，它们都可以推迟一点发生。

有了表 12.2，就可以算出每个活动的最早开始时刻和最晚开始时刻。例如，a_5 的起点事件是 V_3，终点事件是 V_5，则 a_5 的最早开始时刻就是 V_3 的最早发生时刻，即 6；a_5 的最晚开始

时刻等于 V_5 的最晚发生时刻 12 减去 a_5 的耗时 3，为 9，故 a_5 不是关键活动——虽然 a_5 在时刻 6 就可以开始，但是推迟到时刻 9 开始，也不会影响工期。

由表 12.2 可以推算出关键活动有 a_0，a_3，a_6，a_9，a_7，a_{10}。

关键路径则有两条：$a_0a_3a_6a_9$ 和 $a_0a_3a_7a_{10}$。这两条路径的总权值之和都是 22。

求关键路径的复杂度是 $O(E+V)$。

★★12.4.2 案例：火星大工程(P1260)

中国要在火星上搞个大工程，即建造 n 个科考站，编号为 1，2，…，n。有的科考站必须等另外一些科考站建好后才能建。由于建站的设备建好站后需要一段时间保养，所以会发生科考站 a 建好后，必须至少等一定时间才能建科考站 b 的情况。因为 b 必须在 a 之后建，且建 b 必需的某个设备参与了建 a 的工作，它需要一定时间进行保养。

一个维修保养任务用三个数 a，b，c 表示，亦即科考站 b 必须等 a 建完才能建。而且，科考站 a 建好后，建 a 的某个设备必须经过时长 c 的维修保养后，才可以开始参与建科考站 b。

假设设备都很牛，只要设备齐全可用，建站飞快就能完成，建站时间忽略不计。一开始所有设备都齐全可用。

给定一些维修保养任务的描述，求所有科考站都建成，最快需要多长时间。

有的维修保养任务，能开始的时候也可以先不开始，往后推迟一点再开始也不会影响到整个工期。问在不影响最快工期的情况下，哪些维修保养任务的开始时间必须是确定的。按词典序输出这些维修保养任务，输出的时候不必输出任务所需的时间。

输入：第一行两个整数 n，m，表示有 n 个科考站，m 个维修保养任务。接下来 m 行，每行三个整数 a，b，c，表示一个维修保养任务($1<n, m\leqslant 3000$)。

输出：先输出所有科考站都建成所需的最短时间。然后按词典序输出开始时间必须确定的维修保养任务。一个维修保养任务用两个数 a 和 b 表示，亦即科考站 b 必须等 a 建完并进行设备保养后才能建。

样例输入

```
9 11
1 2 6
1 3 4
1 4 5
2 5 1
3 5 1
4 6 2
5 7 9
5 8 7
6 8 4
7 9 2
8 9 4
```

样例输出

```
18
1 2
2 5
5 7
5 8
7 9
8 9
```

解题思路：这个是纯粹的关键路径题目，一个保养就是一条有向边，表示一个活动。科考站的建成，就是事件。要输出的就是工期和所有关键活动，程序如下。

```
//prg1000.java
import java.util.*;
class Graph1000 {
    static class Edge {                                   //邻接表中存放的边
        int v,w;                                          //边终点和边权值
        Edge(int vv,int ww) {v = vv; w = ww;}
    }
    private ArrayList<ArrayList<Edge>> G;
    //G是邻接表,顶点编号从0开始
    private ArrayList<Integer> topoSeq;                   //拓扑排序序列
    int endTime;                                          //整个工程的最早完成时刻
    …此处还有构造函数、addEdge函数、topoSort函数和prg0990.java同,略
    int [] getEarliestTime() {                            //G是邻接表,顶点从0开始编号
      //求各事件的最早发生时刻
        int n = G.size();                                 //n是顶点数
        int result[] = new int[n];
        for(int i=0;i<n;++i) result[i] = 0;
        for(Integer i:topoSeq)                            //此时拓扑排序序列已求出
            for (Edge e:G.get(i))
                result[e.v] = Math.max(result[e.v],
                        result[i] + e.w);
        return result;
    }
    int[] getLatestTime() {                               //求各事件的最晚发生时刻
      //endTime是整个工程的最快完成时刻
        int n = G.size();                                 //顶点总数
        int result[] = new int[n];
        for(int i = 0;i<n;++i)
            result[i] = endTime;                          //endTime是整个工程的最快完成时刻
        for (int k=n-2;k>=0;--k) {
            int i = topoSeq.get(k);
            for (Edge e : G.get(i))
                result[i] = Math.min(result[i],result[e.v] - e.w);
        }
        return result;
    }
    ArrayList<int []> criticalActivities() { //返回所有关键活动
        //返回的ArrayList中的每个元素是一个有两个元素的int数组
        //这两个元素是一条边的两个端点
        topoSeq = topoSort();
        if (topoSeq == null) return null;
        int n = G.size();
        int earliestTime[] = getEarliestTime();
        endTime = earliestTime[0];
        for(int t:earliestTime)
            endTime = Math.max(endTime, t);
        int latestTime[] = getLatestTime();
        ArrayList<int []> result = new ArrayList<>();
        for (int i=0;i<n;++i)
            for (Edge e:G.get(i))                         //两重循环遍历所有边
                if (earliestTime[i] == latestTime[e.v] - e.w)
                    result.add(new int [] {i,e.v});
```

```
        return result;
    }
}
public class prg1000  {                    //请注意:在 OpenJudge 提交时类名要改成 Main
    public static void main(String[] args){
        Scanner reader = new Scanner(System.in);
        int N = reader.nextInt(),M = reader.nextInt();
        Graph1000 g = new Graph1000(N);
        for (int i=0;i<M;++i)
            g.addEdge(reader.nextInt()-1,reader.nextInt()-1,
                    reader.nextInt());
        ArrayList<int []> result = g.criticalActivities();
        if(result == null)
            System.out.println("error");
        else {
            System.out.println(g.endTime);
            result.sort((x,y)-> {              //把所有关键活动排序
                if (x[0] == y[0])
                    return x[1] - y[1];
                else
                    return x[0] - y[0];
            });
            for (int x[] :result) {
                System.out.print(x[0]+1+ " ");
                System.out.println(x[1]+1);
            }
        }
    }
}
```

小　　结

本章中用 V 表示图顶点数,E 表示图边数。

Dijkstra 算法解决无从源点可达的负权边的单源最短路问题。如果用邻接矩阵表示图,复杂度为 $O(V^2)$。如果用邻接表表示图且不做优化,复杂度也是 $O(V^2)$。用堆加以优化,复杂度为 $O((V+E)\times\log(V))$。

Floyd 算法可以用来求每一对顶点之间的最短路,对有向图和无向图都适用。对无向图,不允许有负权边;对有向图,允许有负权边,但是不能有总权值为负的回路。算法的复杂度是 $O(V^3)$,用邻接矩阵表示图最方便。

一个图的不同最小生成树的边权值序列排序后都一样。

不用堆或优先队列优化的 Prim 算法的复杂度是 $O(V^2)$。

Kruskal 算法的复杂度是 $O(E\log(E))$,适用于稀疏图。稠密图使用 Prim 算法更好。

拓扑排序和求关键路径的复杂度都是 $O(E+V)$。

习　题

1. n 个顶点 m 条边的无向图用 Floyd 算法求最短路径的复杂度是(　　)。

A. $O(n^2)$　　B. $O(n+m)$　　C. $O(n\times m)$　　D. $O(n^3)$

2. 在 n 个顶点 m 条边的有向图的邻接矩阵上用 Dijkstra 算法求单源最短路的复杂度是(　　)。

A. $O(n^2)$　　B. $O(n+m)$　　C. $O(n\times m)$　　D. $O(m\times\log(n))$

3. 用 Dijkstra 算法求图 12.9 中无向图以 0 为起点的最短路径，请按最短路被求出的先后顺序写出到各个顶点的最短路径长度。

4. 什么样的图不可以用 Dijkstra 算法求单源最短路径？

5. 什么样的图不可以用 Floyd 算法求每对顶点之间的最短路径？

6. 对图 12.9 中的无向图，从顶点 0 开始，用 Prim 算法求最小生成树，请按先后次序列出被加入最小生成树中的顶点。

7. 对图 12.9 中的无向图，用 Kruskal 算法求最小生成树，请按先后次序列出被加入到最小生成树中的边。

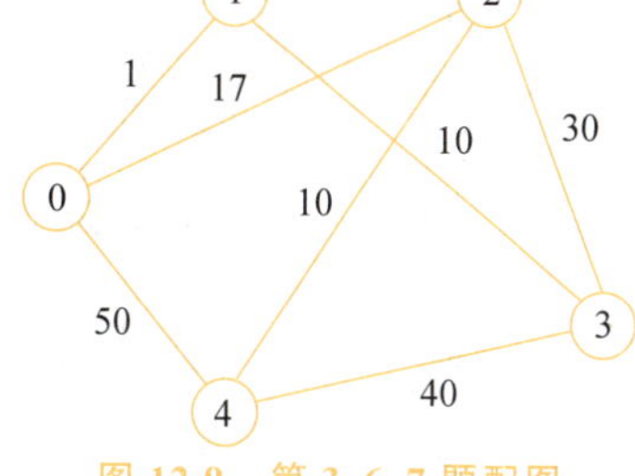

图 12.9　第 3、6、7 题配图

8. 下面求最小生成树的几种情况，哪种时间复杂度最低？(　　)

A. 在用邻接矩阵表示的稀疏图上用 Prim 算法求最小生成树

B. 在用邻接矩阵表示的稀疏图上用 Kruskal 算法求最小生成树

C. 在用邻接表表示的稀疏图上用 Kruskal 算法求最小生成树

D. 在用邻接表表示的稀疏图上用不加堆优化的基本 Prim 算法求最小生成树

★★9. 以下关于 n 个顶点的连通图上最小生成树的说法，有几条是正确的？(　　)

(1) 最短边一定可以出现在某棵最小生成树上

(2) 次短边一定可以出现在某棵最小生成树上

(3) 不同的最小生成树边权值排序后的结果可能不同

(4) 任何非最小生成树的第 k 短边不会短于最小生树的第 k 短边

A. 0　　B. 1　　C. 2　　D. 3

10. 以下方法有几种可以判断有向图是否有环？(　　)

(1) 深度优先遍历 (2) 拓扑排序 (3) 求单源最短路径

A. 0　　B. 1　　C. 2　　D. 3

11. 一个有向图的邻接矩阵主对角线以下的元素都是无穷大，则该图的拓扑排序序列(　　)。

A. 一定存在且可能不唯一

B. 一定存在且唯一

C. 不一定存在

D. 肯定不存在

12. 写出图 12.10 中的有向图的全部可能拓扑排序序列。

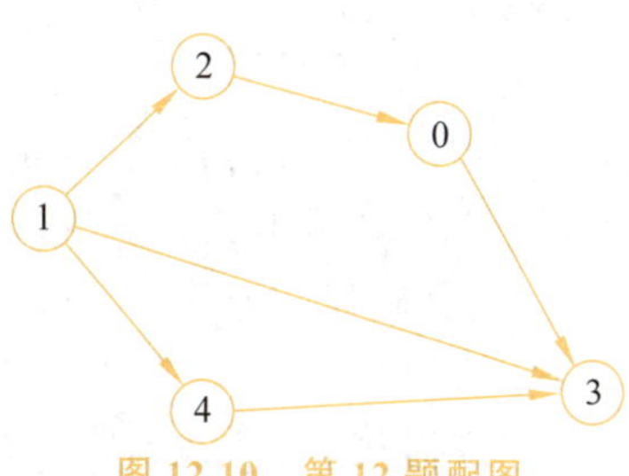

图 12.10　第 12 题配图

13. 下面关于 AOE 网络的说法,哪个是不正确的?(   )

A. 缩短任何关键活动的时间都会导致整个工程提前完成

B. 所有关键活动时间都缩短了,整个工程就会提前完成

C. 任何关键活动的时间加长,都会导致整个工程延期完成

D. 即使有不止一条关键路径,也有可能某个关键活动时间缩短会导致整个工程提前完成

14. 请列出图 12.11 中的 AOE 网络中的所有关键活动,以及活动 a_4 的最早和最晚开始时间。

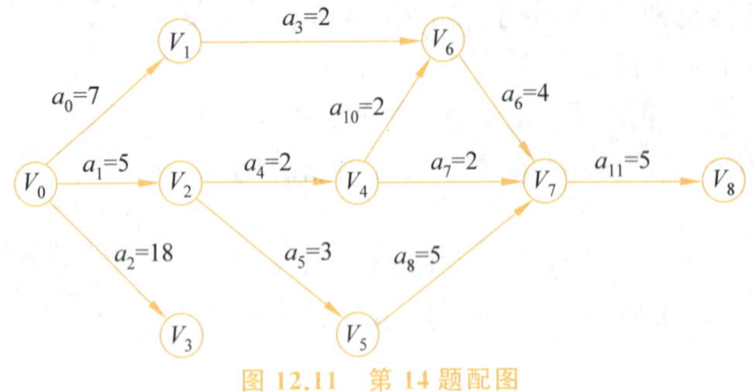

图 12.11　第 14 题配图

以下为编程题。本书编程的例题习题均可在配套网站上程序设计实习 MOOC 组中与书名相同的题集中进行提交。每道题都有编号,如 P0010、P0020。

★1. 皮卡丘的冒险(P1270):皮卡丘想赶紧回到小智身边,但是前面有一片森林挡住了去路。用一张地图表示这片森林,其中顶点代表森林的隘口,隘口之间有路相连,皮卡丘想要穿过隘口就必须打败这里的宝可梦(只用打败一次就可以,第二次再来的时候不用再打),打败宝可梦需要时间,在路上跑也需要花费时间,假设小智一直在原地等待,皮卡丘想知道他最短需要花费多长时间才能和小智重逢。

2. 股票经纪人的信源(P1280):股票经纪人之间需要快速传递消息。有的两个经纪人之间可以直接传递消息,有的不能。但是如果 a 能给 b 传消息,b 能给 c 传消息,那么 a 也能通过 b 间接给 c 传消息。已知哪些股票经纪人之间可以直接传消息,以及他们直接传消息所需要的时间,现有一条消息需要交给一个经纪人发出,让所有经纪人收到。希望从消息发出,到所有人都收到用时最短。问应该把消息交给哪个经纪人及这个最短用时。

3. 兔子与星空(P1282):很久很久以前,森林里住着一群兔子。兔子们无聊的时候就喜欢研究星座。天空中有 n 颗星星,其中有些星星之间有光路相连。光路太亮了兔子觉得很烦。兔子们希望熄灭一些光路,使得保留下的光路仍能将 n 颗星星连通。它们希望计算,保留的光路长度之和最小是多少?

★4. 瞎破坏(P1290):敌国交通网由城市和城市之间的道路构成,不同道路有不同的修建成本。所有城市都连在一起。间谍小 Z 要破坏一些道路,使得该交通网不能有环。希望破坏掉的道路总修建成本最高,求这个总修建成本。请注意,小 Z 对道路一条条地破坏,每破坏一条道路,就会破坏一个环。一旦发现无环,就会停止破坏。

★5. 最小奖金方案(P1300):有 n 个球队参加比赛,进行了 m 次两两 PK,结果都已知晓。现在赛事方需要给他们发奖金,奖金金额为整数。参加比赛就可获得 100 元。由于比赛双方会比较自己的奖金,所以获胜方的奖金一定要比败方奖金高至少 1 元。请问最少要准备多少奖金?

第13章 排序

生活中常常遇到的各种排名就是排序。有序就能找得快，东西分类有序摆放，找起来就容易很多。图书馆的书要是不按某种规则排好序，恐怕读一百本书的时间都不够找一本书的。用计算机处理数据也是一样，将数据按照一定规则排序，一方面可以满足排名的需求，另一方面，数据有序后就可以用二分查找等方法进行快速查找，查找效率远高于在无序数据中进行顺序查找。

抽象地说，排序就是将一个序列中的元素按照一定规则进行排列的过程。这个规则就是：两个元素 x 和 y，若 x 比 y 小，则 x 应该排在 y 的前面；若 x 不比 y 小，y 也不比 x 小，则两者哪个在前都可以。这里的"小"，并非一定是数学上的"小"，其含义可以根据需要自由定义。例如对于学生，如果规定谁出生得晚谁就算"小"，那么排序的结果就是按照年龄从幼到长排；如果规定谁分数高谁就算"小"，那么排序的结果就是按照分数从高到低排。因此，排序这个操作有两个要素，一是待排序的元素的序列，二是元素比较时怎样才算"小"的规则。当然，x 比 y"小"，就等价于 y 比 x"大"。若 x 不比 y"小"，且 y 也不比 x"小"，在本章中就称 x 和 y"一样大"。注意，"一样大"的元素，并不是"一样"的元素——两个学生按年龄来说一样大，依然是两个不同的学生。

本章后面提到的"大""小"，指的都是含义自定义的"大"和"小"，通常数学意义上的大小，则特称为"数学大""数学小"。

大部分排序算法，就是一个元素之间比较大小并且交换位置的过程。由于比较之后才会进行交换，所以大部分排序算法的效率，取决于比较次数的多少。

评估排序算法的好坏，主要是看时间复杂度这一指标。最好时间复杂度、平均时间复杂度和最坏时间复杂度都需要关注。

排序算法的额外空间复杂度，也是需要关注的。额外空间复杂度，指的是除存放待排序元素的空间外，还需要多少辅助空间。要注意：如果排序算法是用递归实现，则这个空间还包括算法运行过程中需要的最大栈空间。

排序算法还有一个属性需要关注，那就是"是否稳定"。如果序列中任意两个一样大的元素 x 和 y，经过排序后两者的前后关系一定不会发生变化，则称该排序算法是"稳定"的；如果排序后两者的前后关系可能发生变化，则称该排序算法是"不稳定"的。

排序的稳定性是有意义的。比如一群学生的记录，已经按照身高从低到高排好序了，现在希望按照年龄从小到大重新排序，年龄相同的学生，则身高矮的排在前面——那么用稳定的排序算法按年龄重排一遍即可，因为年龄一样大的学生，重新排序前一定是矮的在高的前面，那么排序后还是能够维持矮的在高的前面。但是如果选用了不稳定的排序算法按年龄重排，就可能会发生同龄人中高的排到了矮的前面的情况。

通常待排序的序列会存储为线性表形式，尤其是顺序表的形式。链表也可以排序，但是链表排序用得很少，因此本章的排序，除非特别说明，都针对顺序表进行。链表排序的思路和顺序表排序一样，而且时间复杂度可以做到和顺序表排序一样。

已经证明，排序算法的复杂度不可能低于 $O(n\log(n))$，n 是需要排序的元素个数。

学习排序算法是有必要的。然而用 Java 编程时，不需要自己编写排序函数，可以用 Java 自带的排序函数。

朴素的排序算法，就是很容易想到的排序算法。大家在生活中做排序，如打牌时给扑克牌排序，用的就是这类算法。常见的朴素排序算法有直接插入排序、简单选择排序、冒泡排序等，它们的时间复杂度都是 $O(n^2)$，额外空间复杂度都是 $O(1)$。

按照排序的方式，排序方法可以分为插入排序、选择排序、归并排序、交换排序、分配排序等几大类。

13.1 插入排序

插入排序的总体思想是将待排序序列分为已经排好序的和未排好序的两部分，然后不停将未排好序部分的元素插入到排好序的部分，使得排好序的部分元素增加，直到排好序的部分包含全部元素。

13.1.1 直接插入排序

基于插入的排序有多种，其中最简单的一种叫“直接插入排序”。本章将“直接插入排序”简称为“插入排序”，现实中大家也经常这么简称。插入排序的基本过程如下。

(1) 将待排序序列分成有序的部分和无序的部分。有序的部分在左边(前面)，无序的部分在右边(后面)。开始有序部分只有 1 个元素，即初始序列最左边的元素，其余元素都属于无序部分。

(2) 每次取无序部分的最左元素 x，设其下标为 i，将 x 插入有序部分的合适位置。设这个合适位置下标为 k，则原下标为 k 到 $i-1$ 的元素都右移一位。移动完成后，有序部分元素个数加 1，无序部分元素个数减 1。

重复步骤(2)，直到无序部分为空，排序即完成。

做一次步骤(2)称为做了一轮排序。步骤(2)的具体做法是：设待排序序列为 a，则用 x 和 $a[j]$进行比较(j 依次取 $i-1, i-2, \cdots, 0$)。若 x 小于 $a[j]$，则将 $a[j]$移动到 $a[j+1]$的位置，用 x 继续向左比较；若发现 x 不小于 $a[j]$，则将 x 放入 $a[j+1]$，本次步骤(2)完成。

对数组{7, 12, 2, 3, 5, 8}按“数学小”进行插入排序的过程如下。每做一轮排序，有序部分就多一个元素。有序部分用阴影标记，加粗带下画线的数表示该轮过后有序部分新增的那个元素。

初始状态：{ 7, 12, 2, 3, 5, 8 }

第 1 轮后：{ 7, <u>**12**</u>, 2, 3, 5, 8 }

第 2 轮后：{ <u>**2**</u>, 7, 12, 3, 5, 8 }

第 3 轮后：{ 2, <u>**3**</u>, 7, 12, 5, 8 }

第 4 轮后：{ 2，3，5，7，12，8 }

第 5 轮后：{ 2，3，5，7，8，12 }

以第 3 轮排序过程为例：要将 3 插到有序部分的合适位置。3 小于 12，于是 12 右移了一位占据了原来 3 的位置；3 再和 7 比较，3 小于 7，于是 7 右移一位，占据了原来 12 的位置；3 继续和 2 比较，3 不小于 2，于是 3 最终被放在 2 右边的位置，本轮排序结束。

对 int 类型数组的插入排序程序实现如下。

```
//prg1010.java
1.     void sort(int []a) {
2.         int n = a.length;
3.         int ai; int j;
4.         for (int i=1;i<n;++i) {                //每次把 a[i]插到合适位置
5.             ai = a[i];
6.             j = i - 1;
7.             while (j >= 0 && ai < a[j]) {      //一轮排序用此循环实现
8.                 a[j+1] = a[j];
9.                 --j;
10.            }
11.            a[j+1] = ai;
12.        }
13.    }
```

插入排序的时间复杂度，取决于上面程序中第 7 行的执行次数。

最好的情况下，即数组 a 元素本来就已经完全排好序的情况下，对每个 i 的取值，第 7 行都只执行 1 次，就因 ai$<a[j]$不成立而终止 while 循环，因此第 7 行总的执行次数就是 $n-1$ 次。实际上，只要数组原来是基本有序，第 7 行的总执行次数就可以是 $O(n)$。

最坏的情况下，即数组 a 元素各不相同且完全逆序（从大到小排好序）的情况下，对每个 i 的取值，第 7 行中的 ai$<a[j]$总是成立，故必须等到 $j<0$ 才会跳出 while 循环，因此第 7 行的执行次数就是 $i+1$ 次。i 取值依次为 $1,2,\cdots,n-1$，所以第 9 行执行总的次数是 $2+3+\cdots+n=(n+2)(n-1)/2$ 次。

平均情况下，对每个 i 的取值，第 7 行执行$(i+1)/2$ 次后会因为 ai$<a[j]$而结束 while 循环。即第 7 行执行次数是最坏情况下的 1/2，即$(n+2)(n-1)/4$ 次。

综上所述，插入排序的时间复杂度，最好情况下是 $O(n)$，最坏情况下是 $O(n^2)$，平均情况下也是 $O(n^2)$。

额外空间复杂度很简单，需要的额外空间和元素个数 n 无关，即为 $O(1)$。

插入排序是稳定的。两个一样大的元素 x 和 y，若本来 x 在前面，则 x 一定先于 y 进入有序部分。将 y 插到有序部分的过程中，从后往前进行比较，由于 $y<x$ 不成立，所以最多比较到 x 就一定会停下来。不论是比较到 x 停下来，还是没有比较到 x 就停下来，y 都一定会被插到 x 的后面。故算法是稳定的。

上面程序中的排序函数 sort 只能用于整型数组的从小到大排序。实践中会需要编写一个通用的排序函数，可以对各种不同类型的数组排序，而且可以指定排序规则，如从大到小排，按整数的个位数从小到大排，按学生的年龄从大到小排。通用的排序函数如下编写。

```
//prg1020.java
import java.util.*;
class InsertionSortEx {
    static<T> void sort(T []a,Comparator<? super T> cp) {
```

```
4.         int L = a.length;
5.         T ai; int j;
6.         for (int i=1;i<L;++i) {                    //每次把 a[i]插到合适位置
7.             ai = a[i];
8.             j = i - 1;
9.             while (j >= 0 && cp.compare(ai, a[j]) < 0) {
10.                a[j+1] = a[j];
11.                --j;
12.            }
13.            a[j+1] = ai;
14.        }
15.    }
16.    static<T> void sort(Comparable<T> a[]) {
17.        sort(a,(x,y)->x.compareTo((T)y));    //调用上面的 sort
18.    }
19. }
20. public class prg1020  {
21.    public static void main(String[] args){
22.        Integer a[] = new Integer[]{7,12,2,3,5,8};
23.        InsertionSortEx.sort(a);
24.        for(int i:a)                              //>>2,3,5,7,8,12,
25.            System.out.print(i+",");
26.        System.out.println();
27.        InsertionSortEx.sort(a,(x,y)->x%10 - y%10);   //按个位数排序
28.        for(int i:a)                              //>>2,12,3,5,7,8,
29.            System.out.print(i+",");
30.    }
31. }
```

第 3 行：第二个参数写成 Comparator<T> cp 也是可以的。

prg1020 中的排序函数只能对对象数组进行排序，不能对 int[]，double[]等基本类型的数组进行排序。这是 Java 泛型机制不够完备带来的局限性。

后文的排序算法都写为 prg1020 中的形式。

虽然好的排序算法复杂度为 $O(n\log(n))$，插入排序依然不失为一种有价值的排序算法。它适合以下使用场景。

(1) 规模很小的排序，例如，元素个数在 10 个以内，可优先选用插入排序算法。

(2) 元素已经基本有序时，可优先选用插入排序算法。

(3) 一些好的排序算法，如快速排序或归并排序，会需要将整个序列分成若干段分别排序。在分段变得元素很少或者基本有序的情况下，可以考虑使用插入排序算法对分段进行排序。

13.1.2 折半插入排序

直接插入排序算法，在有序部分查找插入位置的时候，是从右到左顺序查找。如果采用折半查找(即二分查找)的方式，相比顺序查找会减少比较次数，从而提高插入的效率。但是插入以后移动元素还是要花 $O(n)$的时间，所以总体复杂度相对于直接插入排序没有本质提高，最坏复杂度和平均复杂度都是 $O(n^2)$。而且，在基本有序的最好情况下，寻找插入位置时的比较次数还高于直接插入排序。

13.1.3 希尔排序

希尔(Shell)排序是一种改进的插入排序。假设待排序数组 a 长度为 n，则其基本过程如下。

(1) 选取一个初始增量 d，令 $d = \lfloor n/2 \rfloor$。d 取别的一些值也可以。

(2) 将 a 分为 d 组，每组分别进行直接插入排序。

第 0 组：$a[0]$，$a[0+d]$，$a[0+2d]$…

第 1 组：$a[1]$，$a[1+d]$，$a[1+2d]$…

第 2 组：$a[2]$，$a[2+d]$，$a[2+2d]$…

……

第 $d-1$ 组：$a[d-1]$，$a[2d-1]$，$a[3d-1]$…

若 $d == 1$，即全部元素为一组，做一遍直接插入排序后，整个排序任务完成。

(3) 令 $d = \lfloor d/2 \rfloor$，转步骤(2)。

希尔排序过程如图 13.1 所示。图中相同背景色的元素属于同一组。每一轮中第一行是排序前的情况，第二行是排序后的结果。

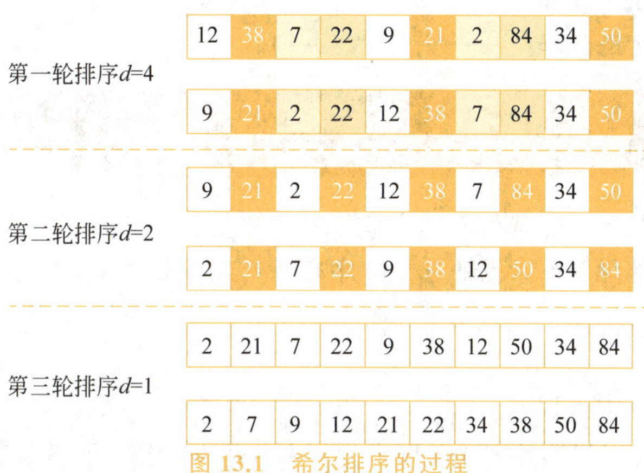

图 13.1 希尔排序的过程

程序实现如下。

```
//prg1040.java
class ShellSort {
    static<T> void sort(T []a,Comparator<? super T> cp) {
        int n = a.length;
        int d = n / 2;
        while (d >= 1) {
            for (int k=0;k<d;++k) {          //将 a 分为 d 组分别插入排序,k 是组编号
                int m = (n - k)/d;           //m 表示第 k 组元素个数
                if ((n-k) % d > 0) ++m;
                for (int i=1;i<m;++i) {
                //每次把第 k 组的第 i 个元素插到合适位置,头一个元素叫第 0 个
                    T aki = a[k+d*i];
                    int j = k+d*(i-1);
                    while (j >= k && cp.compare(aki,a[j]) <0)  {
                        a[j + d] = a[j];
                        j -= d;
                    }
                    a[j + d] = aki;
                }
            }
            d /= 2;
        }
    }
```

```
    static<T> void sort(Comparable<T> a[]) {
        sort(a,(x,y)->x.compareTo((T)y));   //调用前面的 sort
    }
}
```

貌似希尔排序最后也做了一遍完整的插入排序，不应该比直接插入排序更快。但是，由于经过了前面的分组排序，在做最后一遍插入排序时，序列的有序性已经很好，因此可以节省时间。分组排序使得小的元素向前移动较快，比直接插入排序减少了比较和移动的次数。

实际上，希尔排序的增量 d 并非每一轮排序一定是上一轮时的一半。可以设计不同的增量 d 序列，只要该序列递减，且最后一轮的 d 为 1 即可。

希尔排序的复杂度分析很难，最好为 $O(n)$，最坏为 $O(n^2)$。平均复杂度尚未有定论，和增量 d 的选取很有关系。如果每轮排序的增量 d 是上一轮的一半，则平均复杂度不会比 $O(n^2)$ 强多少。选择好的增量序列，希尔排序的平均复杂度可以在 $O(n^{1.25})$ 甚至更低。

希尔排序是不稳定的，额外空间复杂度为 $O(1)$。

13.2 选择排序

选择排序的特点是每一轮选出未排序部分最小的元素，将其加入已经排好序的部分，直到排好序的部分包含全部元素。常见的选择排序有简单选择排序和堆排序。

13.2.1 简单选择排序

简单选择排序的基本过程如下。

(1) 将序列分成有序的部分和无序的部分。有序的部分在左边(前面)，无序的部分在右边(后面)。一开始有序部分没有元素，无序部分有 n 个元素。

(2) 每次找到无序部分的最小元素，和无序部分的最左边元素交换。交换后有序部分元素个数加 1。

步骤(2)做 $n-1$ 次，排序即完成。做一次步骤(2)称为做了一轮排序。

对数组{7, 6, 13, 16, 4}按个位数"数学小"进行选择排序的过程如下。每做一轮排序，有序部分就多一个元素。有序部分用阴影标记，加粗带下画线的数表示该轮被换到原无序部分最小元素所在位置的那个元素。

初始状态：{ 7, 6, 13, 16, 4 }

第 1 轮后：{ 13, 6, **7**, 16, 4 }

第 2 轮后：{ 13, 4, 7, 16, **6** }

第 3 轮后：{ 13, 4, 16, **7**, 6 }

第 4 轮后：{ 13, 4, 16, 6, **7** }

如果最小的 $n-1$ 个元素就位，则最大的那个元素自然也会就位，因此第 4 轮后所有元素都就位了。

程序实现如下。

```
//prg1050.java
import java.util.*;
class SelectionSort {
    static<T> void sort(T []a,Comparator<? super T> cp) {
```

```
4.          int n = a.length;
5.          for (int i=0;i<n-1;++i) {               //i 是无序部分的起始位置
6.              int minPos = i;                     //最小元素位置
7.              for (int j=i+1;j<n;++j)
8.                  if (cp.compare(a[j],a[minPos])<0)
9.                      minPos = j;
10.             T tmp = a[minPos];
11.             a[minPos] = a[i];
12.             a[i] = tmp;
13.         }
14.     }
15.     static<T> void sort(Comparable<T> a[]) {
16.         sort(a,(x,y)->x.compareTo((T)y));     //调用上面的 sort
17.     }
18. }
19. public class prg1050  {
20.     public static void main(String[] args){
21.         Integer a[] = new Integer[]{7,6,13,16,4};
22.         SelectionSort.sort(a,(x,y)->x%10-y%10);
23.         for(int i:a)              //>>13,4,16,6,7  16 移到了 6 前面,说明算法不稳定
24.             System.out.print(i+",");
25.     }
26. }
```

第 5 行：无序部分只剩下两个元素时，只要把其中小的那个放在左边，无序部分就变成有序了。所以本行写 i<n−1 即可。写 i<n 自然也是可以的。

第 8 行的执行次数是固定的，为$(n-1)+(n-2)+\cdots+1=n(n-1)/2$次。因此选择排序的复杂度在最坏、最好、平均情况下，都是$O(n^2)$。额外空间复杂度自然也是$O(1)$。

简单选择排序是不稳定的。因为执行第 10～12 行的交换时，$a[i]$完全有可能向右跳过了一些本来在它后面的、和它一样大的元素。从程序的输出就可以看到，在原数组{7,6,13,16,4}中，按照个位数数字小就算小的规则，6 和 16 是一样大的。排序前 6 在 16 前面，排序后 6 在 16 的后面，因此这个排序不稳定。

由于简单选择排序最好情况下时间复杂度也是$O(n^2)$，而且还不稳定，因此基本上没有什么实用价值。

13.2.2 堆排序

堆排序是一种利用堆进行排序的方法。对长度为 n 的数组 a 进行堆排序的过程如下。

(1) 将数组 a 变成一个堆。该堆有 n 个元素。令 $i=n-1$，则 $a[0,i]$是一个堆。

(2) 将 $a[0]$和 $a[i]$交换，即 $a[0,i]$中的最小元素被放到了 $a[i]$。

(3) 将 $a[0,i-1]$看作一个待调整的堆，对 $a[0]$进行下移操作，使得 $a[0,i-1]$重新成为一个堆。注意下移操作不会影响 $a[i,n-1]$。然后 i −= 1，这样 $a[0,i]$仍然是一个堆。

(4) 若 $i==0$，则将整个 a 颠倒，堆排序结束。否则转步骤(2)。

步骤(1)复杂度 $O(n)$，步骤(3)复杂度 $O(\log(i))$，步骤(3)一共要做 $n-1$ 次，所以堆排序的复杂度是 $O(n\log(n))$。

对数组{3,21,4,76,12,5}进行堆排序，过程如图 13.2 所示。图中结点为灰色则表示其已经不属于堆。

(1) 建堆完成后的情况。

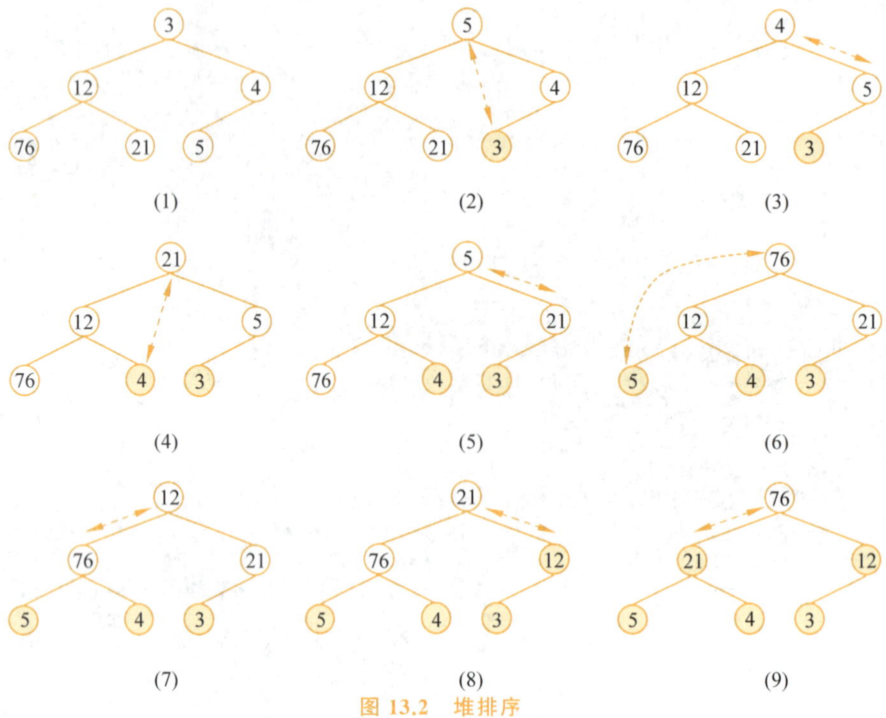

图 13.2　堆排序

（2）堆顶元素和堆尾元素交换，最小元素 3 就位。就位的元素就不再属于堆了。

（3）堆顶元素下移，将前 5 个元素重新调整成堆。

（4）堆顶元素和堆尾元素交换，次小元素 4 就位。

（5）堆顶元素下移，将前 4 个元素重新调整成堆。

……

（9）从大到小排序完成。如果要从小到大排序，将数组颠倒一下即可。

```
//prg1060.java
import java.util.*;
class HeapSort {
    private static<T> void swap(T a[],int x,int y) {//交换 a[x]和 a[y]
        T tmp = a[x]; a[x] = a[y];  a[y] = tmp;
    }
    private static<T> void  makeHeap(T a[],
            Comparator<? super T> cp) {           //建堆
        int i = (a.length - 2) / 2;               //i 是最后一个叶结点的父结点
        for (int k=i;k>=0;--k)
            shiftDown(a,a.length,k,cp);
    }
    private static<T> void shiftDown(T a[],int heapSize,
            int i, Comparator<? super T> cp) {  //a[i]下移
        while (i * 2 + 1 < heapSize) {            //只要 a[i]有子结点就做
            int L = i * 2 + 1, R = i * 2 + 2,s;
            if (R >= heapSize || cp.compare(a[L],a[R]) < 0)
                s = L;
            else s = R;
            if (cp.compare(a[s],a[i]) < 0) {
                swap(a,i,s);
                i = s;
```

```
            }
            else break;
        }
    }
    static<T> void sort(T []a,Comparator<? super T> cp) {
        int heapSize = a.length;
        makeHeap(a,cp);
        for (int i=a.length-1;i>=1;--i) {
            swap(a,i,0);
            --heapSize;
            shiftDown(a,heapSize,0,cp);
        }
        int n = a.length;
        for (int i=0;i<n/2;++i){                    //颠倒 a
            swap(a,i,n-1-i);
        }
    }
    static<T> void sort(Comparable<T> a[]) {
        sort(a,(x,y)->x.compareTo((T)y));           //调用上面的 sort
    }
}
public class prg1060  {
    public static void main(String[] args){
        Integer a[] = new Integer[]{7,6,13,16,4};
        HeapSort.sort(a,(x,y)->x%10-y%10);
        for(int i:a)                                //>> 13,4,6,16,7,
        System.out.print(i+",");
    }
}
```

shiftDown 实现为非递归形式,这样就不需要额外栈空间。

堆排序的最好、最坏、平均复杂度都是 $O(n\log(n))$。额外空间复杂度为 $O(1)$。堆排序不稳定,因为堆顶堆尾交换、shiftDown 操作都可能破坏稳定性。

有的时候并不需要将一个序列处理得完全有序,只需要将最小的 k 个元素排好序即可。这种情况下用堆排序会比用完全排序的算法快。建好堆,然后执行 k 次取出堆顶的操作,即可完成任务。

13.3 归并排序

归并排序是一种复杂度为 $O(n\log(n))$ 的排序算法,是"分治"思想的最典型应用。其基本过程如下。

(1) 如果待排序序列只有一个元素,则什么都不用做就算排序完成。

(2) 如果待排序序列不止一个元素,则将其从中间均分成两个序列,两个序列元素个数可以差 1。分别对这两个序列进行归并排序(可以递归实现),然后将排好序的两个序列归并,即合并为一个新的有序序列,再将新的有序序列复制到原序列,排序完成。

归并排序容易用递归实现,递归的终止条件就是待排序序列只有一个元素。

对序列 47,18,14,96,79,24,13 进行归并排序的过程如图 13.3 所示。

图 13.3 的前 4 行描述的是划分的过程,从第 4 行往下描述的是归并的过程。

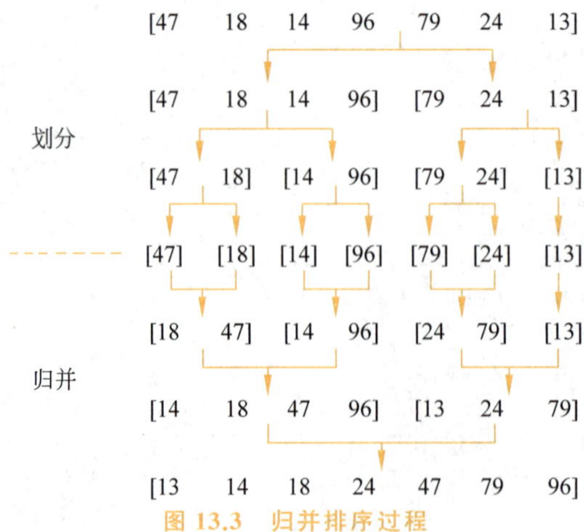

图 13.3 归并排序过程

归并排序的关键，是要在 $O(n)$ 时间内实现归并，即将一个有 m 个元素的有序序列 a 和一个有 n 个元素的有序序列 b，归并为一个有 $m+n$ 个元素的新有序序列 c，要做到复杂度是 $O(m+n)$。实际上，只需要将这 a、b 两个序列从头到尾扫描一遍即可做到，具体做法如下。

(1) 设置下标变量 i，j，分别用于指向序列 a、b 的元素。开始时 i，j 都为 0，序列 c 为空。

(2) 比较 $a[i]$和 $b[j]$，如果 $a[i]$小于或等于 $b[j]$，则将 $a[i]$添加到 c 末尾且 i 加 1；否则将 $b[j]$添加到 c 末尾，且 j 加 1。

重复步骤(2)，直到 $i==m$ 或 $j==n$，即 a 已经扫描完毕或 b 已经扫描完毕。然后将未扫描完的那个序列剩余的元素都添加到 c，归并完成。

对两个有序数组进行归并的过程具体实现如下。

```
//prg1070.java
import java.util.*;
class Merge {
    static<T> ArrayList<T> merge(T a[], T b[],
            Comparator<? super T> cp) {    //归并有序数组 a,b 形成新有序数组
        int m = a.length, n = b.length;
        int i = 0,j = 0;
        ArrayList<T> c = new ArrayList<>();
        while (i < m && j < n) {
            if (cp.compare(a[i],b[j]) <= 0)
                c.add(a[i++]);
            else
                c.add(b[j++]);
        }
        for(;i<m;++i) c.add(a[i]);
        for(;j<n;++j) c.add(b[j]);
        return c;
    }
}
public class prg1070  {                  //请注意：在 OpenJudge 提交时类名要改成 Main
    public static void main(String[] args){
        Integer a[] = new Integer[] {2,8,12,19};
        Integer b[] = new Integer[] {1,3,4,10,11};
        ArrayList<Integer> c = Merge.merge(a,b,(x,y)->x.compareTo(y));
        for (Integer x : c)
            System.out.print(x+",");
```

```
    }
}
```

prg1070 修改输入输出后就是第 3 章编程题 1(P0010)的答案。

归并排序具体实现如下。

```
//prg1080.java
import java.util.*;
class MergeSort {
    static Object objBuf;                         //用以进行归并操作的额外缓冲区
    static <T> void merge(T a[], int s,int m,int e,
            Comparator<? super T> cp) {
        //将数组 a 的有序局部 a[s,m]和 a[m+1,e]归并到 buf,然后再复制回 a[s,e]
        ArrayList<T> buf = (ArrayList<T>) objBuf;
        int i = s,j = m + 1, k = s;
        while (i <= m && j <= e) {
            if (cp.compare(a[i],a[j])<=0)
                buf.set(k++, a[i++]);
            else
                buf.set(k++, a[j++]);
        }
        while (i <= m)
            buf.set(k++, a[i++]);
        while (j <= e)
                buf.set(k++, a[j++]);
        for (i=s;i<e+1;++i)
             a[i] = (T) buf.get(i);
    }
    static<T> void merge_sort(T a[],
            int s,int e,Comparator<? super T> cp) {
        //将 a[s,e]归并排序
        if (s < e) {
            int m = s + (e-s)/2;
            merge_sort(a,s,m,cp);
            merge_sort(a,m+1,e,cp);
            merge(a,s,m,e,cp);
        }
    }
    static<T> void sort(T a[],Comparator<? super T> cp) {
        ArrayList<T> buf = new ArrayList<>();
        objBuf = buf;
        for(int i=0;i<a.length;++i)
            buf.add(null);
        merge_sort(a,0,a.length-1,cp);
    }
    static<T> void sort(Comparable<T> a[]) {
        sort(a,(x,y)->x.compareTo((T)y));    //调用上面的 sort
    }
}
public class prg1080  {
    public static void main(String[] args){
        Integer a[] = new Integer[]{7,6,13,16,4};
        MergeSort.sort(a,(x,y)->x%10-y%10);
        for(int i:a)                              //>>13,4,16,6,7,
            System.out.print(i+",");
```

```
49.     }
50. }
```

请注意第 9～14 行的写法。由于 $i<j$，$a[i]$是在 $a[j]$左边。这里的写法确保了当 $a[i]$和 $a[j]$一样大时，总是选取 $a[i]$加入 buf，因此就保证了归并排序是稳定的。

归并排序为何快于朴素排序算法？可以简单地这样理解：朴素排序算法每个元素都可能在整个序列的范围内和多个元素做比较，而归并排序，前一半的元素，只有在归并的时候才会和后一半的元素做比较，而且大多数元素都是只比较一次就被归并了，因此总比较次数较少。

归并排序复杂度的大致分析如下：对 n 个元素（n 是 2 的幂）归并排序的时间，等于 2 倍的对 $n/2$ 个元素归并排序的时间，加上对 n 个元素归并的时间。令 $T(n)$表示对 n 个元素进行归并排序所需要的时间，则：

$$
\begin{aligned}
T(n) &= 2\times T(n/2)+a\times n \qquad (a\text{ 是常数，具体多少不重要，}a\times n\text{ 是归并的时间}) \\
&= 2\times(2\times T(n/4)+a\times n/2)+a\times n \\
&= 4\times T(n/4)+2a\times n \\
&= 4\times(2\times T(n/8)+a\times n/4)+2a\times n \\
&= 8\times T(n/8)+3a\times n \\
&\cdots\cdots \\
&= 2^k\times T(n/2^k)+k\times a\times n \qquad (k = 1,2,3,\cdots,\log_2(n))
\end{aligned}
$$

当 $n/2^k$ 变为 1 时，就无法再进一步展开了，此时 $k=\log_2(n)$。将 $\log_2(n)$代入 k，得：

$$
\begin{aligned}
T(n) &= 2^k\times T(1)+k\times a\times n \\
&= n\times T(1)+a\times\log_2(n)\times n
\end{aligned}
$$

由于 $T(1)$是常数，所以 $T(n)$的复杂度是 $O(n+n\log_2(n))$，即 $O(n\log(n))$。

如果 n 不是 2 的幂，设 m 是比 n 大的最小的 2 的幂，则$\lceil\log_2(n)\rceil=\log_2(m)$。对 m 个元素归并排序复杂度是 $O(m\log_2(m))$，因 $n>m/2$，所以 $n\times\log_2(n)$和 $m\times\log_2(m)$只相差一个常数，$O(m\log_2(m))$和 $O(n\log_2(n))$是一回事。n 个元素的排序可以看作补上 $m-n$ 个最小元素后变成对 m 个元素排序，排好后再去掉补的 $m-n$ 个最小元素，因此自然时间复杂度就是 $O(m\log(m))$，即 $O(n\log(n))$。

归并排序的最好、最坏、平均复杂度都是 $O(n\log(n))$。

归并排序需要额外的和原序列一样大的空间用于归并。此外，如果用递归写法，对 n 个元素的序列，递归到第$\lceil\log_2(n)\rceil$层时待排序序列就只有 1 个元素，不需要继续递归了，因此还需要 $O(\log(n))$的栈空间——总的额外空间复杂度为 $O(n)$。

实际上，从图 13.3 中的归并过程可以看出，不用递归，且不用栈一样可以实现归并排序，则 $O(\log(n))$的栈空间可以省去。请读者思考如何完成。

13.4 交换排序

交换排序是基于元素比较后交换位置的排序方式。常见的交换排序算法有冒泡排序和快速排序。

13.4.1 冒泡排序

冒泡排序的基本过程如下。

(1) 将序列分成有序的部分和无序的部分。有序的部分在右边，无序的部分在左边。开始有序部分中没有元素。

(2) 每轮从左到右，依次比较无序部分相邻的两个元素。这两个元素，如果右边的小于左边的，则交换它们。做完一轮后，无序部分最大元素，就会被换到无序部分最右边，于是有序部分元素个数增加 1 个。

步骤(2)做 $n-1$ 次，排序即完成。做一次步骤(2)，称为做了一轮排序。“依次比较相邻两个元素的意思”是：比较完 $a[i]$和 $a[i+1]$(有可能发生交换)，接下来要比较 $a[i+1]$和 $a[i+2]$。

由于排序过程中无序部分最大的元素就像水底气泡上浮一般向右移动直到就位，因此该算法叫冒泡排序。

对数组{7, 12, 5, 9, 4, 8}进行冒泡排序的过程如下。每做一轮排序，有序部分就多一个元素。

初始状态：{ 7, 12, 5, 9, 4, 8 }
第 1 轮后：{ 7, 5, 9, 4, 8, 12 }
第 2 轮后：{ 5, 7, 4, 8, 9, 12 }
第 3 轮后：{ 5, 4, 7, 8, 9, 12 }
第 4 轮后：{ 4, 5, 7, 8, 9, 12 }
第 5 轮后：{ 4, 5, 7, 8, 9, 12 }

第 1 轮排序：7 和 12 比，不交换；12 和 5 比，交换；12 和 9 比，交换；12 和 4 比，交换；12 和 8 比，交换。于是 12 就位。

第 2 轮排序：7 和 5 比，交换；7 和 9 比，不交换；9 和 4 比，交换；9 和 8 比，交换。于是 9 就位。

以下各轮略。程序实现如下。

```
//prg1090.java
1. class BubbleSort {
2.     static<T> void sort(T a[],Comparator<? super T> cp) {
3.         int n = a.length;
4.         for (int i=1;i<n;++i)              //无序部分终点下标是 n-i
5.             for (int j=0;j<n-i;++j)        //此循环做一轮排序
6.                 if (cp.compare(a[j+1],a[j])<0) {
7.                     T tmp = a[j+1];
8.                     a[j+1] = a[j]; a[j] = tmp;
9.                 }
10.     }
11. }
```

第 6 行执行次数是固定的，为$(n-1)+\cdots+3+2+1$ 次，故这种冒泡排序写法的最好、最坏、平均时间复杂度都是 $O(n^2)$。额外空间复杂度则是 $O(1)$。

但实际上我们认为冒泡排序的最好情况，即序列基本有序时，复杂度是 $O(n)$。只要稍微改进一点上面的程序就能做到，办法是：如果在做某一轮排序时，发现没有发生元素交换，即任意相邻两个元素右边的一定不小于左边的，则说明已经排好序了，排序可以立即结束。

```
//prg1100.java
    static<T> void sort(T a[],Comparator<? super T> cp) {
```

```
    int n = a.length;
    for (int i=1;i<n;++i) {              //无序部分终点下标是 n-i
        boolean swapped = false;         //记录有无发生元素交换
        for (int j=0;j<n-i;++j)          //此循环做一轮排序
            if (cp.compare(a[j+1],a[j])<0) {
                T tmp = a[j+1];
                a[j+1] = a[j]; a[j] = tmp;
                swapped = true;
            }
        if (!swapped) return;
    }
}
```

冒泡排序是稳定的。因为若有两个一样大的元素 x 和 y，原本 x 在 y 左边，则 x 在向右移动的过程中，如果碰到了 y，x 和 y 比较一定不会发生交换，接下来就是 y 和右边的元素去比较了，因此 x 不可能被移动到 y 的右边。

13.4.2 快速排序

由英国人霍尔于 1959 年发明的快速排序算法被称为“20 世纪十大算法”之一，也是分治思想的典型应用。快速排序的基本过程如下。

(1) 如果待排序序列只有一个元素，则什么都不用做就算排序完成。

(2) 如果待排序序列不止一个元素，则在其中找一个元素作为“标杆”，不妨称之为 P，然后调整元素的位置，将 P 放在中间某处，并且使得比 P 小的元素都出现在 P 左边，比 P 大的元素都出现在 P 右边，和 P 一样大的元素，随便放哪里都行——将这一步骤称为“划分”。然后，对 P 左边的区间和右边的区间分别进行快速排序。两边的快速排序完成后，整个排序即完成。

划分操作有各种不同实现方法，可以在 $O(n)$ 的时间内完成，而且只需要 $O(1)$ 的额外存储空间。假定标杆 P 左右两边的元素个数一般相差不大，都差不多是 $n/2$，那么不妨认为，对 n 个元素快速排序的时间，等于划分的时间，加上两倍的对 $n/2$ 个元素快速排序的时间。令 $T(n)$ 表示对 n 个元素进行快速排序所需要的时间，则：

$T(n) = 2\times T(n/2)+a\times n$ （a 是常数）

按归并排序的分析，快速排序的复杂度就是 $O(n\log(n))$。

一种对 n 个元素的数组 a 进行划分的实现过程如下。

(1) 取 $a[0]$ 作为标杆 P。令 $i=0$，$j=n-1$，则开始时 $a[i]$ 就是 P。

(2) 将 P 和 $a[j]$ 比较，如果 $a[j]$ 不小于 P 则 j 减去 1，重做步骤(2)。否则交换 $a[i]$ 和 $a[j]$，此时 $a[j]$ 变为 P，转步骤(3)。

(3) 将 P 和 $a[i]$ 比较。如果 P 不小于 $a[i]$，则 i 加上 1，重做步骤(3)。否则交换 $a[i]$ 和 $a[j]$，此时 $a[i]$ 变为 P，转步骤(2)。

以上过程做到 $i==j$ 时结束。此时 $a[i]$ 就是标杆 P。i，j 分别从两端相向而行，碰上时划分就结束，因此划分的复杂度是 $O(n)$。

对序列 7,1,3,8,11,2,9 进行划分过程如图 13.4 所示，带阴影的数是标杆 P。

快速排序实现如下。

7	1	3	8	11	2	9	初始状态，$a[j]>a[i]$, j将减1
i						j	
7	1	3	8	11	2	9	$a[j]<a[i]$, $a[j]$将和$a[i]$交换
i					j		
2	1	3	8	11	7	9	$a[i]$, $a[j]$交换后, $a[j]$成为标杆此时 $a[i]\leqslant a[j]$, i将加1
i					j		
2	1	3	8	11	7	9	$a[i]\leqslant a[j]$, i将加1
	i				j		
2	1	3	8	11	7	9	$a[i]\leqslant a[j]$, i将加1
		i			j		
2	1	3	8	11	7	9	$a[i]>a[j]$, $a[j]$将和$a[i]$交换
			i		j		
2	1	3	7	11	8	9	$a[i]$, $a[j]$交换后，$a[i]$成为标杆此时 $a[j]>a[i]$, j将减1
			i		j		
2	1	3	7	11	8	9	$a[j]>a[i]$, j将减1
			i	j			
2	1	3	7	11	8	9	$i==j$, 划分完成
			i j				

图 13.4 快速排序的划分过程

```
//prg1102.java
import java.util.*;
class QuickSort {
    static<T> void quick_sort(T a[],
            int s,int e,Comparator<? super T> cp) {
            //将 a[s,e]排序
        if (s >= e)                              //a[s,e]只有一个元素或为空
            return;
        int i = s,j = e;                          //取 a[s]作为标杆
        while (i != j) {                          //此循环完成划分
            while (i < j && !(cp.compare(a[j],a[i])<0))
                j -= 1;
            T tmp = a[i]; a[i] = a[j]; a[j] = tmp;
            while (i < j && !(cp.compare(a[j],a[i])<0))
                i += 1;
            tmp = a[i]; a[i] = a[j]; a[j] = tmp;
        }
        //循环结束后,a[i] 是标杆
        quick_sort(a, s, i - 1,cp);               //将 a[s,i-1]排序
        quick_sort(a, i + 1, e,cp);               //将 a[i+1,e]排序
    }
    static<T> void sort(T a[],Comparator<? super T> cp) {
        quick_sort(a,0,a.length-1,cp);
    }
    static<T> void sort(Comparable<T> a[]) {
        sort(a, (x,y)->x.compareTo((T)y));     //调用上面的 sort
    }
}
public class prg1102  {
```

```
    public static void main(String[] args){
        Integer a[] = new Integer[]{7,6,13,16,4};
        QuickSort.sort(a,(x,y)->x%10-y%10);
        for(int i:a)                          //>>13,4,16,6,7,
            System.out.print(i+",");
    }
}
```

从上面的程序可以看出，快速排序是不稳定的。$a[i]$和 $a[j]$交换时，很可能就会越过一些本来在它右边且和它一样大的元素。

快速排序的平均情况就是最好情况，所以最好复杂度和平均复杂度都是 $O(n\log(n))$。

快速排序的复杂度是 $O(n\log(n))$有一个前提，即基本上每次划分后，标杆左右两边的元素个数都差不多。在平均情况下，即原始序列元素随机分布的情况下，这个前提可以得到满足。但是在运气最坏的情况下，即原始序列是有序、逆序或接近有序、逆序的情况下，这个前提就不成立——这种情况下，快速排序的复杂度会变为 $O(n^2)$。

快速排序算法并不判断序列是否已经有序，即便已经有序了也要运行一遍。以完全有序的情况为例，设 a 是有 n 个元素的完全有序数组，$a[0]$是最小的，所以经过第一次划分后，标杆 $a[0]$左边区间为空，需要对 $a[1,n-1]$进行快速排序。对 $a[1,n-1]$进行划分的结果就是还需要对 $a[2,n-1]$进行快速排序……以此类推。假设 $T(n)$为对 n 个元素进行快速排序的时间，在上述情况下：

$$
\begin{aligned}
T(n) &= a\times n+T(n-1) \qquad (a\text{ 是某常数},a\times n\text{ 是划分所需时间})\\
&= a\times n+a\times(n-1)+T(n-2)\\
&= a\times n+a\times(n-1)+a\times(n-2)+T(n-3)\\
&\cdots\cdots\\
&= a\times n+a\times(n-1)+a\times(n-2)+a\times(n-3)+\cdots+a\times 1 = a\times(n+1)\times n/2
\end{aligned}
$$

故 $T(n)$的阶是 $O(n^2)$。

对完全逆序这种最坏情况的分析与上面类似。

快速排序非常常用。有一些办法可以避免快速排序最坏情况的产生。例如：

(1) 排序前先将序列随机打乱，用 java.util.Collections 中的 Collections.shuffle 函数可以在 $O(n)$时间内完成。

(2) 每次划分时在待排序序列的左、中、右各取一个元素，用这三个元素的中位数作为标杆。

(3) 先用 $O(n)$时间扫描一下序列，如果发现基本有序或基本逆序，就改用插入排序。

快速排序在各种复杂度为 $O(n\log(n))$的排序算法中相对来说也是比较快的，因此应用很广。

在平均的情况下，程序 prg1102 中的 quick_sort 函数中的递归，最多 $\log_2(n)$层，因此需要的栈空间就是 $O(\log(n))$，即快速排序的平均额外空间复杂度是 $O(\log(n))$。在完全有序或完全逆序的最坏情况下，递归需要做 n 层，额外空间复杂度变为 $O(n)$。但实际上可以改进一下 quick_sort 的写法，使得最坏情况下最多也只需要递归 $O(\log_2(n))$层。因此，快速排序最坏情况下额外空间复杂度还是 $O(\log(n))$。本节剩余部分讲述此改进，对计算机专业的读者也属于较高要求。不过快速排序是面试程序员时经常会考的，如果能掌握下面的内容并在面试时展示出来，一定会让人刮目相看。

改进算法的核心是使用尾递归消除技术，将两次递归改成只做一次递归，而且只针对划分以后较短的那个区间进行递归——实际上就是消除了第二次递归。

为描述排序过程，引入“剩余区间”的概念。开始剩余区间为整个待排序序列，则新的快速排序函数伪代码如下，其中“划分”操作和前面的一样。

```
void  newQuickSort(s) {                              //对序列 s 排序
    剩余区间 = s
    while (剩余区间不止一个元素) {
        将剩余区间划分为标杆及其两边的两个区间 s1 和 s2;
        newQuickSort(shorter(s1,s2))                 //对 s1,s2 中较短的进行递归排序
        剩余区间 = longer(s1,s2)                      //longer(s1,s2)为 s1,s2 两者中较长的
    }
}
```

剩余区间只有一个元素时排序就结束，具体实现如下。

```
//★★★prg1104.java
1.  class NewQuickSort {
2.      static<T> void quick_sort(T a[],
3.              int s,int e,Comparator<? super T> cp) {
4.          while (s < e) {                        //a[s,e]是剩余区间,s<e 说明不止一个元素
5.              int i = s,j = e;                   //取 a[s]作为标杆
6.              while (i != j) {                   //此循环完成划分
7.                  while (i < j && !(cp.compare(a[j],a[i])<0))
8.                      j -= 1;
9.                  T tmp = a[i]; a[i] = a[j]; a[j] = tmp;
10.                 while (i < j && !(cp.compare(a[j],a[i])<0))
11.                     i += 1;
12.                 tmp = a[i]; a[i] = a[j]; a[j] = tmp;
13.             }
14.             if (i - s < e - i) {               //每次选短的那个区间进行递归排序
15.                 quick_sort(a,s,i - 1,cp);
16.                 s = i + 1;                     //新的剩余区间起点
17.             }
18.             else {
19.                 quick_sort(a,i + 1,e,cp);
20.                 e = i - 1;                     //新的剩余区间终点
21.             }
22.         }
23.     }
24.     static<T> void sort(T a[],Comparator<? super T> cp) {
25.         quick_sort(a,0,a.length-1,cp);
26.     }
27.     static<T> void sort(Comparable<T> a[]) {
28.         sort(a,(x,y)->x.compareTo((T)y));  //调用上面的 sort
29.     }
30. }
```

由于每次用递归进行排序的那个区间最长不超过待排序区间的一半，即每次执行第 15 行或第 19 行进行递归时，quick_sort 函数要处理的区间长度至少要减少一半，因此对 n 个元素的序列，递归的最大深度不会超过$\lceil \log_2(n) \rceil$。所以额外空间复杂度最坏就是 $O(\log(n))$。而且按这种实现方法，序列完全有序或完全逆序时，递归最大深度只有 1 层，额外空间复杂度变成 $O(1)$。

快速排序即便不用递归实现，也需要维护一个栈，关于栈空间的结论和递归实现法一样。

13.5 分配排序

前面的排序算法，元素之间都要互相比大小。分配排序则不是这样，其基本思路是将元素分类，然后再收集。

13.5.1 桶排序

有些情况下，元素是按关键字来排序的，例如学生按学号排序。如果元素关键字是整数，且取值范围是$[0,m)$，则可以使用桶排序算法。设立 m 个桶，编号为 $0\sim m-1$，每个桶是一个线性表，开始为空。将所有待排序元素扫描一遍，关键字为 i 的元素就加到第 i 号桶中，这一步骤称为“分配”。分配结束后，依次从 0 号桶到 $m-1$ 号桶将所有元素收集起来，即可得到按关键字从小到大排序的结果。

实际上，元素的关键字也可以不是整数，只要关键字的每种取值都能对应于$[0,m)$中的一个整数，且小的关键字就对应于小的整数，就可以使用桶排序。后文再提及元素的关键字取值范围是$[0,m)$，或关键字的值为 i，说的都是“对应于”这个意思。

桶排序具体实现如 prg1110。bucketSort 函数将数组 s 排序，m 代表需要的桶的数目。每个桶是一个可变长数组，所有桶组成一个二维数组。key 参数用于将 s 中元素 x 的关键字或 x 本身对应到一个整数，该整数的范围是$[0,m)$。

```java
//prg1110.java
import java.util.*;
import java.util.function.*;
class BucketSort {
    static<T> void sort(T a[],int m, ToIntFunction<T> key) {
        //关键字取值范围[0,m),key用于将a的元素映射到[0,m)中的整数
        ArrayList<ArrayList<T>> buckets = new ArrayList<>();
        for(int i=0;i<m;++i)                    //构建m个空桶
            buckets.add(new ArrayList<T>());
        for (T x:a)                             //分配元素到桶
                buckets.get(key.applyAsInt(x)).add(x);
        int i = 0;
        for (ArrayList<T> bkt:buckets)    //从桶中回收元素
            for (T e :bkt)
                a[i++] = e;
    }
}
public class prg1110  {
    public static void main(String[] args){
        Integer a[] = new Integer[]{2, 3, 4, 8, 9, 12, 3, 2, 4, 12};
        BucketSort.sort(a,13,(x)->x);
        for(Integer x:a)                        //>>2,2,3,3,4,4,8,9,12,12,
            System.out.print(x+",");
        System.out.println();
        String b[] = new String[] {"Jack", "Mike", "Lany", "Ada"};
        BucketSort.sort(b,26,(x)->x.charAt(0)-'A');
        for(String x:b)                         //>>Ada,Jack,Lany,Mike,
            System.out.print(x+",");
    }
}
```

第 4 行：ToIntFunction<T>是 Java 的函数式接口，其中定义了 int applyAsInt(T x)方法。第 10 行的 key.applyAsInt(x)返回一个$[0,m)$中的整数，即 x 被对应到的那个整数。

第 25 行：根据首字母将姓名对应到区间[0,26)。首字母为“A”的放在 0 号桶，为“B”的放在 1 号桶……

假设有 n 个元素需要排序，元素关键字的取值范围是$[0,m)$。初始化 m 个桶，需要时间 $O(m)$。扫描 n 个元素，需要时间 $O(n)$。收集时，需要看所有的桶。如果每个桶是一个顺序表，则还需要看所有元素，需要时间 $O(m+n)$。如果每个桶是一个链表，则连接这些链表的复杂度是 $O(m)$，收集操作复杂度为 $O(m)$。不管怎样，总的时间复杂度是 $O(m+n)$。

算法所需的额外空间是桶占用的空间(空桶也要占用空间)和桶中的元素占用的空间，因此也是 $O(m+n)$。即便元素用链表存放，不需要复制到桶中，链表指针占用的空间也是 $O(n)$，所以总额外空间还是 $O(m+n)$。

显然，在桶数目 m 远大于元素个数 n 时，桶排序不是一个好的排序算法。

桶排序是稳定的。排序前在前面的被先放入桶，收集的时候也先被收集，即在排序结果中也排在前面。

如果嫌桶太多，可以稍微做一点改进，即一个桶不是对应一个关键字，而是对应于一个范围。关键字落在该范围内的元素，都被分配到该桶。同一个桶里的元素，再采用基于比较的排序方法，如快速排序等方法排序。

13.5.2 计数排序

计数排序类似于桶排序。如果关键字取值范围是$[0,m)$，设立 m 个元素的数组 count，count[i]表示编号为 i 的桶中元素的个数，即关键字为 i 的元素的出现次数。count 数组初始化为全 0，扫描过程中碰到关键字为 i 的元素就执行 count[i]+=1，扫描结束即可得到正确的 count 数组。

然后执行下面的循环。

```
for(int i=1;i<m;++i)
    count[i] += count[i-1];
```

执行 count[1]+=count[0]后，count[1]表示关键字小于或等于 1 的元素个数；然后再执行 count[2]+=count[1]，则 count[2]表示关键字小于或等于 2 的元素个数……以此类推，该循环执行完后，count[i]表示关键字小于或等于 i 的元素的个数，亦即元素排好序后，第一个关键字大于 i 的元素的下标(下标从 0 开始算)。

然后，从后往前扫描一遍初始的待排序的有 n 个元素的数组 a，将 a 的元素收集到一个新的有 n 个元素的数组 b，收集完成后 b 就是排序结果。收集的过程是：若 $a[k]$的关键字是 i，由于 count[i]−1 表示排好序后最后一个关键字不超过 i 的元素的下标，因此应将 $a[k]$放入 b[count[i]−1]，然后执行 count[i]−=1。执行 count[i]−=1 是因为放好一个关键字不超过 i 的元素后，剩下的最后一个关键字不超过 i 的元素的下标就要前移 1。

具体实现如下。

```
//prg1120.java
1.  import java.util.*;
2.  import java.util.function.*;
3.  class CountingSort {
4.      static<T> void sort(T a[],int m, ToIntFunction<T> key) {
```

```
        //关键字取值范围[0,m),key用于将关键字映射到[0,m)中的整数
        int count[] = new int[m];
        for(int i=0;i<m;++i) count[i] = 0;
        for (T x:a)
            ++ count[key.applyAsInt(x)];
        for (int i=1;i<m;++i)
            count[i] += count[i-1];
        ArrayList<T> tmp = new ArrayList<>();
        for(int i=a.length-1;i>=0;--i)  //前后颠倒
            tmp.add(a[i]);
        for(T e :tmp){
            int k = key.applyAsInt(e);
            a[count[k]-1] = e;
            --count[k];
        }
    }
}
public class prg1120  {
    public static void main(String[] args){
        Integer a[] = new Integer[]{2, 3, 4, 8, 9, 12, 3, 2, 4, 12};
        CountingSort.sort(a,13,(x)->x);
        for(Integer x:a)                    //>>2,2,3,3,4,4,8,9,12,12,
            System.out.print(x+",");
        System.out.println();
        String b[] = new String[] {"Jack", "Mike", "Lany", "Ada"};
        CountingSort.sort(b,26,(x)->x.charAt(0)-'A');  //按首字母排序
        for(String x:b)                     //>>Ada,Jack,Lany,Mike,
            System.out.print(x+",");
    }
}
```

计数排序的时间复杂度、额外空间复杂度和桶排序是一样的。收集的时候从后往前,确保了关键字相同的元素,原来排在后面的,在结果中依然排在后面。因此计数排序是稳定的。

13.5.3 基数排序

桶排序和计数排序,不适用于元素关键字取值范围远大于元素个数的情况。基数排序是对桶排序的改进,可以解决这个问题。其基本思路是:桶的数目不需要多,但是元素分到桶里和从桶中收集回来,这样的操作可以进行多轮。所以基数排序也可以说是多轮桶排序。

在基数排序中,将每个关键字都看作由 d 位"原子"排列而成,称关键字的长度为 d。最左边的原子称为最高位原子,最右边的则是最低位原子,最低位算是第 0 位。原子的取值范围是 $[0,m)$。长度不及 d 位的关键字,则在高位用取值为 0 的原子补齐到 d 位。例如,要对若干个小于 1000 的非负整数排序,每个整数可以看作由个位、十位、百位三个原子组成,原子的取值范围是[0,10),5 应看作 005,12 应看作 012。

两个关键字比较大小的规则等同于等长英文单词的比较大小规则。即从高位到低位依次比较原子,直到分出胜负。当然,基数排序不需要在元素之间做比较,提及关键字比大小的规则只是为了说明排序的规则。

基数排序相当于做多轮桶排序。原子的取值范围是 $[0,m)$,桶的数目就是 m。关键字的长度为 d,就需要进行 d 轮的元素分配和收集,即进行 d 轮桶排序。过程如下。

```
s是待排序序列;
```

```
for (int i=0;i<d;++i) {
    依据关键字的第 i 位原子将 s 中元素分配到 m 个桶中;
    依次收集所有桶中的元素,放入 s;
}
s 是排好序的序列;
```

经过第 0 轮分配和收集,所有元素按照关键字的第 0 位原子排好序。经过第 1 轮分配和收集,所有元素按照第 1 位原子排好了序。由于第 1 轮分配的时候是按顺序分配的,所以第 1 位原子相同的多个元素,一定是第 0 位原子小的先被放入桶里,将来也先被收集。因此第 1 轮收集过后,所有元素按照第 1 位原子从小到大排序,第 1 位原子相同的元素,按照第 0 位原子从小到大排序。

因为不知道待排序元素关键字是什么样子,也不知道原子是什么样子,所以无法确定获取关键字的某个原子的复杂度是多少。**故讨论基数排序复杂度时,一般假设获取关键字的第 i 个原子的复杂度为 $O(1)$。**对 n 个关键字长度为 d、原子取值范围为$[0,m)$的元素进行基数排序,一共要进行 d 轮桶排序。每轮桶排序,初始化桶的时间是 $O(m)$,分配时间为 $O(n)$。收集的时候,每个桶都要查看。如果每个元素都要查看一遍(实际上不一定),则收集时间为 $O(n+m)$,所以总的复杂度是 $O(d\times(n+m))$。通常 m 相比 n 都会很小,如果 d 再比 $\log(n)$小,则基数排序是可能比快速排序更快的。

以对小于 1000 的非负整数序列{123,21,48,745,143,62,269,82,300}进行基数排序为例,需要编号为 0~9 的共 10 个桶,进行 3 轮桶排序,过程如图 13.5 所示。

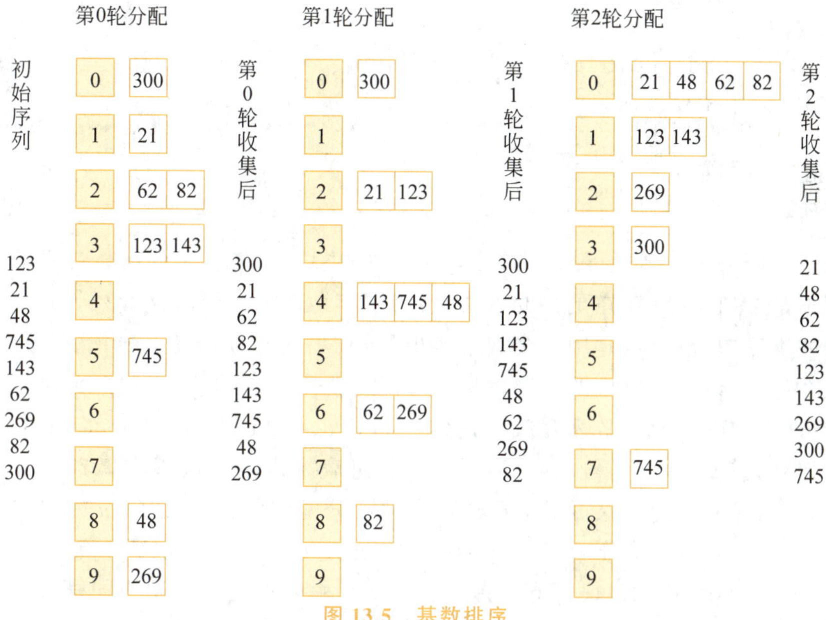

图 13.5　基数排序

第 0 轮按个位数分配,第 1 轮按十位数分配,第 2 轮按百位数分配。小于 100 的数的百位数是 0,在第 2 轮分配都进 0 号桶。

基数排序程序如下。

```
//prg1130.java
import java.util.*;
import java.util.function.*;
```

```
3. class RadixSort {
4.     static<T> void sort(T a[],int m,int d,
5.                              ToIntBiFunction<T,Integer> key) {
6.     //对 a 排序,元素有 d 个原子,每个原子有 m 种取值,key(x,k)可以取元素 x 的关键字的
       //第 k 位原子
7.         for (int k=0;k<d;++k) {                  //共做 d 轮桶排序
8.             ArrayList<ArrayList<T>> buckets = new ArrayList<>();
9.             for(int i=0;i<m;++i)
10.                buckets.add(new ArrayList<T>());
11.            for (T x:a)                           //分配
12.                buckets.get(key.applyAsInt(x,k)).add(x);
13.            int i = 0;
14.            for (ArrayList<T> bkt:buckets)     //搜集
15.                for (T e :bkt)
16.                    a[i++] = e;
17.        }
18.    }
19. }
20. public class prg1130   {
21.     public static void main(String[] args){
22.         Integer a[]=new Integer[]{123,21,48,745,143,62,269,87,300,6};
23.         RadixSort.sort(a, 10, 3,(x,i)-> {       //取 x 的第 i 个原子
24.                 int tmp=0;
25.                 for (int k=0;k<i+1;++k) {
26.                     tmp = x % 10;
27.                     x /= 10;
28.                 }
29.                 return tmp;
30.             });
31.         for (Integer x:a)                  //>>6,21,48,62,87,123,143,269,300,745
32.             System.out.print(x+",");
33.     }
34. }
```

第 23 行：sort 的第 4 个参数是一个 Lambda 表达式,用以取 x 的第 i 个原子。此处这个操作复杂度不是 $O(1)$的。存在更快的做法,但为了容易理解这里就这么写了。

在上面的程序中,单个桶是用一个数组实现的,收集的时候遍历了所有的元素,所以收集的复杂度是 $O(n+m)$。一些数据结构教材和考研资料在讲述基数排序时,会说应该用链表来实现单个桶,即桶中的元素用链表存放。这样做的好处是,收集时只需要将 m 个链表依次首尾连接起来得到新链表即可,下次分配通过遍历新链表来进行。这种收集方式不需要遍历桶中的所有元素,因此收集的复杂度是 $O(m)$。虽然因分配时复杂度是 $O(n)$,整体复杂度依然是 $O(d\times(n+m))$,但相比用数组实现时收集的复杂度 $O(n+m)$,效率提高了。

实际上,上述的效率提高,很可能只是理论上的。由于在实践中遍历同样多元素的数组和链表,后者的速度比前者要慢,因此相对于数组桶,链表桶导致收集的结果是一张链表,再分配时遍历该链表所带来的时间劣势,会抵消甚至超过收集时的时间优势。而且,用链表实现桶还需要额外的指针空间,编程也更为麻烦,所以往往并不可取。

如果用静态链表来实现桶,元素存储在连续内存中,能发挥 CPU 的高速缓存的作用。但静态链表分配的代码比较复杂,分配过程中多执行的指令带来的开销,很容易就会抵消掉其收集时的时间优势。

本书编者将 prg1130 改造为用 prg0260 中的链表来实现桶,发现速度并未提升。

在支持可变长顺序表的语言中，很可能顺序表桶都是比链表桶更优的实现方式。当然不排除代码经过特别精心的设计，链表桶的效率也可能会高于顺序表桶，但这对于普通程序员是比较困难的。

基数排序要使用 m 个桶。桶用线性表实现，桶中要放元素的复制品或者指针。因此基数排序的额外空间复杂度是 $O(m+n)$。

★13.6 外排序

前面的排序算法都是在内存中进行的，都属于内排序算法。外排序算法则是对外存中的文件进行排序的算法。当要排序的文件很大，无法全部被装入内存进行排序时，就需要使用外排序算法。

假设文件中有 L 个记录，内存中最多只能同时存放 W 个记录($W<L$)，一种容易想到的外排序算法，是每次从文件中读取 W 个记录，在内存中排好序以后，输出到外存，这样一共能够在外存生成$\lceil L/W \rceil$个排好序的文件的片段，每个片段称为“顺串”或“归并段”。然后，对这些归并段进行类似于归并排序中的归并操作，归并成一个最终排好序的文件。图 13.6 展示了生成 10 个归并段后，进行多轮 2 路归并(两两归并)最终生成排好序的文件的过程。

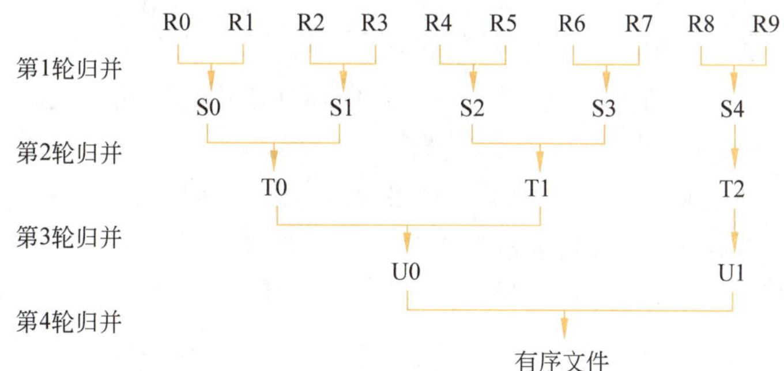

图 13.6　文件的 2 路归并排序

归并不一定是 2 路归并，也可以是更多路的归并，即归并操作是将 $n(n>2)$个有序段归并成一个更大的有序段。

归并操作只需要消耗很少的内存，因为只要从每个归并段中读取当前尚未被归并的最靠前记录即可。

由于访问外存的速度远远低于内存读写的速度，因此提高外排序速度的关键，在于减少外存读写的数据量，即记录数。一个记录每参与一轮归并就要被读写一次，因此减少归并的轮数，对提高外排序速度十分有效。减少归并轮数有两种办法，一是减少初始归并段，即第一批归并段的数目；二是增加归并的路数。

要减少初始归并段的数目，就应设法让每个归并段尽可能长，而非每个归并段都要等长。“置换-选择排序”就是生成尽可能长的初始归并段的算法。

进行多路归并，可以用“败者树”算法。

13.6.1　置换-选择排序

希望从头到尾扫描文件一次，就在外存上生成若干个尽可能长的从小到大排序的初始归并段，可以采用置换-选择排序。假设内存缓冲区里最多只能存放 w 个记录，则其工作过程如下。

```
开辟一个外存上的当前归并段,令其为空;
读入文件的前 w 个记录到内存缓冲区 buf;
while (buf 不为空) {
    if (当前归并段为空)
        将 buf 中最小的记录输出到当前归并段,并将其从 buf 移除;
    else if(buf 中存在由不小于当前归并段最后一个记录的记录构成的非空集合 S)
        将 S 中最小的记录输出到当前归并段,并将其从 buf 移除;
    else {
        当前归并段完成;
        在外存上开辟一个新的空归并段作为新的当前归并段;
    }
    if (文件还没有读完)
        读取文件中下一个记录到 buf;
}
}
```

显然,输出到当前归并段中的记录只允许越来越大或下一个和上一个一样大。算法的关键是:如果 buf 中存在比当前归并段中的最后一个记录小的记录,则在其中挑最小的输出到当前归并段;如果找不到这样的记录,则当前归并段生成结束,要新开一个空归并段。

可以看到,上面的算法,每输出一个记录到外存的当前归并段,就要从原始文件读取一个记录到内存缓冲区,输入和选择并输出同时进行,因此叫"置换-选择排序"。

为方便起见,下文将"当前归并段最后一个记录"简称为"尾记录"。

具体实现时,buf 用数组实现,从缓冲区 buf 中选择不小于尾记录的最小记录,可以使用堆来高效完成。应该使 buf 保持如下状态:**buf 中不小于尾记录的记录,都集中在前部并形成一个堆,后部元素都小于尾记录。**堆中的记录最终都会输出到当前归并段,堆外的记录都不会属于当前归并段,工作过程如下(理解该过程属于较高要求)。

(1) 读入 w 个记录后,将整个缓冲区做成一个堆。用变量 heapLen 记录堆长度,total 记录 buf 中记录数。请注意:heapLen 可能小于 total,文件中的记录都读完后,total 会变得小于 buf 的长度。

(2) 输出堆顶记录 r 到当前归并段,然后从文件中读入新记录。如果读不出新记录,转步骤(4)。

(3) 设读入的新记录为 x,则分为以下两种情况处理。

情况 1:x 小于刚输出的记录 r。那么 x 不可能属于当前归并段,于是将 buf[heapLen−1]移到堆顶,将 x 放在 buf[heapLen−1],再从堆顶执行下移操作将 buf[0,heapLen−2]调整成一个堆。调整后堆长度 heapLen 减少了 1。如果此刻 heapLen 依然大于 0,则转步骤(2)。如果堆长度 heapLen 减少到了 0,则当前归并段结束,开辟一个新的归并段,对 buf 中所有记录建堆,更新 heapLen,然后转步骤(2)。

情况 2:x 不小于刚输出的记录 r。x 属于当前归并段。将 x 放到堆顶,然后执行下移操作使得 buf[0,heapLen−1]还是一个堆。新堆形成后转步骤(2)。

(4) 将 buf[heapLen−1]移到堆顶, buf[total−1]移到 buf[heapLen−1],total 减去 1,调整 buf[0,heapLen−2]成为新堆,heapLen 减去 1,然后转步骤(2)。

假设内存缓冲区长度为 4,对来自外存的序列{35,12,47,18,13,3,9,1,2,0}进行置换-选择排序过程如图 13.7 所示。用 4 个结点的完全二叉树代表缓冲区,白色结点代表缓冲区中的堆,堆顶左边的序列是输出的归并段,堆下方的序列是等待读入的外存记录。

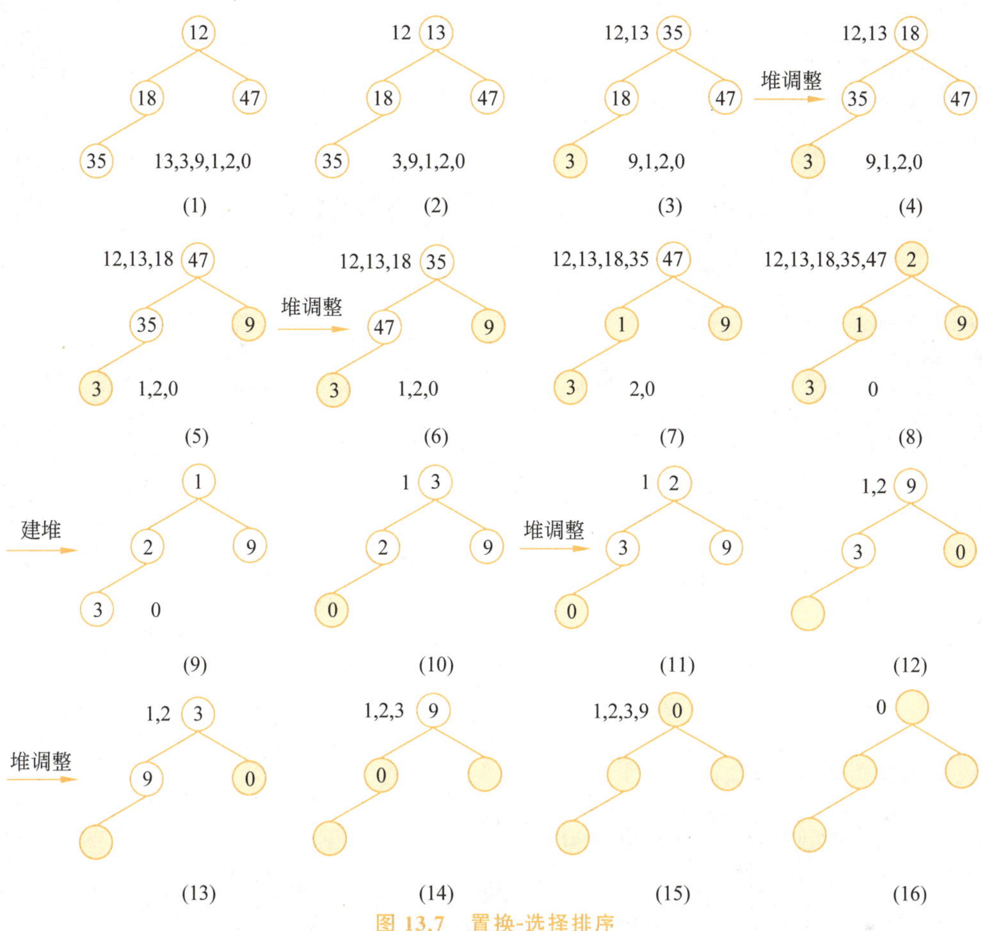

图 13.7　置换-选择排序

(1) 输入前 4 个记录 35,12,47,18 后建堆的结果。

(2) 先将堆顶元素 12 输出。然后新读入的 13 不小于尾记录 12,因此放到堆顶。对 13 进行下移操作(结果 13 不动),新堆长度不变。

(3) 先将堆顶元素 13 输出。然后新读入的 3 小于尾记录 13,因此将堆尾元素 35 放到堆顶,将 3 放到原堆尾,3 将不会属于堆。

(4) 35 下移,调整后的新堆元素个数减少到 3。

(5) 先输出堆顶元素 18。然后新读入的 9 小于 18,因此同子图(3)类似处理。

……

(8) 第 1 个归并段结束,为 12,13,18,35,47。

(9) 对整个缓冲区重新建堆。

……

(12) 由(11)执行类似步骤(4)的操作后得到。

……

(15) 第 2 个归并段结束,为 1,2,3,9。

(16) 第 3 个归并段为 0。

下面的程序实现了置换-选择排序。程序用数组 a 模拟长文件,从文件中读取记录就是取 a 的下一个元素,即 ptr 指向的元素,然后将 ptr 加 1。理解该程序对计算机专业的读者也属于较高要求。

```
//★★prg1140.java
import java.util.*;
import java.util.function.*;          //引入 Supplier 和 Consumer 这两个函数式接口
class RunsMaker<T> {
    private ArrayList<T> buf;                 //内存缓冲区
    private Comparator<? super T> cp;         //记录比较器
    private int heapLen,total;                //total 是 buf 中的记录个数
    RunsMaker(Comparator<? super T> cp_) { cp = cp_; }
    private void shiftDown(int i) {           //buf[i]下移
        if (i * 2 + 1 >= heapLen)
            return;
        int Lson = i * 2 + 1, Rson = i * 2 + 2, s;
        if (Rson >= heapLen ||
                cp.compare(buf.get(Lson),buf.get(Rson))<0)
            s = Lson;
        else s = Rson;
        //上面选择小的子结点
        if (cp.compare(buf.get(s),buf.get(i))<0) {
            T tmp = buf.get(i);
            buf.set(i,buf.get(s));
            buf.set(s, tmp);
            shiftDown(s);
        }
    }
    private void makeHeap() {                 //将 buf 中的 total 个记录调整成一个堆
        heapLen = total;
        int i = (heapLen - 1 - 1) / 2;        //i 是最后一个叶结点的父结点
        for (int k=i;k>=0;--k)
            shiftDown(k);
    }
    void makeRuns(int w,Supplier<T> inputer,
            Consumer<T> outputer) {           //生成并输出归并段
        //w:缓冲区大小, inputer:读取记录的接口对象
        //outputer: 输出记录到归并段的接口对象
        buf = new ArrayList<T>();
        heapLen = total = w;                  //total 是 buf 中的记录个数
        for (int i=0;i<w;++i)                 //读入 w 个记录到 buf,假设至少有 w 个记录
            buf.add(inputer.get());           //读取记录添加到缓冲区
        makeHeap();
        while(total > 0)    {//只要 buf 中还有记录
            if (heapLen > 0)                  //如果 buf 中的堆不为空
                outputer.accept(buf.get(0));  //输出堆顶记录到当前归并段
            else {
                outputer.accept(null);        //输出 null 表示当前归并段结束
                makeHeap();
                outputer.accept(buf.get(0));
            }
            T item = inputer.get();           //试图从外存读取新记录
            if (item!= null){                 //成功读取了新记录
                if (cp.compare(item,buf.get(0)) < 0) {
                    //item 小于刚被输出的堆顶,故不属于当前归并段
                    buf.set(0,buf.get(heapLen - 1));
                    buf.set(heapLen - 1,item);
                    --heapLen;
                }
                else buf.set(0, item);
```

```
                shiftDown(0);
            }
            else {                              //没有记录可读了
                buf.set(0,buf.get(heapLen - 1));
                buf.set(heapLen - 1,buf.get(total-1));
                --heapLen;    --total;
                shiftDown(0);
            }
        }
    }
}
public class prg1140  {
    static int ptr=0;
    public static void main(String[] args){
        int a[] = new int[] {35,12,47,18,13,3,9,1,2,0};
        RunsMaker<Integer> maker = new RunsMaker<>((x,y)->x-y);
        Supplier<Integer> ipt = ()-> {     //读取记录的函数接口对象
            if (ptr < a.length) {
                ++ptr;
                return a[ptr-1];
            }
            else
                return null;
        };
        Consumer<Integer> opt = (x)-> {   //输出记录的函数接口对象
            if (x == null)
                System.out.println();      //归并段结束就输出换行
            else
                System.out.print(x+",");
        };
        maker.makeRuns(4, ipt,opt);        //缓冲区大小为 4 时输出归并段
        System.out.println("\n-----------");
        ptr = 0;                          //准备重做一遍缓冲区大小为 7 时的归并排序
        maker.makeRuns(7, ipt,opt);        //缓冲区大小为 7 时输出归并段
    }
}
```

当缓冲区大小为 4 时,输出了三个归并段;当缓冲区大小为 7 时,输出了两个归并段。

```
12,13,18,35,47,
1,2,3,9,
0,
-----------
3,9,12,13,18,35,47,
0,1,2,
```

置换-选择排序得到的初始归并段的长度并不相等。已有证明,在文件随机的情况下,置换-选择排序得到的初始归并段的平均长度,是内存缓冲区长度的 2 倍。

13.6.2 多路归并和败者树

将 $k(k>2)$个归并段归并成一个有序的序列,就是多路归并。进行多路归并时,如果归并段中的某个元素被输出到归并结果中,则称该元素“被归并”了。可以将每个归并段看作一个队伍,则其尚未被归并的最靠前元素称为队伍的“领队”。开始时每个归并段的领队都是最靠前的元素。领队如果被归并了,下一个元素就成为新的领队。k 路归并操作,就是反复从 k 个归并段的领队中选最小的放入归并结果,直到所有元素都被归并。从 k 个归并段的领队中选

最小的，如果采用将 k 个领队都查看一遍的做法，在归并段长度都差不多的情况下，每归并一个元素，所花时间是 $O(k)$，总的复杂度就是 $O(kn)$，n 是元素总数。在 k 比较大的情况下，这个复杂度不理想。使用"败者树"可以让选最小领队的操作以 $O(\log(k))$ 的复杂度完成，从而使整个归并操作的复杂度为 $O(n\log(k))$。用堆来选取最小领队，也可以做到 $O(n\log(k))$ 的复杂度，但是复杂度的系数较大，效率不及败者树。

败者树是一棵加了一个额外的"根父亲"结点的完全二叉树。若该完全二叉树有 k 个叶结点，则其有 $k-1$ 个 2 度结点，没有 1 度结点。另外再加 1 个额外结点，算作根结点的父亲，共 $2k$ 个结点。有 k 个叶结点的败者树可以用长度为 $2k$ 的数组 s 存放，$s[0]$存放根父亲，$s[1]$存放完全二叉树的根结点，k 个叶结点放在 $s[k,2k-1]$。内部结点 $s[i]$的左右子结点分别为 $s[2i]$和 $s[2i+1]$。败者树用于多路归并时，**每个叶结点中都存放一个归并段的编号**，所以其能对 k 个归并段进行归并。初始状态下每个 2 度结点中都放着 None（即 null）。能进行 4 路归并的初始败者树如图 13.8 所示。

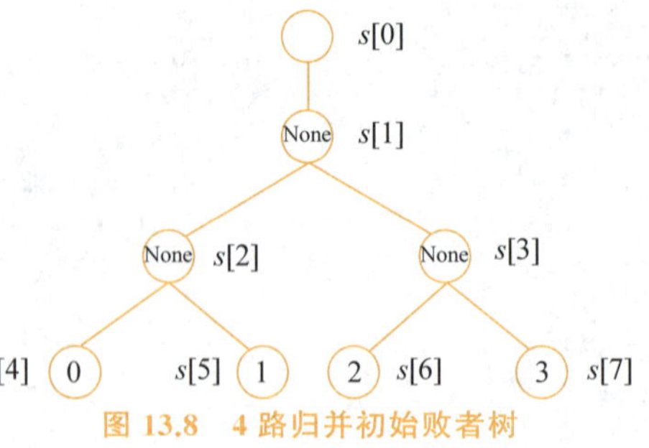

图 13.8　4 路归并初始败者树

图中每个结点就是数组 s 的一个元素。4 个归并段编号为 0～3，所以叶结点 $s[4]$～$s[7]$的值分别为 0,1,2,3。可以认为败者树运营多轮比赛，参赛队就是各归并段，用其编号代表。**每一轮比赛从各队里面选出一个胜者**，即领队最小的**队伍**，胜者的领队就可以被归并了。如果有多个领队最小的队伍，则随便取哪个做胜者都可以。请注意，胜者败者指的都是队伍，不是领队。**一轮比赛**由多次**比拼**构成，每次**比拼**在两个队之间进行，谁的领队小谁就获胜，一样大则谁获胜都行。请注意区分"比赛"和"比拼"这两个词。**败者树上除根父亲和叶结点外的每个结点 x（即 2 度结点）都可以看作一个赛场**，两支队在赛场 x 进行比拼，败者被留在赛场 x，胜者进入 x 的父结点继续比拼。进入根父亲者，即为一轮比赛的胜者。根父亲不是赛场，不会发生比拼。因败者留在赛场，所以叫败者树。有胜者留下的类似数据结构，就叫胜者树。

每个赛场中都会留有一支队伍。初始状态下每个赛场中都放着一支名为 None 的队，即有多支队都名为 None。规定 None 队比所有非 None 队都强，且所有 None 队一样强。随着比赛的进行，赛场中的队会变成最近一次比拼的败者。

败者树的每一轮比赛都是从一个叶结点发起的，该叶结点中的队进入叶结点的父结点，和那里的队进行本轮第一场比拼，败者留在赛场，胜者进入赛场的父结点继续向上比拼……每场比拼的胜者都要进入赛场的父结点继续比拼，这样就会引发一系列的比拼。这一系列的比拼，从下到上依次在从叶结点到根结点的路径上的结点中进行（不包括叶结点），最终在根结点 $s[1]$进行的比拼的胜者进入 $s[0]$，即为本轮比赛的胜者。胜者的领队被归并。

假设有 k 个叶结点，初始状态下，**从每个叶结点都发起一轮比赛**，无论什么顺序都可以，则最初前 $k-1$ 轮**比赛**的胜者都是 None 队。胜者为 None 队时，没有元素被归并。每进行一轮**比赛**，就会有 1 个赛场中的 None 队被替换成与其比拼失败的非 None 队。前 $k-1$ 轮**比赛**过后，赛场里已经没有 None 队。第 k 轮比赛的胜者是个非 None 队，从这一轮开始，胜者的领队会被归并。

以后的每轮比赛，都从**上一轮比赛的胜者所在的叶结点发起。**每轮比赛的胜者的领队，就是尚未被归并的元素中最小的。

不妨在每个归并段的末尾都添上一个无穷大的元素。如果发现某一轮比赛的胜者的领队是无穷大，则说明所有该被归并的元素都已经被归并了，整个归并过程结束。这样做可以避免对已经被归并完的归并段进行特殊处理。

假设有以下 4 个归并段。

归并段 0： 33，102，135

归并段 1： 14，140，175，194

归并段 2： 35，141，164

归并段 3： 52，60，103，187

用败者树对它们进行归并排序的部分过程如图 13.9 所示。

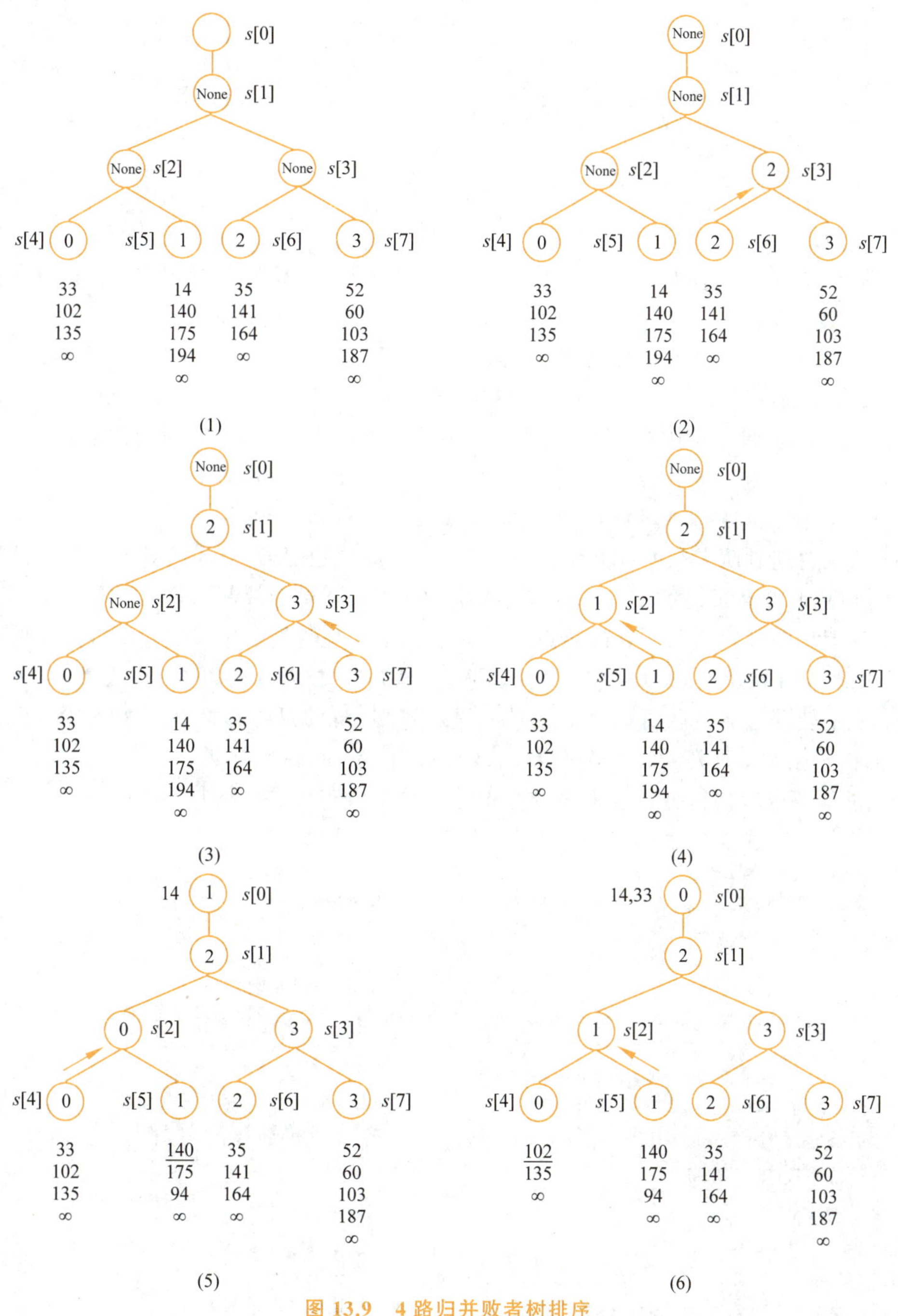

图 13.9 4 路归并败者树排序

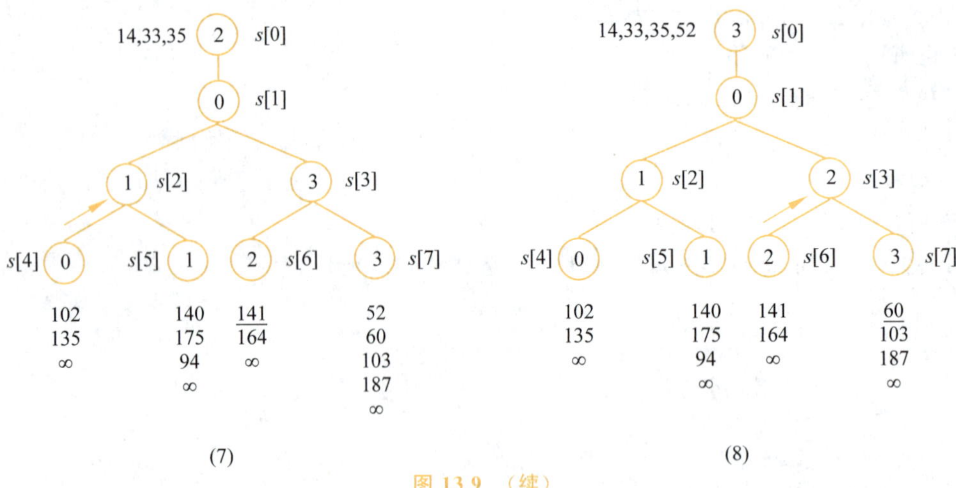

图 13.9 （续）

(1) 初始败者树。

(2) 从叶结点 s[6]开始发起一轮比赛(从哪个叶结点开始发起都可以)，2 队和 None 在 s[3]比拼失败留在 s[3]，None 向上比拼，最终一个 None 胜出进入根父亲。

(3) 从叶结点 s[7]发起一轮比赛。3 队和 2 队在 s[3]比拼，由于 3 队的领队 52 大于 2 队的领队 35，3 队失败留在 s[3]，2 队向上比拼输给 None，留在 s[1]，又一个 None 胜出。

(4) 从 s[5]发起一轮比赛。在 s[2]，1 队不敌 None 留下，None 向上比拼胜出。

(5) 从 s[4]发起一轮比赛。在 s[2]，0 队不敌 1 队留下，1 队向上比拼，在 s[1]战胜 2 队最终胜出，其领队 14 被归并，队员 140 新晋领队。

(6) 从上轮获胜队 1 队所在叶结点 s[5]重新发起一轮比赛。1 队在 s[2]败给 0 队留下，0 队进入 s[1]战胜 2 队最终胜出。0 队的领队 33 被归并，队员 102 新晋领队。

(7) 从上轮获胜队 0 队所在叶结点 s[4]重新发起一轮比赛。0 队在 s[2]战胜 1 队继续向上，在 s[1]败给 2 队留下，2 队胜出。2 队领队 35 被归并，队员 141 新晋领队。

(8) 从上轮获胜队 2 队所在叶结点 s[6]重新发起一轮比赛。2 队在 s[3]败给 3 队留下，3 队向上在 s[1]击败 0 队胜出。3 队领队 52 被归并，队员 60 新晋领队。

剩余过程请读者自行分析。下面的程序是用败者树实现的多路归并排序。

```
//★★prg1150.java
import java.util.*;
import java.util.function.*;           //引入函数式接口 IntFunction 和 IntConsumer
class LoserTree<T> {
    private int [] tree;
    private int k;                          //k 是归并段数目
    Comparator<? super T> cp;               //cp 规定了元素比大小的规则
    private IntFunction<T> getLeader;
    private IntConsumer newLeader;
    //getLeader 是函数对象,getLeader.apply(i)获取归并段 i 的领队
    //newLeader 是函数对象,newLeader.accept(i)更新归并段 i 的领队
    LoserTree (int k_,Comparator<? super T> cp_,
            IntFunction<T> getLeader_,
            IntConsumer newLeader_) {
        k = k_; cp = cp_;
        getLeader = getLeader_;newLeader = newLeader_;
        tree = new int[2 * k];              //用来存放败者树
```

```
        for(int i=0;i<k;++i)
            tree[i] = -1;                  //设置初始的 None 队,None 队编号为-1
        for (int i=k;i<2 * k;++i)
            tree[i] = i - k;               //tree[i] 指向归并段 i - k
        for (int i=0;i<k;++i)              //发起最初 k 轮比赛
            d   (i);                       //从编号为 i 的队所在的叶结点发起比赛
    
                 er() {                    //取胜者领队
                ader.apply(tree[0]);       //tree[0]是根父亲,存放胜者队号
    
                ame(int i) {
              为 i 的队)对应的叶结点开始发起一轮比赛
              i;          //也可以认为在叶结点发生了比拼,胜者就是叶结点对应的队
                                 //tree[p]里面的值是 i,tree[p]是 i 队对应的叶结点
                                           //每次循环在 tree[p/2]进行比拼
              == -1)   break;              //None 队在上次比拼中获胜
              r = p / 2;
              ader = getLeader.apply(winner);
              ther] == -1 ||
              .compare(winnerLeader,
                     getLeader.apply(tree[father]))<0)) {
              = winner;
              tree[father];
              her] = tmp;                  //败者留下
    
    
    
                                           //胜者进入根父亲
    
                                           //新开一轮比赛
              0];                          //上一轮胜者
              winner);                     //更新 winner 的领队
                                           //从上一轮胜者所在叶结点发起本轮比赛
    
    
    
              (String[] args){
              < 30;
              [][]{{33,102,135,INF}, {14,140,175,194,INF},
              }, {52,60,103,187,INF}};   //一共 4 个归并段
              a.length];     //ptr[i]指向归并段 i 的领队
              ength;++i)
    
        IntFunction<Integer> getLeader = (i)-> a[i][ptr[i]];
        IntConsumer newLeader = (i)-> ++ptr[i];
        LoserTree<Integer> tree =
            new LoserTree<>(a.length,
                    (x,y)->(x.compareTo(y)),
                    getLeader,newLeader);
        int result = tree.getWinnerLeader();   //result 是胜者领队
        while (result != INF) {
            System.out.print(result+",");
            tree.newGame();
            result = tree.getWinnerLeader();
        }
```

```
        //输出结果:
        //>>14,33,35,52,60,102,103,135,140,141,164,175,187,194,
    }
}
```

败者树算法的正确性证明较复杂,略。

败者树虽然号称败者留下,但是一个败者,其实是之前的胜者,而且越靠近根结点的败者,其之前打败的对手也越多。所以,一轮比赛的最终胜者,其实是在战胜了最多的胜者之后才脱颖而出的。败者树的赛场 x 中留下的败者,要么是 x 的左子树中的最强者但被 x 的右子树中的最强者打败,要么是 x 的右子树中的最强者但被 x 的左子树中的最强者打败。

小结

表 13.1 中桶排序、计数排序、基数排序中,m 指的是桶的数目(原子种类数),d 是关键字的原子数目。

表 13.1 各种排序算法的复杂度

算法分类	算法名称	时间复杂度			额外空间复杂度	是否稳定
		最好	平均	最坏		
插入排序	直接插入排序	$O(n)$	$O(n^2)$	$O(n^2)$	$O(1)$	是
	Shell 排序	$O(n)$	$O(n^{1.25})$	$O(n^2)$	$O(1)$	否
选择排序	简单选择排序	$O(n^2)$	$O(n^2)$	$O(n^2)$	$O(1)$	否
	堆排序	$O(n\log(n))$	$O(n\log(n))$	$O(n\log(n))$	$O(1)$	否
交换排序	冒泡排序	$O(n)$	$O(n^2)$	$O(n^2)$	$O(1)$	是
	快速排序	$O(n\log(n))$	$O(n\log(n))$	$O(n^2)$	$O(\log(n))$	否
分配排序	桶排序	$O(n+m)$	$O(n+m)$	$O(n+m)$	$O(n+m)$	是
	计数排序	$O(n+m)$	$O(n+m)$	$O(n+m)$	$O(n+m)$	是
	基数排序	$O(d\times(n+m))$	$O(d\times(n+m))$	$O(d\times(n+m))$	$O(n+m)$	是
归并排序		$O(n\log(n))$	$O(n\log(n))$	$O(n\log(n))$	$O(n)$	是

有的时候并不需要将一个序列处理得完全有序,只需要将最小的 k 个元素排好序即可。这种情况下用堆排序会比用完全排序的算法快。

提高外排序效率的关键在于减少外存读写次数。使用多路归并排序,可以从减少初始归并段数目和增加归并路数两方面来提高效率。减少初始归并段数目,就要使得归并段尽可能长。在文件随机的情况下,置换-选择排序得到的初始归并段的平均长度,是内存缓冲区长度的二倍。

K 路归并败者树是一棵完全二叉树,有 K 个叶结点和 $K-1$ 个非叶结点,再加一个额外的根结点的父结点。如果一共要归并 n 个记录,则总的时间复杂度是 $O(n\log(K))$。

习题

1. 以下排序算法,有几种是稳定的?(　　)

(1) 快速排序 (2) 归并排序 (3) 冒泡排序 (4) 直接插入排序 (5) 希尔排序

A. 1　　B. 2　　C. 3　　D. 4

2. 以下排序算法，有几种最坏时间复杂度是 $O(n^2)$？（　　）

(1) 快速排序 (2) 归并排序 (3) 冒泡排序 (4) 直接插入排序 (5) 堆排序

A. 1　　B. 2　　C. 3　　D. 4

3. 以下排序算法，有几种最好时间复杂度是 $O(n)$？（　　）

(1) 快速排序 (2) 归并排序 (3) 直接插入排序 (4) 冒泡排序 (5) 堆排序

A. 1　　B. 2　　C. 3　　D. 4

4. 以下排序算法，哪种额外(辅助)空间复杂度最高？（　　）

A. 快速排序　　B. 希尔排序　　C. 直接插入排序　　D. 堆排序

5. 多个学生记录要排序，排序规则如下：按绩点从大到小排序，绩点相同则年龄小的排在前面。满足这种要求的排序方法是（　　）。

A. 先按年龄进行冒泡排序，再按绩点进行简单选择排序

B. 先按绩点进行冒泡排序，再按年龄进行归并排序

C. 先按年龄进行快速排序，再按绩点进行归并排序

D. 先按年龄进行直接插入排序，再按绩点进行快速排序

6. 对一个已经基本有序的序列进行排序，用哪种算法最合适？（　　）

A. 归并排序　　B. 快速排序　　C. 直接插入排序　　D. 堆排序

7. 对 1000 个元素的序列，如果只要对最小的 20 个元素排好序，用哪种算法最合适？（　　）

A. 归并排序　　B. 快速排序　　C. 直接插入排序　　D. 堆排序

8. 以下排序算法，有几种比较次数和序列的初始状态无关？（　　）

(1) 快速排序 (2) 直接插入排序 (3) 简单选择排序 (4) 归并排序

A. 1　　B. 2　　C. 3　　D. 4

9. 下面的序列，哪个可能是快速排序进行了第一次划分以后的结果？（　　）

A. 18,72,12,30　　B. 18,2,20,30,1,11

C. 1,3,2,4　　D. 8,17,4,12

10. 直接插入排序的最好情况，是哪种排序算法的最坏情况？（　　）

A. 归并排序　　B. 快速排序　　C. 冒泡排序　　D. 基数排序

11. 快速排序最坏情况下的额外空间复杂度是（　　）。

A. $O(n)$　　B. $O(\log(n))$　　C. $O(n^2)$　　D. $O(n\log(n))$

12. 以下排序算法，有几种实现时可以不需要用到栈(递归用的栈也算)？（　　）

(1) 快速排序　(2) 归并排序　(3) 堆排序　(4) 冒泡排序

A. 1　　B. 2　　C. 3　　D. 4

13. 一个随机整数序列由 10 000 个[0,9999]内的整数构成，对其排序哪种方式最快？（　　）

A. 快速排序　　B. 直接插入排序　　C. 冒泡排序　　D. 基数排序

14. 对一些由小写英文字母组成的长度最多为 12 的字符串进行基数排序，需要设置多少个桶？（　　）

A. 12　　B. 26　　C. 12×26　　D. 12+26

15. 下面哪种排序算法用于链表排序复杂度的阶和用于顺序表排序的阶不一致？（　　）

A. 快速排序　　B. 冒泡排序　　C. 归并排序　　D. 都一致

★16. 下面哪项对外排序的效率影响最大？（　　）

A. 读写外存的次数　　B. 元素在内存的比较次数

C. 元素在内存移动的次数　　　　　　　D. 重复元素的个数

17. 对 100 以内的整数进行从小到大的基数排序。原始序列为 18,27,34,65,24,80,经过第一轮分配和收集后,形成的新序列是________。

★18. 置换选择排序,缓冲区长度为 3,输入序列为 6,1,8,3,7,2。请描述缓冲区内容从头到尾的变化过程。

★19. k 路归并排序败者树的非叶结点有________个(不包括根结点的父结点)。

★20. 请实现归并排序的非递归算法。

以下为编程题。本书编程的例题习题均可在配套网站上程序设计实习 MOOC 组中与书名相同的题集中进行提交。每道题都有编号,如 P0010、P0020。

蚂蚁王国的越野跑(P1310): 为了促进蚂蚁家族身体健康,提高蚁族健身意识,蚂蚁王国举行了越野跑。假设越野跑共有 N 只蚂蚁参加,在一条笔直的道路上进行。N 只蚂蚁在起点处站成一列,相邻两只蚂蚁之间保持一定的间距。比赛开始后,N 只蚂蚁同时沿着道路向相同的方向跑去。换句话说,这 N 只蚂蚁可以看作 x 轴上的 N 个点,在比赛开始后,它们同时向 x 轴正方向移动。假设越野跑的距离足够远,这 N 只蚂蚁的速度有的不相同有的相同且保持匀速运动,那么会有多少对参赛者之间发生“赶超”的事件呢?

第14章 查 找

查找，指的是在一个集合中寻找指定的元素(记录)。该集合被称为查找表。查找表中是否有重复元素，视具体问题而定。一般来说，元素中包含“关键字”信息，查找往往指的是要找到关键字为指定值的元素。是否允许不同元素有相同的关键字，也视具体问题而定。在学生记录查找表中查找指定学号或姓名的学生，就是查找的典型例子——关键字分别为不允许重复的学号和允许重复的姓名。

本章中提到的查找元素、元素比较大小，指的都是查找关键字为指定值的元素，以及元素的关键字比较大小。有的情况下，元素本身就是关键字，例如，元素就是一个整数或者字符串的情况。

查找成功时，得到的结果可以仅仅是“成功”这一信息，也可以是被找到的元素在集合中的位置，还可以是被找到的元素的关键字以外的其他信息——如按学号查找学生记录，查找成功时，得到的可以是学生的除了学号以外的其他所有信息。

查找是基于比较的。比较次数越少，查找效率就越高。平均查找长度(Average Search Length，ASL)可以用来衡量查找算法的效率。查找成功时的平均查找长度，就是找到一个元素时的平均比较次数，可以如下计算：

$$\mathrm{ASL}=\sum_{i=1}^{n} P_i C_i$$

P_i 是查找表中第 i 个元素被查找的概率，C_i 是第 i 个元素被成功找到时需要进行的比较次数。$\sum_{i=1}^{n} P_i=1$。

14.1 线性表查找

14.1.1 顺序查找

在一个未排序的有 n 个元素的序列里查找某个元素，只能从头搜到尾，比较每一个元素。运气好的话，搜到前几个元素就找到了；运气不好的话，要搜到序列尾部才能找到。假设每个元素被查找的概率相同。在能找到的情况下，平均查找长度(ASL)如下计算。

$$\mathrm{ASL}=\frac{1}{n}\sum_{i=1}^{n}i=\frac{1+2+\cdots+n}{n}=\frac{n+1}{2}$$

在找不到指定元素的情况下，要看遍整个序列才能得到结论。因此，顺序查找的平均复杂度和最坏复杂度都是 $O(n)$。

顺序查找的一种改进方案，是当一个元素被查到的时候，就将其和其前驱交换。这样经过多次查找，经常被查找的元素就会位置靠前，整体的查找效率得以提高。

往序列中添加元素时，直接添加在序列末尾即可，复杂度为 $O(1)$。删除元素时，找到元素的复杂度是 $O(n)$，找到后可以用末尾元素替换被删除元素，然后删除末尾元素，复杂度也是 $O(1)$。

14.1.2 二分查找

二分查找也叫折半查找，是在有序的区间中快速寻找指定元素的有效办法。如果查找区间中的元素是从小到大(什么是“小”可以自行定义)排好序的，则查找时可以采用以下的二分查找策略。

一开始查找区间是整个区间。每次均用待查找元素 p 和位于查找区间正中间的元素 m 比较，如果有两个元素位于查找区间正中间，则随便取哪一个作为 m 都行。如果 p 和 m 相等，则查找宣告结束；如果 m 小于 p，则将查找区间变为当前区间的后一半(不含 m)，继续查找；如果 p 小于 m，则将查找区间变为当前区间的前一半(不含 m)，然后继续查找。这样，每经过一次比较，要么找到，要么查找区间的长度就缩小到原来的一半或原来的一半减 1(向下取整)。查找区间变为只有一个元素时再做一次比较即可找到 p，或断定找不到 p。因此最多需要$\lceil \log_2(n) \rceil$次比较，二分查找就可结束。

在一个排好序的整数序列{1,3,5,6,7,9,12,15,18,19,21}中二分查找 7 的过程如下。阴影部分是当前查找区间，带下画线的整数是用于和 7 进行比较的当前查找区间的中点。

下标：	0	1	2	3	4	5	6	7	8	9	10
第 1 次比较：	[1	3	5	6	7	<u>9</u>	12	15	18	19	21]
第 2 次比较：	[1	3	<u>5</u>	6	7]	9	12	15	18	19	21
第 3 次比较：	1	3	5	[<u>6</u>	7]	9	12	15	18	19	21
第 4 次比较：	1	3	5	6	[<u>7</u>]	9	12	15	18	19	21

开始当前查找区间为整个序列，7 和中点 9 进行第 1 次比较后，因 7<9，当前查找区间变为 9 左边的部分，中点是 5。第 2 次比较，5<7，于是当前查找区间变为[6 7]，中点为 6。做完第 3 次比较后，查找区间长度为 1，只有一个元素 7，再做一次比较，查找即成功。

查找 8 时，查找区间的变化和查找 7 时相同，区别就是第 4 次比较会失败，得出找不到 8 的结论。

二分查找正确并且复杂度为$\lceil \log_2(n) \rceil$的前提是查找区间必须有序，且支持用 $O(1)$时间通过下标访问元素。因此二分查找适用于顺序表，不适用于链表。

在未排序的顺序表上进行二分查找，是没有意义的。

下面的 BinarySearch 类的类方法 search 能在从小到大排好序的数组 a 里查找元素 p，如果找到，则返回元素下标，如果找不到，则返回−1。为了增加通用性，第一个 search 方法设定了参数 cp 用来规定元素比大小的规则。为方便起见，提供的第二个 search 方法不需要指定比较大小的规则，但 a 中元素和 p，必须是实现了 Comparable 接口的对象。

```
//prg1160.java
1.  import java.util.*;
2.  class BinarySearch {
3.      static<T> int search(T a[], T p,Comparator<? super T> cp) {
4.          int L = 0, R = a.length - 1;               //查找区间的左右端点,区间含两端点
5.          while (L <= R) {                           //如果查找区间不为空就继续查找
6.              int mid = L+(R-L)/2;                   //取查找区间正中元素的下标
7.              if (cp.compare(p,a[mid]) < 0)
8.                  R = mid - 1;                       //设置新的查找区间的右端点
9.              else if (cp.compare(a[mid],p) < 0)
10.                 L = mid + 1;                       //设置新的查找区间的左端点
11.             else
12.                 return mid;
13.         }
14.         return -1;
15.     }
16.     static<T> int search(Comparable<T> a[],T p) {
17.         return search(a,p,
18.         (x,y)->((Comparable<T>)x).compareTo((T)y));   //调用第一个 search
19.     }
20. }
21. public class prg1160  {
22.     public static void main(String[] args){
23.         Integer a[] = new Integer[] {9,12,27,33,33,41,80};  //a 有序
24.         System.out.println(BinarySearch.search(a,33));   //>>3
25.         System.out.println(BinarySearch.search(a,57));   //>>-1
26.         Arrays.sort(a,(x,y)->x%10-y%10);                 //按个位数从小到大排序
27.         System.out.println(BinarySearch.search(a,57,
28.                 (x,y)->x%10-y%10));                      //>>5
29.     }
30. }
```

第 5 行：初学者常不小心将 $L<=R$ 写成 $L<R$，这就忽略了 $L==R$ 时查找区间里还有一个元素。

第 6 行：不要写成 mid $=(L+R)/2$。用 C/C++ 或 Java 语言，这么写就算是个隐错——因为 $L+R$ 可能会溢出 int 的表示范围。这个隐错在二分查找首次提出后的十几年中一直广泛存在，甚至在 Java 语言的二分查找库函数 Arrays.binarySearch 中都存在了多年，至今仍然广泛存在于数据结构和算法教材中。

第 27 行：数组 a 中并没有 57。但是此处指明了查找时比较大小的规则是按个位数比大小，因此查找时就只按个位数查找，即查找个位数为 7 的元素。由于查找时比大小的规则和第 26 行进行排序时指定的规则一致，因此 a 在该规则下是有序的，二分查找适用。最终找到了下标为 5 的 27。

请注意，上面二分查找的实现中没有用到"=="用来判断相等，其逻辑是 $x<y$ 和 $y<x$ 都不成立，就认为 x 和 y 相等。这种逻辑和 C++ 语言的库函数 binary_search 的实现是一致的。当然 Java 自带的二分查找函数也是这样的。

如果查找区间有多个元素和待查找元素相等，二分查找找到哪个都有可能。

在排好序的区间中，还常常需要进行 lowerBound 操作，也叫求下界，即找出比给定元素小的最靠右的元素的位置。同样还有求上界的 upperBound 操作，即找出比给定元素大的最靠左的元素的位置。这两个操作复杂度同样是 $O(\log(n))$。lowerBound 函数实现如下。

```
//prg1170.java
1.  import java.util.*;
2.  class BinarySearchEx {
3.      static<T> int lowerBound(T a[], T p,Comparator<? super T> cp) {
4.          int L = 0, R = a.length - 1;  //查找区间的左右端点,区间含两端点
5.          int result = -1;
6.          while (L <= R) {              //如果查找区间不为空就继续查找
7.              int mid = L+(R-L)/2;      //取查找区间正中元素的下标
8.              if (cp.compare(a[mid],p) < 0) {
9.                  L = mid + 1;          //设置新的查找区间的左端点
10.                 result = mid;
11.             }
12.             else
13.                 R = mid - 1;          //设置新的查找区间的右端点
14.         }
15.         return result;
16.     }
17.     static<T> int lowerBound(Comparable<T> a[],T p) {
18.         return lowerBound(a,p,
19.           (x,y)->((Comparable<T>)x).compareTo((T)y));
20.     }
21. }
22. public class prg1170  {
23.     public static void main(String[] args){
24.         Integer a[] = new Integer[] {9,12,27,33,33,41,80};          //a有序
25.         System.out.println(BinarySearchEx.lowerBound(a,33));   //>>2
26.         System.out.println(BinarySearchEx.lowerBound(a,50));   //>>5
27.         System.out.println(BinarySearchEx.lowerBound(a,0));    //>>-1
28.         Arrays.sort(a,(x,y)->x%10-y%10);                  //按个位数从小到大排序
29.         System.out.println(BinarySearchEx.lowerBound(a,28,
30.                 (x,y)->x%10-y%10));                              //>>5
31.         System.out.println(BinarySearchEx.lowerBound(a,13,
32.                 (x,y)->x%10-y%10));                              //>>2
33.     }
34. }
```

第 10 行：发现一个小于 p 的元素，就用 result 记住其下标。随着查找区间起点不断右移，result 只会越来越大。最终 result 就是小于 p 的最靠右元素的下标(如果小于 p 的元素存在的话)。

如果要找 a 中不大于 p 的最靠右元素的位置，只需要将程序的第 8 行改为

```
if (cp.compare(a[mid],p) <= 0) {
```

upperBound 函数的写法和上面类似，请读者自行实现。

在排好序的顺序表中添加元素，并要维持有序，则需要先用 $\log(n)$时间找到元素的插入位置，然后再花 $O(n)$的时间插入元素，总的复杂度是 $O(n)$。从顺序表中删除元素，复杂度也是 $O(n)$。因此二分查找不适合需要经常增删元素的场景。当一个集合中的元素很少变动的情况下，才适合用排好序的顺序表来存储这些元素并进行二分查找。

14.1.3 Java 的二分查找函数

java.util 库中的 Arrays.binarySearch 函数执行二分查找功能。该函数有很多个重载的版本，列举几个如下。

```
int binarySearch(int[] a, int key);
int binarySearch(Object[] a, Object key);
int binarySearch(T[] a, T key, Comparator<? super T> cp);
```

a 必须是排好序的，要查找的值是 key。函数返回值如下。

若 key 在 a 中，返回 key 在 a 中的下标。如果 a 中有不止一个 key，则返回哪个都有可能。

若 key 小于 a 中最小的元素，则返回 -1。

若 key 大于 a 中最大的元素，则返回 $-(a.\text{length}+1)$。

其他情况，则返回 $-(x+1)$，x 为 a 中大于 key 的最小元素的下标。

Arrays.binarySearch 还有支持只在数组中的一部分进行二分查找的版本，例如：

```
int binarySearch(int[] a, int fromIndex,int toIndex, int key);
int binarySearch(T[] a,int fromIndex,int toIndex, T key,
                    Comparator<? super T> cp);
```

该函数在 a[fromIndex,toIndex－1]这一片段二分查找 key。其返回值如下。

若能找到，则返回 key 的下标。

若 key 小于片段中最小的元素，则返回－(fromIndex＋1)。

若 key 大于片段中最大的元素，则返回－(toIndex＋1)。

其他情况，则返回 $-(x+1)$，x 为 a 中大于 key 的最小元素的下标。

Arrays.binarySearch 用法的程序示例如下。

```
//prg1180.java
import java.util.*;
public class prg1180  {
    public static void main(String[] args){
        Integer a[] = new Integer[] {9,12,27,33,33,41,80};    //a 有序
        System.out.println(Arrays.binarySearch(a,33));      //>>3
        System.out.println(Arrays.binarySearch(a,34));      //>>-6
        System.out.println(Arrays.binarySearch(a,50));      //>>-7
        System.out.println(Arrays.binarySearch(a,0));       //>>-1
        System.out.println(Arrays.binarySearch(a,90));      //>>-8
        System.out.println(Arrays.binarySearch(a,1,4,10)); //>>-2
        System.out.println(Arrays.binarySearch(a,1,4,34)); //>>-5
        System.out.println(Arrays.binarySearch(a,1,4,28)); //>>-4
        Arrays.sort(a,(x,y)->x%10-y%10);                   //按个位数从小到大排序
        System.out.println(Arrays.binarySearch(a,28,
                (x,y)->x%10-y%10));                         //>>-7
        System.out.println(Arrays.binarySearch(a,13,
                (x,y)->x%10-y%10));                         //>>3
    }
}
```

14.1.4 分块查找

顺序查找的查找速度慢，但是增删元素快；二分查找查找速度快，但是不适合需要经常增删元素的场景。分块查找则是两者的结合，在查找速度和增删速度之间做了一个折中，其做法如下。

若要在 n 个元素中进行查找，可以将这 n 个元素平均分为若干个“块”。每个块内的元素

是无序的，但是块之间是有序的，即第 0 个块的最大元素小于第 1 个块的最小元素，第 1 个块的最大元素小于第 2 个块的最小元素……总之，第 $i+1$ 个块的每个元素都比第 i 个块的所有元素都大。为这些块建立一个索引表，表中第 i 项记录了第 i 个块中的最大元素和第 i 个块的地址。查找元素 p 时，先在索引表中找到 p 只可能属于哪个块，然后再进入块内部顺序查找。由于索引表是有序的，所以在索引表中进行查找可以用二分查找。具体实现时，索引表是一个顺序表，每个块也是一个顺序表。

图 14.1 是一个有 19 个元素的分块查找的数据结构图。19 个元素较为平均地分为 5 个块。索引表中的数值称为索引值。

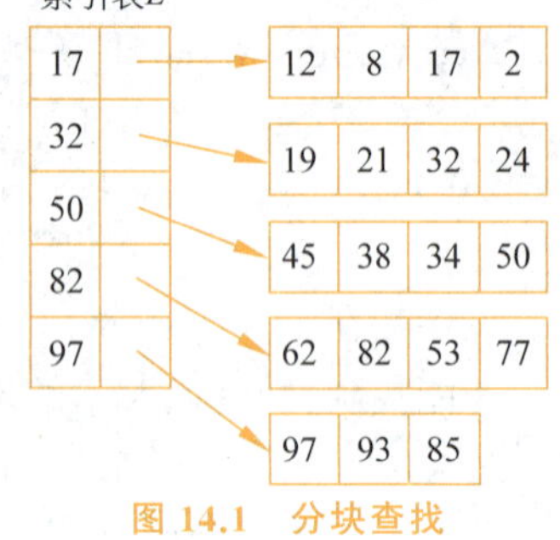

图 14.1 分块查找

以查找元素 38(或 37)为例，先用类似二分查找的 upperBound 的方法，在索引表 L 中找到不小于 38(或 37)的最小索引值是 50，因而断定 38(或 37)只可能出现在 50 对应的那个分块中，然后再进入该分块顺序查找，结果是能找到 38，找不到 37。

若是查找元素 7，则用类似 upperBound 的方法在 L 中查得不小于 7 的最小索引值是 17，因此必定要在 17 对应的分块中继续查找；若查找元素 100，用 upperBound 在 L 中查得不小于 100 的最小索引值不存在，则可宣告找不到。

增删元素时，用同样方法定位到要增删的元素位于哪个块，然后进入该块进行增删。

如果一个分块由于不停插入元素而变得太大，可以将其拆分成两个分块，此时就需要在索引表中为新增的分块插入一个新索引项。

如果嫌维护索引表的有序性比较麻烦，也可以不保持索引表有序，在索引表中也采用顺序查找的方式。在这种情况下，索引表中每个表项就还要记录对应块中的最小值。这种情况下每个块取多大查找效率最高，值得研究一下。

假设 n 个元素被分为 b 块，每块有 s 个元素，即 $n=b\times s$。假设每个元素被查找的概率都相同，则索引表的平均查找长度是 $\frac{1+b}{2}$，块内的平均查找长度是 $\frac{1+s}{2}$，总的平均查找长度为

$$\text{ASL}=\frac{1+b}{2}+\frac{1+s}{2}=\frac{n+s^2}{2s}+1$$

当 $s=\sqrt{n}$ 时，ASL 取得最小值 $\sqrt{n}+1$。

14.2 树表查找

如果数据频繁增删，同时还要快速查找，并且希望查找和增删数据的复杂度都是 $O(\log(n))$，则用精心设计的树结构存储查找表可以做到这一点。平衡二叉树、红黑树、伸展树等许多树结构，都能做到以 $O(\log(n))$ 的时间复杂度完成数据的添加、删除和查找。

14.2.1 二叉查找树

二叉查找树(Binary Search Tree，BST)，也称二叉排序树(Sorted Binary Tree)，或二叉搜索树。当且仅当一棵二叉树满足以下条件时，其为一棵二叉查找树。

对任何结点 x，若 x 的左子树不为空，则其左子树中的所有结点都小于 x；若 x 的右子树

不为空，则其右子树中的所有结点都大于 x。

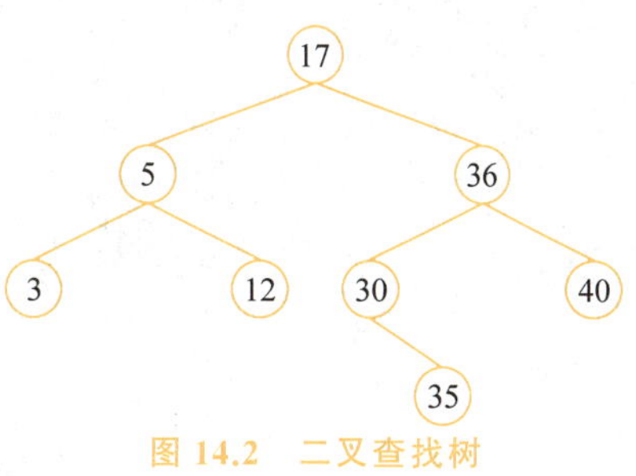

图 14.2　二叉查找树

由上面的定义可以推断，**一棵二叉树当且仅当其中序遍历序列是递增序列时，其为二叉查找树。**

按上面的定义，二叉查找树的结点大小都不相同。实际应用时稍加修改就可以做到结点大小可以重复。

图 14.2 是一棵二叉查找树。

二叉查找树中结点比较大小的规则可以自行定义。在二叉查找树上查找元素 x 的过程可以描述如下。

```
if (x比根结点 root 小) {
    if (root 的左子树为空) {
        返回 null,表示查找失败;
    else
        进入 root 的左子树查找 x(可递归实现);
}
else if (根结点 root 比 x 小) {
    if (root 的右子树为空)
        返回 null,表示查找失败;
    else
        进入 root 的右子树查找 x(可递归实现);
}
else
    返回根结点 root,查找成功结束;
```

上述过程并不需要用栈就很容易改写为非递归形式。

在图 14.2 中查找 35，比较的结点依次为 17、36、30、35。

如果查找 14，则比较的结点依次为 17、5、12，然后无法继续比较，结论是找不到 14。

请注意，和二分查找算法一样，查找过程中做比较的时候，只比大小，不比是否相等。“x 和 y 相等”的定义就是“x 小于 y 和 y 小于 x 同时不成立”。

1. 二叉查找树插入结点

在二叉查找树上插入结点 x，要求插入完成后，新树依然是二叉查找树。过程如下。

```
if (x比根结点 root 小) {
    if (root 的左子树为空)
        将新结点作为 root 的左子结点加入,插入完成;
    else
        将新结点插入 root 的左子树(可递归实现);
}
else if (根结点 root 比 x 小) {
    if(root 的右子树为空)
        将新结点作为 root 的右子结点加入,插入完成;
    else
        将新结点插入 root 的右子树(可递归实现);
}
else
    用新结点替换根结点 root,插入完成;
```

图 14.3 演示了在一棵二叉查找树上插入两个元素的过程。

(1) 初始二叉查找树。将要插入 19。

(2) 19 依次和 17、36、30 做了比较，比 30 小，所以插入成为 30 的左子结点。

(3) 继续插入 6，6 依次和 17、5、12 做比较，由于小于 12，因此插入成为 12 的左子结点。

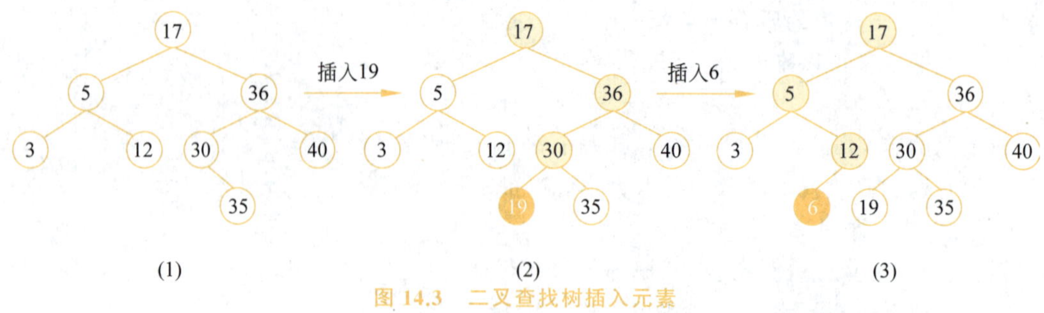

图 14.3　二叉查找树插入元素

2. 二叉查找树删除结点

从二叉查找树上删除结点 x 后，应使得新树还是二叉查找树。删除结点 x 的函数编写比较复杂，函数内部要分为以下 4 种情况分别处理。

情况(1) x 是叶结点。

直接删除之，即 x 的父结点去掉 x 这个子结点。

情况(2) x 只有左子结点，没有右子结点。

删除 x，并让 x 的左子结点 y 取代 x 的地位。即：若 x 是其父结点的左子结点，则 y 作为 x 父结点的新左子结点；若 x 是其父结点的右子结点，则 y 作为 x 父结点的新右子结点。图 14.4 展示了对这种情况的处理结果。

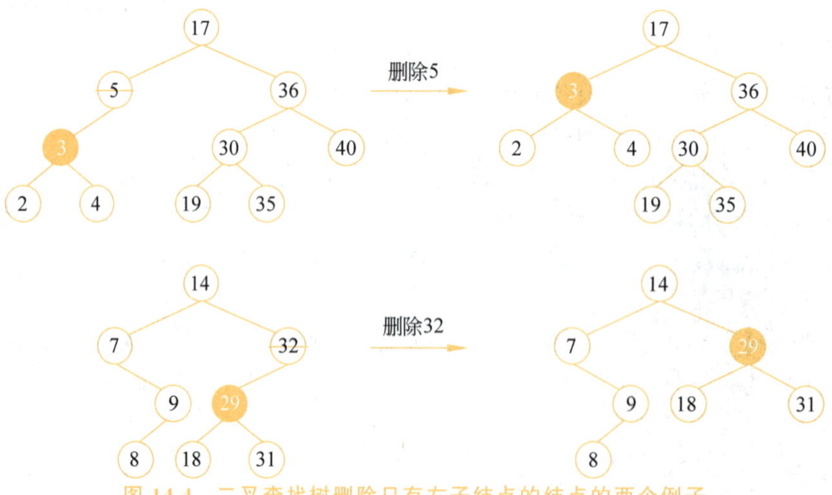

图 14.4　二叉查找树删除只有左子结点的结点的两个例子

请注意：若 x 没有父结点，即 x 是根结点，则让 y 作为新的根结点。

情况(3) x 只有右子结点，没有左子结点。

删除 x，并让 x 的右子结点 y 取代 x 的地位，具体细节同情况(2)。

情况(4) x 既有左子结点，又有右子结点。此种情形下有以下两种做法均可行。

做法 1：找到 x 的中序遍历后继结点，即 x 右子树中最小的结点 y，用结点 y 的内容覆盖结点 x 的内容，然后调用删除结点的函数递归删除结点 y(即对结点 y 再分 4 种情况分别处理)。寻找结点 y 的方法，就是从 x 的右子结点开始不停地沿着左子结点指针往前走，直到走到一个没有左子结点的结点，其就是结点 y。图 14.5 展示了这一过程。

(1) 要删除结点 3。结点 3 的中序遍历后继是结点 8。

(2) 用结点 8 的内容覆盖了原结点 3 的内容，然后要删除原结点 8。

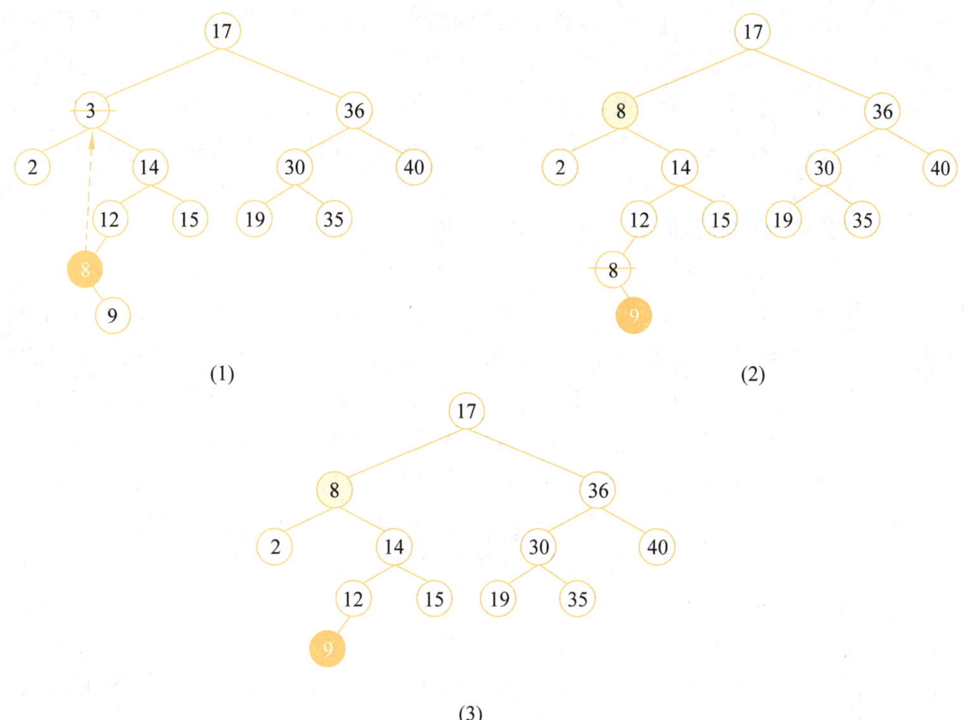

图 14.5　二叉查找树删除左右子结点双全的结点

(3) 原结点 8 只有右子结点没有左子结点，删除它属于上述情况(3)。删除之，让其右子结点 9 取代其地位即可。删除操作结束。

做法 2：找到 x 的中序遍历前驱结点，即 x 左子树中最大的结点 y，用结点 y 的内容覆盖结点 x 的内容，然后调用删除结点的函数递归删除结点 y。寻找结点 y 的方法，就是从 x 的左子结点开始不停地沿着右子结点指针往前走，直到走到一个没有右子结点的结点，其就是结点 y。

在图 14.5 的子图(1)中删除结点 3，如果采用这个做法，y 就是结点 2，则将 3 改写为 2，再将原结点 2 删掉即可。

总结一下，如果将删除结点的函数写为 deleteNode，函数可以描述如下。

```
1.  void deleteNode(T nd)  {               //二叉查找树删除结点 nd,假设 nd 类型为 T
2.      if (nd 是叶结点)
3.          直接删除 nd;
4.      else if (nd 只有左子结点或只有右子结点)
5.          删除 nd 并让 nd 的子结点取代其地位;
6.      else    {                          //nd 左右子结点双全
7.          T newNd = nd 的右子树中的最小结点;
8.          用 newNd 内容覆盖 nd 内容;
9.          deleteNode(newNd)
10.     }
11. }
```

第 7 行也可以写成：

```
T newNd = nd 的左子树中的最大结点;
```

可以看到，deleteNode 函数是一个递归函数，递归的终止条件就是参数 nd 是叶结点，或

nd 只有一个子结点。不妨将这样的 nd 称为“终删结点”，因为要删除它的时候，不需要再递归下去。也可以说，**终删结点，就是删除结点的递归过程中碰到的第一个要被删除的非左右子结点双全的结点。**实际上，非终删结点，例如，图 14.5 子图(1)中的结点 3，并没有被真正从树结构上删除，只是结点的内容被替换而已；而终删结点，例如，图 14.4 中的结点 5 和结点 32，被真正从树结构上删除了。

“终删结点”的概念，在后面的 AVL 树和红黑树中还会用到。

3. 二叉查找树的实现及复杂度分析

在二叉查找树上找到一个结点，所做的比较次数即为根结点到该结点路径上的结点数目。如果找不到关键字为某个值的结点，查找过程就会终止于叶结点。因此，查找过程的最大比较次数，不会超过树的层数。如果二叉查找树比较平衡，即每个结点的左右子树的结点数目都差不多，则对于有 n 个结点的树，树的高度是 $\log_2(n)$ 量级的，此时查找的时间复杂度是 $O(\log(n))$。也可以这样理解：在查找过程中，每当和一个结点做比较后，若不相等，则剩下的查找范围就变为该结点的左子树或右子树。如果每个结点的左子树和右子树的结点数目都差不多，那么每做一次比较，就可以将查找范围缩小到原来的一半，所以时间复杂度和二分查找相同。

插入和删除结点的时间复杂度和查找是一样的。

但是二叉查找树并不能保证是均衡的。从空树开始加入多个元素，加入的顺序不同，产生的二叉查找树就可能不同。例如，将 1，2，3，…，n 这 n 个元素依次插入二叉查找树，得到的二叉树如图 14.6 所示。

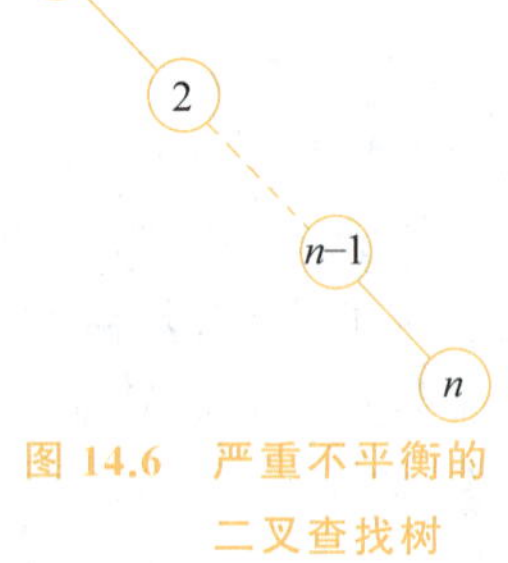

图 14.6 严重不平衡的二叉查找树

在这棵二叉树上进行查找，如果成功，平均要做 $(n+1)/2$ 次比较，查找的复杂度变为 $O(n)$。相应地，删除和插入复杂度也是 $O(n)$。

n 个元素共有 $n!$ 种可能的顺序加入二叉查找树。但是，形成的不同的树可能未必有 $n!$ 种。可以证明，在平均的情况下，树的高度是 $\log_2(n)$ 量级，因此二叉查找树的查找、删除、插入的平均复杂度都是 $O(\log(n))$。由空树插入 n 个元素得到一棵二叉查找树的过程，称为建树。建树的平均复杂度是 $O(n\log(n))$。

但是，一棵二叉查找树不断进行增删操作以后高度达到 $O(n)$ 量级也是可能发生的，所以二叉查找树的效率并不能得到充分保证。

下面的程序实现了二叉查找树类。

```
//prg1190.java
import java.util.*;
class BinarySearchTree<K,V>  implements
        Iterable<BinarySearchTree.Node<K,V>> {
    static class Node<K,V> {                          //结点类
        private K key;                                //关键字
        private Node<K,V> left, right, father;        //左右子树和父结点指针
        V value;                                      //值
        Node(K k,V v,Node<K,V> L,Node<K,V> R,Node<K,V> f) {
            key = k; value = v; left = L; right = R;
            father = f;
        }
        K getKey() { return key; }
    }
```

```
    private Node<K,V> root;                                //根结点
    private int size;                                      //结点总数
    private Comparator<? super K> cp;                      //规定结点比大小的规则
    BinarySearchTree(Comparator<? super K> cp_){ //规定了比较器
        root = null; size = 0; cp = cp_;
    }
    BinarySearchTree(){                                    //用默认比较器
        root = null; size = 0;
        cp = (x,y)->((Comparable<? super K>)x).compareTo((K)y);
    }
    int size(){  return size; }
```

BinarySearchTree 中的结点都是 Node 类型的对象。Node 对象的 key 是关键字,value 是值。二叉查找树按结点的 key 排序。为方便实现按从小到大顺序遍历整棵树,在 Node 对象中还存放了父结点指针 father。有了 father 指针后删除结点也比较方便,因为在删除结点时,需要知道该结点的父结点才能完成删除(不知道父结点就无法知道结点是父结点的左子结点还是右子结点)。

```
    private Node<K,V> find(Node<K,V> rt, K key){
        //在以 rt 为根的子树中查找,返回关键字为 key 的结点
        if(rt == null)
            return null;
        if (cp.compare(key, rt.key) < 0) {
            if (rt.left!= null)
                return find(rt.left,key);
            else
                return null;                        //找不到
        }
        else if (cp.compare(rt.key, key) < 0) {
            if (rt.right != null)
                return find(rt.right,key);
            else
                    return null;                    //找不到
        }
        else return rt;                             //找到了
    }
    V get(K key)   {                                //获取关键字为 key 的元素的值
        Node<K,V> nd = find(root,key);
        if (nd != null)
              return nd.value;
        else return null;
    }
    private boolean insert(Node<K,V> rt, K key,V val)   {
        //将(key,val)插入以 rt 为根的子树,返回值表示是否插入了新结点
        if (cp.compare(key, rt.key) < 0) {
            if (rt.left == null) {
                rt.left = new Node<K,V>(key,val,null,null,rt);
                return true;                        //插入了新结点
            }
            else return insert(rt.left,key,val);
        }
        else if (cp.compare(rt.key, key) < 0){
            if (rt.right == null) {
                rt.right = new Node<>(key,val,null,null,rt);
```

```
                return true;
            }
            else return insert(rt.right,key,val);
        }
        else {                                        //相同关键字,则更新
            rt.value = val;
            return false;
        }
    }
    void put(K key, V val) {                          //插入结点(key,val)
        if (root == null) {
            root = new Node<K,V>(key,val,null,null,null);
            size = 1;
        }
        else if(insert(root,key,val))
              ++size;
    }
    private Node<K,V> findMin(Node<K,V> rt){   //找以 rt 为根的子树的最小结点
        if(rt == null) return null;
        if (rt.left == null)  return rt;
        else return findMin(rt.left);
    }
    boolean remove(K key){
    //删除键为 key 的结点,删除成功返回 true,结点不存在则返回 false
        Node<K,V> nd = find(root,key);
        if (nd == null)
            return false;
        else  {
            --size;
            deleteNode(nd);
            return true;
        }
    }
    private void deleteNode(Node<K,V> nd){       //删除结点 nd
      if (nd.left!=null && nd.right!=null) {     //nd 左右子树都有
            Node<K,V> minNd = findMin(nd.right);
            nd.key = minNd.key;
            nd.value = minNd.value;
            deleteNode(minNd);
        }
        else if(nd.left != null) {                    //nd 只有左子树
            if (nd.father != null && nd.father.left == nd) {
                //nd 是父结点的左子结点
                nd.father.left = nd.left;
                nd.left.father = nd.father;
            }
            else if (nd.father!=null && nd.father.right == nd) {
                //nd 是父结点的右子结点
                nd.father.right = nd.left;
                nd.left.father = nd.father;
            }
            else  {                                       //nd 是根结点
                root = nd.left;
                root.father = null;
            }
```

```
        }
        else if(nd.right != null) {                       //nd只有右子树
            if (nd.father != null && nd.father.left == nd) {
                nd.father.left = nd.right;
                nd.right.father = nd.father;
            }
            else if (nd.father!=null && nd.father.right == nd) {
                nd.father.right = nd.right;
                nd.right.father = nd.father;
            }
            else  {//nd是根结点
                root = nd.right;
                root.father = null;
            }
        }
        else {                                            //nd是叶结点
           if (nd.father != null &&
                   nd.father.left == nd)                  //nd是父结点的左子结点
                nd.father.left = null;
           else if (nd.father!=null && nd.father.right == nd)
                nd.father.right = null;
           else                                           //nd是根结点
                root = null;
        }
    }
```

下面的部分让BinarySearchTree支持迭代器,这样就可以用for循环来从小到大遍历树中的结点。这部分内容对计算机专业的读者也属于较高要求。

```
    private class MyIterator implements Iterator<Node<K,V>> {
        Node<K,V> cur;
        MyIterator() {cur = findMin(root); }      //开始迭代器指向最小结点
        public boolean hasNext() { return cur != null; }
        public Node<K, V> next() {
            Node<K,V> tmp = cur;
            if(cur.right != null)
                cur = findMin(cur.right);
            else {                                //让cur指向比tmp大的最小结点
                cur = cur.father;
                if (cur != null && cur.right == tmp) {
                    while(cur.father != null &&
                        cur.father.right == cur)
                        cur = cur.father;
                    cur = cur.father;
                }
            }
            return tmp;
        }
    }
    public Iterator<Node<K,V>> iterator() {
        return new MyIterator();
    }
} //BinarySearchTree类到此结束
```

下面的部分是BinarySearchTree的用法示例。

```
165.public class prg1190  {
166.    public static void main(String[] args){
167.        BinarySearchTree<Integer,String> tree =
168.            new BinarySearchTree<>((x,y)->x-y);
169.        tree.put(121, "Tom");
170.        tree.put(120, "Jack");
171.        tree.put(20, "Liu");
172.        tree.put(8, "Li");
173.        System.out.println(tree.get(120));       //>>Jack
174.        System.out.println(tree.get(121));       //>>Tom
175.        System.out.println(tree.get(124));       //>>null
176.        System.out.println(tree.get(20));        //>>Liu
177.        for (BinarySearchTree.Node<Integer,String> x : tree)
178.            System.out.print(x.value + ",");     //>>Li,Liu,Jack,Tom,
179.        System.out.println();
180.        tree.remove(121);
181.        for (BinarySearchTree.Node<Integer,String> x : tree)
182.            System.out.print(x.value + ",");     //>>Li,Liu,Jack,
183.    }
184.}
```

tree 中存放的结点，关键字是整数，值是字符串。第 168 行中的参数“(x,y)－＞x－y”规定了二叉查找树关键字比大小的规则就是整数比大小的规则。

第 181 行：因为 BinarySearchTree 类支持迭代器，因此此处可以按从小到大的顺序遍历整个二叉树。

实现二叉查找树时，若将查找、插入、删除等操作写成不用栈的非递归形式，则这些操作的额外空间复杂度就是 $O(1)$的。

许多编程语言都内置了二叉查找树的数据结构，如 C++ 中的 set 和 map，Java 中的 TreeSet 和 TreeMap。二叉查找树还可以在 $O(\log(n))$时间内完成 lowerBound(x)操作和 upperBound(x)操作。lowerBound(x)寻找关键字小于 x 的最大的结点；upperBound(x)寻找关键字大于 x 的最小的结点。

lowerBound 和 upperBound 操作作为习题，请读者在上面程序的基础上补充完成。

★14.2.2 平衡二叉树

为了防止二叉查找树的高度变成 $O(n)$量级从而降低操作效率，可以对其进行一些改进，确保树总体上比较“平衡”，即每个结点的左右子树结点数目都差不多，从而确保查找、插入和删除的复杂度是 $O(\log(n))$。

怎么样算“平衡”，定义可以严格点，也可以宽松点。如果将“平衡”定义为“任何结点的左右子树的高度差的绝对值不超过 1”，则满足这个“平衡”条件的二叉查找树，就称为“平衡二叉树”，也叫 AVL 树。“AVL”来自该数据结构发明人的名字。

相比基本的二叉查找树，AVL 树在做插入和删除操作时，需要做一些额外的操作，来确保插入或删除完成时，树依然是“平衡”的。为此，需要在每个结点中存放一个“平衡因子”(Balance Factor,BF)，表示该结点左子树和右子树的高度差，即左子树高度减去右子树高度。当且仅当每个结点的 BF 取值为－1、0 或 1，二叉树才是平衡的。若一个结点的 BF 绝对值大于 1，则称该结点“失衡”。

如果用 $V(h)$表示 h 层 AVL 树最少的结点数目，则有：

$V(1)=1$

$V(2)=2$

$V(h)=V(h-1)+V(h-2)+1$

这是因为，一棵 h 层的结点数最少的 AVL 树的左子树为结点数最少的 $h-1$ 层 AVL 树，右子树为结点数最少的 $h-2$ 层 AVL 树。或左右反过来亦可。

★★1. AVL 树插入结点

往 AVL 树中插入一个结点 x，则 x 必然成为叶结点，且其 BF 为 0。插入 x 后，应从 x 的父结点开始，沿着到根的路径向上依次修改 x 各祖先结点的 BF。若修改过程中发现某祖先结点失衡了，则需要进行树的形态的调整，使得调整后没有结点失衡。一旦发生了失衡调整，则调整结束后，插入操作即可宣告完成。

先讨论如何修改 x 的祖先的 BF。

由于要找祖先，所以在 AVL 树的结点中存放指向父结点的 father 指针会比较方便。结点类如下定义。

```
class AVLNode<K,V>  {                          //AVL 树结点类
    K key;
    V value;
    AVLNode<K,V> left = null,right = null,father = null;
    int BF = 0;
}
```

新结点 x 为叶结点，所以其父结点的 BF 一定要加 1 或减 1，但是 x 的其他祖先的 BF 却不一定需要修改。

现假设 v 为新插入结点 x 的某个祖先，有以下结论成立。

结论 1：如果 v 的 BF 修改后绝对值为 1，则 v 的父结点的 BF 也需要修改。 因为：若 v.BF 修改后变为 1，则修改前其值必为 0(添加一个结点不可能使得某个结点的 BF 由 −1 变成 1)，即修改前 v 的左右子树高度相同。v.BF 被改为 1，说明 v 的左子树高度增加了 1，那么子树 v 的高度自然也增加了 1。对 v 的父结点来说，一棵子树的高度发生了变化，则 BF 必然也需要修改。若 v 是其父的左子结点，则需要执行 v.father.BF += 1；若 v 是其父的右子结点，则需要执行 v.father.BF −= 1。

同理，若 v.BF 修改后变为 −1，则说明 v 的右子树的高度增加了 1，子树 v 的高度也增加了 1。此时同样有：若 v 是其父的左子结点，则需要执行 v.father.BF += 1；若 v 是其父的右子结点，则需要执行 v.father.BF −= 1。

结论 2：若 v.BF 修改后变成 0，则 v 的所有祖先的 BF 都不需要修改，整个修改祖先 BF 的过程结束，插入操作完成。 因为：子树 v 添加了一个结点，导致 v.BF 由非 0 变成 0，则必然是因为 v 的两棵子树中矮的那棵子树的高度增加了 1，那么子树 v 的高度并没有变化，于是 v 的祖先的 BF 就都不会发生变化。结论 2 证毕。

修改新增结点 x 的祖先的 BF 的过程中可能会产生失衡结点，也可能不会，分为以下两种情况讨论。

(1) 修改过程中没有产生失衡结点。

在这种情况下，若某个祖先 v 的 BF 由非 0 被改为 0，则修改过程结束。抑或修改 BF 的操作一直进行到了根结点，且根结点的 BF 修改后也没有失衡，则修改过程也结束。修改 BF 的过程结束后，插入结点的操作就宣告完成。

(2) 修改过程中产生了失衡结点。

记修改过程中产生的第一个失衡结点为 v。发现 v 失衡后，应立即调整子树 v，此调整仅影响子树 v，不会影响其他结点。调整算法使得调整完毕后，子树 v 变成一棵新的子树 T，且 T 满足以下两个条件。

① T 是 AVL 树。

② 设 T 的根结点为 p，则 p 的 BF 必等于 0，且 T 的高度和添加 x 之前的子树 v 相同。

调整后，由于 p 的父结点(即原来 v 的父结点)的两棵子树的高度都没有变化，所以 p 的所有祖先的 BF 都不需要修改——于是调整完毕后修改 BF 的过程即结束，插入结点操作完成。若 v 是根结点，失衡调整后根结点会变为其他结点，修改过程一样结束。即有以下结论 3。

结论 3：一旦发生了失衡调整，则调整完毕后整个修改祖先 BF 过程结束，插入操作完成。

所以，修改祖先 BF 的过程中产生的第一个失衡结点，其实也是唯一的失衡结点，因为调整后就没有结点会失衡了。

将新结点 x 添加为一个新叶结点后，应立即调用函数 insertionUpdateBF(x)以修改 x 的祖先的 BF。递归函数 insertionUpdateBF 实现如下。

```
1.  void insertionUpdateBF(T nd) {      //插入过程中修改结点 nd 的祖先的 BF
2.      if (nd.BF == 2 || nd.BF == -2)   {//nd 失衡
3.          insertionRebalance(nd);      //insertionRebalance 函数调整以 nd 为根的子树
4.          return;                      //体现结论 3:调整完毕后,修改祖先 BF 的过程就结束
5.      }
6.      if (nd.father != null) {         //nd 有父结点,故不是根结点,则下面要体现结论 1、2
7.          if (nd.father.left == nd )   //nd 是其父结点的左子结点
8.              nd.father.BF += 1;
9.          else                         //nd 是右子结点
10.             nd.father.BF -= 1;
11.         if (nd.father.BF != 0)
12.             //体现结论 1、2: 若祖先的 BF 修改后变为 0,则结束,不为 0 则继续递归修改
13.             insertionUpdateBF(nd.father);
14.     }
15.     //如果 nd 是根结点,nd 又没有失衡,则修改 BF 的过程结束
16. }
```

第 6 行：执行到本行时，若 nd 就是新插入的结点 x，则显然下面的操作是对的；若 nd 是 x 的某个祖先，则此时 nd.BF 必然不为 0，只能是 1 或 −1 于是根据结论 1，只要 nd.father 存在，就要修改 nd.father 的 BF。nd.BF 必然不为 0 是因为：在上一层函数调用中，第 11 行的 nd.father 就是本层的 nd，上一层执行到第 11 行时，nd.father.BF 必须不为 0，才会递归进入本层。

发现失衡结点以后的调整，即函数 insertionRebalance，是 AVL 树最关键的操作。设 v 是失衡结点，失衡调整就是要进行“旋转”操作。旋转操作可以分为 LL(左左)、LR(左右)、RL(右左)、RR(右右)4 种，根据失衡的情况不同，做其中的一种。**v.BF 为 2 时，做 LL 或 LR 旋转，v.BF 为 −2 时，做 RL 或 RR 旋转。**

再次强调：旋转完成后，子树 v 的根换成了别的结点 p，且 p.BF=0。新子树高度没有比插入结点前增加，因此 p 的祖先(即原 v 的祖先)的 BF 都不用调整。而且，新子树 p 是 AVL 树。下面分别讲述这 4 种旋转。

1) LL 旋转

适用场景：新增的结点 x 位于失衡结点 v 的左子树的左子树。

结点 v 失衡时，若 v.BF 值为 2，则可断定 x 被加入 v 的左子树。现考查 v 的左子结点 u。

u 不可能是叶结点(若 u 是叶结点，则 v 的 BF 不可能为 2)，那么 u 只能是新结点 x 的祖先。按照前面的结论 2，若 u.BF 被改为 0，则 u 的祖先的 BF 都不需要修改，这和 v 失衡矛盾。所以 u.BF 只能是 1 或 −1，不可能为 0。

若 u.BF 为 1，由于 u.BF 是从 0 变为 1，则可断定 x 被加入了 u 的左子树。此时应该进行 LL 旋转，旋转前后的情况如图 14.7 所示。图中三角形代表子树，左图中，A，B 是 u 的子树，C 是 v 的右子树，新结点 x 插入后将使得 u 的左子树高度加 1(图中 A 不包括 x)。若图中 A、B、C 都为空树，x 成为 u 的左子结点也适用。图中用 $H(T)$表示子树 T 的高度。

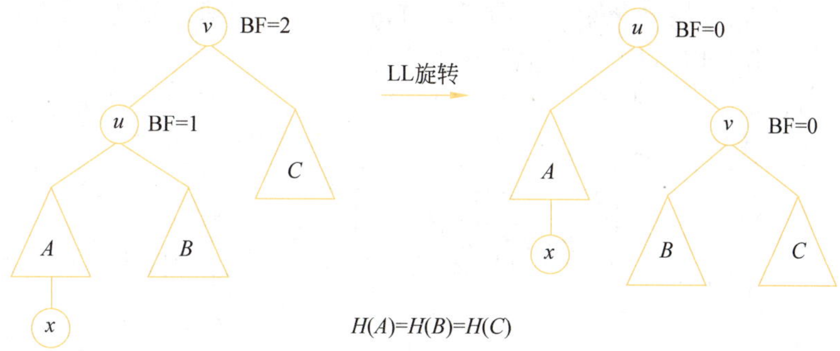

图 14.7 AVL 树的 LL 旋转

总之，**若 v.BF＝2 且 u.BF＝1 则可断定要做 LL 旋转**。由 u.BF 为 1 可知 $H(A)=H(B)$；由 v.BF 为 2 可知 $H(C)=H(A)=H(B)$。

做 LL 旋转，将子树 v 调整为图 14.7 右边的子树 u，子树 u 是 AVL 树。旋转过程中 B、C 子树中所有结点的 BF 都没有变化。

若 v.BF 为 2 且 u.BF 为 −1，则应使用 LR 旋转。

2) LR 旋转

适用场景：新增的结点 x 位于失衡结点 v 的左子树的右子树。

v.BF 为 2，且 v 的左子结点 u 的 BF 值为 −1 时，即说明新增的结点 x 被加入子树 u 的右子树。此时子树 v 必如图 14.8 中左边所示(x 在 C 下面也可以)。

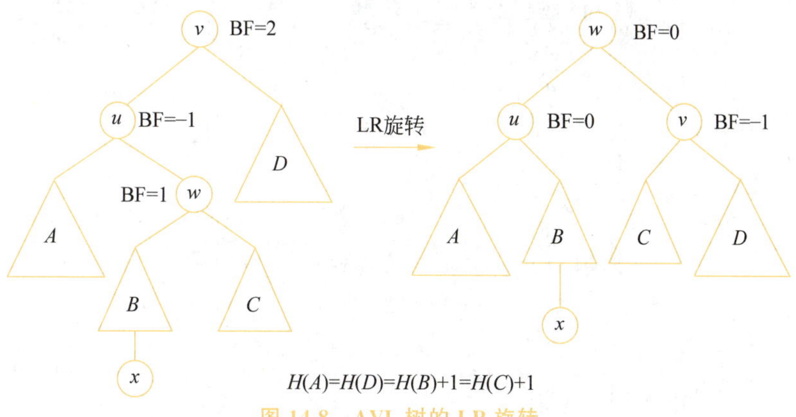

图 14.8 AVL 树的 LR 旋转

先假设 w 不是 x，则 w 是 x 的祖先。根据结论 2，此时 w.BF 不可能为 0。

若 w.BF 为 1，则必有 $H(B)=H(C)$，且 x 被加入子树 B，否则不可能加入 x 后 w.BF 变为 1。相应地，必有 $H(A)=H(B)+1$，$H(D)=H(A)$，各结点的 BF 值才会如图 14.8 左边

所示。进行 LR 旋转后，子树 v 变成右边形态。

若 B、C 为空树，则 A、D 是单个结点且 x 是 w 的子结点，这样也是可以的。

若 A、B、C、D 都是空树，则 w 就是 x，这样也是可以的。在这种情况下，x 就变成新子树的根结点。

图 14.8 左边，若 x 加在 C 下面，则 w.BF＝－1。旋转后则 x 还是在 C 下面，u.BF＝1，v.BF＝0。

RL 旋转和 LR 旋转对称，RR 旋转和 LL 旋转对称。

3）RL 旋转

适用场景：新增的结点 x 位于失衡结点 v 的右子树的左子树。旋转前 v.BF 必为－2。设 v 的右子结点为 u，则 u.BF 为 1 时做此旋转。

旋转前后情况如图 14.9 所示，图中 $H(A)=H(D)=H(B)+1=H(C)+1$。

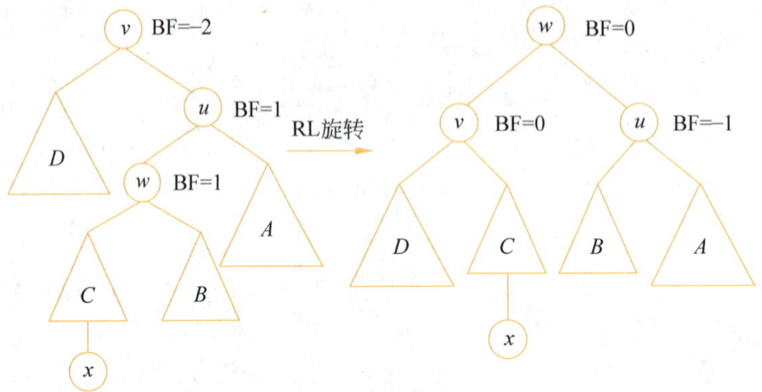

图 14.9　AVL 树的 RL 旋转

4）RR 旋转

适用场景：新增的结点 x 位于失衡结点 v 的右子树的右子树。旋转前 v.BF 必为－2。设 v 的右子结点为 u，则 u.BF 为－1 时做此旋转。

旋转前后情况如图 14.10 所示，图中 $H(A)=H(B)=H(C)$。

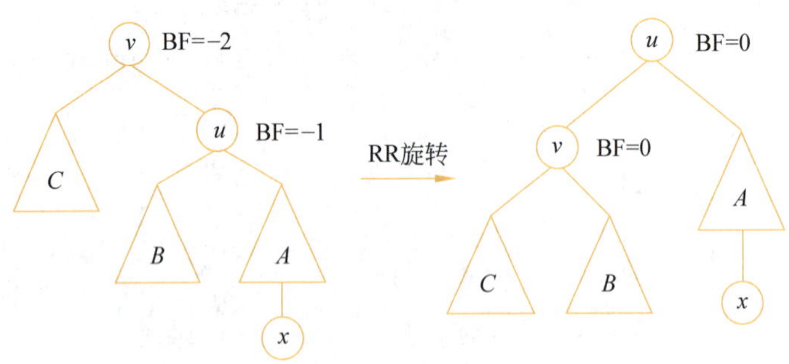

图 14.10　AVL 树的 RR 旋转

总结一下：

LL 和 LR 旋转适用于失衡结点的 BF 为 2 时。**设失衡结点 v 的左子结点为 u，则 v.BF 为 2 时，若 u.BF 为 1 则做 LL 旋转，u.BF 为－1 则做 LR 旋转。**

RL 和 RR 旋转适用于失衡结点的 BF 为－2 时。**设失衡结点 v 的右子结点为 u，则 v.BF**

为 -2 时，若 u.BF = 1，做 RL 旋转；若 u.BF = -1，做 RR 旋转。

不论哪种旋转，旋转完成后新子树的高度和失衡前一样，比失衡时减少 1。

插入结点时，找到插入位置的复杂度是 $O(\log(n))$。insertionUpdateBF 操作沿着插入的叶结点到根结点的路径进行，因此复杂度是 $O(\log(n))$。各类旋转操作复杂度 $O(1)$，且添加一个结点时只会做一次，因此插入结点的总复杂度是 $O(\log(n))$。

调整子树形态的 insertionRebalance 函数实现如下。

```
void insertionRebalance(T nd) {              //调整以失衡结点 nd 为根的子树
        //nd 失衡,nd.BF == 2 或 nd.BF == -2
        if (nd.BF == 2) {                    //新结点加在 nd 的左子树
            if (nd.left.BF == 1)             //LL 旋转, 新结点加在 nd 左子树的左子树
                rotateLL(nd);                //LL 旋转
            else if (nd.left.BF == -1)       //新结点加在 nd 左子树的右子树
                //此时 nd.left.BF 必然不可能为 0,因如果 nd.left.BF ==0,
                //则不会去更新 nd.BF,nd.BF 就不可能变成 2
                rotateLR(nd);                //LR 旋转
        }
        else if (nd.BF == -2) {
            if (nd.right.BF == 1)
                rotateRL(nd);                //RL 旋转
            else                             //nd.right.BF == -1
                rotateRR(nd);                //RR 旋转
        }
}
```

★★★2. AVL 树删除结点

AVL 树删除结点和插入结点有类似之处，但是更为复杂。

在 AVL 树中删除结点，会产生一个真正被从树结构上删除的“终删结点”（详见“二叉查找树的删除”一节）。假设终删结点叫 x，x 要么是叶结点，要么只有一个子结点。删除 x 后，应从原 x 的父结点开始，沿着到根的路径向上依次修改原 x 各祖先结点的 BF。原 x 的父结点的 BF 一定要加 1 或减 1，但是其他祖先的 BF 却不一定需要修改。修改过程结束，删除操作即宣告完成。

现假设 v 为终删结点 x 的某个祖先。

结论 1：如果 v 的 BF 修改后变为 0，则 v 的父结点的 BF 也需要修改。 因为：若 v.BF 修改后变为 0，则修改前其值必为 -1 或 1。v.BF 被改为 0，说明 v 的两棵子树中高的那一棵的高度减少了 1，那么子树 v 的高度自然也减少了 1。对 v 的父结点来说，一棵子树的高度发生了变化，则 BF 必然也需要修改。若 v 是其父的左子结点，则需要执行 v.father.BF -= 1；若 v 是其父的右子结点，则需要执行 v.father.BF += 1。

结论 2：若 v.BF 修改后变成 -1 或 1，则 v 的所有祖先的 BF 都不需要修改，整个修改祖先 BF 的过程结束，删除操作完成。 因为：原来整棵树是平衡的，所以原 v.BF 的绝对值不可能大于 1，那么 v.BF 修改前只能是 0，即本来 v 的两棵子树一样高。子树 v 删除了一个结点，导致 v.BF 由 0 变成 -1(1)，则必然是因为 v 的左子树（右子树）被删除了一个结点，这并不会导致子树 v 的高度发生变化。于是 v 的祖先的 BF 就都不会发生变化。结论 2 证毕。

修改原终删结点 x 的祖先的 BF 的过程中可能会产生失衡结点，也可能不会，分为以下两种情况讨论。

（1）修改过程中没有产生失衡结点。

在这种情况下，若某个祖先 v 的 BF 由 0 被改为 -1 或 1，则修改过程结束。抑或修改 BF 的操作一直进行到了根结点，且根结点的 BF 修改后也没有失衡，则修改过程也结束。

（2）修改过程中产生了失衡结点。

记修改过程中产生的第一个失衡结点为 v。发现 v 失衡后，应立即调整子树 v。调整完毕后可得到一棵新的子树 T，且 T 是 AVL 树。这里的调整和插入过程中的调整做法并不相同。设 T 的根结点为 p，则调整后 p.BF 可能为 0，也可能为 -1 或 1。调整算法决定了，若 p.BF 非 0，则 T 的高度和删除结点前相比没有变化，修改过程到此结束；若 p.BF 为 0，则 T 的高度比删除结点前少了 1，那么若 p 没有父结点，修改过程到此结束，若 p 有父结点，则 p 的父结点的 BF 也必须修改，于是递归进行修改 p 的祖先 BF 的过程。

记被从树结构上“真删除”的终删结点为 x，则删除 x 后，应立即调用函数 deletionUpdateBF(x) 以修改 x 的祖先的 BF。请注意，此时 x 虽然已经从树上被删除，但结点 x 并未被销毁，x.father 依然指向 x 原来的父结点。递归函数 deletionUpdateBF 实现如下。

```
//prg1200.java
1.  void deletionUpdateBF(T nd) {                //删除结点过程中修改 nd 的祖先的 BF
2.          if (nd.BF == 2 || nd. BF == -2) {    //失衡
3.              T p = deletionRebalance(nd);     //调整子树 nd,返回新的子树根 p
4.              if (p.BF == 0)
5.                  deletionUpdateBF(p);
6.              return;
7.          }
8.          if (nd.father != null){//nd 有父结点,不是根结点,则下面要体现结论 1、2
9.              if (nd.isLeftChild())            //nd 是左子结点
10.                 nd.father.BF -= 1;
11.             else if (nd.isRightChild())
12.                 nd.father.BF += 1;
13.             if (nd.father.BF == 0 || nd.father.BF == 2 ||
14.                     nd.father.BF == -2)
15.                 //体现结论 2: 若祖先的 BF 修改后变为-1 或 1,则结束,否则继续递归修改
16.                 deletionUpdateBF(nd.father);
17.         }
18. }
```

第 3 行：deletionRebalance 要进行 L1、L2、R1、R2 这 4 种旋转之一来调整子树 nd。设 v 为失衡结点，则 v.BF 为 -2 说明被删除结点 x 位于 v 的左子树，此时进行 L1 或 L2 旋转；v.BF 为 2 说明 x 位于 v 的右子树，此时进行 R1 或 R2 旋转。deletionRebalance 返回子树 nd 调整后得到的新子树的根结点 p。下面通过旋转的示意图会看到，若 p 的 BF 为 0，则说明新子树高度比删除结点前少了 1，要继续向上修改 p 祖先的 BF 值；若 p 的 BF 不为 0，则新子树高度比删除结点前没有变化，修改过程可以结束。

1）L1 旋转

v.BF 为 -2。设 v 的右子结点为 u，则 u.BF 为 0 或 -1 时进行此旋转（u.BF 为 1 则进行 L2 旋转）。

旋转前 u.BF $=$ 0 时的 L1 旋转如图 14.11 所示。

图 14.11 中，左图的画法并不表示被删结点 x 一定是叶结点，只是表示 v 的左子树删除 x

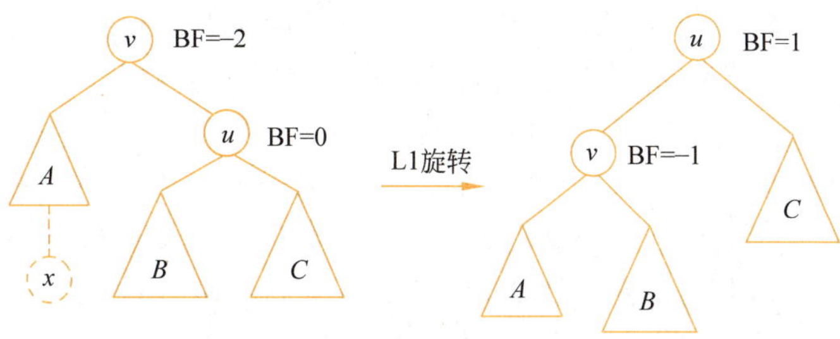

$H(B)=H(C)=H(A)+1$

图 14.11 AVL 树删除结点的 L1 旋转(旋转前 u.BF 为 0)

后变为子树 A，且高度比删除前一定减少了 1(若没减少 1，则 v.BF 不可能由 −1 变为 −2)。图中 $H(B)=H(C)=H(A)+1$。

可以看到，在图 14.11 中，L1 旋转完成后，新子树高度和删除结点 x 前相比没有变化，u 的祖先的 BF 都不用修改了。

旋转前 u.BF = −1 时的 L1 旋转如图 14.12 所示，图中 $H(A)=H(B)=H(C)-1$。

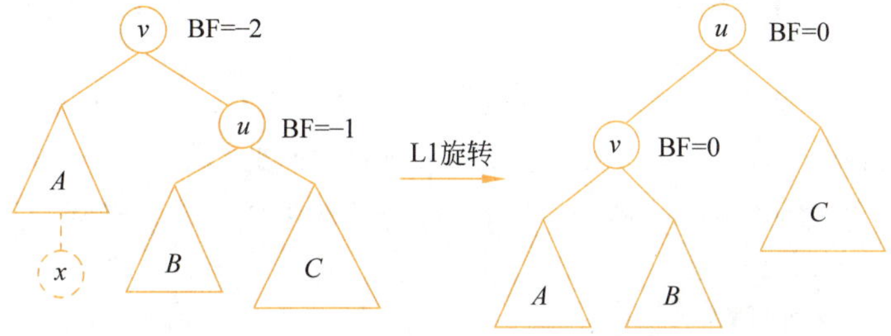

$H(A)=H(B)=H(C)-1$

图 14.12 AVL 树删除结点的 L1 旋转(旋转前 u.BF 为 −1)

可以看到，在图 14.12 中，L1 旋转完成后，新子树高度比删除结点 x 前减少了 1，还得修改 u 的祖先的 BF，和 prg1200 的第 4、5 行一致。

在图 14.11 和图 14.12 中，A 为空树也是可以的，那样的话 x 就是 v 的左子结点。

2) L2 旋转

v.BF 为 −2。设 v 的右子结点为 u，则 u.BF 为 1 时进行此旋转，如图 14.13 所示。

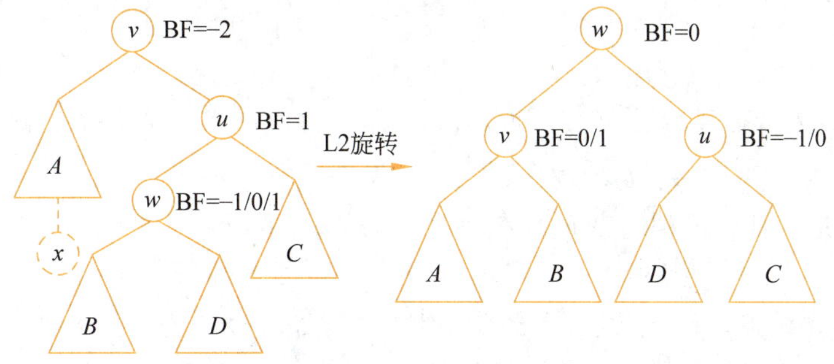

$H(A)=H(C)=\max\{H(B), H(D)\}$

图 14.13 AVL 树删除结点的 L2 旋转

图 14.13 中 $H(A)=H(C)=\max\{H(B),H(D)\}$。根据 $H(B)$ 和 $H(D)$ 的不同取值，旋转前 w.BF 可能取值为 −1、0 或 1，相应地，旋转后 v.BF 和 u.BF 也可能有不同取值。图中 A 可以为空树。

由图可见，L2 旋转结束后，w.BF 必定为 0，且新子树的高度减少了 1。此时若 w 没有父结点，修改 BF 的过程到此结束，删除结点完成。若 w 有父结点，则 w 的父结点的 BF 也必须修改，于是要继续进行修改 w 的祖先的 BF 的过程。

R1、R2 旋转的过程和 L1、L2 旋转是对称的，请读者自行思考并画出图示。

删除结点时，找到终删结点复杂度为 $O(\log(n))$。deletionUpdateBF 操作沿着终删结点到根结点的路径进行，因此复杂度是 $O(\log(n))$。各类旋转操作复杂度 $O(1)$，且每做一次旋转操作，失衡结点要么消失要么至少会上移一层，因此旋转操作总次数不会超过 $\log_2(n)+1$ 次，所以删除结点的总复杂度是 $O(\log(n))$。

AVL 树的实现代码过于复杂，且实践中很难碰到需要自己实现 AVL 树的场景，因此略过。

★14.2.3 红黑树

AVL 树对平衡性的要求很严格，这样虽然确保查找效率很高，但是插入和删除时，要修改一系列平衡因子，且旋转操作可能会比较频繁地进行，因此插入、删除操作效率还有提升空间。

如果降低一些对平衡性的要求，虽然查找效率可能略微降低，但是插入、删除时要修改的结点数目可能没那么多，而且不需要太频繁进行树结构的调整，插入、删除操作就会相对较快。

红黑树就是降低平衡性要求，牺牲一些查找效率，换来插入和删除效率提升的一种二叉查找树。

1. 红黑树的定义和性质

1）红黑树的定义

红黑树是满足以下 4 个条件的二叉查找树。

(1) 结点要么是红色，要么是黑色。

(2) 根结点是黑色。

(3) 将结点中的空子树指针都看作一个“假点”，且规定假点为黑色，则根结点到每个假点的路径上经过的**黑点**数目都相同。请注意，黑色结点和假点都算是**黑点**。

(4) 红色结点的子结点必须是黑色，即任何一条从根结点到假点的路径上不会出现连续两个红色结点。

请务必注意，在本节的叙述中，**“假点”并不算结点**。假点和结点统称“**点**”。**“叶结点”“子结点”“父结点”都不可能是假点**。但假点可以被称作“假儿子”，而且假点可以有父结点、兄弟，假点可以作为其他点的兄弟、叔父。

图 14.14 就是一棵红黑树。灰色代表红色。方形点是假点。根结点 12 到每个假点的路径上都有 3 个黑点。

由于假点并非结点，所以谈及红黑树的各种属性，如高度、结点数目、形状的时候，都不应该考虑假点。如图 14.14 中的红黑树，其高度是 3，共有 9 个结点。编程实现的时候，也不会在树上添加假点，假点依然是空指针。图 14.14 中的树，即便不画出方形的假点，依然是一棵红黑树。

红黑树条件的第(3)条也意味着，对每个结点 v，v 到其每个后代**假点**的路径上经过的**黑点**数目都相同。红黑树的“平衡性”，指的就是这个性质。这个性质若被破坏，则称红黑树失衡。

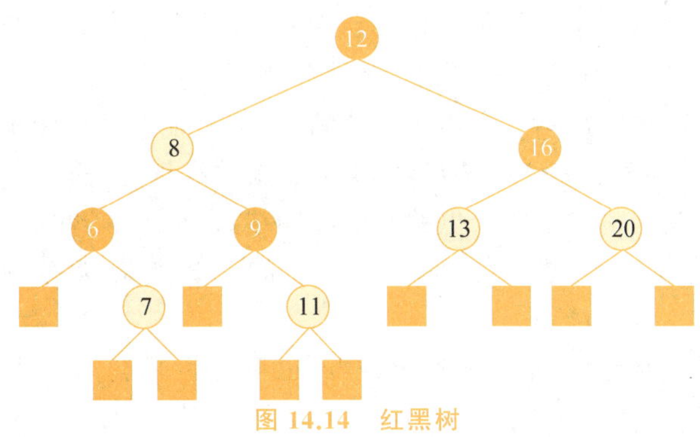

图 14.14 红黑树

2）红黑树的性质

将结点 v 到其后代假点的路径上的黑色结点（请注意：假点不是结点）数目称为结点 v 的“黑色高度”，简称“黑高”，则红黑树的黑高，就是根结点的黑高。红黑树有以下重要性质。

（1）红黑树中，任何一棵以黑色结点为根的子树，都是红黑树。

（2）黑高为 h 的红黑树，从根结点到叶结点的路径最短长度可以是 $h-1$（路径上每个结点都是黑色结点），最长长度可以是 $2h-1$（路径上黑红结点交替出现，且叶结点是红色。因根是黑色，所以路径上黑红结点数目相同）。也可以说，黑高为 h 的红黑树，最小高度是 $h-1$，最大高度是 $2h-1$。

请注意，按本书定义，路径长度，指的是路径上边的数目。而有 k 层结点的二叉树，高度是 $k-1$。

（3）黑高为 h 的红黑树，其形状为完美二叉树时结点数量最少，为 2^h-1。

证明：一棵有红色结点的红黑树，总是可以通过删除该红色结点，或删除该红色结点以及其他一些结点，得到一棵黑高不变的新红黑树。删除的办法是：设有红色结点 x，若 x 是叶结点，则直接删除；若 x 不是叶结点，其度必然是 2，则删除 x 及其一棵子树并用 x 的另一子结点取代其地位。因此，要使结点数目最少，则所有结点都应该是黑色。所有结点都是黑色的红黑树，只能是完美二叉树（每一层结点数目都达到最大的二叉树），其黑高为 h，则高度为 $h-1$，所以结点总数就是 2^h-1。

（4）n 个结点的红黑树，高度不超过 $2\times\log_2(n+1)-1$。

证明：设 n 个结点的红黑树黑高为 h，树高度为 H。根据性质(2)，有 $H\leqslant 2h-1$，即 $h\geqslant (H+1)/2$（式 1）。根据性质(3)，有 $n\geqslant 2^h-1$（式 2）。由式 1 结合式 2 可得：

$n\geqslant 2^{(H+1)/2}-1$ =>

$n+1\geqslant 2^{(H+1)/2}$ =>

$\log_2(n+1)\geqslant (H+1)/2$ =>

$H\leqslant 2\times\log_2(n+1)-1$

性质(4)保证了在红黑树上进行查找，复杂度是 $O(\log(n))$。

实践证明红黑树效率比 AVL 树高些，因而应用比 AVL 树更广。C++ 语言中的 set、map、multiset、multimap，Java 语言中的 TreeSet、TreeMap 都是用红黑树实现的。

★★2. 红黑树插入结点

在红黑树中插入结点，新插入的结点自然是叶结点，会带两个黑色的假点。如果将新结点设置为黑色，则立即导致红黑树平衡性被破坏。因此，新插入的结点一概设置成红色。

新结点设为红色，虽然不会破坏平衡性，但是可能导致新的问题：如果新结点的父结点也是红色，那么就违反了红黑树中父子不可同为红色的规则。若结点 x 与其父结点同为红色，就称结点 x 为"红冲结点"。红黑树一旦由于插入操作导致出现红冲结点，就应该进行形状调整。在调整的过程中，会将红冲结点变为非红冲结点，但可能又产生新的红冲结点，于是就要递归再次调整……直到再也没有红冲结点，就形成了新的红黑树，插入操作完成。最初的红冲结点一定是叶结点，但是调整过程中产生的新的红冲结点一定不是叶结点。

因为红黑树的根结点一定是黑色，而红冲结点的父结点是红色，所以红冲结点一定有祖父。

红冲结点的叔父可能为黑色结点或红色结点，也可能为假点。针对红冲结点进行调整的函数可以描述如下。

```
void insertionAdjust(T x)   {                    //针对红冲结点 x 进行调整
    if  (x 的叔父为红色) {                        //分支 1,父辈和祖父换色
        将 x 的父结点和叔父都改为黑色;
        将 x 的祖父 v 改为红色;
        if (祖父 v 变为红冲结点)
            insertionAdjust(v);
        else
            若祖父 v 是根结点则将其改回黑色;
    }
    else {                                       //分支 2, x 的叔父是黑色结点或假点
        if (x 是其祖父的左子结点的左子结点)
            进行 LL 旋转;
        else if (x 是其祖父的左子结点的右子结点)
            进行 LR 旋转;
        else if x 是其祖父的右子结点的左子结点:
            进行 RL 旋转
        else                                     //x 是其祖父的右子结点的右子结点:
            进行 RR 旋转;
    }
}
```

上面的 4 种旋转操作都不会产生新的红冲结点，因而旋转操作不会递归调用 insertionAdjust。请注意，要做 4 种旋转时，红冲结点的叔父一定是黑色。

对分支 1 的处理，称为"父祖换色"(父辈和祖父换色)，可以用图 14.15 表示。

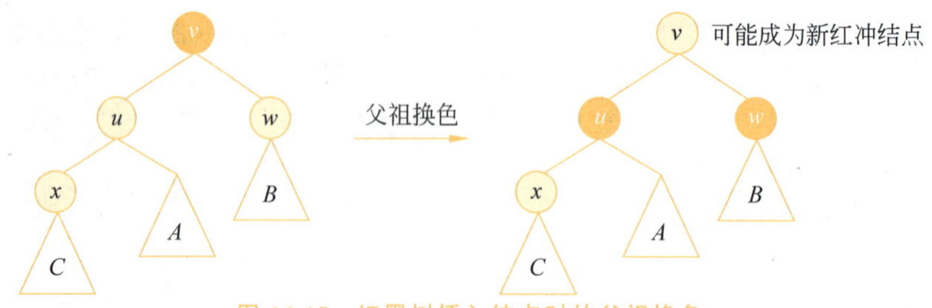

图 14.15 红黑树插入结点时的父祖换色

图 14.15 中圆点都是结点，不会是假点。灰色代表红色。左图的结点 x 是红冲结点。结点 x 和三角形 C 一起表示以 x 为根的子树，w 和 B 也一样。三角形 A 也代表一棵子树。对 A、B、C 的高度的相对关系没有什么要求，图中 A、B、C 三个三角形一样大，并不表示它们高度相同，后面的图也是如此。A、B、C 也可以都为空。将 v 变为红色后，如果 v 的父结点也是红色，则 v 成为新的红冲结点，需要递归再次调整。父祖换色后，从 v 到其所有后代假点的路径上的黑点数没有变化，树的平衡性没有被破坏。

可以看到，每做一次父祖换色，要么红冲结点消失，要么红冲结点出现的层次向上提了两层。所以“父祖换色”的总次数是 $\log_2(n)$量级的。

LL 旋转可以用图 14.16 表示，和父祖换色的区别是此时 x 的叔父 w 是黑色。

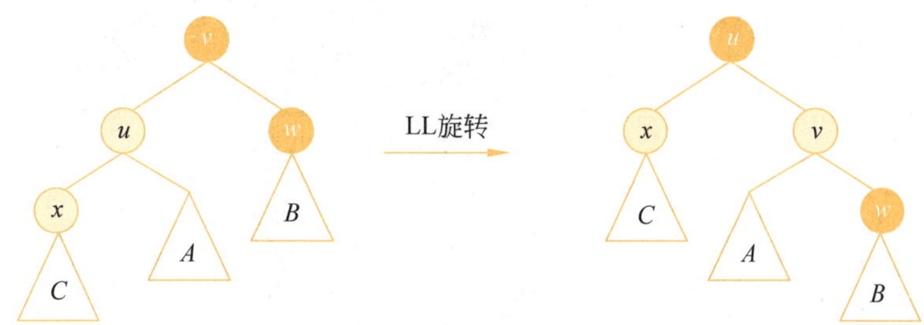

图 14.16 红黑树插入结点时的 LL 旋转

如果 x 是叶结点，则 C 是两个假点、A 是一个假点、w 是假点且 B 不存在。可以看到，旋转后，从新子树根结点 u 到每个假点的路径上的黑点数目，和原来相比没有变化。

LR 旋转可以用图 14.17 表示。

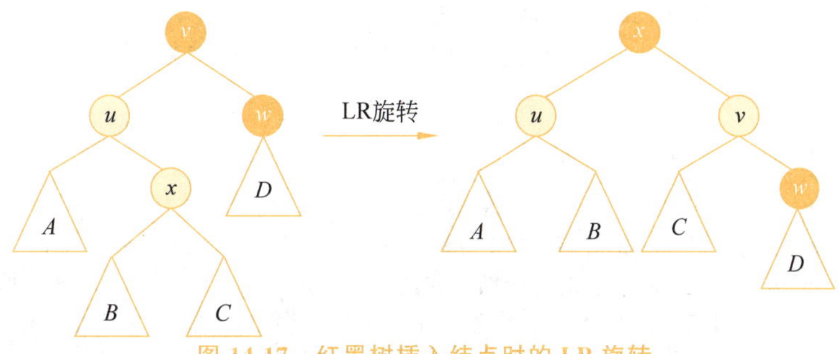

图 14.17 红黑树插入结点时的 LR 旋转

如果 x 是叶结点，则 A、B、C 都是一个假点，w 是假点且 D 不存在。

RL、RR 旋转和 LL、LR 旋转是对称的，请读者自行画图。

★★★3. 红黑树删除结点

和 AVL 树一样，在红黑树中删除结点，会产生一个真正被从树结构上删除的“终删结点”(详见“二叉查找树删除结点”一节)。假设终删结点叫 x，x 要么是叶结点，要么只有一个子结点。

先考虑 x 只有一个子结点的情况。这种情况下 x 必为黑色，且 x 的子结点必为红色。下面用反证法证明。

(1) x 必为黑色：若 x 为红色，则 x 到其假儿子的路径的黑点数是 1。x 的子结点是黑色，从 x 到其子结点再走到末端的假点，路径上至少有两个黑点，子树 x 不平衡。

(2) x 的子结点必为红色：由于 x 必为黑色，所以 x 到其假儿子的路径的黑点数是 2，若其子结点是黑色，则从 x 到其子结点再走到假点，路径上至少有三个黑点，子树 x 不平衡。

总之，若 x 只有一个子结点，直接删除 x，将 x 的子结点提升到 x 原来的位置，并将其改为黑色，删除过程结束。

若 x 是红色叶结点，则直接删除之，删除过程结束。

若 x 是黑色叶结点，删除 x 后平衡即被破坏。在红黑树的平衡因删除而被破坏的情况下，树中必然存在某个黑点 x，如果 x 能算成两个黑点，则树就依然是平衡的，这样的黑点 x，称为“双黑点”。例如，删除黑色叶结点 x 后，可以认为 x 变成了一个假点，则这个假点就是双黑点。如图 14.18 左边删除结点 6 后变为右边形态，结点 6 被假点 x 替代。12 到 x 的路径上只有两个黑点，平衡性被破坏。但是如果 x 能算两个黑点，则平衡性依然能保持，所以 x 就是双黑点(用下画线标注)。

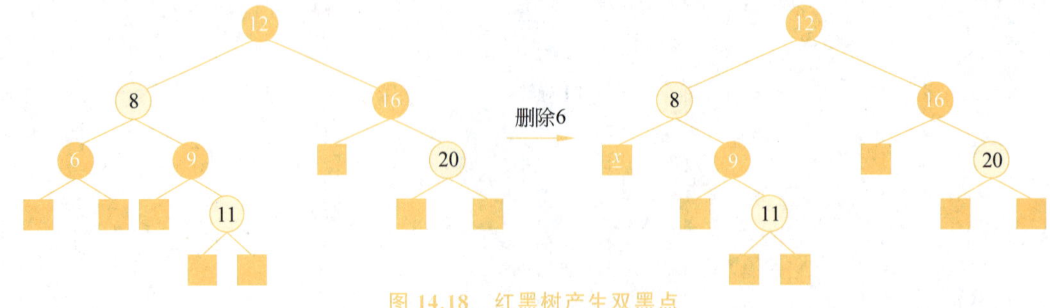

图 14.18 红黑树产生双黑点

出现双黑点，就应该针对双黑点进行树结构的调整，使之变得不再具有双黑性质。在调整的过程中，双黑点不再双黑，但是有可能产生新的双黑点，则需要再递归对新双黑点进行调整……直到没有双黑点，整个删除结点的过程即宣告完成。

最初的双黑点，必然是叶结点被删除后变成的假点。随着调整过程的进行，新的双黑点，一定不是假点。

出现双黑点后的调整函数描述如下。

```
//prg1204.java
void deletionAdjust(T x,T father){      //针对双黑点 x 进行调整,x 的父结点是 father
    if (双黑点 x 是 father 的左子结点或左假儿子) {
        if (双黑点 x 的兄弟 v 是黑色)  {        //v 不论红黑,一定不是假点
            if (v 有红色右子结点)                //情况(1)
                rotateL1(x,father);             //进行 L1 旋转
            else if (v 有红色左子结点)           //情况(2)
                rotateL2(x,father);             //进行 L2 旋转
            else { //v 没有红色子结点            //情况(3)
                将 father 变为黑色,v 变为红色;
                if (father 原来是黑色且 father 不是根结点)        //father 成为新双黑点
                    deletionAdjust(father,father.father);
            }
        }
        else {//双黑点 x 的兄弟 v 是红色         //情况(4)
            rotateL3(x,father);                 //进行 L3 旋转
            deletionAdjust(x,father);
        }
    }
    else    { //双黑点 x 是 father 的右子结点或右假儿子
        if (双黑点 x 的兄弟 v 是黑色) {          //v 不论红黑,一定不是假点
            if (v 有红色左子结点)                //情况(5)
                rotateR1(x,father);             //进行 R1 旋转
            else if (v 有红色右子结点)           //情况(6)
                rotateR2(x,father);             //进行 R2 旋转
            else  { //v 没有红色子结点           //情况(7)
                将 father 变为黑色,v 变为红色;
```

```
                    if (father 原来是黑色且 father 不是根结点)
                        deletionAdjust(father,father.father);
                                                //father 成为新双黑点
                  }
              }
          else  { //双黑点 x 的兄弟 v 是红色       //情况(8)
              rotateR3(x,father)               //进行 R3 旋转
              deletionAdjust(x,father);
          }
      }
}
```

双黑点 x 的兄弟 v 一定不会是假点。否则，x 算做双黑的话，x 的父结点就失衡了，这和“双黑”的初衷矛盾。

这个函数需要 father 参数，是因为 x 可能是一个假点(即为 null)，那样的话从 x 本身找不到 x 的父结点。

情况(1)：双黑点 x 是其父的左子结点或左假儿子，且其兄弟结点 v 是黑色，且 v 有红色右子结点(左子结点什么情况都行)。此时进行 L1 旋转。L1 旋转如图 14.19 所示。

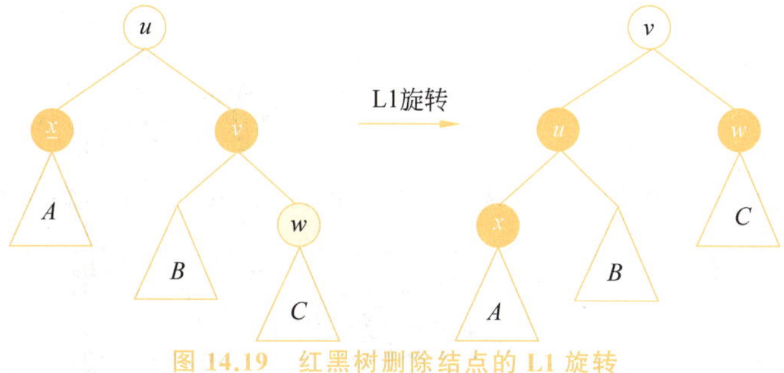

图 14.19　红黑树删除结点的 L1 旋转

图中的白色结点，颜色是红或黑都可以。在图 14.19 的左边，x 看作两个黑点的情况下，子树 u 是平衡的，所以从 v 出发到 v 后代假点的任何一条路径上，黑点的数目一定和从 x 出发到 x 后代假点(如果有的话)的路径上的黑点数目一致(注意 x 算两个黑点)。故 L1 旋转完成后，x 不必再看作两个黑点，子树 v 就是平衡的，即双黑点消失了。旋转后 v 的颜色须设置为和旋转前 u 的颜色一致。

情况(5)及 R1 旋转与情况(1)及 L1 旋转是对称的，请读者自行画图。

情况(2)：双黑点 x 是其父的左子结点或左假儿子，且其兄弟结点 v 是黑色，且 v 有黑色右子结点或右假儿子，以及红色左子结点。此时进行 L2 旋转。L2 旋转如图 14.20 所示。

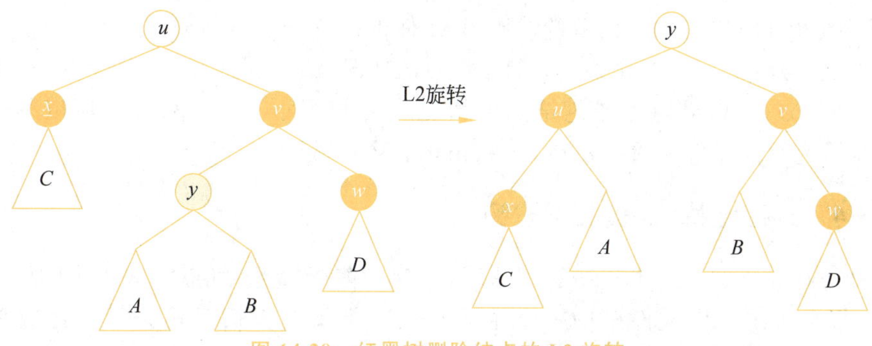

图 14.20　红黑树删除结点的 L2 旋转

图 14.20 左边，若 x 是假点，则 w 也是假点，且 A、B 都是假点，且 C、D 不存在。

L2 旋转完成后，x 不必看作两个黑点，子树 y 就是平衡的。旋转后 y 的颜色须设置为和旋转前 u 的颜色一致。

情况(6)及 R2 旋转与情况(2)及 L2 旋转是对称的。

情况(3)：双黑点 x 是其父的左子结点或左假儿子，且其兄弟结点 v 是黑色，且 v 没有红色子结点。此时要进行"父兄变色"，将 x 的父结点设置为黑色，x 的兄弟结点 v 设置为红色。变色后 x 就不需要看作两个黑点了。但是，如果 x 的父结点 u 原来就是黑色且其不是根结点，则应将 x 的父结点 u 看作两个黑点，才能维持平衡，即 x 的父结点 u 成为新的双黑点，要递归调用 deletionAdjust(u，u 的父亲)以消除其双黑性。"父兄变色"如图 14.21 所示。

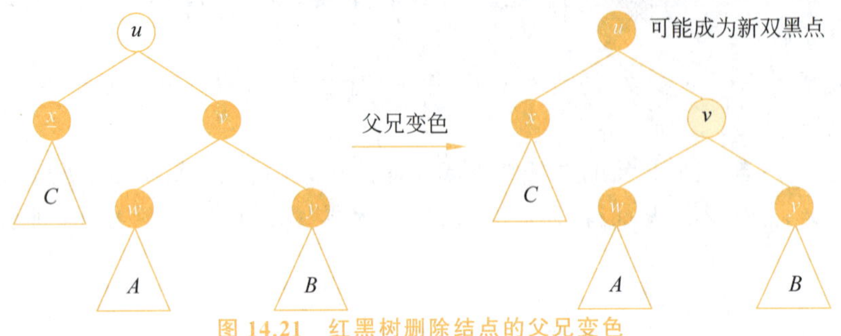

图 14.21 红黑树删除结点的父兄变色

情况(7)与情况(3)是对称的。

情况(4)：双黑点 x 的兄弟 v 是红色。此时要进行 L3 旋转。L3 旋转如图 14.22 所示。

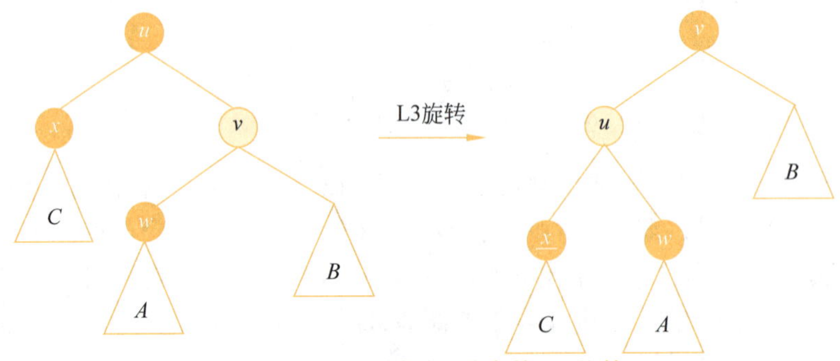

图 14.22 红黑树删除结点的 L3 旋转

L3 旋转完成后，x 依然是双黑点，需要再次调用 deletionAdjust 函数消除它。

情况(8)和情况(4)是对称的，需要进行 R3 旋转。

L1、L2、R1、R2 旋转可以消除双黑点 x 的双黑性质，做完后整个删除结点的操作即告完成。L3、R3 旋转并没有消除 x 的双黑性质，只是使得 x 周围的点的相对位置发生了变化。L3 旋转使得情况(4)转变为 x 的兄弟均为黑色结点的情况(1)、情况(2)或情况(3)；R3 旋转使得情况(8)转变为 x 的兄弟均为黑色结点的情况(5)、情况(6)或情况(7)，所以 rotateL3 和 rotateR3 执行完后都要再次调用 deletionAdjust 消除双黑。

★14.2.4 外存查找：B-树和 B+ 树

设想如下应用场景：一个户籍管理系统，包含一些居民身份信息，这些居民信息存在一个文件中，每个居民对应文件中的一个记录。现在希望能根据身份证号快速查询居民的信息。

如果居民数量不是很多，可以将全部记录读入内存，建立一棵 AVL 树或红黑树，每个结点就是一个记录，并以身份证号作为关键字，即可进行快速查找。甚至也可以简单地将所有记录排序，然后用二分法查找。但是这样做，如果只是偶尔进行几次查找，也要将整个文件读到内存，显然是不可取的。如果居民数量巨大，无法将全部记录都读入内存，则这种方法不可行。

一种可能的解决办法是在存放全部居民记录的文件（称为“主文件”）之外，建立一个索引文件，索引文件保存着一棵 AVL 树（或红黑树等），索引文件的每个数据项是 AVL 树的一个结点，存放着一个居民的身份证号，以及该居民的记录在主文件中的位置（距离文件开头多少字节），此外还有其子结点在索引文件中的位置。将整个索引文件读入内存即可以建立一棵 AVL 树，然后就可进行快速查找。由于“主文件中的位置”可以用一个整数表示，比居民的信息占用空间少很多，所以索引文件体积会比主文件小很多。即便如此，如果只是偶尔进行几次查找，就要将整个索引文件读到内存，还是不合算，更何况居民数量可能会大到连索引文件也无法全部读入内存的程度。

总之，需要在不把索引文件全部读入内存的情况下进行快速查找。具体做法就是查找时先将索引文件中的根结点读入内存，在和根结点中的关键字进行比较后，再决定要读入左子结点还是右子结点……总之，需要访问哪个结点时，才从索引文件中读入该结点，这样就不需读取整个索引文件。假设一共有 n 个居民，则一次查找需要读取的索引文件的记录（结点）数目大约是$\lceil \log_2(n) \rceil$，即大约等于 AVL 树的高度。文件是存放在外存的，查找过程中需要访问的结点在外存往往不是连续存放，因此读取一个结点就要访问一次外存。访问外存的速度比访问内存慢数十倍，因而在文件中快速查找的关键，是要减少访问外存的次数。AVL 树索引文件的$\lceil \log_2(n) \rceil$外存访问次数不能让人满意，可以想办法加大 log 的底来减少外存访问次数——用多叉查找树作索引文件即可实现这一点。

1. B-树的定义

B-树（B-tree，读作“B 树”，不要读成“B 减树”或“B 杠树”）就是用于在文件中进行快速查找的多叉平衡查找树，适合用来建立索引文件。B-树有“阶”的属性，一棵 m 阶的 B-树是符合如下条件的树。

(1) 每个结点最多有 $m-1$ 个关键字。

(2) 非叶结点的子结点数量比关键字数量多 1。因而结点最多有 m 个子结点。

(3) 根结点以外的结点，至少有$\lceil m/2 \rceil-1$ 个关键字。

(4) 根结点关键字数目可以从 1 到 $m-1$。

(5) **所有叶结点都在同一层。**

(6) B-树的结点结构如图 14.23 所示。

图 14.23 B-树结点结构

n 是关键字数目，$n<m$。$K_i(i=0,1,\cdots,n-1)$是关键字，且 $K_i<K_{i+1}(i=0,1,\cdots,n-2)$。$P_i(i=0,1,\cdots,n)$是指向子结点的指针，即子结点在索引文件中的位置，且 P_i 指向的子树中的所有关键字都小于 K_i，P_{i+1} 指向的子树中的所有关键字都大于 K_i。$R_i(i=0,1,\cdots,n-1)$是记录指针，表示关键字为 K_i 的记录在主文件中的位置，该位置可以用距离文件开头的字节数来表示。叶结点的 P_i 全都是 null。K_i，P_i，R_i 都存放在顺序表中，这样便于二分查

找和随机访问。father 是指向父结点的指针。

B-树的结点可以用以下类表示。

```
class BtreeNode<T>  {
    int n = 0;                                       //关键字数目
    ArrayList<T> K = new ArrayList<>();              //存放各关键字
    ArrayList<Integer> R = new ArrayList<>();        //存放各记录在主文件中的位置
    int father = -1;                                 //存放父结点在索引文件中的位置
    ArrayList<Integer> P = new ArrayList<>();        //存放各子结点在索引文件中的位置
}
```

可以称结点中关键字 $K[i]$有左指针 $P[i]$，右指针 $P[i+1]$。

B-树结点刚创建时是空的，以后可以往里面添加内容。

在实际应用中，索引文件中 B-树的一个结点，其大小和外存的一个“页面”(Page)相同。外存的“页面”，是操作系统读写外存的最小单位，一次外存访问，至少要读或写一个页面。一个页面的数据，在外存是连续存放的。在读写文件时，哪怕只要读写一个字节，该字节所在的外存页面也会被全部读入或全部写出。既然如此，不妨将 B-树的一个结点的大小定为和一个页面相同。在目前的计算机系统中，一个页面往往会有 16KB 大。B-树结点中的 P_i 和 R_i 通常都是 4B 的整数，K_i 如果也是整数，则和页面一样大的 B-树结点，就可以包含一千多个关键字。K_i 如果是较长的字符串，则结点包含的关键字数目就可能少些。因此，实际应用中的 B-树，阶数一般是数百乃至上千。

图 14.24 展示了一棵 3 阶 B-树。

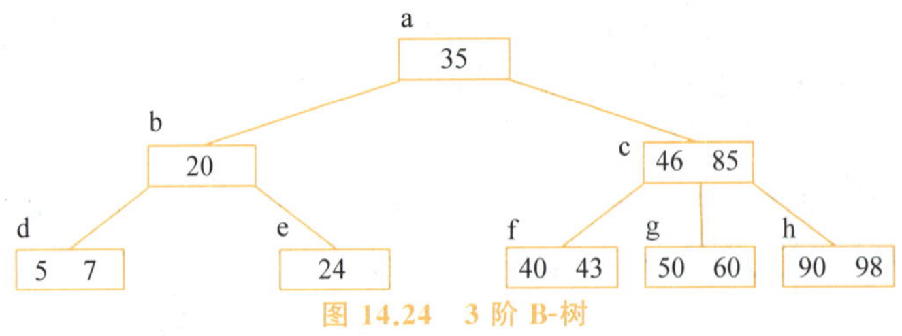

图 14.24　3 阶 B-树

图中的边就是指针 P_i，没有画出表示记录在主文件中位置的指针 R_i。

可以看出，B-树同一层的结点，关键字从左到右递增。

2. B-树的查找

在存放一棵 B-树的索引文件中查找关键字为 X 的结点的函数可以描述如下。

```
Object[] search(T X)  {                                  //返回的数组中有两个元素
    从索引文件读入文件开头的 B-树根结点，作为当前结点 N;
    while (true) {
        在当前结点 N 的关键字中二分查找 X;
        if (找到某 K[i] == X)
            return new Object[] {true, R[i]};            //查找成功
        else if (找到小于 X 的关键字中最大者 K[i]) {
            if (P[i+1] == null)                          //说明 N 是叶结点
                return new Object[] {false, 结点 N};     //查找失败
            从索引文件中读取 P[i+1]指向的记录，作为当前结点 N;
        }
        else {                                           //所有关键字均大于 X
            if (P[0] == null)                            //说明 N 是叶结点
```

```
                return new Object[] {false,结点 N};        //查找失败
            从索引文件中读取 P[0]指向的记录,作为当前结点 N;
        }
    }
}
```

函数返回一个有两个元素的 Object 数组$\{a,b\}$。a 表示查找是否成功。查找成功的情况下,b 是关键字为 X 的记录在主文件中的位置。是否要读取主文件中的记录,由 search 函数的调用者决定。查找失败的情况下,b 是"查找失败叶结点",即最后的当前结点 N。

可以看出,最终一定是在某个叶结点找不到关键字 X 后,才可断定查找失败——因为只有叶结点的 $P[i]$才会是 null。因此把这个叶结点称为"查找失败叶结点",后文还要用到这一概念。

现实中常常会在查找某关键字 X 失败后,马上插入一个关键字为 X 的新记录。在查找失败时返回"查找失败叶结点",便于进行紧接着的插入操作。

若 B-树一共有 h 层结点,则查找成功时,最多读取 h 个结点,访问外存 h 次。如果要读取主文件中的记录,还要再访问外存 1 次。查找失败时,则一定需要读取 h 个结点,访问外存 h 次。

以图 14.24 中的 B-树为例,查找 50,需要依次读取结点 a、c、g。查找 20,只需读取结点 a、b。如果查找 47,则需要依次读取结点 a、c、g,在结点 g 找不到 47,查找宣告失败,结点 g 就是"查找失败叶结点"。

当然,如果整个索引文件很小,那么将索引文件全部读入内存,在内存建立一棵 B-树,完全在内存中进行查找,也是可以的。

3. B-树的插入操作

如果主文件中添加了新记录,则在索引文件中也要为新记录添加索引,即要往 B-树中添加新记录的关键字,以及新记录在主文件中的位置。先通过在 B-树中查找新关键字,得到"查找失败叶结点"N,然后将新关键字插入 N。如果插入后 N 中的关键字数目小于阶数 m,则插入完成。否则,设 N 中的中位数关键字为 a,则要从 N 中拆分出一个新结点 X,X 包含 N 中大于 a 的关键字及相应指针,N 中仅保留小于 a 的关键字及相应指针,然后将 a 插到 N 的父结点中去。若 a 在 N 的父结点 F 中被放入 $F.K[i]$,则 $F.P[i]$不变,依然指向 N,$F.P[i+1]$指向新结点 X,X 成为 N 的右兄弟。如果父结点 F 插入 a 后关键字数目达到 m,则又要将 F 拆分,并将 F 的中位数关键字插入 F 的父结点……如果最终导致根结点的关键字数目达到 m,则根结点也要拆分,且生成一个只有一个关键字(原根结点的中位数关键字)的新根结点,B-树的层数加 1。上述过程中,如果需要拆分的结点的中位数关键字不止一个,则随便选择哪个插入父结点都可以。

插入新关键字后,B-树中被修改的结点,要写回索引文件;新增的结点,要添加到索引文件。

从空树开始,依次插入 20,24,40,7,5,46,43,50,60 建立一棵 3 阶 B-树的过程,如图 14.25 所示。

(1) 初始的结点既是根也是叶结点,插入 20 和 24。

(2) 根结点插入 40 以后,关键字太多。中位数关键字是 24。

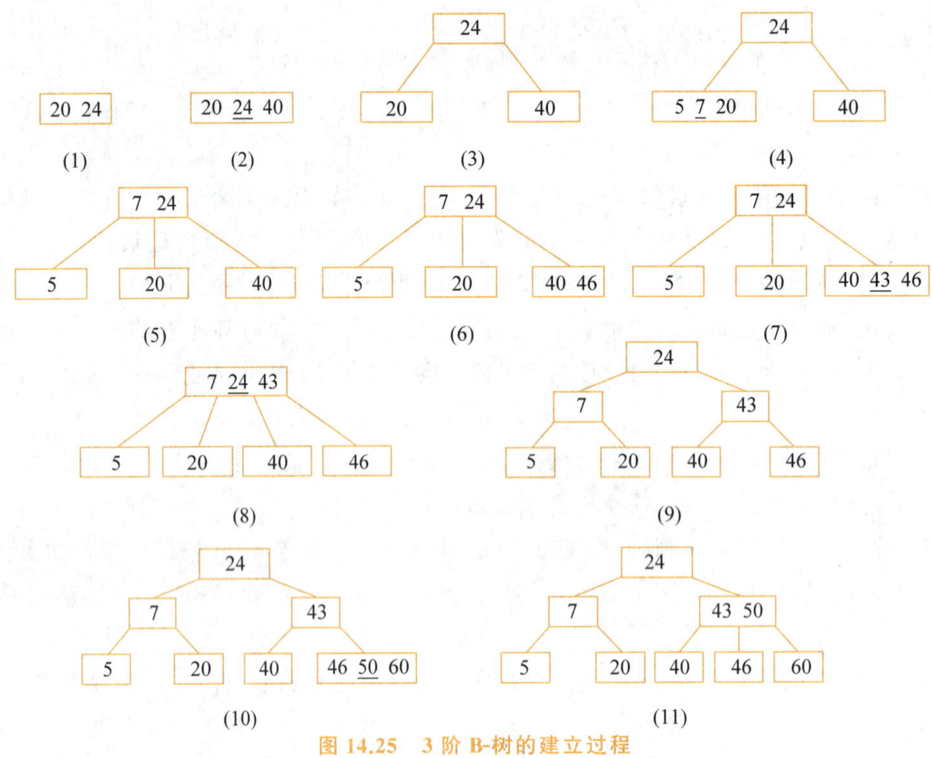

图 14.25　3 阶 B-树的建立过程

(3) 拆分根结点，原中位数关键字被放入新根结点，树高增加 1。

(4) 插入 7、5 后，结点(5,7,20)需要拆分，中位数关键字是 7。

(5) 结点(5,7,20)拆分，7 插入父结点。

(6) 插入 46。

(7) 插入 43 后，结点(40,43,46)需要拆分。

(8) 结点(40,43,46)被拆分，中位数 43 插入父结点，父结点变为(7,24,43)，也需要拆分。

(9) 结点(7,24,43)拆分后产生新根结点，树高增加 1。

(10) 插入 50 和 60 后，结点(46,50,60)需要拆分。

(11) 结点(46,50,60)拆分，中位数 50 插入父结点。

往二叉查找树中插入结点，树从根结点开始向下生长。而在 B-树中插入结点，树是从叶结点开始，不断分裂出新根结点，树是向上生长——因此 B-树所有叶结点总是在同一层。下面还将看到，删除 B-树关键字，不会影响叶结点总在同一层这个性质。

4. B-树的删除操作

在主文件中删除一个记录后，就要在 B-树索引文件中删除该记录的关键字。B-树中删除一个关键字时，若被删除关键字 $K[i]$所在的结点 N 不是叶结点，则可取 $P[i+1]$指向的子树中的最小关键字 a 将其替换(或取 $P[i]$指向的子树中的最大关键字将其替换也可以)，然后将 a 从子树中删除。由于 a 必然位于叶结点，于是从 B-树中删除一个关键字，开始于从叶结点中真正删除(而非替换)一个关键字。

在叶结点 N 中删除关键字，要根据以下 3 种情况分别处理。

情况(1) 删除关键字后，N 中的关键字数目不小于$\lceil m/2 \rceil-1$，则删除完成。

下面两种情况都是删除关键字后 N 中的关键字数目等于$\lceil m/2 \rceil-2$ 的，并假设 N 的父结

点是 F,且 $F.P[i]$指向 N。

情况(2):N 的相邻的右兄弟(或左兄弟)中的关键字数目大于$\lceil m/2 \rceil-1$,则将该右兄弟(或左兄弟)中最小(或最大)的关键字上移到 $F.K[i]$(或 $F.K[i-1]$),将原来的 $F.K[i]$(或 $F.K[i-1]$)下移插入到 N 的末尾(或开头)。这样做后,N 和其兄弟中的关键字数目都不小于$\lceil m/2 \rceil-1$,父结点中关键字数目不变,删除完成。

情况(3):N 没有关键字数目大于$\lceil m/2 \rceil-1$ 的相邻的左兄弟或右兄弟。不妨假设 N 有右兄弟R(有左兄弟的情况对称),且 $F.P[i]$指向 N,则 $F.P[i+1]$指向 R。此情况下应将 $F.P[i]$和 $F.K[i]$都删除,并将 $F.K[i]$插入到 N 末尾,然后将 N 中所有关键字及指针都合并到R 中去,再删除 N。如果删除 $F.K[i]$导致 F 中的关键字数目小于$\lceil m/2 \rceil-1$,则将 F 看作新的 N,按情况(2)或情况(3)进一步处理。例外是,如果 F 是根结点,则其关键字数目小于$\lceil m/2 \rceil-1$ 时不需要进一步处理;但如果根结点 F 关键字数目变为 0,则 F 应被删除,R 成为新的根结点,B-树减少 1 层。

图 14.26 展示了一棵 3 阶 B-树依次删除关键字 35、46、43、24 的过程,灰色结点代表产生变化的结点。

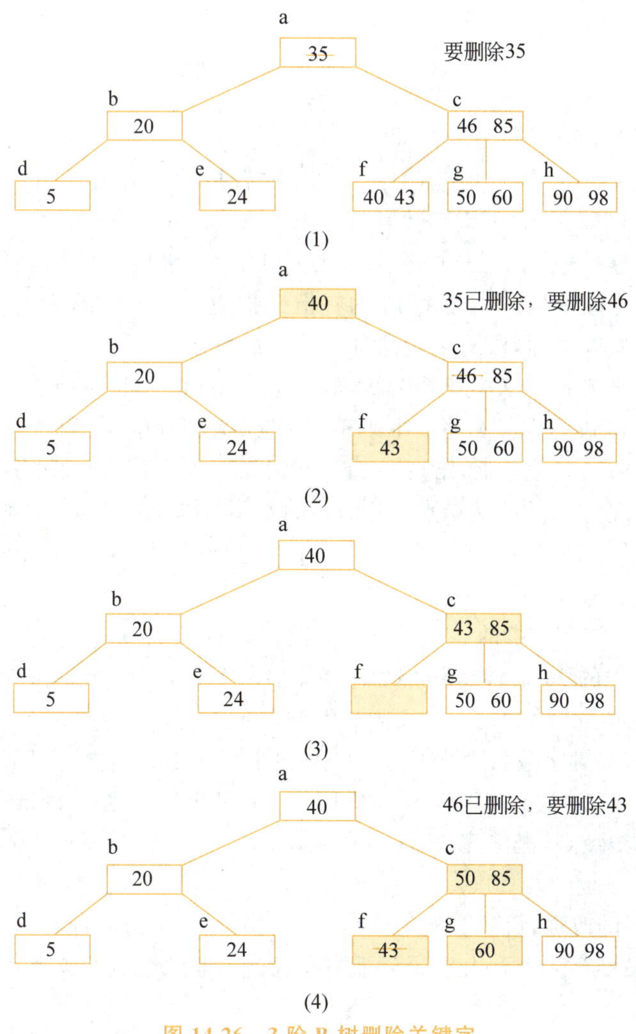

图 14.26　3 阶 B-树删除关键字

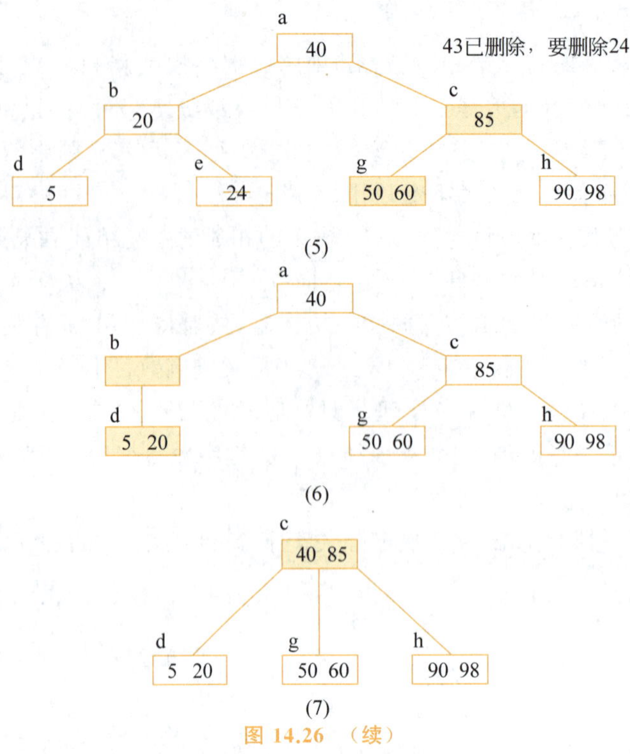

图 14.26 （续）

图 14.26 的子图(1)(2)符合情况(1)。从 35 的右指针指向的子树中找到最小的关键字 40,替换 35。结点 f 删除 40 后关键字数目符合 B-树要求,删除完成。

(1) 从 46 的左指针指向的子树中找到最大关键字 43,替换 46。结点 f 删除 43 后,关键字数目不足,需要做进一步处理。当然用 46 的右指针指向的子树中的最小关键字 50 替换会更简单,此处为了演示删除过程,没有采用这种更简单的做法。

(2) f 有相邻右兄弟 g,其关键字数目大于$\lceil m/2 \rceil-1$(即 1,因 $m=3$),符合情况(2)。将 g 的最小关键字 50 上移到父结点 c,将 c 中小于 50 的最大关键字 43 下移到 f,删除 46 完成。

(3) 子图(4)中的 43 被删除后,结点 f 关键字数目不足,且 f 没有关键字数目大于$\lceil m/2 \rceil-1$的相邻兄弟,符合情况(3)。f 的父结点 c 中,50 的左指针指向 f,因此删除 50 及其左指针,将 50 下移到 f,再将 f 中全部关键字和指针合并到 g,然后删除 f。由于 c 删除 50 后关键字数目依然足够,删除完成。

(4) 删除子图(5)结点 e 中的 24。e 没有关键字数目大于$\lceil m/2 \rceil-1$ 的相邻兄弟,符合情况(3)。将父结点 b 中的 20 下移到 e,然后结点 e 合并到结点 d。此时父结点 b 中已经没有关键字,需要进一步处理。

(5) 结点 b 没有关键字数目大于$\lceil m/2 \rceil-1$ 的相邻兄弟,符合情况(3)。将父结点 a 中的关键字 40 下移到 b,然后将 b 合并到 c。a 中删除 40 后没有关键字,因 a 是根结点,因此 a 被删除,结点 c 成为新根结点,删除完成,B-树高度减 1。

5. B+树

B+树是对 B-树的改进,更适合作为索引文件。m 阶 B+树须符合如下条件。

(1) 结点中的关键字从小到大排序存于顺序表中。非叶结点的关键字数目和子结点数目相同。

(2) 每个结点最多有 m 个关键字,因而最多有 m 个子结点。

(3) 非叶结点中每个关键字对应于一个子结点，关键字与其对应子结点中的最大关键字相同(也可以设计成和最小关键字相同，本书按最大设计)。

(4) 根结点以外的结点，至少有$\lceil m/2 \rceil$个关键字。

(5) 若根结点是叶结点，其关键字数目可以是 1～m。若根结点不是叶结点，其关键字数目可以从 2 到 m。

(6) 所有叶结点都在同一层，从左到右关键字递增，并连接为一张链表，称为叶结点链表。

(7) B+树的结点结构如图 14.27 所示。

n	K_0	K_1	…	K_{n-1}	father	next
	P_0	P_1	…	P_{n-1}		

图 14.27 B+树结点结构

n 是关键字数目，K_i 是关键字($0 \leqslant i < n$)，P_i 是指针。对于非叶结点，指针 P_i 指向子结点 N_i，N_i 中的最大关键字就是 K_i。对 $i=0,1,\cdots,n-2$，P_{i+1} 指向的子树的最小关键字大于 P_i 指向的子树的最大关键字，自然也就有子结点 N_{i+1} 中的最小关键字大于子结点 N_i 中的最大关键字。对于叶结点，P_i 就是关键字为 K_i 的记录在主文件中的位置。father 是父结点指针。对叶结点，next 是指向右边相邻叶结点的指针，对非叶结点，next 为 null。

B+树和 B-树的一个重要不同，是非叶结点中仅包含记录的关键字，不包含记录在主文件中的位置。只有叶结点中才会包含关键字所对应的记录在主文件中的位置。而且，全部叶结点中包含所有记录的关键字。图 14.28 展示了一棵 3 阶 B+树。

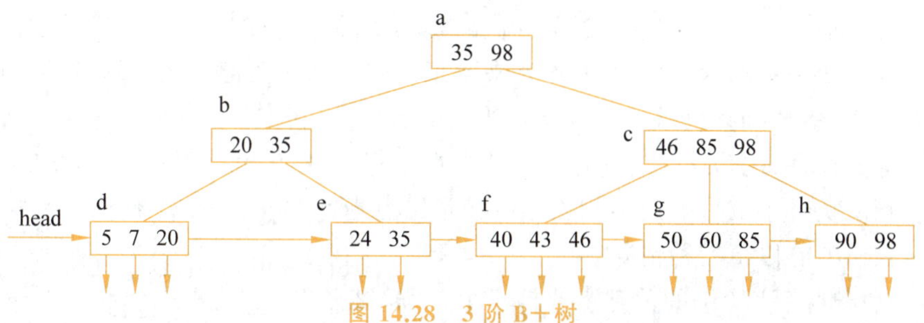

图 14.28 3 阶 B+树

图 14.28 中向下的箭头指向记录在主文件中的位置。head 是叶结点链表的头指针。可以看出，B+树同一层结点中的关键字是从左到右递增的。

读者可以对比图 14.29 中包含相同关键字的 B-树。

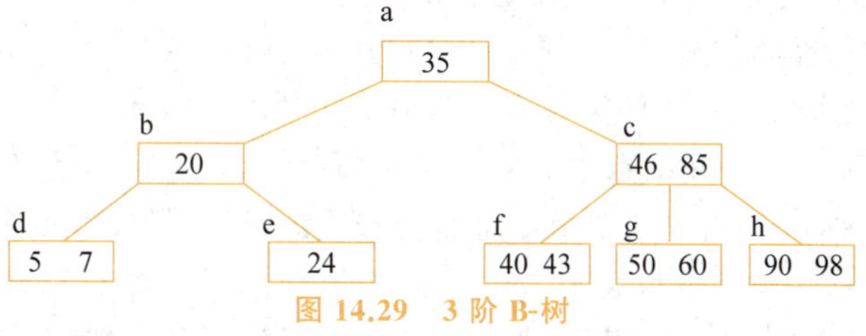

图 14.29 3 阶 B-树

B+树相比 B-树有以下两条优点。

(1) 在一个结点和一个外存页面一样大的情况下，B+树结点不必存放记录在主文件中的位置，因而相比 B-树可以存放更多的关键字，即 B+树比 B-树可以有更高的阶，从而树高更低，查找效率更高。

(2) B+树所有关键字连成一个链表,可以按关键字大小顺序遍历所有记录,可以方便地找到关键字位于某个连续范围内的全部记录。B-树要做到这一点十分麻烦。

假设某B+树的非叶结点 N 中关键字为 $K_0K_1\cdots K_{n-1}$,它们对应的子结点指针为 $P_0P_1\cdots P_{n-1}$,在结点 N 查找关键字 X,可以用二分查找法找到不小于 X 的最小关键字 K_i,然后进入子结点 P_i 进一步查找。请注意,即便 $K_i=X$,也需要进入 P_i 继续查找,因为非叶结点中没有存放记录在主文件中的位置。必须在某个叶结点找到 X,才能获得关键字为 X 的记录在主文件中的位置。

查找关键字 X 失败有以下两种情况。

(1) 根结点所有关键字都小于 X。

(2) 最终进入了某个叶结点 L 查找,L 中没有关键字 X。

对第(1)种情况,"查找失败叶结点"就是叶结点链表中的最后一个叶结点。对第(2)种情况,"查找失败叶结点"就是 L。

例如,在图14.28中查找100,"查找失败叶结点"是结点h;查找28,"查找失败叶结点"是结点e。

在B+树中插入新关键字 X 时,先要查找 X 得到"查找失败叶结点",然后将 X 插入"查找失败叶结点"。插入操作可能引发非叶结点也要插入关键字。如果一个结点 N 插入某关键字后关键字数目不超过阶数 m,则要用新的最大关键字替换其父结点中的相应关键字(如果最大关键字更新了的话)。如果关键字数目超过阶数 m,则应该从 N 分裂出一个兄弟结点 M,N 及 M 分别包含 $\lceil (m+1)/2 \rceil$ 和 $\lfloor (m+1)/2 \rfloor$ 个关键字,并且要确保两兄弟的父结点中包含俩兄弟各自的最大关键字——这通过往父结点中插入 M 的最大关键字,以及将父结点中原来 N 中的最大关键字改为新的 N 的最大关键字来实现。若父结点关键字数目超过 m,则继续结点分裂和向上插入关键字的过程,直至可能导致根结点分裂,新根结点出现,B+树层数加1。

在B+树中删除一个关键字,首先要在叶结点中删除,然后可能引发在非叶结点中也要删除关键字。删除关键字 $K[i]$,就要删除相应的子结点指针 $P[i]$。在 m 阶B+树的结点 N 中删除关键字 $K[i]$,有以下三种情况。

情况(1) 删除后,N 中的关键字数目不小于 $\lceil m/2 \rceil$。

如果 $K[i]$ 不是 N 中的最大关键字,则删除完成。否则,要更新父结点中 N 对应的关键字。如果父结点中的最大关键字被更新,则要更新父结点的父结点中的对应关键字……直至更新根中的关键字。

下面两种情况都是删除后 N 中的关键字数目等于 $\lceil m/2 \rceil-1$ 的。

情况(2) N 的相邻的左兄弟(或右兄弟)M 中的关键字数目大于 $\lceil m/2 \rceil$,则将该左兄弟 M(或右兄弟 M)中最大(或最小)的关键字及其对应子树取出放入 N,这样做后,N 和 M 中的关键字数目都不小于 $\lceil m/2 \rceil$,父结点中关键字数目不变。N 的父结点中,M 对应的(或 N 对应的)关键字需要修改,其他祖先结点中也可能会有关键字需要修改(参考情况(1))。

情况(3) N 没有关键字数目大于 $\lceil m/2 \rceil$ 的相邻的左兄弟或右兄弟。不妨假设 N 有右兄弟 R(有左兄弟的情况类似),此情况下应将 N 中全部关键字及相应子树合并到 R 中去,然后删除 N,并从 R 的父结点 F 中删除原 N 对应的关键字。如果父结点 F 中的关键字数目变成小于 $\lceil m/2 \rceil$,则将父结点 F 看作新的 N,按情况(2)或情况(3)进一步处理。例外是,如果 F 是根结点,则其关键字数目小于 $\lceil m/2 \rceil$ 时不需要进一步处理;且如果 F 关键字数目变为1,则 F 应被删除,R 成为新的根结点,B+树减少1层。

6. B-树、B+树和红黑树对比

当用于在外存中进行查找时，B-树（或其变种如 B+树）的性能大大优于红黑树等二叉查找树的变种是毫无疑问的，因此各种数据结构教材和资料中普遍的说法是 B-树适用于外存查找，而红黑树适用于内存查找。实际上，在数据量不大、内存足以容纳整棵 B-树的情况下，B-树一样适合进行内存查找，甚至性能可能比红黑树更优。仅就查找操作而言，B-树和红黑树的复杂度虽然都是 $O(\log(n))$，但是如果 B-树结点中包含的关键字较多，即 B-树的阶较高，则查找效率优于红黑树。这是因为：阶较高意味着树高较小，亦即查找过程中要访问的结点数目可以远少于红黑树。虽然在 B-树的一个结点内还需要用二分查找法通过多次比较去查找关键字，看上去会抵消访问结点少的优势，但是一个结点中的所有关键字在内存中是连续存放的，对这些关键字的访问，很可能在 CPU 的高速缓存中就可以进行，访问 n 个关键字，相比访问红黑树中在内存中不连续存放的 n 个结点，速度要快数倍甚至数十倍，因此高阶 B-树查找效率高于红黑树。

高阶带来的问题是插入和删除关键字时的低效率。因为在 B-树的结点中关键字是连续存放的，因此在一个结点中插入或删除一个关键字，就和在顺序表中插入或删除元素一样，需要对关键字进行移动，复杂度是 $O(m)$（m 是 B-树的阶）。如果需要频繁增删关键字，则 B-树的阶应取很小的值，如 4（阶为 4 的 B-树称为 2-3-4 树，因为每个非叶结点有 2～4 个子结点），这样 B-树的查找和增删效率就都可以和红黑树相比，孰优孰劣难有定论。2013 年左右谷歌公司发布了 C++ STL 中 map/mutimap 和 set/multiset 的基于 B+树的实现，并声称不论是时间效率还是空间效率都优于此前各种编译器广泛采用的红黑树的实现，尤其空间效率远胜。

B-树相比红黑树确定的劣势是编程实现更困难一些。

14.2.5 Java 中的二叉查找树

Java 中的泛型类 TreeSet<E>和 TreeMap<K,V>都实现了红黑树。TreeSet 和 TreeMap 都表示一个有序的集合，可以在 $O(\log(n))$ 的时间内进行元素的查找、插入和删除。两者的不同之处在于，TreeSet 是按元素本身进行排序和查找的，而 TreeMap<K,V>中的元素分为类型为 K 的关键字和类型为 V 的值两部分，元素按关键字进行排序和查找。

TreeSet 中不允许有大小相同的元素，TreeMap 中不允许有关键字大小相同的元素。

1. TreeSet 的用法

TreeSet 的基本用法如表 14.1 所示。

表 14.1 TreeSet<E>部分常用方法

方法	功能	复杂度
TreeSet()	构造方法	$O(1)$
TreeSet(Comparator<? super E> comparator)	构造方法。comparator 规定了元素比大小的规则	$O(1)$
boolean add(E e)	插入元素 e。返回插入是否成功。如果和 e 一样大的元素已经存在，则插入失败	$O(\log(n))$
E ceiling(E e)	返回不小于 e 的最小元素。不存在则返回 null	$O(\log(n))$
void clear()	删除所有元素	$O(n)$
boolean contains(Object o)	返回是否存在和 o 一样大的元素	$O(\log(n))$
E first()	返回最小的元素	$O(1)$

续表

方法	功能	复杂度
E floor(E e)	返回不大于 e 的最大元素。不存在则返回 null	$O(\log(n))$
E higher(E e)	返回大于 e 的最小元素。不存在则返回 null	$O(\log(n))$
boolean isEmpty()	返回集合是否为空	$O(1)$
E last()	返回最大的元素	$O(1)$
E lower(E e)	返回小于 e 的最大元素。不存在则返回 null	$O(\log(n))$
E pollFirst()	删除并返回最小的元素	$O(\log(n))$
E pollLast()	删除并返回最大的元素	$O(\log(n))$
boolean remove(Object o)	删除和 o 一样大的元素。返回是否成功	$O(\log(n))$
int size()	返回元素总数	$O(1)$

下面的程序演示了 TreeSet 的用法。

```
//prg1210.java
1.  import java.util.*;
2.  public class prg1210 {
3.      public static void main(String[] args){
4.          int a[] = new int[] {10,8,18,5,5,7,12,6,23};
5.          TreeSet<Integer> set1= new TreeSet<>();
6.          for(int x:a)
7.              set1.add(x);
8.          for(Integer x:set1)                        //>>5 6 7 8 10 12 18 23
9.              System.out.print(x + " ");
10.         System.out.println();
11.         System.out.println(set1.floor(8));         //>>8
12.         System.out.println(set1.lower(8));         //>>7
13.         System.out.println(set1.pollFirst());      //>>5
14.         TreeSet<Integer> set2= new TreeSet<>((x,y)->x%10-y%10);
15.         for(int x:a)
16.             set2.add(x);
17.         for(Integer x:set2)                        //>>10 12 23 5 6 7 8
18.             System.out.print(x + " ");
19.         System.out.println();
20.         System.out.println(set2.contains(118)); //>>true
21.         System.out.println(set2.first());          //>>10
22.         System.out.println(set2.last());           //>>8
23.         System.out.println(set2.remove(2));        //true
24.         for(Integer x:set2)                        //>>10 23 5 6 7 8
25.             System.out.print(x + " ");
26.     }
27. }
```

第 5 行：set1 使用不带参数的构造方法创建，因此被放入 set1 的对象必须实现 Comparable 接口以便比较大小。Integer 类本就实现了 Comparable 接口，故本行使得 set1 中的元素按照本身从小到大排序。

第 7 行：a 中有两个 5。第二次执行 set1.add(5)时，由于 set2 中已经有了 5，所以插入操作会失败。最终 set1 中只有一个 5。

第 8 行：从小到大输出 set1 中的所有元素。

第 11 行：找不大于 8 的最大元素。

第 12 行：找小于 8 的最大元素。

第 14 行：创建 set2 时，构造函数的参数是一个 Lambda 表达式，它决定了 set2 中元素比大小的规则是比较它们的个位数。因此，正如第 17 行的循环输出的结果所示，在 set2 中，10 是最小的元素，8 是最大的元素。

第 16 行：*a* 中有 8 和 18。当执行 set2.add(18)时，set2 中已经有了元素 8。按照 set2 中元素比大小的规则，18 和 8 个位数相同，它俩一样大，故 18 不会被插入 set2。

第 23 行：set2.remove(2)的作用是删除 set2 中和 2 一样大的元素。按照 set2 中元素比大小的规则，12 和 2 一样大，于是 12 被从 set2 中成功删除。

2. TreeMap 的用法

TreeMap<K,V>中的元素，类型为 Entry<K,V>。Entry 是在 java.util.Map.Entry 中定义的泛型类，其包含关键字和值两个属性，关键字类型是 K，值类型是 V。Entry 的 getKey()方法返回关键字，getValue()方法返回值。TreeMap 中的元素，按照关键字从小到大排序，关键字小的元素就算小。

TreeMap 的基本用法如表 14.2 所示。

表 14.2　TreeMap<K,V>部分常用方法

方　法	功　能	复杂度
TreeMap()	构造方法	$O(1)$
TreeMap(Comparator<? super K> comparator)	构造方法。comparator 规定了元素关键字比大小的规则	$O(1)$
Entry<K,V> ceilingEntry(K key)	返回关键字不小于 key 的最小元素。不存在则返回 null	$O(\log(n))$
void clear()	删除所有元素	$O(n)$
boolean containsKey(Object key)	返回是否存在关键字和 key 一样大的元素	$O(\log(n))$
Entry<K,V> firstEntry()	返回关键字最小的元素	$O(1)$
Entry<K,V> floorEntry(K key)	返回关键字不大于 key 的最大元素。不存在则返回 null	$O(\log(n))$
void forEach(BiConsumer<? super K, ? super V> action)	用于遍历集合。action 表示要对每个元素进行的操作	$O(n)$
V get(Object key)	返回关键字和 key 一样大的元素的值。元素不存在则返回 null	$O(\log(n))$
Entry<K,V> higherEntry(K key)	返回关键字大于 key 的最小元素。不存在则返回 null	$O(\log(n))$
boolean isEmpty()	返回集合是否为空	$O(1)$
Entry<K,V> lastEntry()	返回关键字最大的元素	$O(1)$
Entry<K,V> lowerEntry(K key)	返回关键字小于 key 的最大元素。不存在则返回 null	$O(\log(n))$
Entry<K,V> pollFirstEntry()	删除并返回关键字最小的元素	$O(\log(n))$
Entry<K,V> pollLastEntry()	删除并返回关键字最大的元素	$O(\log(n))$
V put(K key, V value)	插入一个关键字为 key，值为 value 的元素。如果关键字和 key 一样大的元素已经存在，则将其值替换为 value	$O(\log(n))$
V remove(Object key)	删除关键字和 key 一样大的元素，返回其值。如果不存在该元素，返回 null	$O(\log(n))$

续表

方法	功能	复杂度
V replace(K key,V value)	将关键字和 key 一样大的元素的值替换成 value，并返回原先的值。如果元素不存在，则返回 null	$O(\log(n))$
int size()	返回元素总数	$O(1)$

下面的程序演示了 TreeMap 的用法。

```
//prg1220.java
1.  import java.util.*;
2.  import java.util.Map.Entry;
3.  public class prg1220 {
4.      public static void main(String[] args){
5.          int a[] = new int[] {10,8,18,5,5,7,12,6,23};
6.          TreeMap<Integer,String> map1=new TreeMap<>();
7.          for(int x:a)
8.              map1.put(x,"s"+Integer.toString(x));
9.          map1.forEach((key,value) -> {
10.             System.out.print(key + " " + value + ",");
11.         });
12.         //>>5 s5,6 s6,7 s7,8 s8,10 s10,12 s12,18 s18,23 s23,
13.         System.out.println();
14.         Entry<Integer, String> e = map1.floorEntry(8);
15.         System.out.println(e.getKey()+ " " + e.getValue()); //>>8 s8
16.         System.out.println(map1.firstEntry().getKey());     //>>5
17.         System.out.println(map1.get(12));                   //>>s12
18.         TreeMap<Integer,String> map2=new TreeMap<>((x,y)->x%10-y%10);
19.         for(int x:a)
20.             map2.put(x,"s"+Integer.toString(x));
21.         map2.forEach((key,value) -> {
22.             System.out.print(key + " " + value + ",");
23.         });
24.         //>>10 s10,12 s12,23 s23,5 s5,6 s6,7 s7,8 s18,
25.         System.out.println();
26.         System.out.println(map2.get(118));                  //>>s18
27.         System.out.println(map2.replace(2,"ss2"));          //>>s12
28.         System.out.println(map2.get(12));                   //>>ss2
29.     }
30. }
```

第 6 行：map1 中的元素关键字为整数，值为字符串。map1 使用不带参数的构造方法创建，因此被放入 map1 的元素的关键字必须实现 Comparable 接口以便比较大小。

第 9 行：从小到大遍历 map1 中的元素，对每个元素输出“关键字 值”。这里用到了 Lambda 表达式来对每个元素进行操作。

第 14 行：取关键字不大于 8 的最大元素。

第 20 行：当 x 为 18 时，执行 map2.put(18,"s18")。此时 map2 中已经有关键字为 8 且值为“s8”的元素。按照 map2 中关键字比大小的规则，18 和 8 是一样大的，因此关键字为 8 的元素的值被替换为“s18”。

第 26 行：map2.get(118)返回关键字和 118 一样大的元素的值。

14.3 散列表

如果希望对查找表进行查询、插入和删除元素的操作都在 $O(1)$时间内完成，也是可能做到的，前提是愿意花费更多的空间。散列表(也叫哈希表)，就是一种用空间换取时间，基本实现上述目标的数据结构。Java 中的 HashMap 和 HashSet 都是散列表。

本章前面所述的各种数据结构，查找时都需要进行关键字的比较。而散列表的查找并非基于关键字比较，其基本思想是通过关键字直接得到元素的存储位置。例如，如果元素的关键字是整数，取值范围是$[a,b]$，则可以用一个数组 L 存放元素，关键字为 i 的元素，就存放在 $L[i-a]$处。这样根据关键字查找到元素，只需要 $O(1)$时间。若要删除关键字为 i 的元素，就令 $L[i-a]$=null，表示关键字为 i 的元素不存在。如此插入和删除元素，时间复杂度都是 $O(1)$。这个数组 L，就是一张散列表。散列表中的一个单元(例如 $L[i]$)，称为一个"槽"，槽的数量，称为散列表的长度。

上述例子的做法很可能带来极大的空间浪费。例如，身份证号是 18 位整数(以"X"结尾的可以另开一张散列表存放)，就需要开设一个有 10^{18} 个槽的数组 L，来存放全国所有人的信息。用身份证号作为下标可在 $O(1)$时间找到对应的人口的信息。然而，全国只有不到 20 亿人，L 中的大部分槽都没有用，造成无法接受的惊人浪费。

减少空间浪费的办法是减少数组 L 的大小，并且设计一个散列函数 h，也叫哈希函数，将关键字为 key 的元素，存放在槽 $L[h(\text{key})]$中。$h(\text{key})$是非负整数。例如：

$$h(\text{key}) = \text{key} \ \% (2\times10^9)$$

就是一个可以用来处理身份证号的散列函数。$h(\text{key})$的值称为散列值，也叫哈希值。这样数组 L 的长度只需要是 2×10^9 即可，这足够存下全国所有人口的信息。

即便关键字 key 不是整数，是字符串或其他形式，也可以定义散列函数将其映射到一个非负整数。

以身份证号直接作为散列表的下标，相当于散列函数是 $h(\text{key}) = \text{key}$。这样的散列函数的定义域和值域是一样的，会造成空间浪费。可行的散列函数，需要将一个较大定义域映射到一个较小的值域，例如，散列函数 $h(\text{key}) = \text{key} \ \% \ (2\times10^9)$，用于处理 18 位身份证号时，定义域是$[0,10^{19}-1]$，值域是$[0, 2\times10^9-1]$。但是将分布在大定义域中的关键字映射到小的值域中，很难避免发生两个不同关键字被映射到同一个值的情况，这种现象叫作"散列冲突"，后文简称"冲突"。例如，如果两位公民身份证号的右边 10 位相同，则 $h(\text{key}) = \text{key} \ \% \ (2\times10^9)$就会将这两个不同的身份证号映射到散列表的同一个槽，产生冲突。如果事先知道所有的关键字，是有可能设计出不导致冲突的散列函数的，但是实际应用中这种情况很少见，所以要对发生冲突的情况进行处理。

散列表的槽总数应该比表中要存放的元素的总数更多，否则冲突会太频繁且解决起来也比较麻烦。

散列表数据结构设计的核心问题，就是散列函数的设计，和发生冲突以后的处理办法。

14.3.1 散列函数设计

散列函数 $h(\text{key})$的设计，应该尽量满足以下几个要求。

(1) 简单，计算速度快。

(2) h(key)的值均匀分布。

(3) h(key)的值冲突较少。

(4) h(key)的值可以覆盖整个散列表,避免散列表中有些槽被浪费。

为此,设计散列函数时,需要考虑的因素包括散列表的长度、关键字的长度、关键字的分布情况、不同关键字的查找频率等。

基本上,h(key)的结果越没有规律,对上面的后三条的满足程度就越高。"没有规律"的一个体现,是相似的关键字的散列值却并不相似。

关键字中的信息被散列函数用到越多,就越能满足上面后三条。例如,用 $h(\text{key}) = \text{key} \% (2\times 10^9)$这个函数处理身份证号,就没有用到身份证号的左边 8 位,因而比较容易造成冲突。如果关键字是个整数,从满足后三条的角度考虑,最好其二进制表示形式的每个比特都能参与散列函数的运算,但是这和第(1)条冲突,需要均衡考虑。

对于关键字不是非负整数的情况,可以先通过某种方法将关键字对应到一个非负整数。比如关键字是字符串,则每个字符的编码都是整数,将这些整数直接拼接起来,或者用某种形式累加起来,都能得到一个和该字符串对应的非负整数关键字。

例如,下面的函数 hashString 可以将一个字符串映射到一个非负整数。

```
int hashString(String s) {
    int x =  Integer.valueOf(s.charAt(0)) << 7;
    int L = s.length();
    for(int i = 0;i < L;++i)
        x = (1000003 * x) ^ Integer.valueOf(s.charAt(i));
    x = x ^ L;
    return Math.abs(x);
}
```

下面的散列函数的设计方法,都假设关键字是非负整数。

1. 除余法

散列函数为

$$h(\text{key}) = \text{key} \% M$$

M 的选取有讲究。若 M 取 10^k 则 key 的十进制表示形式最右边 k 位以外的部分就与散列值无关,这不符合尽量让 key 的全部信息参与散列函数运算的思路。同样,如果 M 取 2^k 也不太好,因为那样 key 的二进制表示形式的最右边 k 位以外的部分与散列值无关。一般来说,M 可以取小于散列表长度的最大质数并让散列表的长度就是 M。

除余法的最大优势是计算速度快。劣势是不很符合"没有规律"的要求,因为连续的整数,除余的结果也是连续的,这将使得后续的冲突处理效率较低。

2. 数字分析法

如果查找表中全部元素的关键字已知,且关键字的位数比散列表长度的位数更多,则有可能通过抽取关键字中的若干位作为散列函数值,做到冲突尽可能少。例如,查找表中一共有 800 个元素,关键字是 11 位十进制数,则散列表长度可取为 1000。可分析观察所有关键字,然后决定对每个关键字取相同的三位,组合成一个 1000 以内的数,作为关键字的散列值。

假设关键字是手机号,部分如下。

key	h(key)
1 2 3 4 5 6 7 8 9 10 11	
2 3 8 0 0 9 3 5 5 1 6	951
2 3 8 3 3 7 4 5 9 8 6	798
2 3 9 7 7 8 8 2 2 4 1	824
2 3 0 8 8 5 2 5 3 2 1	532
2 3 8 0 0 0 2 3 4 7 6	047
2 3 8 0 0 1 3 3 7 5 6	175
2 3 7 0 8 6 4 6 1 7 6	617
2 5 3 3 7 4 4 8 4 6 4	446

选不选某一位，就要看 0～9 这 10 个数字在那一位出现的频率是不是都差不多。显然第 1 位全是 2，不能选。第 2 位 3 太多，第 4 位 0 太多，都不能选。从这几个关键字看，应该选择第 6 位、第 9 位、第 10 位比较合适。

数字分析法是建立在所有关键字已知，并对其进行分析的基础上的，能适用的实际使用场景很少。

3. 平方取中法

两个相似的整数，平方以后的结果相似性会降低。平方取中法就是取整数关键字的平方的中间若干位作为散列值。例如，散列表长度 1000，关键字是 1456738，$1456738^2 = 2122085600644$，可以取中间的三位，如 085 作为散列值。

用计算机做运算，应当取二进制形式的若干位，而不是十进制形式的若干位，运算速度更快。平方取中法的随机性比较突出。

4. 折叠法

将较长关键字切成几段，然后合并形成散列值。例如，对 10 位整数，每 3 位分为一段，4 段相加去掉千位的结果就是属于区间[0,999]的散列值。

key	h(key)
8143472861	(8+143+472+861) % 1000 = 484

5. 基数转换法

先将整数的十进制表示形式，看作一个 r 进制数（r 是质数，$r>10$），然后再转换成十进制形式。例如，对关键字 435742，若将其看作一个十三进制数，则其等于十进制的 1583077。对 1583077 用除余法或折叠法即可得到散列值。

散列函数的作用并不仅限于用在散列表上，也可以用在数据完整性检查、数字签名、少量信息的加密等方面。

为了检验文件在传输或复制的过程中是否被破坏，可以对整个文件通过散列函数算出一个校验值（一般由数百到数千个比特构成），对接收到或复制完成的文件用同样的散列函数计算校验值看是否一致，就可以知道文件是否完整无误。

如果将用户在网站上登录的密码直接存放在网站的数据库中，这样的网站是不能让人信任的，因为内部工作人员可以获得用户的密码。应当对密码通过散列函数算出一个散列值，将散列值存在数据库中。当用户输入用户名和密码时，验证密码就是验证密码的散列值是否和数据库中保存的散列值相同。碰巧输入和真密码具有相同散列值的错密码的概率很低，和猜中密码差不多，可以忽略不计。将散列函数设计得不可逆，即由关键字的散列值无法得到关键字，用户的密码就可以得到充分保护。

各种网络传输和安全协议中都能找到散列函数的应用。一种能生成一个128b的散列值的散列函数MD5十分著名，其全称是Message-Digest Algorithm 5，即信息摘要算法5。

14.3.2 散列表的插入和冲突消解

和可变长的顺序表有些类似，散列表的槽的数目总是多于其中元素的数目。例如，往散列表中插入第一个元素的时候，就可以为散列表分配8个槽，以后随着元素的不断插入，散列表需要重新分配更大的存储空间，即更多的槽，并将原空间中的元素转移过去。和可变长顺序表不同的是，散列表不会等到槽都被占满了才重新分配空间，空槽的比例低于某个阈值，即应该重新分配空间。

散列函数难以避免不同关键字的散列值相同，即散列冲突。若干个不同的关键字，它们的散列值相同，则称为“同义词”。也可以把关键字为同义词的元素，称为“同义词”。插入一个元素时，可能会发现它应该被放入的槽，已经被其同义词占据，此时要为新元素寻找一个别的槽，这就叫“冲突消解”。冲突消解有“外消解”和“内消解”两种方法。

前面提到的散列表，就是一张顺序表，可以称为“基本散列表”。基本散列表本来就有冗余。进行冲突消解的时候，如果再开辟额外的存储空间来存放新插入的元素，这样的冲突消解方法称为“外消解法”，也称“开散列法”。

有一种开散列法叫拉链法，即每个槽是一个链表，同义词都放在这个链表中。查找的时候根据散列函数找到这个链表，在其中顺序查找。

图14.30展示了一个有11个槽，h(hey) = key % 11，冲突采用拉链法处理的散列表，依次插入26，34，3，4，48，18，19，20，22，11，12后的情况。

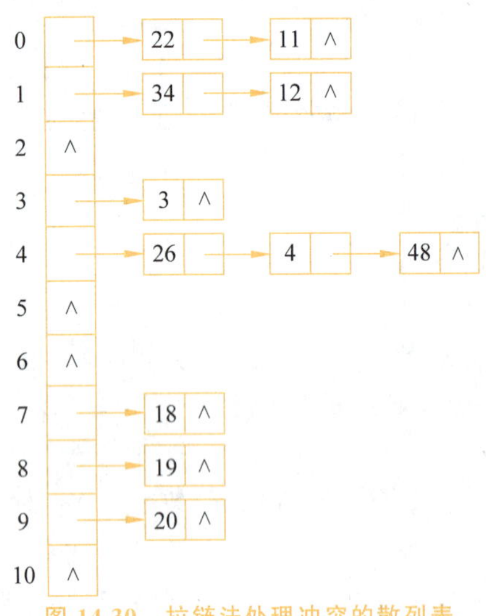

图14.30 拉链法处理冲突的散列表

请注意，将新插入的元素插在链表最前面并不会提高插入的效率。因为在插入之前，需要遍历整个链表以确定元素确实不存在，然后才能插入。如果新插入的元素常常很快会被查找，那么不妨把新元素插在链表最前面。

Java语言的散列表HashSet和HashMap即采用拉链法。

还有一种开散列法称为溢出区法，即插入元素时若发现了冲突，则将其统一放入另外开设的一个称为溢出区的线性表中。查询某关键字时，先看其散列值指向的那个槽，如果槽里已经放了同义词，则到溢出区顺序查找。这种做法在冲突多时查找复杂度接近线性。

如果不另开辟额外的存储空间，冲突元素仍是放在“基本散列表”中，这样的冲突消解方法称为“内消解法”，也叫“闭散列法”“开地址法”。Python的散列表dict和set采用内消解法。本节下面的叙述都是针对内消解法。

在散列表中插入关键字为key的元素时，如果发现冲突，即槽h(key)已经被占据，则要为新元素另外找一个空闲槽存放。找空闲槽的策略，称为探查方法。找到一个候选槽，可能会发现这个槽还是被占用了，那么就需要找下一个候选槽……于是就会形成一个空闲槽的候选序列，这个序列称为探查序列。

定义一个称为“增量序列”的整数序列 $D = d_0, d_1, d_2, \cdots$，其中，$d_0 = 0$。

设散列表长度为 M，则探查序列可以表示为

$$H_i = (h(\text{key}) + d_i) \bmod M \qquad i = 0, 1, \cdots$$

H_0 称为 key 的首槽。槽 H_i 若已经被占据，就考虑将新元素放在槽 H_{i+1}（i 从 0 开始）。

根据增量序列 D 构造方法的不同，可以得到不同的探查方法。探查方法最好能探查到所有空闲槽，这样才能保证有空闲槽的时候新元素一定能有地方放；不同关键字的探查序列的重叠应该尽量少，这样才能减少冲突；理想的探查方法还应该使所有空闲槽接收到新元素的概率大致相同。

查找元素时，沿着探查序列逐个槽进行比较，直到找到关键字相同的元素。如果在探查序列上还没有找到元素就碰到了空槽，则查找宣告失败。

在散列表元素允许删除的情况下，插入和删除都要更复杂些，14.3.4 节叙述。

常用的探查方法有线性探查、二次探查、随机探查、双散列探查等。

1. 线性探查

当 $D = 0, 1, 2, 3, \cdots$，即 $d_i = i$ 时，称为线性探查。线性探查的策略是：插入时发现冲突，则从冲突槽的下一个槽开始顺序往后看，找第一个空槽，就将新元素放入。如果看到表尾都没有找到空槽，就绕回到表头开始接着找。

线性探查法的缺点是，散列值相邻的关键字，探查序列是重叠的。这导致在散列表空槽还有很多的情况下，也容易形成一片连续的被占用的槽，而且对这些槽中的许多元素来说，其占用的槽并非其首槽，而是其探查序列中的槽，这样就降低了查找效率。

一个有 13 个槽的散列表，散列函数为 $h(\text{key}) = \text{key} \% 13$。如果采用线性探查进行冲突消解，则依次插入元素 8,26,13,14,39,12,25 后散列表如图 14.31 所示。

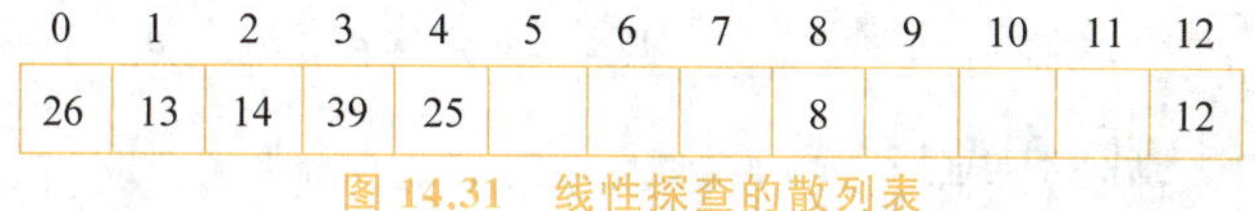

0	1	2	3	4	5	6	7	8	9	10	11	12
26	13	14	39	25				8				12

图 14.31　线性探查的散列表

插入 13 时，其首槽 0 已经被 26 占据，只好放在右边第一个空槽 1 处。接下来插入 14，其首槽 1 被 13 占据，只好放在槽 2。39 的首槽 0 被占，探查序列的槽 1、槽 2 也都被占，探查到槽 3 才能放下。25 的首槽 12 被 12 占据，其探查序列是槽 0,1,…最终只好放在槽 4。

首槽并不相同的较多元素，由于探查序列的重叠而产生了冲突，这种现象叫“聚集”。上例中 13、14、39、25 就产生了聚集。

在上面的散列表中查找 39，需要依次比较槽 0、槽 1、槽 2、槽 3 的元素，共做 4 次比较。查找 52，要从槽 0 一直比较到槽 5，发现槽 5 为空才宣告找不到，一共要做 6 次比较。

2. 二次探查

取增量序列 $D = 0, 1^2, -1^2, 2^2, -2^2, 3^2, -3^2, \cdots$

这样候选槽的位置不连续，跳跃越来越大，且分布在首槽两边，不容易产生聚集。

3. 随机探查

让增量序列 D 成为一个随机数序列，准确地说是一个伪随机数序列。真正的随机数序列是不可预测的，而计算机生成一切都是依靠固定的算法，在初始条件相同的情况下，多次运行同样算法，结果是确定和可预测的，因此计算机不能生成真正的随机数序列，只能生成伪随机

数序列。就算能生成真正的随机数序列也不能用于探查，因为插入时的探查序列在将来查找时还要用到。因此，生成伪随机数探查序列前，要用固定的随机数种子，将来查询时也用相同种子生成相同的查找探查序列。Java 中的 Random 类可以生成伪随机数序列。

4. 双散列探查

二次探查和随机探查可以有效避免首槽不同的关键字的聚集，但是对同义词，由于探查序列还是一样的，会产生较多冲突，这种现象叫"二次聚集"。避免二次聚集的办法是增加一个散列函数 g，称为再散列函数，令增量序列为

$$d_i = i \times g(\text{key}) \quad i = 0,1,2,\cdots$$

此时，探查序列为

$$H_i = (h(\text{key}) + i \times g(\text{key})) \% M \quad i = 0,1,2,\cdots$$

$g(\text{key})$的值最好和表长 M 互质(M 取质数即可)，这样才能做到所有空槽都能被探查序列覆盖。

双散列探查法使得探查序列跳跃式均匀分布，不容易产生聚集现象。但是计算的代价稍高。

一个有 13 个槽的散列表，采用双散列探查，散列函数为 $h(\text{key}) = \text{key} \% 13$，再散列函数为 $g(\text{key}) = (\text{key} \% 7) + 1$，则依次插入元素 8,26,13,14,39,12,4,25 后散列表如图 14.32 所示。

0	1	2	3	4	5	6	7	8	9	10	11	12
26	14			4	39		13	8	25			12

图 14.32　双散列探查的散列表

13 的首槽 0 被 26 占据，$g(13)=7$，因此探查序列下一个槽是$(0+7)\%13=7$。39 首槽 0 被占据，$g(39)=5$，因此探查序列下一个槽是$(0+5)\%13=5$。25 的首槽是 12，被占据，$g(25)=5$，因此探查序列下一个槽是$(12+5)\%13=4$。槽 4 已经被 4 占据，所以看探查序列的再下一个槽$(12+2\times5)\%13=9$，最终 25 放在槽 9。相应地，查找 25 就要做 3 次比较。

14.3.3　散列表的删除和查找

对于采用外消解方式的散列表，查找和删除都很简单。以拉链法为例，同义词都放在同一个槽中，一个槽就是一个链表，找到槽后，查找和删除就是链表的查找和删除。

下面讲述的是内消解方式的散列表的删除和查找。

删除关键字为 key 的元素时，在某个槽中找到了关键字为 key 的元素后，不能直接往槽中放个 null 表示该槽已经为空，因为该槽可能位于其他关键字的探查序列上，设置该槽为空，将打断对其他关键字的查找。以图 14.31 中的线性探查的散列表为例，如果删除 13 时直接将其占据的槽 1 设置为空槽，则查找 14、39 和 25 时，都会因为它们探查序列上的槽 1 已经为空而宣告失败，这是不正确的。

删除槽中元素的正确做法，是为槽设置标记表示该槽中曾经有过元素，后来被删除了。因此，一个槽的状态有以下三种。

(1) 空：从来没放过元素。

(2) 闲：曾经放过元素后来又删了，现在没放元素。

(3) 满：放着一个元素。

槽里需要存放元素的关键字。如果元素的合法关键字都是非负整数，则可以让关键字为

null 时表示空槽，为负数时表示闲槽。

特别引入“空闲槽”这个词，指“空槽或闲槽”——新插入元素可能放在空槽，也可能放在闲槽。

插入元素时，依次考查探查序列上的槽。碰到空槽，即可放入元素。但是碰到闲槽，却不能立即放入，因为探查序列上可能已经存在相同关键字的元素。正确的做法是记录第一个闲槽的位置，并沿着探查序列一直考查到发现空槽，或者探查序列上已经找不到空槽为止。探查过程结束还没有发现关键字相同的元素，才可将元素放入第一个闲槽。换句话说，就是插入元素前要先查找相同关键字的元素是否已经存在。

为提高效率，在单纯的查找过程中也应记下探查序列中第一个碰到的空闲槽 x。这样，若查找 key 失败且下一个操作就是插入关键字为 key 的元素，则可直接将其放入 x。“查找失败则立即插入”这样的操作在程序中很常见。

为了保证散列表的查找效率，在散列表的空槽（请注意：不包括闲槽）数目低于某个百分比阈值时，就应重新为散列表分配空间，并且将原散列表中的元素按新散列函数在新空间重新分配槽。因此，任何时刻散列表中都有空槽。合理的探查序列应一定能够到达空槽。查找算法可以描述如下。

```
boolean find(K key) {
    设置当前探查槽为首槽 h(key)
    while (当前探查槽不为空槽) {
        if (当前探查槽为满槽且槽内元素的关键字等于 key)
            查找成功返回 true;
        else                    //当前探查槽为闲槽,或虽为满槽但槽内元素关键字不等于 key
            当前探查槽 = 探查序列的下一个槽;
    }
    查找失败返回 false;
}
```

14.3.4 散列表的效率分析

虽然散列表的设计思想是通过关键字直接算出元素的存储位置，但是由于有冲突发生，查询、插入、删除过程还是不可避免地要进行关键字比较。因此散列表的效率，还是可以用平均比较次数，即平均查找长度 ASL 来衡量。

删除元素要先找到元素，因此删除和查找的 ASL 是一样的；插入元素就要先确定元素不存在，因此插入和失败的查找的 ASL 是一样的。

散列表的平均查找长度与散列函数、冲突消解方法和负载因子（Load Factor，也叫装载因子，装填因子）有关。

负载因子 α 的定义是：

$$\alpha = \frac{\text{表中元素个数}}{\text{表长度}}$$

表长度就是槽的数目。对于拉链法进行冲突消解的散列表来说，由于每个槽都是一个链表，因此负载因子就是链表的平均长度。对冲突内消解散列表来说，则 α 不可能大于 1。

需要强调的是，上述负载因子的定义，与各种数据结构教材和资料一致。但如此定义的负载因子，对于支持删除操作的冲突内消解散列表，其实并没有什么意义。而不支持删除操作的散列表，有很大的使用局限性。

支持删除操作的冲突内消解散列表，槽的状态有空、闲、满三种。在查找的过程中，探查序列可能会经过多个闲槽，因此闲槽的数量对查找长度有影响。想象一个散列表，插入大量元素，然后又挨个删除，最后只剩下很少元素，但是空槽的数量也变得很少，闲槽会很多。在这种情况下，不论是成功的查找还是失败的查找，都可能需要经过一个包含多个闲槽的探查序列，平均查找长度显然会高于元素个数相同但几乎没有闲槽的情况。

因此，对于支持删除操作的冲突内消解散列表，负载因子应该如下定义。

$$\alpha = \frac{\text{满槽数目} + \text{闲槽数目}}{\text{槽总数}}$$

满槽数目就是元素个数，槽总数就是表长度。

事实上，作为支持删除操作的冲突内消解散列表，Python 的 dict 和 set 都要保证满槽数目加闲槽数目不超过总槽数的 2/3。一旦超过，就会重新分配空间，并将元素用新散列函数转移到新空间。新分配空间的槽数和元素个数有关，所以有可能变多，也有可能变少。只有插入元素才会引发重新分配空间，删除元素不会，因为删除元素不会改变负载因子。

负载因子对于散列表的效率有至关重要的影响。对拉链法散列表来说，负载因子越大，在槽中查找的时间就越长；对内消解法散列表来说，负载因子越大，就越容易发生冲突。这两种情况都会增加平均查找长度。

一般可以认为散列表的插入、删除、查找时间为 $O(1)$。这个说法基于以下两个前提。

(1) 散列函数产生的散列值在散列表中均匀分布。

(2) 负载因子不大。实验表明负载因子应不大于 0.75。

散列表应该在负载因子超过 0.75 时重新分配空间以降低负载因子，Java 的 HashMap 就是这么做的——在负载因子超过 0.75 时，将槽的数目翻倍。

如果负载因子足够小，冲突内消解的散列表会比外消解散列表速度更快，当然也更费空间。Java 的 HashMap 选择了拉链法进行冲突消解，而 Python 的设计者认为拉链法的指针操作太影响效率，而且如今空间效率没有时间效率重要，因此 Python 的散列表选择了冲突内消解，而且负载因子大于 2/3 时就会重新分配空间。

14.3.5 Java 中的散列表

Java 的泛型类 HashSet<E>和 HashMap<K,V>都是用散列表实现的集合，可以在 $O(1)$时间内完成元素的查找、插入和删除。它们都采用拉链法来进行冲突的外消解，即每个槽是一个可能为空的链表，用于存放同义词。这两个泛型类的用法形式上与 TreeSet<E>和 TreeMap<K,V>有许多共同之处。

用 for 循环遍历 TreeSet，以及用 forEach()方法遍历 TreeMap 时，元素的访问顺序没有规律，不会确保和元素加入的顺序一致。

1. HashSet 的用法

HashSet 的基本用法如表 14.3 所示。

表 14.3 HashSet<E>部分常用方法

方 法	功 能	复 杂 度
HashSet()	构造方法	$O(1)$
boolean add(E e)	插入元素 e。返回插入是否成功。若和 e 相同的元素已经存在，则插入失败	$O(1)$

续表

方　　法	功　　能	复 杂 度
void clear()	删除所有元素	$O(n)$
boolean contains(Object o)	返回是否存在和 o 相同的元素	$O(1)$
boolean isEmpty()	返回集合是否为空	$O(1)$
boolean remove(Object o)	删除和 o 相同的元素。返回是否成功	$O(1)$
int size()	返回元素总数	$O(1)$

Java 中所有的类都继承了 Object 类，因此都继承了下面两个方法。

```
boolean equals(Object o);
int hashCode();
```

默认的 equals()方法比较的是两个对象的地址，默认的 hashCode()方法根据对象的地址生成散列值。将一个对象 x 插入 HashSet 的时候，HashSet 调用 x.hashCode()得到 x 的散列值，再根据散列值算出存放 x 的槽。如果槽为空则插入成功。如果槽不为空，则对槽中的每个元素 y，调用 x.equals(y)或 y.equals(x)判断 x 和 y 是否相等。若 x 和 y 相等，则认为 x 和 y 是相同(重复)的元素，x 不会被插入 HashSet，否则 x 可以被插入 HashSet。

在 HashSet 中查找元素 x 的过程也类似，先通过 x.hashCode()找到 x 应该在的槽，然后对槽里的每个元素 y 判断 x 是否和 y 相等。如果找到了和 x 相等的元素，则查找成功；如果槽为空或槽中找不到和 x 相等的元素，则查找失败。

综上所述，如果想要用 HashSet 存放自定义类的对象，且希望两个地址不同但内容相同的对象被看作重复对象，则需要重写该类的 equals()和 hashCode()方法。

```
//prg1230.java
1. import java.util.*;
2. class Dot {
3.     int x,y;
4.     public Dot(int x_,int y_) {
5.         x = x_; y = y_;
6.     }
7.     public boolean equals(Object p) {
8.         Dot q = (Dot)p;
9.         return x == q.x && y == q.y;
10.    }
11.    public int hashCode() {
12.        return Objects.hash(x,y);
13.    }
14. }
15. public class prg1230 {
16.    public static void main(String[] args){
17.        HashSet<Dot> dts = new HashSet<>();
18.        Dot da = new Dot(1,2);
19.        Dot db = new Dot(1,2);
20.        dts.add(da);
21.        dts.add(db);
22.        System.out.println(dts.size());                    //>>1
23.        System.out.println(dts.contains(new Dot(1,2)));    //>>true
24.    }
25. }
```

第 12 行：Objects.hash()方法可以根据参数来生成一个散列值。这个方法可以有任意多个参数，参数类型可以是整型、字符串等不同类型。

第 21 行：由于 db.hash()和 da.hash()的值相同，且 db.equals(da)返回值为 true，所以 db 被认为和 da 重复。本行返回值为 false，即 db 没有被插入 dts。

第 23 行：新建的 new Dot(1,2)这个对象虽然地址和 da 不同，但是内容和 da 一样，散列值也和 da 一样，因此 dts 认为其与 da 相同，故本行输出 true。

若 Dot 类没有同时重写 equals()和 hashCode()这两个方法，则 da 和 db 会被认为是不同元素，故第 22 行的输出会是 2。同理，第 23 行的输出会是 false。

2. HashMap 的用法

HashMap 对于关键字的处理方式和 HashSet 对于元素的处理方式一样，即如果想要自定义类的对象作为 HashMap 元素的关键字，且希望两个地址不同但内容相同的对象被看作相同(重复)的关键字，则需要重写该类的 equals()和 hashCode()方法。

HashMap 的基本用法如表 14.4 所示。

表 14.4 HashMap<K,V>部分常用方法

方法	功能	复杂度
HashMap()	构造方法	$O(1)$
void clear()	删除所有元素	$O(n)$
boolean containsKey(Object key)	返回是否存在关键字等于 key 的元素	$O(1)$
void forEach(BiConsumer <? super K, ? super V> action)	用于遍历集合。action 表示要对每个元素进行的操作	$O(n)$
V get(Object key)	返回关键字和 key 相同的元素的值。元素不存在则返回 null	$O(1)$
boolean isEmpty()	返回集合是否为空	$O(1)$
V put(K key, V value)	插入一个关键字为 key，值为 value 的元素。如果关键字和 key 相同的元素已经存在，则将其值替换为 value	$O(1)$
V remove(Object key)	删除关键字和 key 相同的元素，返回其值。如果不存在该元素，返回 null	$O(1)$
V replace(K key,V value)	将关键字和 key 相同的元素的值替换成 value，并返回原先的值。如果元素不存在，则返回 null	$O(1)$
int size()	返回元素总数	$O(1)$

HashMap 用法示例如下。

```
//prg1240.java
import java.util.*;
class Dot2 {
    int x,y;
    public Dot2(int x_,int y_) { x = x_; y = y_;}
    public boolean equals(Object p) {
        Dot2 q = (Dot2)p;
        return x == q.x && y == q.y;
    }
    public int hashCode() { return Objects.hash(x,y); }
}
public class prg1240 {
    public static void main(String[] args){
        HashMap<Dot2,Integer> dtm = new HashMap<>();
```

```
14.         Dot2 da = new Dot2(1,2);
15.         Dot2 db = new Dot2(1,2);
16.         dtm.put(db, 20);
17.         dtm.put(da,30);
18.         System.out.println(dtm.size());                    //>>1
19.         System.out.println(dtm.get(new Dot2(1,2)));        //>>30
20.     }
21. }
```

如果 Dot2 类没有同时重写 equals()和 hashCode()，则第 18 行输出为 2，第 19 行输出为 null。

小　结

1. 线性表查找

在 n 个元素的线性表中进行顺序查找，元素的查找概率相同时，查找成功时的平均查找长度 ASL 是$(n+1)/2$。

二分查找适用于有序的顺序表，复杂度是 $O(\log(n))$。二分查找不适用于链表和无序的顺序表。

在有序的顺序表上，二分查找可以用 $O(\log(n))$的复杂度查找小于指定元素的最大元素，以及大于指定元素的最小元素。

2. 二叉查找树

二叉查找树每个结点都比其左子结点大，比其右子结点小(如果有左右子结点的话)。

二叉查找树的查找、删除、插入的平均复杂度都是 $O(\log(n))$。建树的平均复杂度是 $n\times\log(n)$。最坏情况下查找、删除、插入的复杂度都是 $O(n)$。

在二叉查找树上删除只有一个子结点的结点 x，删除 x 后用 x 的子结点取代其位置即可。删除左右子结点双全的结点 x，需要将其内容用 x 的左子树中的最大结点 y 替换，然后递归删除 y；或将 x 的内容用 x 的右子树中的最小结点 y 替换，然后递归删除 y。

3. AVL 树和红黑树

平衡二叉树(AVL 树)的结点的平衡因子值为左右子树的高度之差。平衡因子绝对值大于 1 时为失衡，需要调整树的形态以恢复平衡。

AVL 树插入结点时导致失衡时，若插入的结点位于失衡结点的左子树的左子树，则进行 LL 旋转；位于左子树的右子树则进行 LR 旋转；位于右子树的左子树进行 RL 旋转；位于右子树的右子树进行 RR 旋转。

AVL 树和红黑树，在最坏情况下查找、插入、删除的复杂度都是 $O(\log(n))$。

相比 AVL 树，红黑树以降低对平衡性的要求换来增删元素效率的提高，因此查找效率不如 AVL 树，但是增删元素效率高于 AVL 树。

红黑树根结点一定是黑色。结点中的空左右子结点指针称为假点，假点是黑色。任一根为黑色结点的子树依然是红黑树。任一结点到其每个后代假点的路径上的黑色点数目均相同。红色结点一定有父结点且其父结点一定是黑色。新插入的结点开始一概为红色。

红黑树删除结点时，若被删结点是红色叶结点则直接删除；若被删结点只有一个子结点，则将其子结点改为黑色并取代被删结点即可。

红黑树需要进行树形调整的情况有以下两种。

(1) 插入的新叶结点的父结点是红色。此时要调整树的形态以消除红冲结点。

(2) 黑色叶结点被删除导致失衡。此时要调整树的形态以消除双黑点。

n 个结点的红黑树,高度不超过 $2\times\log_2(n+1)-1$。

4. B-树和B+树

大规模的B-树和B+树通常作为索引文件保存在外存。查找时,需要访问的结点才被读入内存。一个结点通常和外存的一个页面一样大。结点中的关键字都从小到大排好序存于顺序表中。

m 阶B-树每个结点最多有 $m-1$ 个关键字。非叶结点的子结点数目比关键字数目多1。

根结点最少可以有1个关键字,非根结点至少要有 $\lceil m/2 \rceil-1$ 个关键字。

B-树结点中每个关键字 x 的左子树中的关键字都小于 x,右子树中的关键字都大于 x。

B+树非叶结点中的关键字和其子结点一样多。m 阶B+树结点最多有 m 个关键字,非根结点至少有 $\lceil m/2 \rceil$ 个关键字。根结点为叶结点时可以只有一个关键字。根结点若非叶结点则至少有两个关键字。

B+树非叶结点的每个关键字 x 都对应一个子结点,且 x 是其对应子树中的最大关键字。

B+树叶结点中包含所有关键字,所有叶结点构成一张链表。

B-树所有结点中都保存记录在主文件中的位置,B+树只有叶结点中才会保存记录在主文件中的位置。

B-树和B+树所有叶结点都在同一层。B-树和B+树用于在内存查找一样可以有很高效率。

B+树相对于B-树的优势主要有以下两方面。

(1) 在一个结点和一个外存页面一样大的情况下,B+树的非叶结点不必存放记录在主文件中的位置,因而相比B-树可以存放更多的关键字,即B+树比B-树可以有更高的阶,从而树高更低,查找效率更高。

(2) B+树所有关键字连成一个链表,可以按关键字大小顺序遍历所有记录,可以方便地找到关键字位于某个连续范围内的全部记录。B-树要做到这一点十分麻烦。

5. 散列表

散列表的散列函数应尽量做到计算速度快,计算结果无规律,冲突少,并且能够覆盖整个散列表。散列函数的设计有除余法、平方取中法、折叠法等。

散列表的冲突消解有外消解和内消解两类做法。外消解典型的做法是拉链法,每个槽是一张链表,散列值相同的元素放在一张链表中顺序查找。内消解则在散列表基本表内部解决冲突,需要设计探查序列用来在冲突时寻找空闲槽存放元素。查找元素也要沿着探查序列进行。探查序列的设计方法有线性探查、二次探查、双散列探查等。线性探查容易产生聚集。

在冲突内消解的散列表中删除元素,不可将存放被删除元素的槽标记为空槽,而应标记为闲槽。闲槽在查找和插入时都会起作用。插入元素时不可在探查序列中发现闲槽就立即插入,应该搜索探查序列直到遇见空槽,确认该元素不存在,才可进行插入。

负载因子会影响查找、插入和删除的效率。

在拉链法消解冲突的散列表中,负载因子就是每个槽的链表的平均长度。

在冲突内消解的散列表中,如果散列表不允许删除元素,负载因子就是满槽数目比槽总数;如果允许删除元素,负载因子就是非空槽(包括满槽和闲槽)数目比槽总数。

习　题

1. 若每个元素查找概率相同，在 n 个元素的顺序表中顺序查找元素，查找成功时的平均查找长度和查找不成功时的平均查找长度分别是(　　)。

A. $(n+1)/2$, n　　B. $(n-1)/2$, n

C. $n/2$, $n+1$　　D. $(n-1)/2$, $(n+1)/2$

2. 下面说法哪个是正确的？(　　)

A. 二分查找可以适用于链表

B. 二分查找的查找表必须从小到大排序，不可从大到小排序

C. 二分查找的查找表不可以有重复元素

D. 二分查找可以用 $\log(n)$ 的时间复杂度在排好序的顺序表中查找小于给定值的最大元素

3. 在序列 1,5,10,20,30,50,80,90,110,118,223 中二分查找 5、8 和小于 45 的最大元素，请给出这三种情况下的元素的比较序列。

4. 一个有 7 个互不相同元素的有序顺序表，每个元素被查找的概率相同，二分查找成功时的平均查找长度是多少？

5. 以下是一些二叉树的中序遍历序列，哪棵是二叉查找树？(　　)

A. 1,8,13,15,27,35　　B. 20,50,30,70,80,60

C. 1,8,13,12,27,35　　D. 100,8,13,15,27,35

6. n 个结点的二叉查找树，最多有多少层结点？(　　)

A. n　　B. $2n$　　C. $\lceil \log_2(n+1) \rceil$　　D. $n-1$

7. 在一棵二叉查找树上删除左右子结点俱全的结点 x 时，可以用哪个结点的内容替换其内容？(　　)

A. x 的左子结点　　B. x 的右子结点

C. x 的左子树中的最大结点　　D. x 的右子树中的最大结点

8. 在二叉查找树上进行查找的最坏时间复杂度是(　　)。

A. $O(\log(n))$　　B. $O(n)$　　C. $O(n^2)$　　D. $O(n\log(n))$

9. 在一棵二叉查找树上查找 45，依次比较的结点序列可能是(　　)。

A. 70,80,50,43,45　　B. 70,80,50,55,45

C. 38,66,50,43,45　　D. 38,66,43,35,45

10. 从空树开始，依次插入 37,26,38,32,49,47,52,18,19,29,30 构造一棵二叉查找树，请画出该树。再画出从该树删除结点 26 后的结果。

11. 一棵二叉查找树的前序遍历序列为 70,50,40,60,55,80,75,78。请画出该树。

12. 图 14.33 中的二叉查找树，假设每个结点的查找概率相同，则查找成功时的平均查找长度和查找不成功时的平均查找长度分别是多少？只统计和结点关键字的比较次数。

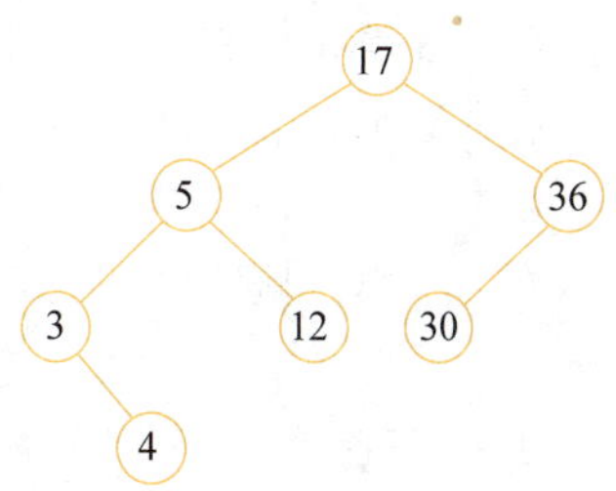

图 14.33　第 12 题配图

★13. 在 AVL 树中插入一个元素后导致失衡，设失衡结点的平衡因子为 −2，且其左子结点平衡因子为 0，右子结点平衡

因子为 1,则应该进行哪种旋转?(　　)

A. LL　　B. LR　　C. RL　　D. RR

★14. AVL 树中出现以下哪种情况视为失衡?(　　)

A. AVL 树变成非二叉查找树

B. AVL 树变成非完全二叉树

C. AVL 树某结点左子树高度比右子树高度多 2

D. AVL 树某结点左子树高度比右子树高度多 3

★15. 8 个结点的 AVL 树,最多有多少层结点?(　　)

A. 3　　B. 4　　C. 5　　D. 6

★16. 有 5 层结点的 AVL 树,至少有多少个结点?(　　)

A. 10　　B. 11　　C. 12　　D. 13

★17. 图 14.34 中,哪棵树可能是 AVL 树?(　　)

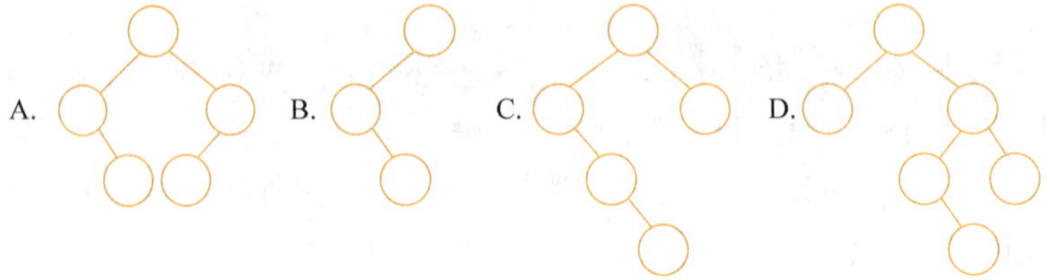

A.　B.　C.　D.

图 14.34　第 17 题配图

★★18. 17 个结点的 AVL 树,一共有几层?(　　)

A. 4　　B. 5　　C. 6　　D. 不确定

★★19. 在有 17 个结点的 AVL 树上,查找结点 26(可能找不到),依次比较的结点序列可能是(　　)。

A. 23,28　　B. 47,35,36,26

C. 56,18,22,30,28,26　　D. 56,18,22,24,26

★20. 有 h 层结点的、每个结点的平衡因子均为 0 的 AVL 树,一共有多少个结点?(　　)

A. 2^h-1　　B. $2^{h+1}-1$　　C. $2^{h-1}-1$　　D. $2^{h-1}+1$

★21. 下面关于红黑树和 AVL 树的说法,哪几个是正确的?(　　)

(1) 红黑树的查找效率高于 AVL 树

(2) 红黑树增删结点的效率高于 AVL 树

(3) AVL 树比红黑树更容易失衡

(4) 红黑树比 AVL 树更费空间

A. 1　　B. 2　　C. 3　　D. 4

★22. 下面关于红黑树的说法,哪些是正确的?(　　)

(1) 红黑树根结点一定是黑色的

(2) 红黑树上新插入的结点开始一定是红色

(3) 红黑树插入结点时可能导致失衡

(4) 红黑树删除结点时可能因为出现了父子结点均为红色而需要调整

A. 1　　B. 1,2　　C. 1,2,3　　D. 1,3,4

★23.下面关于 m 阶 B-树的说法,哪几个是正确的?(　　)

(1) 每个结点至少有$\lceil m/2 \rceil-1$ 个关键字

(2) 所有叶结点都在同一层

(3) 新插入的关键字一定先被插入叶结点

(4) 所有叶结点不一定包含全部关键字

A. 1　　B. 2　　C. 3　　D. 4

★24. m 阶 B-树的非根非叶结点,子结点的数目 N 的合法范围是(　　)。

A. $\lceil m/2 \rceil - 1 \leqslant N \leqslant m-1$　　B. $\lceil m/2 \rceil \leqslant N \leqslant m$

C. $\lceil m/2 \rceil \leqslant N \leqslant m-1$　　D. $\lceil m/2 \rceil - 1 \leqslant N \leqslant m$

★25. 下面有几条是 B+树相对于 B-树的优势?(　　)

(1) 结点同样大小时 B+树的阶可以更高

(2) 方便按关键字大小顺序遍历记录

(3) 方便查询关键字位于某范围内的所有记录

A. 0　　B. 1　　C. 2　　D. 3

★26. 高度为 2 的 5 阶 B-树,至少有多少个关键字?(　　)

A. 4　　B. 5　　C. 6　　D. 7

★27. 高度为 2 的 5 阶 B+树,至少有多少个关键字?(　　)

A. 5　　B. 6　　C. 7　　D. 8

★28. 一棵 3 阶 B-树,由空树开始,依次插入关键字 29, 21, 10, 50, 90, 67, 48, 51, 28, 23, 55, 92, 97, 48,请画出这棵树最后的样子。

★29. 一棵 3 阶 B+树,由空树开始,依次插入关键字 29, 21, 10, 50, 90, 67, 48, 51, 28, 23, 55, 92, 97, 48,请画出这棵树最后的样子。

★★30. 对图 14.35 中的 3 阶 B-树,依次删除 90、60、46,请画出删除 90 后、删除 60 后、删除 46 后的样子(一共三个图)。

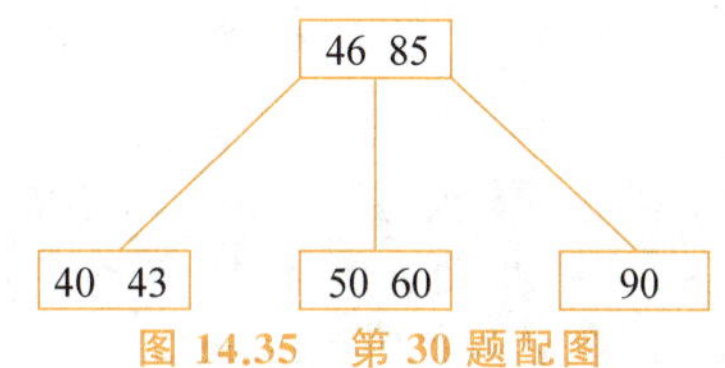

图 14.35　第 30 题配图

31. 关于散列表以下说法正确的是(　　)。

A. 如果用拉链法处理冲突,则查找每个关键字的比较次数都一样

B. 散列函数应当做到相似的关键字散列值也相似

C. 采用冲突内消解并支持删除操作的散列表,两张表在表长和元素个数相同的情况下,负载因子也可能不同

D. 采用冲突内消解的散列表,删除元素时,将元素占用的槽标记为空槽即可

32. 散列表长度为 13,槽编号从 0 开始。散列函数 $h(\text{key}) = \text{key} \% 13$,冲突消解用线性探查法,依次插入关键字 0,26,14,16,则查找 39 需要访问多少个槽才可断定找不到?(　　)

A. 1　　B. 2　　C. 3　　D. 5

33. 散列表长度为 13,槽编号从 0 开始。散列函数 $h(\text{key}) = \text{key} \% 13$,冲突消解用双散列探查法,再散列函数 $g(\text{key}) = \text{key} \% 5$,依次插入关键字 0,26,14,6,18,则 18 被放在几号槽?(　　)

A. 5　　B. 6　　C. 7　　D. 8

34. 用拉链法进行冲突消解的散列表，负载因子是(　　)。

A. 元素个数比槽总数　　　　B. 非空槽数比槽总数

C. 元素个数比非空槽总数　　　　D. 元素最多的槽的元素个数

35. 散列表长度为 11。散列函数为 $h(\text{key}) = \text{key} \% 11$，冲突消解用线性探查法。从空表开始依次插入 0，22，12，16，23。假设每个元素查找概率相同，求查找成功时的平均查找长度。

36. 散列表长度为 11。散列函数为 $h(\text{key}) = \text{key} \% 11$，冲突消解用线性探查法。从空表开始依次插入 0，22，12，33，23，16，18，45。假设每个元素查找概率相同，求查找成功时的平均查找长度。

★37. 散列表长度为 11。散列函数为 $h(\text{key}) = \text{key} \% 11$，冲突消解用线性探查法。从空表开始依次插入 0，22，12，16，23，然后又删除 12，求此时的负载因子。假设每个元素查找概率相同，求此时查找成功的平均查找长度(用分数表示)。此时若插入 13，需要访问几个槽？

以下为编程题。本书编程的例题习题均可在配套网站上程序设计实习 MOOC 组中与书名相同的题集中进行提交。每道题都有编号，如 P0010、P0020。

1. **二叉搜索树的层次遍历(P1320)**：给定一个整数序列，从空树开始按该序列依次插入元素建立一棵二叉查找树。请输出该树按层次遍历的结果。

2. **二叉查找树的 lower_bound 和 upper_bound(P1330)**：为二叉排序树类 Tree 编写方法 lower_bound(x)和 upper_bound(x)。前者返回包含关键字小于 x 的最大元素的关键字和值，后者返回包含关键字大于 x 的最小元素的关键字和值。如果找不到符合要求的元素，这两个函数都返回 null。

3. **二叉搜索树的遍历(P1340)**：给出一棵二叉搜索树的前序遍历序列，求它的后序遍历序列。

★4. **AVL 树至少有几个结点(P1350)**：输入 $n(0<n<50)$，输出一个 n 层的 AVL 树至少有多少个结点。

★5. **AVL 树最多有几层(P1360)**：输入 $n(0<n<50\ 000)$，输出一个有 n 个结点的 AVL 树最多有多少层结点。

第15章 贪心算法

贪心算法也叫贪婪算法，是一种求最优解问题时，每一步总是采取眼下最优的选择，而不考虑是否能达到全局最优的算法。很明显，并非所有最优解问题都可以用贪心算法来解决，因为每一步都取当前最优的选择，不一定会导致最终全局最优。用贪心算法解决一个问题之前，需要证明，每一步的眼前最优，最终也会导致最全局最优——这看上去和动态规划很像。贪心算法确实可以算是动态规划算法的特例。

Dijkstra 算法、Prim 算法、Kruskal 算法都是贪心算法，后两者尤其典型，每次都选当前符合某种条件的最短边加入构建中的最小生成树，似乎没有全局考虑，然而却能导致全局最优。

如果求最优解很难或者代价很大，用贪心的算法求得一个虽然不是最优，但是比较优的解，也可能是有价值的。

15.1 案例：圣诞老人的礼物(P1370)

春节来了，圣诞老人准备分发糖果，现在有多箱不同的糖果，每箱糖果有自己的价值和重量，每箱糖果都可以拆分成任意散装组合带走(类似白糖)。圣诞老人的驯鹿雪橇最多只能装下重量为 W 的糖果，请问圣诞老人最多能带走多大价值的糖果？

输入： 第一行由两个部分组成，分别为糖果箱数正整数 n $(1 \leqslant n \leqslant 100)$，驯鹿能承受的最大重量正整数 W $(0 < W < 10\,000)$，两个数用空格隔开。其余 n 行每行对应一箱糖果，由两部分组成，分别为一箱糖果的价值正整数 v 和重量正整数 w，中间用空格隔开。

输出： 输出圣诞老人能带走的糖果的最大总价值，保留一位小数。输出为一行，以换行符结束。

样例输入

```
4 15
100 4
412 8
266 7
591 2
```

样例输出

```
1193.0
```

解题思路：这是个小学生都知道怎么解决的问题。优先拿单位重量价格高的那种糖，能拿多少拿多少；如果全部都拿走雪橇还没装满，就拿单位重量价值次高的那种，能拿多少拿多少……所以，将所有糖果按照单位重量价值从高到低排序，依次拿，直到雪橇装满即可，复杂度就是排序的复杂度 $O(n\log(n))$。程序如下。

```
//prg1250.java
import java.util.*;
class Candy implements Comparable<Candy> {          //Candy 类表示一箱糖果
    static final double eps = 1e-6;
    int v,w;
    Candy(int vv,int ww) { v = vv; w = ww; }
    public int compareTo(Candy cd) {                 //两箱糖果比大小的规则
        if ((float)v/w - (float)cd.v/cd.w > eps) return -1;
        else if( (float)cd.v/cd.w - (float)v/w > eps) return 1;
        else return 0;
    }
}
public class prg1250 {                       //请注意：在 OpenJudge 提交时类名要改成 Main
    public static void main(String[] args){
        Scanner reader = new Scanner(System.in);
        int n = reader.nextInt(), w = reader.nextInt();
        Candy candies[] = new Candy[n];
        for (int i=0;i<n;++i)
            candies[i] = new Candy(reader.nextInt(),reader.nextInt());
        Arrays.sort(candies);
        double totalW = 0;
        double totalV = 0;
        for(int i=0;i<n;++i) {
            if (totalW + candies[i].w <= w) {
                totalW += candies[i].w;
                totalV += candies[i].v;
            }
            else {
                totalV += candies[i].v * (float)(w-totalW)/candies[i].w;
                break;
            }
        }
        System.out.printf("%.1f\n",totalV);
    }
}
```

这道题的解法就是贪心算法，即每次选糖果就选目前剩下的单价最高的糖。如果将题目条件稍做修改，改成拿糖必须整箱拿，不能只拿一箱的一部分，这种贪心的策略就是错误的。例如，假设雪橇载重 10，有 3 箱糖，一箱重量 8，价值 9，另外两箱都是价值 5，重量 5。如果按照贪心策略，第一步要拿单价最高的糖，即重量 8 那箱，整箱拿后，就再也拿不了别的糖，最终拿走的糖价值 9。然而，不按贪心策略做的话，可以拿走两个重量 5 的箱子，获得价值 10 的糖果。整箱拿的情况属于可以用动态规划算法解决的背包问题。

因此，在使用贪心算法前，应先证明算法的正确性。本案例贪心算法的正确性一目了然，无须解释。

15.2 案例：电影节(P1380)

大学生电影节在北京大学举办，节日当天，北京大学各处放映了多部电影，每部电影的放映时间区间已知。看电影必须看完整，所以区间重叠的电影不可能都看(端点可以重合)，问李雷最多可以看多少部电影？

输入：多组数据。每组数据开头是 $n(n \leqslant 100)$，表示共 n 部电影。接下来 n 行，每行两个整数(0～1000)，表示一部电影的放映时间区间。$n=0$ 则数据结束。

输出：对每组数据输出最多能看几部电影？

样例输入

```
8
3 4
0 7
3 8
15 19
15 20
10 15
8 18
6 12
0
```

样例输出

```
3
```

解题思路：首先看结束时间最早的那部电影。然后，每看完一部电影，就选还没开始的电影中结束时间最早的那部来看(如果 a 的结束时间就是 b 的开始时间，则看完 a 后 b 也可选)。将所有电影按结束时间从小到大排序后依次遍历，能选的就选上即可。算法复杂度就是排序的复杂度 $O(n\log(n))$，程序如下。

```
//prg1260.java
import java.util.*;
public class prg1260 {                    //请注意：在 OpenJudge 提交时类名要改成 Main
    static class Movie implements Comparable<Movie> {
        int s,e;                          //开始时间和结束时间
        Movie(int s_,int e_) {s = s_; e = e_;}
        public int compareTo(Movie mv) {
            return e - mv.e;
        }
    }
    public static void main(String[] args) {
        Scanner reader = new Scanner(System.in);
        while (true) {
            int n = reader.nextInt();
            if (n == 0)
                break;
            Movie movies[] = new Movie[n];
            for (int i=0;i<n;++i)
                    movies[i] = new Movie(reader.nextInt(),reader.nextInt());
            Arrays.sort(movies);
            int total = 0;
```

```
            int lastEndTime = -1;      //刚看完的电影的结束时间
            for (Movie m:movies)
                if (m.s >= lastEndTime) {
                    ++total;
                    lastEndTime = m.e;
                }
            System.out.println(total);
        }
    }
}
```

本案例贪心算法的正确性并非一目了然，需要证明。证明贪心算法的正确性通常用替换法。替换法的思想是：假设不用贪心策略，通过一系列选择 $p_1p_2p_3\cdots$ 获得了最优解，而用贪心算法采取的选择是 $q_1q_2q_3\cdots$，若能证明每个选择 $p_i(i=1,2,\cdots)$ 都可以被替换成选择 q_i 而不会造成任何损失，则 $q_1q_2q_3\cdots$ 自然也会得到最优解，即贪心算法正确。想办法证明 $q_1q_2\cdots$ 中的每个选择都不可被替换也可以。

用替换法证明本案例算法正确性如下。

假设不用贪心法选电影而得到的最长的观影序列为

$$B=b_1,b_2,\cdots$$

假设用贪心法挑选的电影序列为

$$A=a_1,a_2,\cdots$$

现可证明，对任意 i，a_i 都存在且 b_i 均可以替换成 a_i 而不会造成任何损失（少看了电影）。

用 $S(x)$ 表示电影 x 的开始时间，$E(x)$ 表示 x 结束时间，则：

(1) b_1 可以替换成 a_1，因为 $E(a_1)\leqslant E(b_1)$，看 a_1 而不看 b_1，不会影响 $b_2,b_3,\cdots$ 的观看。

(2) 若可以找到 a_i，满足 $E(a_i)\leqslant E(b_i)$ 且 a_i 可以替换 b_i，则必有 $E(a_{i+1})\leqslant E(b_{i+1})$ 且 a_{i+1} 可以替换 b_{i+1}。

证明：

因为 $E(a_i)\leqslant E(b_i)$ 且 $E(b_i)\leqslant S(b_{i+1})$，所以 $E(a_i)\leqslant S(b_{i+1})$。

a_{i+1} 是所有 $S(x)\geqslant E(a_i)$ 的 x 中，$E(x)$ 最小的，且 $S(b_{i+1})\geqslant E(a_i)$，所以 a_{i+1} 存在，且 $E(b_{i+1})\geqslant E(a_{i+1})$。

因此用 a_{i+1} 替换 b_{i+1} 后，$b_{i+2},b_{i+3},\cdots$ 这些电影依然可以观看，没有造成损失，故替换可行。

综合(1)(2)，由数学归纳法可知，序列 B 可以被替换成序列 A。若序列 B 是最优解，则序列 A 也是最优解，故贪心算法正确。

小　结

贪心算法是动态规划算法的特例。什么样的问题能用贪心算法解决，没有规律可言，要具体问题具体分析。

Dijkstra 算法、Prim 算法、Kruskal 算法都是贪心算法。后两者正确性的证明，用到了替换法的思想。

习　题

以下为编程题。本书编程的例题习题均可在配套网站上程序设计实习 MOOC 组中与书名相同的题集中进行提交。每道题都有编号，如 P0010、P0020。

1. **Stall Reservations-保留畜栏(P1390)**：农场有 N 头奶牛($1 \leqslant N \leqslant 50\ 000$)，每头奶牛需在一个指定的时间区间$[A,B]$到一个畜栏挤奶。一个畜栏同一时间只能有一头牛在挤奶。已知每头奶牛的挤奶时间区间，问最少要几个畜栏能让所有奶牛都挤完奶？

★★★2. **Radar Installation-安装雷达(P1400)**：海岸线可以看作 x 轴，上方是海洋。海洋中有 n 个小岛，可以看作 n 个点，其坐标已知。现需要在海岸上建立雷达，雷达的覆盖半径都是 d。问最少要在海岸线上安装多少个雷达，可以覆盖所有的小岛？如图 15.1 所示，三个小岛分别是 P_1、P_2、P_3，雷达覆盖半径 $d=2$，在 x 轴上$(-2,0)$和$(1,0)$处安装两个雷达就能覆盖三个小岛。

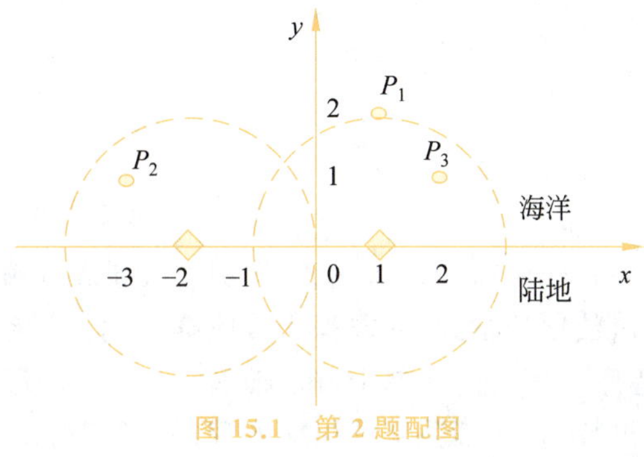

图 15.1　第 2 题配图

附录　北京大学在线程序评测平台 OpenJudge 使用说明

本书中的例题和习题，带有编号的，如"(P0100)""(P0110)"等，都可以在北京大学在线程序评测平台 OpenJudge 上提交。加入"程序设计实习 MOOC"组，即可在和本书书名一致的比赛中根据题目编号找到题目进行提交。

OpenJudge 上的题目典型如下。

A+B Problem

输入两个整数，输出其和。

输入： 第一行是整数 n，表示有 n 组数据。接下来有 n 行，每行两个整数 a 和 b。

输出： 对每组数据，输出 a 和 b 的和。

样例输入

```
2
2 4
1 2
```

样例输出

```
6
3
```

每道题目都有样例输入和样例输出。请注意，样例输入和样例输出只是举个例子，让做题者理解题目输入数据和输出数据的格式，并非程序接收样例输入，能产生样例输出就算正确。正确处理样例数据，距离程序正确可能还有十万八千里。在平台的服务器上，每道题目都有多组输入数据及其对应的输出数据，并不公开。提交的程序，必须对每一组输入数据，都能得到和对应的输出数据一模一样的结果，才算正确。有些题目的输入数据可能包含一些边界条件等特殊情况，如果做题者没有考虑到，即便在本机构造了很多测试数据进行测试都没问题，提交的结果依然可能是错误。

"**A+B Problem**"是一道有多组数据的题目。对这样的题目，不需要全部读入所有数据存起来后再一一处理，可以读入一组数据就处理一组数据并输出。**只需确保输出部分符合题目对输出的要求即可，不需要担心在本机测试时输入和输出会混合在一起，看起来不符合题目要求。**

提交时要先选择编程语言。提交后，可能得到以下结果。

Accepted	正确，通过。
Wrong Answer	程序不正确，导致输出的答案错误。
Time Limit Exceeded	超时。程序运行时间超过了允许的时间。原因：有死循环，或算法不好，导致运行太慢。大致来说，复杂度超过一亿就会超时。
Runtime Error	运行时错误。原因：下标越界，或者类型转换不合理等。
Presentation Error	几乎正确。只是输出中多了或少了空格或换行。
Output Limit Exceeded	死循环导致不停输出。

在本书对应的比赛中，若题目提交不能通过，可以下载产生错误的测试点数据到本机进行测试。

参考文献

[1] 张铭，王腾蛟，赵海燕. 数据结构与算法[M]. 北京：高等教育出版社，2008.
[2] 严蔚敏，李冬梅，吴伟民. 数据结构——C语言版[M]. 2版. 北京：人民邮电出版社，2015.
[3] 裘宗燕. 数据结构与算法：Python语言描述[M]. 北京：机械工业出版社，2020.
[4] 率辉. 2022版数据结构高分笔记[M]. 北京：机械工业出版社，2021.